普通高等教育"十三五"规划教材

黑龙江省精品课程教材

张秀玲 主编　　赵恒田 主审

果蔬营养与生活

U0216782

化学工业出版社

·北京·

内 容 简 介

本书主要内容包括果蔬的化学组成及其贮藏特性，果蔬的采后生理，果蔬的采收及采后处理，果蔬的贮藏方式，主要果蔬的贮藏保鲜技术，主要山野菜的贮藏保鲜技术以及贮藏保鲜技术在生产和生活中的应用等。本书是在总结果蔬贮藏经验的基础上，广泛搜集国内外有关资料编写而成。同时，根据生产、教学、科研实际情况进行了适当的修改、补充，内容丰富，技术实用，实践性较强。

本书适于食品、园艺等本科生及研究生作为教学用书，同时也可以作为果蔬贮藏企业、农户的参考书。

图书在版编目（CIP）数据

果蔬营养与生活/张秀玲主编 . —北京：化学工业出版社，2021.1

普通高等教育"十三五"规划教材 黑龙江省精品课程教材

ISBN 978-7-122-38113-2

Ⅰ.①果… Ⅱ.①张… Ⅲ.①果蔬保藏-高等学校-教材 Ⅳ.①TS255.3

中国版本图书馆 CIP 数据核字（2020）第 243593 号

责任编辑：赵玉清 李建丽	文字编辑：陈小滔 朱雪蕊
责任校对：王 静	装帧设计：关 飞

出版发行：化学工业出版社（北京市东城区青年湖南街 13 号 邮政编码 100011）
印 装：大厂聚鑫印刷有限责任公司
787mm×1092mm 1/16 印张 16½ 字数 413 千字 2021 年 1 月北京第 1 版第 1 次印刷

购书咨询：010-64518888 售后服务：010-64518899
网 址：http://www.cip.com.cn
凡购买本书，如有缺损质量问题，本社销售中心负责调换。

定 价：49.00 元

《果蔬营养与生活》编写人员

主　　编　张秀玲　东北农业大学

副主编　隋晓东　桦南林业局有限公司

　　　　张文涛　东北农业大学

参　　编　李凤凤　东北农业大学

　　　　田亚琴　东北农业大学

　　　　王韵仪　齐齐哈尔大学

　　　　杜妹玲　东北农业大学

　　　　刘明华　东北农业大学

　　　　张　伟　东北农业大学

主　　审　赵恒田　中国科学院东北地理与农业生态研究所

前　言

　　《果蔬营养与生活》是食品科学与工程专业的一门专业课程，在食品科学特别是农产品专业领域占有十分重要的地位。《果蔬营养与生活》在 2018 年 12 月获得黑龙江省级精品在线开放课程，2019 年 1 月获得黑龙江省级线上线下精品课程。该课程以化学、生物化学、植物学、植物生理学、微生物学等学科为基础，主要内容包括果蔬的化学成分及其贮藏特性，果蔬的采后生理，包括呼吸生理、蒸腾生理、果蔬的冷害和冻害、果蔬的病害及防治方法，果蔬的采收、分级、包装、运输，果蔬的主要贮藏方式，水果、蔬菜的贮藏技术，紫苏的有效成分及其贮藏加工技术和主要山野菜的营养和贮藏加工技术。本书面向全国普通高等院校食品、园艺专业的本科生、研究生、专科生和社会相关行业的从业人员，为其从事果蔬贮运教学、科研和相关生产实践奠定基础。

　　果蔬是食品工业的重要原料。果蔬采收后各种生理代谢活动依然在进行，容易造成损耗，另外果蔬生产都有特定的季节性、区域性和易变性，随着各地果蔬种植面积的扩大，局部地区出现了大宗果品蔬菜滞销、农产品价格大幅下降等问题，严重影响了农民发展果蔬产业的积极性，果蔬的贮藏问题引起了人们的高度重视。采取合理的贮藏保鲜技术能有效地延长采后果蔬的贮藏期，调节淡旺季供应矛盾，丰富果蔬市场，改善人们的生活水平，实现显著的经济效益和社会效益。

　　本书在总结现有果蔬贮藏经验的基础上，通过广泛搜集国内外的相关资料编写而成，同时根据生产、教学、科研的实际情况进行了适当修改和补充，内容丰富、技术实用、实践性强，适合作为食品和园艺本科和研究生专业的教学用书。同时，本书也可以作为果蔬贮藏企业和农户的参考书。

　　本书的第一章由张伟和杜妹玲编写，第二章由张秀玲和李凤凤编写，第三章由张文涛和田亚琴编写，第四章由张文涛和刘明华编写，第五章由张文涛编写，第六章由张秀玲编写，第七章由隋晓东编写，第八章由张秀玲和王韵仪编写，全书由张秀玲和张文涛统稿。

　　本书在编写过程中得到了"十三五"国家重点研发计划课题《东北森林区主要林菜资源生态开发利用技术研发与示范课题》（2016YFC0500307）和黑龙江省蔬菜现代产业技术协同创新推广体系岗位专家资金的支持。

　　希望本书能够给从事果蔬贮藏行业的研究同行及从业人员一些参考和帮助，但由于笔者的编写时间仓促，书中难免存在不妥之处，敬请广大读者批评指正。

张秀玲

2020 年 6 月于哈尔滨

目　录

第三章　果蔬采后生理及病害　/ 44

第六章　果蔬贮藏技术　/ 123

第七章　典型药食同源植物——紫苏的有效成分、功效及其贮藏加工技术　/ 184

第八章 主要山野菜的营养成分和贮藏技术 / 225

第一章 绪 论

第一节 果蔬贮藏保鲜存在的问题、发展趋势及目的与意义

一、果蔬贮藏过程中存在的问题

农业部在《全国蔬菜产业发展规划》中指出，在 2011～2020 年间，我国蔬菜播种面积保持基本稳定的前提下，单产水平年均提高 1% 以上，到 2020 年将达到 2500 公斤/亩（1 亩 ≈ 666.67m²）以上；蔬菜损耗率年均降低 1% 以上，我国人均蔬菜占有量在现有基础上增加 30kg，蔬菜加工产品增加 1000 万吨。水果和蔬菜的主要成分是水，含量高达 80%～90%，高含水量有利于细胞内的微生物活性和酶反应，导致化学降解和质量损失；新鲜水果和蔬菜容易受到各种有害微生物的污染，巴西每年有 30% 的水果和蔬菜在加工、处理和贮藏过程中损失。

全球蔬菜和水果的损失总量占全世界损失的 40%～50%，其中 54% 发生在生产、收获后、处理和贮藏阶段；46% 发生在加工、分配和消费阶段，年总损失 7500 亿美元（联合国粮食及农业组织，2013 年）。在发展中国家，收获后损失的主要原因包括包装不良、缺乏采购数量的计划以及生产者、贸易商和消费者的过度处理。采后水果和蔬菜，特别是其鲜切产品，由生理恶化、生化变化和微生物降解造成的水分和养分损失而高度易腐，这导致了重大的经济损失。每年超过三分之一的水果和蔬菜因处理不当和环境条件而变质。大多数水果和蔬菜的腐败是由微生物引起的。根据国家农产品保鲜工程技术研究中心得到的结果，我国每年从田间到消费者手中的果蔬，损失率达到 25%～30%，年损失近 800 亿元人民币，平均每个果农年均收入减少 600 元。因此，水果和蔬菜的生物安全增强和质量提高是食品工业的一个挑战。

1. 商品化处理意识淡薄、缺乏处理设施

我国水果以国内消费为主，在国际贸易中的比例一直很低，出口量不足国际水果贸易的 3%，造成这个状况的一个重要原因就是水果采后的商品化处理量少且技术落后。我国果蔬商品化处理起步较晚，商品化处理量仅占总产量的 10%。美国等发达国家果蔬采后处理技术已实现了全面产业化，带来的采后增值潜力非常可观，70% 以上的农产品产值是通过采后商品化处理、储藏、运输和销售环节来实现的。有数据显示，目前，我国果品采后机械化商

品处理量约 15％，蔬菜 80％以初级产品上市，采后损失约为 30％。采后产值与采收时自然产量的比值：日本为 2.2，美国为 3.7，我国仅为 0.38。我国远远落后于发达国家。因此，研究并建立适合我国国情的果蔬采后商品化处理技术体系，改进包装，制定与国际接轨的水果蔬菜采收、贮藏标准，使果蔬产品商品化、标准化和产业化，是提高我国果蔬在国际市场上竞争力的重要措施之一。

2. 果蔬损失率高

在我国，蔬菜和水果生产仅次于粮食，分别居种植业中第二位和第三位。我国果蔬 2018 年的采后损失率高达 20％～40％。由于包装不当等因素，特别是在高温下，果实的成熟和老化过程加速。这一过程受到呼吸速率的增加、内源性植物激素（乙烯）的产生和外源植物激素吸收的影响。此外，除了微生物污染的可能性更大外，这些因素还影响结构纤维的更大软化，加速成熟、萎蔫、衰老和腐烂。

3. 缺乏标准化管理

我国水果和蔬菜生产规模化和现代化生产仍未完成，阻碍了安全卫生与质量标准的实施。虽然取得了很大的进展，但也存在一些瓶颈问题，如不同果蔬品种对机械冷藏环境的适用性、温湿度对冷链循环过程中测定和准确度的影响等。有效设备的开发和系统应用，以及在防止采后衰老和抑制有害的生物合成过程之间取得平衡，仍然是这一领域的研究人员面临的挑战。

4. 贮运保鲜技术的推广普及率较低

为全面提高贮藏技术水平，在主要果蔬产区，应通过各种渠道，加强果蔬常规技术和新技术的推广和应用。这些年果蔬贮藏加工技术领域的研究成果虽然很多，但成果往往与生产和市场相脱节，难以应用。生产第一线的科技人员太少，未形成完整的产业人才梯队，企业的研发能力弱，相当多的中小企业没有设立研发机构。

二、果蔬贮藏的发展趋势

1. 果蔬品种改良，提高产品质量

过去，由于果蔬产量较低，贮藏保鲜的重点在于控制贮藏、运输过程中的腐烂，关注的要点主要是保持果蔬的原有色泽、减少水分损失和降低腐烂率等方面。随着社会生产水平的提高，果蔬产业产量的大幅度上升以及居民生活水平的提高，消费者更关心的不仅是果蔬的腐烂率，而且也包括果蔬的营养品质。而影响果蔬营养品质的主要因素是贮藏保鲜方法，因此，研究不同贮藏方法对果蔬营养品质的影响，为消费者提供满足外观和内在品质需求的高质量果蔬，意义重大，应该受到果蔬贮藏保鲜研究的重视。

2. 果蔬贮运保鲜向多元化发展，同时加大投入保鲜技术的科学研究

随着我国居民消费水平的提高，对果蔬的要求由大众化逐渐转向多样化，导致贮运业向多样化发展。集中多学科科研力量，研发更多先进的、适用于各类果蔬贮藏加工的机械，重点加强机、电、光、液、气一体化技术，以及智能化、信息化技术的研究与应用，实现高效、低耗、安全、卫生和性稳的技术目标。科研院校要瞄准国际最新科技动态和工艺技术，如模具自动生成设计以及虚拟仿生设计等前沿课题，不断提高果蔬贮藏加工业的装备水平，加快果蔬加工机械的自动化、智能化，真正实现果蔬贮藏加工业由劳动密集型向技术密集型的转变。研究侵染性病害的致病机理，加强采后生理病害的研究，研究果蔬酶促褐变和非酶促褐变的生理机制及有效控制方法，果蔬采后处理、运输等。化学药物对果蔬防腐保鲜发展前景不乐观，应把注意力转向天然食品保鲜剂的开发和应用上。

3. 贮藏保鲜设施和装备现代化

果蔬贮藏保鲜将向贮藏保鲜环节为核心的系统化方向发展，单一的技术将向建立完善的流通保鲜体系转变。目前，普通冷库贮藏是果蔬贮藏的主要方式，气调贮藏等先进的保鲜方式应用范围较小。随着社会的进步和生活水平的提高，传统的果蔬贮藏保鲜技术已经不能满足人们的需求，需要加强果蔬采后贮藏保鲜技术的研究力度，如推广气调贮藏、研发天然高效的保鲜剂。此外，采用新型的保鲜膜，如防结露薄膜是使用表面活性剂处理聚乙烯、聚丙烯、聚苯乙烯等材料的内表面，可吸收过剩的水分，适度维持包装内湿度，以达到保鲜的目的。

4. 加强标准体系的建设

当前的果蔬市场建设依旧存在体系建设不健全的问题，应细致分析内部存在的缺陷。面对体系的建设，要结合果蔬市场的发展特点，以不断提升目前果蔬保鲜水平为目标，结合保鲜工作的性质，进一步加大果蔬贮运标准体系的建设力度。对于不符合现阶段发展要求的标准，应予以修改和调整，以防阻碍后续工作的开展。

5. 产业化经营与设施配套

传统的果蔬交易商业模式是"生产者-购销商-产地批发市场-销地批发市场-农贸市场（超市）-消费者"，其问题主要表现在重复交易环节多和整体物流落后两个方面。从整体商业模式的运作情况来看，传统商业模式中层层流通环节所导致的成本消耗已经成为阻碍现代商业发展的一个制约因素，不断上升的物流成本，最终转化成终端消费者难以接受的物价。

目前，正需要建立一个包含采前、采后、生产、贮藏、加工、流通和销售在内的全国果蔬产品生产贮藏、加工、销售的信息集成系统。通过大力发展线上宣传、大数据、"互联网＋"等手段拓宽销售渠道。

三、果蔬贮藏保鲜的目的及意义

水果和蔬菜是维生素、矿物质和抗氧化剂等营养物质的重要来源，具有广泛的健康益处。然而，水果和蔬菜是高度易腐的，因此在收获后往往需要对它们进行一系列处理，并进行贮藏保鲜，例如冷藏，许多国家的冷藏水果和蔬菜消费量已达到每年数百万吨。同时，部分年份中出现的果蔬丰收也会造成因仓储工作开展不利而导致大量农户"丰产而不丰收"的局面，大大挫伤了农户的生产积极性。为此，积极研发各类符合我国果蔬生产和销售现状的贮藏保鲜技术，从而既为农户增产增收创造有利条件，又能更加丰富我国居民选择果蔬品种的余地，可谓一举两得。

1. 减少果蔬采后损失率

因为果蔬产量基数大，目前产后损失率仍很高，所以减损增值空间大，降低一部分损耗，经济效益即很显著。例如我国蔬菜 2018 年产量为 7.7 亿吨，某种蔬菜价格为 4 元/kg，采后损失率为 30％，则每年损失的蔬菜量为 2.31 亿吨，每年的经济损失为 9240 亿元。如若将采后损失率降为 10％，则每年节省的蔬菜量为 1.54 亿吨，每年节省的经济损失为 6160 亿元。因此，降低果蔬的采后损失率具有重要的经济意义。

2. 均衡供应

目前我国有冷库近 2 万座，总容量达 880 万吨，这其中包括冻结物冷藏量 740 万吨及冷却冷藏量 140 万吨，果蔬冷链流通率达到 5%，冷藏运输率达到 15%。大部分果蔬能够均衡供应上市，满足人们需求，但口感等有待提高。

3. 提高产品产量及质量

气调贮藏苹果、蒜薹等效果突出；1-甲基环丙烯（1-MCP）处理对脱涩柿果实具有良好的保脆效果，有利于提高柿果实的耐贮性和商品性。为了确保高质量、货架期稳定和安全的产品供应，应继续优化贮藏工艺或采用新的保鲜贮藏技术，例如可以从生物防治的角度入手。

第二节　果蔬营养与生活的研究内容与现状

一、果蔬营养与生活的研究内容

果蔬营养与生活课程是以水果和蔬菜为研究对象，研究果蔬的化学成分以及这些化学成分的变化与人们生产及生活的关系，果蔬的采后生理，果蔬的采后处理与运销，果蔬的贮藏方式，水果、蔬菜主要贮藏技术，紫苏的营养成分及其贮藏期间的变化等内容。水果、蔬菜具有很高的营养价值，富含维生素、膳食纤维、氨基酸和矿物质等。水果和蔬菜在人体内消化，为人体提供了许多有益物质，如提供人体所需的水分、糖分、淀粉、果胶物质、单宁、有机酸、维生素、矿物质、色素等。许多物质还是药食同源植物，对保护视力、预防胃癌和结肠癌、缓解心脏病和 2 型糖尿病等有作用。目前，我国果蔬种类很多，贮藏方法多样，果蔬产品种类繁多，研究果蔬的贮藏原理及贮藏技术等内容可以减少采后损失，提高产品的品质，延长果蔬的贮藏期，对我国经济发展可以起到极大的促进作用。

1. 果蔬的化学成分

果蔬中的化学成分由水分和干物质两部分组成，干物质包括：糖、淀粉、纤维素、单宁、果胶物质、糖苷类、色素、维生素等。干物质根据其分子的组成不同，还有细小的分支，如果胶还分为原果胶、果胶和果胶酸。人体摄入果蔬后，果蔬中的成分被人体消化吸收，发挥不同的作用。

由于果蔬在贮藏期间外界条件的不同，随着贮藏时间的延长，果蔬成分含量会发生不同的变化，这些变化可能影响果蔬的成分，对人体健康产生有益的影响。如果贮藏产品腐败变质，可能会对人体健康产生不利影响。

2. 果蔬采后生理

水果和蔬菜被认为是活的有机体。即在收获后，它们继续呼吸，并在细胞水平上进行各种新陈代谢过程。呼吸是所有活细胞中的一个中心过程，涉及一系列氧化还原反应，其中细胞内的各种储存成分被氧化为二氧化碳，能量随后被释放，这种自我消费的方法导致水果和蔬菜的保质期更短。采后的果蔬仍进行着多种生理模式，如：呼吸生理、蒸腾生理、休眠生理等。若贮藏不当，新陈代谢过程的消耗会引起果蔬自身生理缺陷，如缺氧障碍、二氧化碳中毒、果蔬冷害等，引起果蔬变质、腐烂，造成一定的经济损失。

本书将主要针对苹果、梨、桃、葡萄、蓝莓、蓝靛果等水果和蒜薹、青椒、茄子、菜豆、番茄、南瓜等蔬菜进行采后贮藏技术的详细讲述。

3. 果蔬的采后处理与运销

果蔬采后处理措施主要包括预冷、预贮、整理挑选、分级、涂膜保鲜、包装等。预冷是果蔬贮藏中非常重要的环节，能够去除田间热，使果蔬能够以缓慢的速度进行降温，从而减少果蔬在贮藏过程中的损失；整理挑选和分级可以筛选出机械损伤果及烂果，这对之后果蔬的贮藏、运输和销售起着至关重要的作用。

4. 果蔬的主要贮藏方式

果蔬贮藏包括简易贮藏、通风库贮藏、机械冷藏、气调贮藏、减压贮藏、1-MCP贮藏等。常用的贮藏方式为低温冻藏、简易贮藏、通风库贮藏、机械冷藏和气调贮藏。低温冻藏是果蔬长期保存的一种流行方法，但如果不加以控制，最终会影响冷冻产品的微观结构，使得冻结伤害和随后的水果和蔬菜质量退化；简易贮藏包括堆藏、沟藏（埋藏）、窖藏、架藏，这些贮藏方法都是利用自然条件来进行贮藏的，简单易行，所需建筑材料少，设备要求少，费用较低，可因地建造，在生产实际中多用这些方法，但其缺点是工作量大，受制约条件多；通风库贮藏是利用自然通风换气降低贮藏库内的温度，以起到果蔬贮藏的需要，这是我国应用最普遍的贮藏方式之一；机械冷藏用具有机械制冷系统和隔热结构的冷库贮藏蔬菜，不受地区和季节的影响，可终年使用，我国机械冷藏从20世纪70年代开始兴起，并迅速发展；气调贮藏是通过适当降低氧气浓度并且适当提高二氧化碳浓度来延长果蔬贮藏期的方法，是目前世界上比较先进的常用的贮藏方式之一；1-MCP属于化学保鲜剂，是新型的贮藏保鲜材料，利用的是1-MCP对乙烯的抑制从而延缓果品的衰老和腐败，达到对果品贮藏和保鲜的目的。

5. 果蔬的主要贮藏技术

水果和蔬菜主要贮藏技术包括苹果贮藏技术、梨贮藏技术、葡萄贮藏技术、蓝莓贮藏技术、蓝靛果贮藏技术等水果贮藏技术以及青椒贮藏技术、蒜薹贮藏技术、番茄贮藏技术、黄瓜贮藏技术、茄子贮藏技术、菜豆贮藏技术、南瓜贮藏技术等蔬菜贮藏技术。

果蔬贮藏研究现状以保鲜贮藏技术为主，通常为保鲜技术和贮藏方式结合，从而达到更好地延长果蔬贮藏期的效果。果蔬保鲜方法可以分为化学和物理方法两种类型，每一种类型所包含的技术多、范围广，但都以保鲜品质作为关键性要素进行调控。

（1）纳米技术

在涂膜剂中加入纳米材料，可以延长果蔬贮藏保鲜寿命，使成膜具有抗菌杀毒、低透氧透湿率、良好的阻隔性等优良特性。

（2）冰温保鲜

目前，冰温保鲜技术已成为继冷藏、冻藏之后广泛应用的第三种保鲜新技术。冰温保鲜技术已被证明在影响果蔬呼吸速率、乙烯产生、膜脂过氧化和微生物的生长方面对各种水果和蔬菜产生了显著的影响。虽然组织中形成的部分冰可以延长一些水果和蔬菜的保质期，但在不合适的条件下也会对一些品种造成冻害。

（3）气调贮藏及薄膜封闭气调贮藏

气调贮藏通过降低O_2的浓度和增加CO_2浓度来减少营养物质消耗，抑制微生物滋生，抑制果蔬代谢和乙烯产生。臭氧是一种强氧化剂、消毒剂和杀菌剂，臭氧气调保鲜可以杀灭微生物及其分泌的毒素，可刺激果实，使其进入休眠状态。当用一定浓度的臭氧处理果实时，可使果蔬表皮气孔关闭，从而减少水分和养分消耗，改变果蔬的采后生理状态。但它会导致食品表面成分的氧化，并导致变色和品质恶化。气调保鲜通过最大限度地抑制果蔬的呼吸作用、蒸腾作用以及微生物的危害，能明显降低贮藏期间的损耗，从而将果蔬贮藏期延长5~10倍，实现长期贮藏和反季节销售，便于果蔬的长途运输和外销，有利于改变我国果蔬生产中长期存在的"旺季烂、淡季断"状况。俄罗斯实用技术研究院研制出可吸水杀菌并能重复使用的保鲜袋，为达到这种要求，在制袋材料中添加了脱水的酸化物、多种矿物盐和胃蛋白酶等酶类，可重复使用9次，达到保鲜杀菌的效果。

（4）涂膜保鲜

涂膜保鲜是将蜡、脂类、明胶等成膜物质制成适当浓度的水溶液或乳液，涂布于果蔬表面，抑制水分散失、呼吸作用和外源微生物侵入，但高浓度的天然胶或功能性添加剂可能会影响产品的感官性能。近年来国内外农产品加工科研机构研发了一种可直接被人体食用的涂膜材料，其主要是由壳聚糖及其衍生物所构成，使用该种可食用涂膜可有效延长鲜切果蔬的货架期。该壳聚糖及其衍生物也直接涂抹在鲜切果蔬的表面，起到保鲜的作用，而其本身也可被直接食用，顾客食用时不必再对其进行重新冲洗。日本学者从竹子表皮中分离出一种乙烯氧化酶，与脱乙酰壳多糖共同制成凝胶，涂在果蔬表面投放市场，可将芹菜保质期延长到2周，苹果保质期延长到1个月以上。

（5）调压保鲜技术

减压贮藏是气调贮藏的发展，又称真空贮藏和低压贮藏（IPS），在国际上被称作"21世纪的保鲜技术"。其作用原理是将水果蔬菜放在一个密闭冷却的容器内，用真空泵抽气，使之取得较低的绝对压力，其压力大小可以根据果蔬的商品特性及贮温而定。该方法能较好地解决果蔬的失重、萎蔫等问题，使水分得到保持，产品保鲜指数大大提高，而且出库后货架期也明显增加。

另一种调压方式是加压，即高压贮藏（HPS）。其作用原理主要是在贮存物上方施加一个小的由外向内的压力，使贮存物外部大气压高于其内部蒸气压，形成一个足够的从外向内的正压差，一般压力为250~400MPa。这样的正压可以阻止水果水分和营养物质向外扩散，减缓呼吸速率和成熟速度，故能有效地延长果实贮藏期。

（6）机械冷藏

机械制冷可使贮藏的蔬菜降至所要求的低温，从而大大推进了蔬菜贮藏的发展。机械冷藏食品始于1881年，在美国波士顿建立了第一个机械冷藏设施。机械冷藏利用制冷剂的相变特性，通过制冷机械循环运动作用产生冷量并将其导入有良好隔热效能的库房中，根据不同贮藏商品的要求，控制库房内的温湿度条件在合理的水平，并适当加以通风换气的一种贮藏方式。这种冷库由于温度稳定、温差小，可维持接近100%的相对湿度。到1971年美国全国的冷库容量约达 $4.049×10^7 m^3$，我国蔬菜机械冷藏技术发展于20世纪70年代，现阶段也是应用范围广、企业首选的贮藏技术之一。

二、果蔬贮藏的现状

国内的果蔬贮藏技术在长期的生产实践中取得了许多的成绩，研究出了一系列成熟且完善的贮藏技术体系。随着经济的发展，在广大科研人员的共同研究下，初步形成了产地与经销处之间简易贮藏库、机械冷库、气调贮藏等同步发展的新阶段。近年来，生物化学保鲜剂的开发研究及应用取得了很大的成果，但仅限于实验室内的小型试验，成果转化率较低，受成本和环境因素的影响，如何降低成本、提高成果转化率是研究人员需要攻克的一大难题。

以美国种植苹果情况为例，美国苹果超过70%的苹果总数均入库贮藏，其中气调库占60%；而我国入库量不足总量的50%，冷藏库占入库总量的30%～40%，而气调库由于其成本高，低于入库总量的10%。在美国，气调库能被充分利用，在纽约的一个农场里，将一个库分隔成三个库和一个包装车间，三个库分别为两个气调库和一个冷藏库，这样可以充分利用空间，减少贮藏转移包装时的消耗。而我国的贮藏库虽看起来建设范围广，但应用率低。

对于现有的农村合作社等规模小的果蔬产地，除了缺乏资金成本外，更缺少技术支持，不规范的采收、贮藏、加工均会造成果蔬的浪费，缺乏贮藏的详细知识而进行错误的操作，在贮藏过程中的外界条件对果蔬有着巨大的影响。不同果蔬种类甚至同一种类果蔬不同品种或同一品种不同原产地之间也存在着细微的差异，这些差异主要是由其果蔬中的糖分、细胞含水率和细胞液浓度等以及植物细胞的组织结构共同决定的。通常情况下各类果蔬的冰温带都须控制在极其精准的范围内，尤其是在仓储容量较大的冰温仓库内如何做到仓库内部所储存的每一箱果蔬都能被有效地控制在特定的温度范围内，则需要极其精准的温度探测和调节技术。部分种类果蔬的贮藏方式如图1-1、图1-2和图1-3所示，贮藏条件如表1-1、表1-2和表1-3所示。

图1-1　冰温技术车间

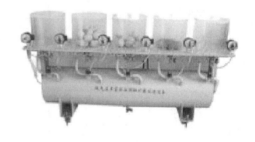

图1-2　减压贮藏

图1-3　薄膜封闭气调贮藏

表1-1　果蔬的冷藏条件和贮藏寿命

果蔬种类	贮藏温度^①/℃	贮藏湿度^①/%	贮藏寿命
苹果（金冠）	0～1	85～90	4～6月
洋梨	-1.5～0	85～90	2～6月

果蔬种类	贮藏温度①/℃	贮藏湿度①/%	贮藏寿命
葡萄	−1~0.5	85~90	1.5~6 月
甜橙	0~1	85~90	8~12 周
桃	0	85~90	2~4 月
李	0~1	80~85	3~4 周
杏	−0.5~0	90~95	3~4 周
蜜柑	0~3	90~95	2~4 周
樱桃	0	85~90	10~14 日
柿	−1	85~90	2 月
菜花(花椰菜)	0~1	90~95	4~7 周
芹菜	−2~0	90~95	4~13 周
菠菜	−1~0	90~95	10~30 日
胡萝卜	−1~0	90~95	17~21 周
大萝卜	0~3	90~95	4~6 月
蒜薹	−0.5~0.5	90~95	7~10 月
大白菜	−1~1	90~95	14~17 周
洋葱	−3~0	65~75	21~28 周
番茄(红熟)	0~2	85~90	7~10 日
番茄(绿熟)	10~12	80~85	1~3 月
马铃薯	3~5	85~90	8~30 周
茄子	8~10	85~90	4~8 周
青椒	7~9	80~85	7~14 周
黄瓜	10~13	90~95	15~30 日

① 推荐量，数据仅供参考，贮藏户可根据实地的情况、种植品种、采收时间等不同条件进行调整。

表 1-2　一些常见水果的气调贮藏条件

种类及品种	温度①/℃	对低氧和高二氧化碳耐受度		气调条件①	
		低氧/%	高二氧化碳/%	O₂浓度/%	CO₂浓度/%
苹果(元帅)	0~5	2	2	2~3	2~4
杏	0~5	2	2	2~3	2~3
甜樱桃	0~5	3	7	3~10	5~8
猕猴桃	0~5	—	8	2	5
油桃	0~5	2	5	1~2	5
李	0~5	2	2	1~2	0~5
草莓	10~15	5	—	3~10	5~10
葡萄柚	10~15	5	—	5	0~5
柠檬	8~12	3	7	2~5	5~10
甜橙	13~15	5	—	10	5

① 推荐量，数据仅供参考，贮藏户可根据实地的情况、种植品种、采收时间等不同条件进行调整。

表 1-3　蔬菜的气调贮藏条件

蔬菜种类	O_2 浓度[①]/%	CO_2 浓度[①]/%	蔬菜种类	O_2 浓度[①]/%	CO_2 浓度[①]/%
番茄	2～4	0～4	黄瓜	2～4	0～5
青豌豆	5～10	5～7	菜豆	2～3	<2
茄子	2～4	2～4	蒜薹	1～3	5～8
甘蓝	3	3	青辣椒	2～4	2～4
花椰菜	3	<3	结球莴笋	3～5	<2
绿花菜	3	<10	石刁柏	1～10	5
洋葱	1～5	5	菠菜	1～2	<2
大白菜	1～4	3～8			

① 推荐量，数据仅供参考，贮藏户可根据实地的情况、种植品种、采收时间等不同条件进行调整。

第二章　果蔬的化学成分及其贮藏特性

　　果蔬的化学组成和特性直接影响到其贮藏性和加工性。果蔬贮藏过程中除了要防止腐败变质之外，还要尽可能地保护果蔬的营养成分、风味、色泽和质地。控制果蔬化学成分的变化，要了解果蔬的主要化学成分的基本性质及其贮藏特性。

　　通常可以将果蔬的化学成分分成水和干物质两大部分，干物质又分为水溶性和非水溶性物质。水溶性物质溶解于水中，组成植物体的汁液部分，影响果蔬的风味，包括糖、果胶、有机酸、水溶性维生素、单宁物质以及部分无机盐类。非水溶性物质一般是组成植物固体部分的物质，这类物质有纤维素、半纤维素、原果胶、淀粉、脂肪、部分含氮物质、色素、维生素、部分无机盐类和有机盐类。

第一节　水　分

　　水分是影响果蔬新鲜度、脆度和口感的重要成分，与果蔬的风味品质也密切相关。果蔬含水量因其种类不同而不同。一般果蔬的含水量在60％～90％之间，苹果的含水量为85％左右，梨的含水量为90％左右，黄瓜等瓜类蔬菜的含水量在95％以上，新采摘的黄瓜水分可高达98％。一些果蔬中的水分含量见表2-1。

表 2-1　部分果蔬的含水量

名称	含水量/％	名称	含水量/％
苹果	85.9	白菜	93.6
梨	90.0	芹菜	93.1
香蕉	75.8	番茄	94.4
葡萄	88.7	辣椒	91.9
草莓	91.3	黄瓜	95.8
桑葚	82.8	胡萝卜	88.6
西瓜	95.0	豆角	90.0
桃	86.4	马铃薯	79.8
山楂	65.0		

果蔬中的水分有两种存在状态，分别是游离水和结合水。游离水存在于果蔬组织细胞中，可溶性物质就溶解在这类水中。游离水含量最多，占总含水量的 $70\%\sim80\%$，具有水的一般特性，容易蒸发损失，也容易结冰。结合水又称束缚水，是指存在于食品中与非水成分通过氢键结合的水，是食品中与非水成分结合最牢固的水。结合水与蛋白质、多糖、胶体等大分子物质结合在一起，这类水不蒸发且在一般情况下很难分离。

果蔬因含有极丰富的水分而显得新鲜饱满和脆嫩，因水分中溶有一部分干物质，故果蔬具有特殊的营养和风味。水分是维持采后果蔬生命活动的限制因素，又是果蔬中微生物滋生的有利条件，且极易蒸发损失。因此水分是果蔬容易失鲜、腐烂、变质、不易保藏的重要原因之一，进行果蔬贮藏时，必须考虑水分的存在和影响，并加以必要的控制。

果蔬贮藏过程中，水分为微生物的繁殖创造条件，通常采用水活度表示微生物的存活条件。水活度（a_W）是食品中水的蒸气压与同温度下纯水的饱和蒸气压的比值。降低水活度，可以控制贮藏过程中的化学变化，从而稳定产品质量。不同微生物生长繁殖都要求有一定的最低限度的水活度值，细菌的最低水活度界限为 0.9，酵母菌为 0.87，霉菌为 0.8。大多数的果蔬水活度都在 0.9 以上，新鲜时高达 $0.98\sim0.99$，具有适合多种细菌繁殖的水活度条件。果蔬经过冻结后，水活度降低，抑制微生物生长繁殖，这是冻结保鲜的基本原理。

例如，黄瓜因其较高的含水量，易受机械损伤，采后较难贮藏，大规模生产和长途运输常常造成黄瓜大批量腐烂，损失严重。蓝莓、蓝靛果等小浆果，因其高含水量，不易运输贮藏，通常将其进行冷冻贮藏。

第二节　糖　类

糖类，又称碳水化合物，是主要含有碳、氢和氧分子的化合物，其分子组成一般可用 $C_n(H_2O)_m$ 的通式来表示。它们是最丰富的一类化合物，广泛存在于果蔬中，含量在 $1\%\sim60\%$ 之间，占蔬菜和水果干重的 $50\%\sim80\%$。一般来说，叶菜和茎菜中的糖类含量为 $2\%\sim9\%$，根菜和块茎中为 $15\%\sim25\%$，柑橘类水果中为 $10\%\sim12\%$。

糖类对果蔬产品的质地、风味、颜色和营养价值都有影响。纤维素、半纤维素和果胶是维持植物细胞结构所必需的。淀粉是未成熟果蔬中的贮藏多糖，在成熟过程中转化为简单的糖类。

根据分子结构，糖类分为单糖（糖类的最简单单位）、低聚糖（由糖苷键连接的 2～10 个单位组成）和多糖（理论上由 10 个以上单位组成）。图 2-1 展示了单糖的分子结构；图 2-2 展示了蔗糖和麦芽糖的分子结构；图 2-3 展示了直链淀粉和支链淀粉的分子结构。

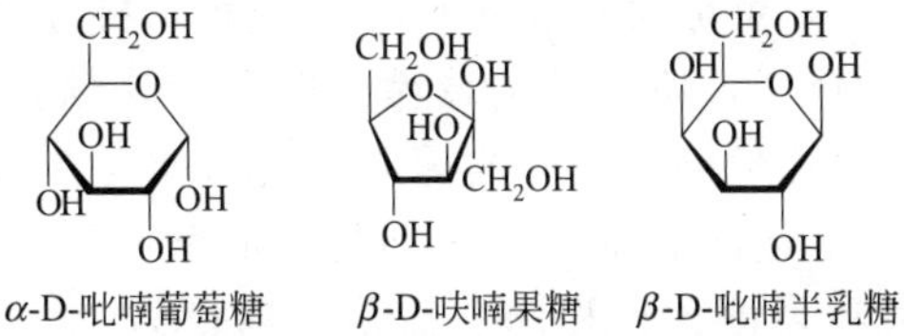

α-D-吡喃葡萄糖　　β-D-呋喃果糖　　β-D-吡喃半乳糖

图 2-1　单糖的分子结构

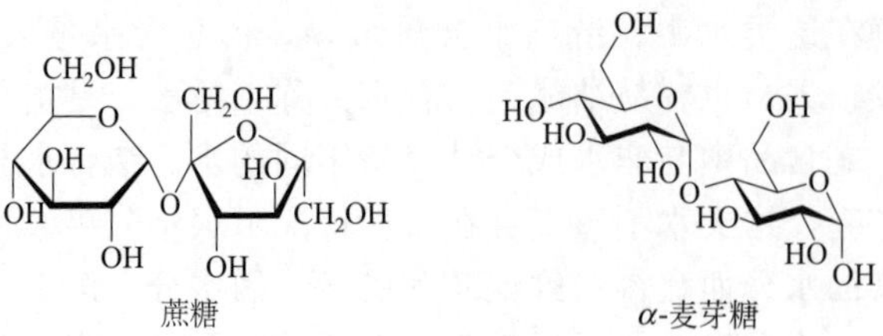

图 2-2　蔗糖和麦芽糖的分子结构

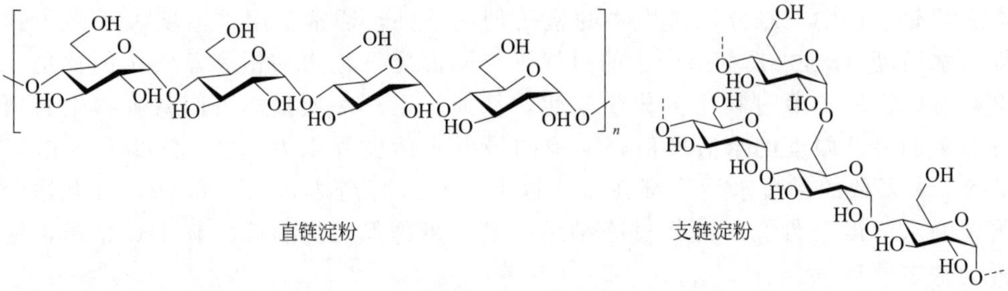

图 2-3　直链淀粉和支链淀粉的分子结构

一、单糖和低聚糖

糖是形成果蔬味道的重要组成成分之一，是果蔬的甜味来源。它不仅能供给人体所必需的热量，也是果蔬从生长到衰老过程中变化较为明显的物质之一。其主要包括单糖、双糖等可溶性糖。糖是果蔬贮藏期呼吸作用的主要基质，随着贮藏时间的延长，糖逐渐消耗而减少，所以糖是果蔬贮藏期间的重要指标。

果蔬中的糖，被人体摄入后，分解为单糖——葡萄糖，然后葡萄糖经血液运输到各组织、细胞进行合成代谢和分解代谢。

（一）果蔬糖类物质组成

不同的果蔬种类含有不同的糖。除果实类外，叶菜类和茎菜类等果蔬同样含糖但含糖量较低。一般情况下，含糖量高的果蔬耐贮藏、耐低温，相反则不耐贮藏。

1. 水果的糖类组成

水果含糖量在 $0.5\%\sim25\%$ 之间，所含的主要糖分是蔗糖、葡萄糖和果糖。此外，还含有甘露糖、半乳糖、木糖、核糖等。不同种类水果含糖量不同。苹果、梨等仁果类中以果糖含量占优势。苹果总糖量可达到 10.49%（平均数），所含果糖最多，含量可高达 5.13%，葡萄糖含量为 2.39%，蔗糖含量为 2.97%。梨总糖量约为 9.69%，果糖含量可达 $6.0\%\sim6.7\%$，葡萄糖含量为 2.61%，蔗糖含量仅为 0.61%。杏、桃等核果类水果中的蔗糖含量较仁果类高，蔗糖可达 $10\%\sim16\%$，所含的葡萄糖一般多于果糖。酸樱桃和甜樱桃含蔗糖特别少，仅为 0.5%。樱桃所含葡萄糖最多，含量可高达 4.8%，果糖为 1.7%。杏果糖含量可达 10%。葡萄等浆果类与上述两类水果的区别是含蔗糖特别少。浆果类的蔗糖含量一般为 1%，浆果中所含葡萄糖和果糖大致相同。葡萄总糖量为 $12.5\%\sim25\%$，蔗糖含量小于 0.5%。所有的柑橘类水果均含有大量的蔗糖。在柠檬中，当含有大量柠檬酸（$6\%\sim8\%$）时，也含有 0.7% 的蔗糖。

香蕉中含糖量最多，成熟的香蕉蔗糖含量达 13.68%，且所含的葡萄糖和果糖也较多。

柿子含少量蔗糖，多数为葡萄糖和果糖，以果糖最多，含有葡萄糖 6.57%，果糖 9.23%。

凤梨中也含有较多的蔗糖（8.6%），但葡萄糖（1%）和果糖（0.6%）的含量却很低。

同一种类果蔬因成熟度、地理条件、栽培管理技术的不同，含糖量也有很大的差异。不同品种苹果的含糖量在 5%～24% 之间。

在果实发育和成熟的过程中，果实中的糖分不断变化，在水果质量方面也起着核心作用。例如，通过高效液相色谱（HPLC）观察了桃子六个发育阶段的糖含量，果实发育和成熟过程中存在差异。蔗糖先增加后减少；葡萄糖和果糖首先下降，然后上升；而山梨糖醇一直下降。杏、桃、芒果等果品成熟过程中，蔗糖含量逐渐增加。成熟的苹果、梨和枇杷，以果糖为主，同时也还有葡萄糖，蔗糖含量也略有增加。未成熟的李子几乎没有蔗糖，成熟过程中，其含量迅速增加。

在贮藏期间，水果的糖分逐渐下降。草莓在贮藏 12d 期间，蔗糖的浓度急剧下降，从 131.9mmol/L 急剧下降至 28.7mmol/L，其次是葡萄糖和果糖；贮藏结束时，蔗糖、葡萄糖和果糖的相对浓度降低的比例分别为 60%～78%、10%～20% 和 1%～10%。

2. 蔬菜的糖类组成

蔬菜的含糖量较果品少，一般在 5% 以下。蔬菜中以地下贮藏器官如块根、块茎等的含糖量较高。一般番茄的含糖量在 1.5%～4.2%，随着其逐渐成熟，含糖量日益增加。如樱桃番茄在成熟过程中，总糖增加了 36%，果糖增加了 36%，葡萄糖增加了 35%。块茎、块根类蔬菜，如甘蓝的含糖量在 1.5%～4.5%。

蔬菜含糖量在 5% 以下的蔬菜有大白菜、小白菜、菜花、菠菜、韭菜、茄子、卷心菜、龙须菜、番茄、苤蓝、蒜黄、甘蓝菜、莴笋、生菜、冬瓜、莴笋叶、绿豆芽、西葫芦、黄瓜、茴香、鸡毛菜、雪里蕻、芹菜、苦瓜、菜瓜、油菜和丝瓜等。

含糖量 5%～7% 的蔬菜有扁豆、豇豆、大葱、菜椒、冬笋、韭菜苔、小葱、紫水萝卜、尖辣椒、茭白、蒜苗、青萝卜、长辣椒、毛笋、香菜、洋葱、黄豆芽、香椿、刀豆和胡萝卜等。

（二）糖的性质

1. 甜度

甜味是糖的重要性质，甜味的强弱用甜度来表示。目前采用感官比较法来测定，甜度以蔗糖（非还原糖）为基准物，一般以 10% 或 15% 的蔗糖水溶液在 20℃ 时的甜度为 1.0。由于这种甜度是相对的，所以又称比甜度，不同糖及糖醇的比甜度见表 2-2。

表 2-2　糖及糖醇的比甜度

单糖	比甜度	单糖	比甜度
蔗糖	1.00	α-D-木糖醇	0.7
乳糖	0.4	β-D-呋喃果糖	1.50
麦芽糖	0.5	α-D-半乳糖	0.27
山梨糖	0.5	α-D-甘露糖	0.59
木糖醇	1.0	α-D-木糖	0.50
麦芽糖醇	0.9		

糖甜度的高低与糖的分子结构、分子量、分子存在状态及外界因素有关，分子量越大，溶解度越小，则甜度越小。此外，糖的 α 型和 β 型也影响糖的甜度。关于甜度提出的一些理论学说如下：

（1）呈甜机理（夏氏学说）

1967年夏伦·贝格尔（Shallen Berger）提出有关甜味"构性关系"的 AH/B 生甜团学说。他认为在甜味剂的分子结构中存在一个能形成氢键的基团 AH，叫质子供给基，如—OH、—NH_2、—NH 等；同时还存在一个有负电性轨道的原子 B，叫质子接受基，如 O、N 原子等。呈味物质的这两类基团还必须满足立体化学要求，才能与受体的响应部位匹配。在味觉感受器中，这两类基团的距离约为 0.3nm，因此，甜味分子中的 B 基团与 AH 上质子之间的距离也必须在 0.25～0.4nm，这样当两者接触时彼此能以双氢键偶合，产生甜味感觉的初级响应，而且甜味的强弱与双氢键的强弱相关。

这个理论存在一定的缺陷，比如它没有考虑物质分子的空间卷曲折叠效应，不能解释甜度与呈味物质结构的关系。

（2）Kier 对夏氏学说的补充

由于种种不足，Kier 又对 Shallen Berger 的理论进行了补充和发展。他认为甜味分子中还可能存在着一个具有适当立体结构的亲脂区域，即在距 AH 基团约 0.35nm 和距 B 基团 0.55nm 的地方有一个疏水基团（hydrophobic group）X（如 CH_2、CH_3、C_6H_5 等）。它能与味觉感受器的亲水部位通过疏水键结合，使两者产生第三接触点，形成一个三角形的接触面。X 部位似乎是通过促进某些分子与味觉感受器的接触而起作用，并因此影响到所感受的甜味程度。

但此理论也具有一定的缺陷：不能解释多糖和多肽为何没有任何味感；不能解释 D 型与 L 型氨基酸的味觉为何不同。

（3）曾广植的诱导适应甜味受体模型理论

曾广植于 1980 年提出诱导适应甜味受体模型理论，如下所述：

甜味受体必须对甜味剂有某种引力才能使两者迅速接近，后者必须顺应前者的氨基酸顺序才能相互结合，产生的能量将驱使受体做构象改变，通过量子交换引起低频振动激发，使信息传导至神经系统。

甜味受体是一种碱性膜表蛋白体。甜味受体有较严格的空间专一性要求，其中极性强、带刚性骨架部位要求严格，多处于膜的表层，以便于与甜味剂的定味基结合；极性弱、带挠性的骨架部位可以伸缩，多处于膜的内层，以便于和甜味剂的助味基吸附。因此，定味基决定甜味分子可达到的最高甜味深度，助味基则决定其分子的甜味倍数。

甜味受体由 A、B、C、D、E 五种示意氨基酸片段组成，形成一个 U 形口袋，袋口上扣有一个多价阳离子 M^{n+}（它已经被证明是产生味感的先决条件，且键力无方向性限制）。刺激物 RX 需要与 AB、BC、CD、DE 或 ABC、BCD、CDE 或 ABCD、BCDE 或 ABCDE 的顺序对应的极性中心相匹配，而空间构型互补的结构时，两者才能吸附结合产生甜味。

若 RX 的极性中心与受体对应的位置稍有交错，但两者不是相互排斥，也不能触动受体做构象变化，相反两者的空间构型还能互补，则 RX 是甜味抑制剂。

RX 的甜味强度可用吸附公式表达：$R = CKR_m/(1+CK)$。式中，R 为甜味强度；C 为甜味剂浓度；R_m 为浓度 C 达到最大值时的甜味强度；K 为结合常数，决定甜度的倍数。

（4）Fechner 起感量测定法

各种糖有它不同的甜味，甜味的等级是由舌器官来区别的，Fechner 倡议以起感量来表示，即以发生甜味感觉的最低浓度来区别三种主要糖分——蔗糖、葡萄糖和果糖。

起感量的反比，即为 Fechner 测定法所规定的各种糖甜度之比。三种不同糖的起感量分别如下：果糖为 0.25%，蔗糖为 0.38%，葡萄糖为 0.55%。

由上可知，果糖最甜，蔗糖次之。若以任何糖的起感量计算，甜度之基数定为 100，得到其糖的甜度指数如下：果糖∶蔗糖∶葡萄糖＝100∶66∶45。

果蔬甜味的强弱，虽然主要取决于含糖量和种类，但是受酸和单宁的影响也很大。果蔬中糖和酸含量相等时，能感觉酸味而很少感到甜味，只有在糖量增加或酸量减少时，才会感到甜味。生产中常以糖酸比值（糖/酸）来表示果蔬的甜味，比值大，说明糖比酸多，味甜；比值越小，味越酸。

2. 糖的溶解度

在相同温度下，各种单糖的溶解度不同，果糖的溶解度最大，其次是葡萄糖。一般随温度升高，溶解度增大。

3. 糖的吸潮性和保潮性

吸潮性是指在较高空气湿度情况下吸收水分的性质。保潮性是指在较高湿度吸收水分和在较低湿度散失水分的性质。不同的糖吸湿性不一样，在所有糖中，果糖的吸湿性最强，葡萄糖次之。

糖易吸湿潮解，在糖制品加工和糖制品的保存时应注意此特性。

还原糖的潮解性大，并难以结晶，故在配制浓厚糖浆时，如制蜜饯时所用糖液、熬糖果的糖浆均掺有还原糖的成分，不易结晶。

4. 结晶性质

蔗糖易于结晶，晶体能生长很大；葡萄糖也易于结晶，但晶体很小；果糖难结晶；淀粉糖浆不能结晶，并有防止蔗糖结晶的效果。

5. 化学稳定性

蔗糖不具还原性，在中性和微弱碱性情况下性质很稳定，受热不易分解。但在 pH 值 9以上时会受热分解成有色物质。在酸性情况下，蔗糖发生水解反应，转变成葡萄糖和果糖，工业上称为转化糖。

葡萄糖和果糖都具有还原性，稳定性较蔗糖低很多，受热易分解，产生有色物质，特别是在碱性情况下。葡萄糖在 pH 3.0 最稳定，果糖在 pH 3.3 最稳定。

（三）果蔬含糖量对加工有重要意义

糖在酵母或其他微生物的作用下可以产生酒精、乳酸及其他产物。因此，果蔬含糖量对腌制、酿造加工有重要的意义。

糖与氨基酸作用易产生蛋白黑素，使加工产品发生褐变。在干制、罐头杀菌时，应注意防止发生褐变。

此外，果实中还含有半乳糖、戊糖以及与糖密切相关的糖醇（甘露醇、山梨醇）等。在李、桃、樱桃、梨、苹果中均含有山梨醇，在柿、凤梨等果实中还有甘露醇，这两种糖醇均是结晶物质，具有甜味。

二、淀粉

淀粉是植物体贮藏物质的一种形式。淀粉为多糖类的高分子化合物，由于淀粉的种类不同，它的分子量也不同。淀粉分子是由几千个 $C_6H_{10}O_5$ 单位组成的，常以 $(C_6H_{10}O_5)_n$ 表示。

淀粉是经由 α-1,4-糖苷键连接组成的，分为直链分子和支链分子，直链分子是 D-葡萄糖经 α-1,4-糖苷键连接而形成的线状大分子，聚合度约为 100～6000，一般为 250～300。支链分子的分支位置为 α-1,6-糖苷键，其余为 α-1,4-糖苷键。支链淀粉分子近似球形，树权结构，聚合度一般在 6000 以上，比直链淀粉分子的聚合度大得多，是最大的天然化合物之一。

淀粉颗粒的形状一般分为圆形、多角形和卵形（椭圆形）三种，不同来源的淀粉颗粒在大小上差异很大。例如，马铃薯淀粉和甘薯淀粉的颗粒为卵形，较大；玉米和大米淀粉颗粒多为多角形，较小。

(一) 果蔬中的淀粉

果实中淀粉的合成，主要在叶部进行，首先形成葡萄糖，然后转化为淀粉。植物细胞中能发生逆向反应，使淀粉转化为可溶性糖易于输送到果实中，在果实中复转为淀粉。但在未成熟的绿色果实中，因含有叶绿素，通过同化作用形成葡萄糖，最后形成淀粉。

1. 水果中的淀粉

水果中含淀粉量较少，最多的是板栗，约含 62%～70.1%，苹果为 1%～1.5%。但苹果、梨在幼果时含淀粉量较多，糖分少，经过贮藏淀粉转化为糖增加甜味。这种现象在晚熟苹果中更为显著。绿色苹果在未成熟时含淀粉较多，在果实开始生长时，它的淀粉含量一直在增加，随着成熟过程，其淀粉含量反而下降。

香蕉淀粉含量约为 60%，不同成熟期的香蕉其淀粉含量不同，随着成熟过程可溶性糖含量逐渐增多，淀粉是香蕉成熟过程中变化最大的成分。

2. 蔬菜中的淀粉

蔬菜含淀粉量较多，如藕（12%～19%）、芋头（70%左右）、山药（16%～20%）、马铃薯（14%～25%），其淀粉含量与成熟程度成正比。凡是以淀粉形态作为贮存物质的种类，均能保持休眠状态而利于贮藏。对于青豌豆、甜玉米等以幼嫩粒供食用的蔬菜，其淀粉的形成会影响食品或加工产品的品质。

(二) 淀粉的性质

1. 物理性质

淀粉为白色粉末。淀粉分子中存在羟基而具有较强的吸水性和持水能力，因此淀粉的含水量较高。不同原料的淀粉具有不同的含水量，如玉米淀粉约为 12%，甘薯淀粉约为 20%。

淀粉与碘可以形成有颜色的复合物，直链淀粉与碘形成的复合物呈棕蓝色，支链淀粉与碘形成的复合物则呈蓝紫色。

2. 淀粉的水解反应

淀粉在无机酸或酶的催化下将发生水解反应，称为酸水解和酶水解。

淀粉在酸的作用下水解产生分子量不同的各种中间产物，这些物质称为糊精。不同来源的淀粉，其酸水解难易不同。一般马铃薯淀粉较玉米、小麦、高粱等谷类淀粉易水解，大米淀粉较难水解，直链淀粉较支链淀粉容易水解。

淀粉的酶水解，在工业上称为糖化。淀粉的酶水解一般要经过糊化、液化和糖化三道工序。淀粉酶水解所使用的淀粉酶主要有α-淀粉酶、β-淀粉酶和葡萄糖淀粉酶等。

3. 淀粉的糊化

淀粉以颗粒的形态存在于果实细胞中，它的含量较大（1.5%～1.6%），不溶于冷水。当淀粉在热水中，则剧烈吸水膨胀，生成胶体溶液，称为糊化。生成的黏稠液体称为淀粉糊或者糊精，其所需温度称为糊化温度，一般为55～68℃。

糊化是淀粉糖化的中间步骤，直接影响糖化结果。因此，含淀粉的果实，酿酒时应注意首先将原料蒸煮，然后再糖化，这样可以提高出酒率。

4. 淀粉的老化

糊化后的淀粉溶液在低温下放置较长时间后，会由透明变得浑浊，并产生沉淀，这种现象称为老化。

老化后的淀粉与水失去亲和力，不易与淀粉酶作用，因此不易被人体消化吸收，严重影响食品质地。

5. 淀粉的改性

（1）可溶性淀粉

可溶性淀粉是经过轻度酸或者碱处理的淀粉，其淀粉溶液热时有良好的流动性，冷凝时能形成坚柔的凝胶。

（2）酯化淀粉

淀粉分子可与无机盐或者无机酸生成酯。在工业上通常将淀粉与甲酸、乙酸、丙酸及一些高级脂肪酸作用，生成各种用途的淀粉酯，常见的有淀粉醋酸酯、淀粉硝酸酯、淀粉磷酸酯和淀粉黄原酸酯等。

（3）醚化淀粉

淀粉糖基单体上的游离羟基可被醚化而得到醚化淀粉，其中甲基醚化法为研究淀粉结构的常用方法。

（4）氧化淀粉

淀粉随氧化条件及氧化剂的不同而生成不同的产物。常用的氧化剂有高碘酸。氧化淀粉糊，黏度较低，但稳定性高，较透明，成膜性能好；在食品加工中可形成稳定溶液，适用作分散剂或乳化剂。

（三）淀粉的应用

富含淀粉的果蔬，除可以制取淀粉外，也是酿造、干制和生产饴糖的加工原料。

淀粉的应用广泛，其中变性淀粉是重点。变性淀粉是指利用物理、化学或酶的手段改变原淀粉的分子结构和理化性质，从而产生新的性能与用途的淀粉或淀粉衍生物。通过适当改性处理的变性淀粉大多具有糊透明度高、糊化温度低、淀粉糊黏度大且稳定性好、凝沉性小、成膜性优、抗冻性能强及耐酸、耐碱和耐机械性强等许多优良特性，可广泛应用于食品、饲料、医药、造纸、纺织、日化及石油等行业。

三、纤维素和半纤维素

（一）纤维素

纤维素是反映果蔬质地的物质之一。纤维素在果蔬皮层中含量较多，是植物细胞壁的主要结构成分，通常与木质素、木栓质、角质和果胶等结合成复合纤维素。例如，角质纤维素具有耐酸、耐氧化、不易透水等特性，主要存在于果蔬的表皮细胞内，可以保护果蔬，减轻机械损伤，抑制微生物的侵袭，减少贮藏和运输中的损失。

纤维素由葡萄糖残基组成，通过 β-1,4-糖苷键连接，形成聚合物大分子。这些长链大分子通过氢键形成纤维素的网络结构，是自然界中分布最广、含量最多的一种多糖。

纤维素的类型和含量在同一植物的每个组织和器官中是不同的。含纤维素多的果蔬质粗渣多，品质较差。一般幼嫩果蔬纤维素含量低，成熟果蔬含量高。

纤维素不能被人体吸收，但可以促进肠壁的蠕动和刺激消化液的分泌，可以帮助其他营养物质的消化，也有助于排出废物。日常饮食中包含这些纤维素可带来多种健康益处，例如预防或减少肠道疾病，并降低患冠心病和 2 型糖尿病的风险。

1. 水果中的纤维素

水果中纤维素含量一般在 0.2%～4.1%。不同水果的纤维素含量见表 2-3。

表 2-3　水果纤维素含量

水果种类	纤维素含量/%	水果种类	纤维素含量/%
梨	2.58	杏	0.8
柿子	1.4	西瓜	2.58
苹果	1.28	甜瓜	0.2～0.5
桃	0.95		

梨果实中的石细胞，就是含有木质纤维素的厚壁细胞，形状似砂粒，质地坚硬。石细胞多的品种品质较差。有些梨品种含有石细胞虽多，但贮藏期间在酶的作用下，可使石细胞纤维素中的木质素还原，质地变软，反而提高了品质。

柿果的纤维素含量为 1.4%，而柿皮的膳食纤维含量可达到 40.35%。

苹果的纤维素含量为 1.28%，其中，果渣中的纤维素约占果渣总成分的 35%。

2. 蔬菜中的纤维素

蔬菜中的纤维素含量为 0.2%～2.8%。其中甘蓝中的纤维素较不稳定，它能大量溶解在肠道中。不同蔬菜的纤维素含量见表 2-4。

表 2-4　蔬菜纤维素含量

蔬菜种类	纤维素含量/%	蔬菜种类	纤维素含量/%
芹菜	1.45	根菜类	0.2～1.2
菠菜	0.94	番茄	0.4
甘蓝	1.65	南瓜	0.3
葱	1.76		

（二）半纤维素

半纤维素是组成植物细胞壁的主要成分之一，常与纤维素共存，是一种混合多糖，水解后将生成阿拉伯糖、木糖、葡萄糖、甘露糖和半乳糖等，有时还有糖醛酸。

半纤维素以 β-D-1,4-吡喃木糖基单位组成的木聚糖为骨架，也是膳食纤维的一个来源。

半纤维素对肠蠕动和粪便排泄产生有益的生理作用，能促进胆汁酸分泌和降低血液中胆固醇的含量。研究表明，半纤维素可以预防心血管疾病和结肠癌。

四、果胶

果胶物质是植物组织中普遍存在的多糖类物质，是构成细胞壁的成分，主要存在于果实、块茎、块根等植物器官中。

（一）果胶的化学结构及分类

果胶主要由 α-1,4-糖苷键连接的半乳糖醛酸与鼠李糖、阿拉伯糖、半乳糖等中性糖以及含有一些非糖成分，如甲醇、乙酸及阿魏酸等形成的酯。

天然的果胶物质的甲酯化程度变化较大，酯化的半乳糖醛酸基与总半乳糖醛酸基的比值称为酯化度，也有用甲氧基含量来表示酯化度的。天然原料提取的果胶最高酯化度为 75%，果胶产品的酯化度一般为 20%～70%。

果蔬中的果胶物质有三种不同形态。原果胶：原果胶为细胞壁中胶层的组成部分，不溶于水，常与纤维素结合形成果胶纤维，在细胞间有黏结作用，使果蔬变得脆硬。果胶：果胶存在于细胞液中，可溶于水，与糖酸配合成一定比例时形成凝胶。含果胶多的果蔬，可以加工成冻、糕、酱等产品，但蔬菜中的果胶，甲氧基含量低，凝冻能力小。果胶能溶于水，但不溶于酒精。这一特性，在提取果实中的果胶时常被利用。果胶酸：果胶酸不溶于水，无黏性，它能与碱土金属作用生成不溶于水的盐类而成凝胶状态，果蔬加工时常利用这一性质保脆。如蔬菜腌渍加工时常加钙，使之与果胶酸作用生成果胶酸钙，可以保持加工品的脆度，增进品质。

原果胶在原果胶酶的作用下，可分解为果胶。果胶在果胶酶的作用下，可分解为果胶酸。果胶酸在果胶酸酶的作用下，可分解为半乳糖醛酸。至此细胞间失去黏着力，组织解体，果蔬软烂。

（二）果胶的性质

果胶为白色或浅黄色粉末，有水果香味、无固定熔点和溶解度，可溶于水，不溶于乙醇、甲醇等有机溶剂。

果胶分散所形成的溶液是高黏度溶液，其黏度与分子链长度成正比。在一定条件下，果胶具有形成凝胶的能力。果胶适量加糖和酸，可形成凝胶。果冻、果酱的加工就是根据这种特性。普通果胶的溶液，必须糖含量在 50% 以上时方可形成凝胶。当酯化度小于 50% 时，称为低甲氧基果胶，即使加糖、加酸的比例恰当，也难形成凝胶，但其羧基能与多价离子（Ca^{2+}）产生作用而形成凝胶。多价离子的作用是加强果胶分子间的交联作用，同时，Ca^{2+}的存在对果胶凝胶的质地有硬化作用，这就是果蔬加工中首先用钙盐前处理的原因。

（三）果蔬中的果胶

果蔬种类不同，果胶的含量和性质也不同，如柑橘、山楂、苹果等果实中所含的果胶凝胶能力很大，而大部分蔬菜的果胶凝胶能力很小，甚至缺乏凝胶能力。

我国所产的山楂、柑橘、苹果、番石榴等含有大量果胶，是果冻制品的理想原料。山楂含果胶 6.4%，苹果 1%～1.8%，桃 0.56%～1.25%，梨 0.5%～1.4%，草莓 0.7%。

果胶的工业来源主要包括柑橘皮和苹果渣，也有一些其他来源，如向日葵盘、甜菜浆和香蕉皮等。

第三节　有机酸

有机酸类是分子结构中含有羧基（—COOH）的化合物。果蔬中有很多有机酸，其中主要有柠檬酸、苹果酸和酒石酸，此外还有草酸、富马酸和琥珀酸等。通常果实发育完成后有机酸的含量最高，随着果实成熟和衰老有机酸含量呈下降趋势。

有机酸在果蔬中是以游离盐或酸式盐的状态存在。有机酸的含量，不仅因果蔬种类和品种不同而异，在同一品种，不同成熟期，或同一果实的不同部位，含量也有差异。在实践中，常用含酸量来判断果实的成熟度。

1. 水果中的有机酸

柠檬酸型水果：指成熟果实中主要有机酸为柠檬酸，它是呼吸代谢的主要基质，也是影响水果风味的决定性有机酸。常见水果，如柑橘、柠檬、菠萝、芒果、草莓、蓝莓等。

苹果酸型水果：果实成熟时主要有机酸为苹果酸，如苹果、杏、李子、石榴、枇杷、桃、香蕉、樱桃等。

酒石酸型水果：水果种类相对较少，以葡萄为典型代表，其果实中酒石酸为主要有机酸，其次是苹果酸，此外还含有少量其他有机酸。

苯甲酸型水果：果实中苯甲酸为主要有机酸，以蔓越莓、覆盆子等浆果为代表。

表 2-5 展示了几种水果中有机酸种类和含量。

表 2-5　几种水果中有机酸种类和含量

水果种类	pH	总酸量/%	柠檬酸/%	苹果酸/%	草酸/%
苹果	3.00~5.00	0.2~1.6	+	+	－
梨	3.20~3.95	0.1~0.5	0.24	0.12	0.03
杏	3.40~4.00	0.12~2.6	0.1	1.30	0.14
桃	3.20~3.90	0.2~1.0	0.2	0.50	－
李	2.50~3.00	0.4~3.5	+	0.36~2.90	0.06~0.12
甜樱桃	3.20~3.95	0.3~0.8	0.1	0.5	－
葡萄	2.50~4.50	0.3~2.1	0	0.22~0.9	0.08
草莓	3.80~4.40	1.3~3.0	0.9	0.1	0.1~0.8

注：＋表示存在，－表示微量，0表示缺乏。

2. 蔬菜中的有机酸

蔬菜所含的有机酸，往往以多种形式同时存在。番茄中含有苹果酸和柠檬酸，以及微量的草酸、酒石酸和琥珀酸。甘蓝中以柠檬酸为主，还存在绿原酸、咖啡酸、香豆酸和桂皮酸等。菠菜中除草酸外，还含有苹果酸、柠檬酸、琥珀酸和水杨酸。芹菜中含有醋酸和少量丁酸。胡萝卜直根中含有绿原酸、咖啡酸和苯甲酸。

3. 采后有机酸的变化

通常果实发育完成后有机酸的含量最高，随着成熟和衰老，含量呈下降趋势。主要是由于有机酸参与果蔬呼吸，作为呼吸基质而被消耗掉。在贮藏中果实的有机酸下降的速度比糖快，而且温度越高有机酸的消耗也越多，造成糖酸比逐渐增加，这也就是有的果实贮藏一段时间以后吃起来变甜的原因。

果蔬中有机酸的含量以及有机酸的贮藏过程中的变化快慢，通常作为判断果蔬成熟和贮藏环境是否适宜的一个指标。

此外，在原料加热时，有机酸能促进蔗糖、果胶物质等水解，降低果胶的凝胶度，酸还能与金属化合而变色或腐蚀食品，这些在贮藏加工时都应注意。

第四节　单　宁

单宁物质又称鞣质，它的主要成分是无色花色素糖苷，有收敛性涩味，对果蔬及其制品的风味起重要作用。

1. 分布

单宁在一般蔬菜中含量较少，如马铃薯、莲藕等。果实中较多，特别是柿、李和未成熟的果实。柿子的涩味，就是因为含单宁。成熟的涩柿，含有 1‰～2‰ 的可溶性单宁，具有强烈的涩味。经脱涩使可溶性单宁变为不溶性单宁，涩味减轻或无涩味。

单宁的含量与果实的成熟度有密切的关系，未成熟的果实单宁含量远多于成熟的果实，不仅涩味强，而且切开后变色也快。青绿未熟的香蕉果肉具有涩味，单宁占青绿果肉含量的近 1/5，单宁含量以皮部位最多，比果肉多 3～5 倍。在香蕉成熟的过程中，经过一系列氧化或醛、酮等作用，而逐渐失去涩味。

2. 种类

单宁物质的种类可分为两种：水解型的单宁物质，只有酯类的性质；复合型单宁，不具有酯的性质，分子中以 C—C 方式相连，与稀酸加热时不分解成单体。果蔬中的单宁物质属复合型单宁物质。

3. 性质

单宁属于多元酚类的物质。酚类极易氧化，而形成黑色的物质。苹果、马铃薯、莲藕的果肉，暴露于空气中变成褐色，即单宁氧化的结果。

为防止果蔬切碎后在加工过程中变色，必须从果蔬单宁含量、氧化酶和过氧化酶活性以及氧气的供应量三方面考虑。如能有效地控制三者之一，就能抑制变色。

在加工过程中，对含单宁的果蔬，如处理不当常会引起各种不同的颜色：

① 单宁与金属铁作用能生成黑色化合物；

② 单宁与金属锡长时间加热共煮时，能生成玫瑰色的化合物；

③ 单宁与碱作用会变成黑色。

这些特性直接影响制品的品质，有损制品的外观，因此，果蔬加工所用的工具、器具、容器设备等的选择十分重要。

植物单宁在食品加工中的应用范围很广，如食品辅色、调味、赋形以及酒水的澄清。这些应用都是单宁与蛋白质、生物碱、多糖结合以及与金属离子络合等化学性质的反映。在酿造果酒时，单宁与果汁、果酒中的蛋白质形成不溶性物质而沉淀，即消除酒中的悬浮物质而使酒澄清。

4. 功能

单宁由于其自身的多酚羟基结构，具有较强的化学和生理活性。据研究，所表现出的生理活性有：抗氧化性、抑制微生物、止血、抗突变、抗肿瘤、抗衰老等。

第五节　糖 苷 类

苷是由糖与醇、醛、酚、硫的化合物等构成的酯类化合物。在酶或酸的作用下，苷可水解为糖和苷配基。

果蔬中存在着各种各样的苷，大多数都具有苦味或特殊的香味。有一部分苷类具有剧毒，在食用时应以注意。

一些苷类不只是果蔬独特风味的来源，也是食品工业中重要的香料和调味品。

果蔬含有的苷类，主要有以下几种。

一、苦杏仁苷

苦杏仁苷是苦杏仁素与龙胆二糖形成的苷，结构式为苯羟基乙氰-D-葡萄糖-6-1-D-葡萄糖苷，具有强烈苦味，普遍存在于果实种子中。以核果类的杏核、苦扁桃核、李子核等含量最多，仁果类的种子中含量较少，其中梨的种子中不含有这种苷。几种果实种仁中苦杏仁苷含量为：苦扁桃 $2.5\% \sim 3.0\%$，杏 $< 3.7\%$，李 $0.9\% \sim 2.5\%$，樱桃 $1.3\% \sim 2.4\%$，桃 0.8%，苹果 $0.5\% \sim 1.2\%$。

苦杏仁苷本身无毒，在经过苦杏仁苷酶和酸的水解作用下，则产生葡萄糖、苯甲醛和氢氰酸。氢氰酸具有剧毒，成年人服用量达 $0.05g$（相当于苦杏仁苷 $0.85g$ 左右）时即可丧失生命。幼童服用 $0.01g$ 左右，即可死亡。因此在食用含有苦杏仁苷的种子时，需要加以处理。苯甲醛具有特殊的香味，为重要的食品香料之一，工业上多利用苦杏仁等作为提取苯甲醛的原料。

杏仁核历来用于治疗咳嗽、哮喘、麻风病、支气管炎、恶心、白皮病等。体内和体外研究证实了其具有抗肿瘤、抗纤维化、抗炎、镇痛、免疫调节、抗动脉粥样硬化、改善消化系统和生殖系统、改善神经变性和心肌肥厚以及降低血糖的药理活性。

二、黑芥子苷

黑芥子苷为普遍存在于十字花科蔬菜中的一种苷，如芥菜、萝卜、油菜、西兰花、卷心菜。黑芥子苷在芥菜种子中含量最多，经酸水解后，其中黑芥子苷分解为芥子油以及葡萄糖和其他化合物。根菜类的萝卜在食用时所表现出的辛辣味，即所含黑芥子苷在芥子苷酶的水解作用下产生芥子油所起的作用。

黑芥子苷具有多种类型的药理活性，已经发现黑芥子苷能够显著抑制肿瘤细胞的增殖和脂肪细胞的分化，有抗氧化活性以及抗菌作用等。

三、茄碱苷

茄碱苷又名龙葵苷，主要存在于茄科植物中。其中马铃薯块茎中含量较少，正常含量在

0.002%～0.01%，其存在部位多集于薯块近皮层的 10 余层细胞内。萌发的芽眼附近，受光变绿的部分较多，薯肉中较少。据试验，马铃薯在有光处贮藏 4 周后，茄碱苷的含量从 0.006% 增加到 0.024%，含量增加 3 倍。春季马铃薯开始发芽，当芽长 1～5cm 时，茄碱苷含量急剧增加，芽中含量增高到 0.42%～0.73%。从马铃薯在不同情况下茄碱苷含量的状态来看，除正常的块茎以外，薯皮变绿的或已发芽的块茎，它的茄碱苷含量均超过中毒量 0.02%，已不适于食用。马铃薯在贮藏期间必须注意避光和抑制发芽，食用时需将芽眼及周围绿色薯皮削去。茄碱苷除存在于马铃薯外，在番茄和茄子中也有存在，但含量远低于马铃薯，尤其是成熟后的番茄和茄子，它们的含量更低。

茄碱苷是具有苦味而有毒的糖苷，其含量达到 0.02% 时，即能强烈地破坏人体的红细胞，因而引起黏膜发炎、头痛、呕吐，严重时可以致死。

茄碱苷和茄碱均不溶于水，而溶于酒精和酸中。茄碱苷在酸或酶的作用下可水解为葡萄糖、半乳糖、鼠李糖和非糖成分茄碱。

研究表明，茄碱苷具有多种生理活性，尤其在人肝癌、乳腺癌中有明显的抗肿瘤活性。

四、柠檬苷

柠檬苷是柑橘类果实中普遍存在的一种苷类，位于不含酸或含酸少的果实组织中。在柑橘类各个部分中种子中柠檬苷的含量最多，其次为囊膜，内果皮最次，在果汁及种皮中并未发现柠檬苷。

柠檬苷本身不具有苦味，因此在新鲜果实中并无苦味的感觉，但柠檬苷与酸类化合时，则产生苦味。在果实加工时，由于含柠檬苷的细胞被破坏后与果肉中的柠檬酸接触，即产生苦味。当柑橘类果实腐烂败坏时，果实中有苦味，也是同一原因。

五、其他苷类

柚子富含柚苷，其含量达 1% 左右，主要存在于果皮、囊衣和种子中，它是柚果中的主要苦味物质。柚苷具有较高的经济价值，可用来制作二氢查耳酮类甜味剂以及防治心血管疾病、过敏和炎症等药剂。柚苷易溶于酒精和碱液，也能溶于热水，根据这一特性，通常采用碱法和热水法提取。

蔬菜还含有薯芋皂苷，是一种类固醇衍生物，存在于薯芋（山药）中，水解后生成薯芋皂素、鼠李糖和尚未确定的另一种糖。

瓜类的苦味是由于存在药西瓜苷和其他苷类。

第六节 维 生 素

维生素是有机体维持正常代谢和有机体所必需的一类低分子化合物，大多数维生素是某些酶的辅酶（或辅基）的组成部分。维生素是人体重要的营养物质，大多数必须从植物体内合成。果实、蔬菜是人体获得维生素的主要来源。

果蔬中维生素种类有脂溶性维生素和水溶性维生素。脂溶性维生素：维生素 A（维生素 A_1、维生素 A_2）、维生素 D（维生素 D_2、维生素 D_3）、维生素 E、维生素 K（维生素 K_1、

维生素 K_2、维生素 K_3、维生素 K_4）。水溶性维生素：维生素 C 和维生素 B 族（维生素 B_1、维生素 B_2、维生素 B_5、维生素 B_6、维生素 B_{11}、维生素 B_{12}）。

一、脂溶性维生素

（一）维生素 A

新鲜果蔬中含有大量的胡萝卜素，它本身不具有维生素 A 的生理活性，但在人和动物的肠壁以及肝脏中能转变为具有生物活性的维生素 A，因此胡萝卜素又被称之为维生素 A 原。

胡萝卜素是一类含异戊二烯聚合物，含有 2 个维生素 A 的结构部分，理论上可生成 2 分子的维生素 A。维生素 A 是所有具有视黄醇活性的 β-紫萝酮衍生物的统称。

维生素 A 和胡萝卜素比较稳定，果蔬中的维生素 A 及维生素 A 原，一般情况下对热烫、高温、碱、冷冻等处理均相当稳定。在缺氧情况下，于 120℃下经 12h 也无损失，但在有氧情况下，由于其分子高度不饱和性，在果蔬加工过程中容易被氧化，加入抗氧化剂可以使其得到保护。

缺乏维生素 A 会出现暗适应能力下降、夜盲、结膜干燥及眼干燥症，生长发育受阻，易出现呼吸道感染，味觉、嗅觉减弱，食欲下降等症状。缺乏维生素 A 应当补充深绿色或红黄色的蔬菜、水果，如胡萝卜、红心红薯、芒果、辣椒和柿子等。

（二）维生素 D

维生素 D，又称为钙化醇、麦角甾醇、麦角钙化醇等，是一类固醇类化合物。已知的维生素 D 主要有维生素 D_2、维生素 D_3、维生素 D_4、维生素 D_5，它们具有相同的核心结构。这几种维生素 D 均由相应的维生素 D 原经过紫外线照射转变而来，维生素 D 原在动植物中均存在。

维生素 D 的重要生理功能为调节机体钙、磷的代谢，促进肠道对钙、磷的吸收。维生素 D 是一种新的神经内分泌——免疫调节激素，对细胞免疫具有重要的调节作用。

（三）维生素 E

维生素 E 是一种亲脂性抗氧化剂，因其功能与生育有关，所以又称生育酚，包括生育酚类和生育三烯酚类组成。目前已知有 8 种，常见的有 4 种，它们的化学结构式因苯环上连接的基团 R1、R2、R3 不同而稍有差异，相应分成 α、β、γ 和 δ 等同系物。它们的生理作用类似，其中以 α-维生素 E 生理活性最高，在自然界中最常见。

维生素 E 通常为淡黄色油状，不溶于水，在无氧或氧化剂存在时，一般对热、酸、碱稳定，反之则氧化成醌类。对可见光稳定，但可被紫外线破坏。维生素 E 在人体内不能自行合成，必须由外界摄取。

维生素 E 广泛分布于果蔬中，特别是油性种子、橄榄、坚果、花生、鳄梨、杏仁、菠菜、莴苣和甘薯中。

维生素 E 能促进过氧化氢分解，清除体内过多的自由基，阻断生物膜脂质过氧化反应，稳定细胞膜结构，保护膜功能；调节蛋白质和糖类化合物的代谢，预防多种疾病发生。

（四）维生素 K

较常见的天然维生素 K 有维生素 K_1 和维生素 K_2。甘蓝、洋白菜、生菜、萝卜缨和菠菜中富含维生素 K。

维生素 K 容易被碱及光所破坏，但对热、酸相当稳定，在正常的烹调过程中维生素 K 损失很少。

维生素 K 与凝血作用有关，具有抗出血不凝固作用，可以加速血液凝固，促进肝脏合成凝血酶所必需的因子。

二、水溶性维生素

（一）维生素 B_1

果蔬中维生素 B_1（硫胺素）的含量为 $1\sim2mg/kg$。它在酸性条件下稳定，在 pH 值为 3.5 时加热到 $120℃$ 仍可保持活性。在碱性条件下加热处理可使其受到破坏。氧、氧化剂、紫外线及 γ 射线可破坏维生素 B_1。金属离子（如铜离子等）及亚硫酸根也可以分裂、钝化维生素 B_1。

豆类中维生素 B_1 含量很多，是维持人体神经系统正常活动的重要成分，也是糖代谢的辅酶之一。当人体缺乏维生素 B_1 时，常引起脚气病，出现周围神经炎、消化不良和心血管失调等症状。

缺乏维生素 B_1 可引起一系列神经及循环系统症状，如记忆力减退、烦躁、失眠、厌食、便秘。缺乏维生素 B_1 可以多吃蔬菜（胡萝卜、香菇、芹菜）和水果（橘子、香蕉、葡萄、梨、猕猴桃等）。

（二）维生素 B_2

维生素 B_2（核黄素）以其结构中含有 D-核酸和黄素而得名。甘蓝、番茄中含量较多。维生素 B_2 耐热，在果蔬加工中不易被破坏；但在碱性溶液中遇热不稳定。它是一种感光物质，存在于视网膜中，是维持眼睛健康的必要成分，在氧化作用中起辅酶作用。

缺乏维生素 B_2 会出现嘴角干裂、脱皮，皮肤发痒，舌头发红或紫红，口腔易发炎，眼睛怕光，鼻、嘴、头发发痒，眼睛发红以及精力不济等。缺乏维生素 B_2 应补充较多的蔬菜水果如胡萝卜、番茄、菠菜、香菇、紫菜、茄子、芹菜、橘子、柑、橙等，野菜的核黄素含量也较高。

（三）维生素 C

维生素 C（抗坏血酸）是具有抗坏血酸活性的化合物的总称，广泛存在于果蔬组织及果皮中。它参与人体代谢活动，加强对病菌的抵抗力，促进胶原合成，在毛细血管中促进铁的吸收和保护结缔组织，从而加速伤口的愈合，同时也是生成骨蛋白的重要成分。但是维生素 C 易溶于水，易被氧化失去活性，是一种不稳定的维生素。

维生素 C 分为 L 型和 D 型。只有 L 型抗坏血酸才具有生理活性。D 型抗坏血酸可以还原为 L 型抗坏血酸。D 型抗坏血酸进一步氧化分解，生成苏氨酸和草酸，成为无生理活性产物，此过程是不可逆的。

维生素 C 在酸性条件下比较稳定，在中性和碱性介质中反应快。由于果蔬本身含有促使维生素 C 氧化的酶，因而其在贮藏过程中会逐渐被氧化而减少。减少的快慢与贮藏条件有很大关系，一般在低温低氧中贮藏的果蔬，可以降低或延缓维生素 C 的损失。

糖类、盐类、氨基酸、果胶、明胶等物质在溶液中均有保护维生素 C 的作用。微量的铜与铁存在时，对维生素 C 的氧化有催化作用，加工中必须注意忌用铁器和铜器。

果蔬种类不同，维生素 C 含量有很大差异，如蓝莓、蓝靛果、酸枣、沙棘、猕猴桃、山楂、柑橘、甜椒、雪里蕻、花椰菜、苦瓜等果蔬中维生素 C 含量比较高。其中甜椒的红果果皮比绿果（适熟期）果皮维生素 C 含量高，过熟时含量降低。果蔬的不同组织部位其含量也有所不同，一般果皮中维生素 C 含量高于果肉。

缺乏维生素 C 后，患者会感到全身乏力、精神抑郁、多疑、虚弱、厌食、营养不良、面色苍白、轻度贫血、牙龈肿胀、出血，并可因牙龈及齿槽坏死而致牙齿松动、脱落，骨关节肌肉疼痛。缺乏维生素 C 应多补充水果蔬菜，如蓝莓、蓝靛果、樱桃、柑橘类水果、青椒、石榴、芥菜、芹菜、卷心菜、草莓、番茄和甜瓜等。

维生素 C 是所有植物组织中最丰富的抗氧化化合物，在抗氧化防御机制中起着主导作用，具有显著的清除活性氧（ROS）的能力。除了抗氧化特性外，还控制与正常植物生长和发育有关的多种其他细胞过程，如细胞分裂和扩张、茎尖形成和根发育、开花时间，以及激素［乙烯（ETH）、赤霉素（GA）、脱落酸（ABA）］稳态的调节。

（四）维生素 P

维生素 P 能防止维生素 C 被氧化而受到破坏，增强维生素 C 的效果，能增强毛细血管壁，防止瘀伤。维生素 P 在柑橘、柠檬中分布较广，尤其果皮中含量更高。

第七节　矿　物　质

构成生物体的元素已知的有 50 多种，除去 C、H、O、N 四种构成水分和有机物的元素以外，其他元素统称为矿物质。矿物质是人体结构的重要组分，又是维持体内渗透压和 pH 不可缺少的物质，同时许多矿物离子还直接或间接地参与体内的生化反应。

果蔬中矿物质元素的量与水分和有机物比较起来，虽然非常少，但在果蔬的化学变化中却起着重要作用。果实和蔬菜中含有的矿物质，如钙、磷、铁、硫、镁、钾、碘、铅、铜等，它们是以硫酸盐、磷酸盐、碳酸盐或者与有机物结合的盐类存在，如蛋白质中含有硫和磷、叶绿素中含有镁等。

果实和蔬菜中矿物质的含量占干重的 1%～15%，平均约 5%，以叶部含量最高，可占叶子干重的 10%～15%，所以蔬菜是重要的矿物质来源。

在生物体内，已经发现有几十种元素，含量在 0.01% 以上，称为大量元素或常量元素，如钙、镁、磷、钾、钠等。低于 0.01% 含量者称为微量元素或痕量元素，如铁、铜、锌、碘、硒等，这些微量元素有些是生物体内所必需的。

果蔬中大部分矿物质是和有机酸结合在一起的，其余部分与果胶物质结合。与人体关系最亲密而且需要最多的是钙、磷、铁，在蔬菜中含量也较多。

1. 蔬菜中的矿物质

各种蔬菜每 100g 食用部分的含钙量为萝卜缨含 280mg，雪里蕻含 235mg，苋菜含 200mg。黄瓜中含磷最多，为 530mg，菠菜为 375mg，青豌豆为 280mg。含铁最多的为芹菜，含 8.5mg，毛豆含 6.4mg。菠菜和甜菜叶中的钙以草酸盐状态存在，不能被人体吸收；而甘蓝、芥菜中钙呈游离状态，容易被人体吸收。

2. 水果中的矿物质

唐棣果每 100g 含钙 88mg，为百果之首，故称之为"高钙果"，并且含镁 400 mg、钾 300 mg、铁 79 mg、锌 3.28mg，还含钠、锰、胡萝卜素等。

香蕉每 100g 含钾 262.0～444.3mg，还含有铁、锌等矿物元素。

番茄每 100 g 中含有钙 8～10mg，磷 22～26mg，铁 0.6～0.9mg，镁 15～18mg，钾

240～270mg，钠 8～10mg。

苹果每 100g 含钾 119mg，磷 12mg，钙 4mg，其次还含有氮元素。

3. 矿物质的生理作用

（1）构成机体组织的重要成分：钙、磷、镁——构成骨骼、牙齿。缺乏钙、镁、磷、锰、铜，可能引起骨骼或牙齿不坚固。

（2）为多种酶的活化剂、辅因子或组成成分。

（3）维持机体的酸碱平衡及组织细胞渗透压。

（4）维持神经肌肉兴奋性和细胞膜的通透性。

表 2-6 为各种矿物质的功能、来源及推荐日摄入量。

表 2-6　各种矿物质功能、来源及推荐日摄入量

种类	功能	主要来源	推荐日摄入量
钙	保持心脏健康、神经健康、肌肉收缩以及皮肤、骨骼和牙齿健康的营养素，能够止血，可减轻肌肉和骨骼的疼痛，保持体内酸碱的平衡	葡萄、梨、枣、猕猴桃、南瓜、芹菜、卷心菜	800mg
钾	促进神经和肌肉的健康，维持体液平衡，放松肌肉；有助于胰岛素的分泌以及调节血糖，持续产生能量；参与新陈代谢，维护心脏功能，刺激肠道蠕动以及排出代谢废物	芹菜、黄瓜、萝卜、白色菜花、南瓜、绿豆、菠菜、香蕉、芒果	2000mg
钠	保持体内水分平衡，防止脱水；有助于神经活动和肌肉收缩，包括心肌活动；也利于能量产生，同时可将营养物质运送到细胞内	枇杷、荔枝、枣、葡萄、芹菜、芸豆	1500mg
铁	血红蛋白的组成成分；参与氧气和二氧化碳的运载和交换；是酶的构成物质，对能量产生也是必需的	苹果、樱桃、芹菜、毛豆	12mg
磷	骨骼和牙齿的构成物质，是乳汁分泌、肌肉组织构成的必需物质；有助于保持有机体酸碱的平衡、协助新陈代谢以及能量产生	葡萄、柚子、龙眼	720mg
硒	具有抗氧化性，可保护机体免受自由基和致癌物的侵害；还可减轻炎症反应、增强免疫力从而抵抗感染、促进心脏的健康、增强维生素 E 的作用，是男性生殖系统以及新陈代谢的必需物质	胡萝卜、芹菜、大蒜、姜、豌豆	50μg
镁	增强骨骼和牙齿强度，有助于肌肉放松从而促进肌肉的健康，对于治疗经前综合征、保护心脏和神经系统健康是很重要的；是产生能量的必需物质，也是体内许多酶的辅基	大蒜、青豆、南瓜、菠菜	330mg
铜	制造血红蛋白；维持正常血管	菜豆、豌豆、桃、芹菜	0.8mg

第八节　含氮物质

果蔬中存在的含氮物质种类很多，其中主要的是蛋白质，其次是氨基酸和酰胺，此外还有铵盐、硝酸盐、亚硝酸盐及极少量的苷类。

水果中存在的含氮物质很少，一般含量在 0.2%～1.2% 之间，其中以核果类、柑橘类含量较多，仁果类和浆果类含量最少。蔬菜中的含氮物质远高于水果，含量范围在 0.6%～9% 之间。其中以豆类含量最多，叶菜类次之，根菜类和果菜类含量最低。

果蔬不只是供给人体中需要的蛋白质，而且能增进蛋白质在人体中的消化率。果蔬在调节人体中各种氨基酸的平衡上也起着重要的作用。研究证明：人体对米、肉中蛋白质的消化率是75％，如果少食米粮多食蔬菜，粮食中的蛋白质在人体中的消化率可提至85％～90％。人体中需要各种各样的氨基酸来维持正常的生理状况。马铃薯和甘蓝内含有较丰富的赖氨酸、色氨酸、酪氨酸和精氨酸。

在正常贮藏条件下，果蔬蛋白质变化缓慢。贮藏初期，盐溶性氮没有显著变化，随贮藏时间的延长呈下降趋势。蛋白质在贮藏过程中的变化主要是水解或变性，蛋白质在蛋白酶的作用下逐渐水解成多肽、氨基酸，使得蛋白质溶解度增加，蛋白质氮减少。随着温度的进一步上升，蛋白质就会部分甚至完全变性，使得果蔬的营养价值大大下降。

果蔬存在的含氮物质，在贮藏和加工时也会发生一定的影响和变化，其中关系最大，影响最多的就是氨基酸。果蔬罐头、果干、果汁等制品中经常发生变色（变红、变褐、变黑）的情形，是由于制品中含有的氨基酸与糖作用的结果。氨基酸可与含有羰基的化合物，如各种醛类及还原糖起反应，使呋喃甲醛、氨基酸和还原糖分解，由氨基酸形成相应的醛、氨、二氧化碳。而由糖形成呋喃甲醛及羟甲基呋喃甲醛，再与氨基酸及蛋白质化合而生成蛋白黑素。

果蔬加工制品的变色，与原料中氨基酸含量有密切关系。富含氨基酸（0.14％）的葡萄汁比氨基酸含量较少（0.034％）的苹果汁，变褐迅速而强烈。可见氨基酸含量越高，变褐就越迅速、强烈。

氨基酸对食品的香味也起着重要作用。氨基酸与还原糖相互作用后所形成的醛，即具有一定的香味。氨基酸与醇类反应时生成的酯，也是食品香味来源之一。氨基酸和乙醇作用时即产生酯化反应。

蛋白质与单宁结合，发生聚合作用，能使汁液中悬浮物质沉淀。这一特性在果汁果酒的澄清处理中多被采用。

第九节　芳香物质

果蔬中的芳香物质，是油状的挥发性物质，也称挥发油，又因含量少，称为精油。主要由醇、酯、醛、酮和萜类等挥发性化合物构成。

在成熟时开始合成，进入完熟阶段时大量形成，风味达最佳，但大多不稳定，易挥发和分解。

1. 水果的香气

水果香气比较单纯，是天然食品中具有高度爽快的香气。香气成分中以酯类、醛类、萜类为主，其次是醇类、酮类及挥发酸等。

水果香气是植物体内经过生物合成过程产生的，水果香气成分随着果实的成熟而增加，而人工催熟的果实不及在树上成熟的水果香气成分含量高。

（1）苹果在成熟时要产生100多种芳香物质，主要是醇类、酯类、醛类和酮类，以丁醇含量最多，其次是丁基、戊基醋酸盐。

（2）香蕉成熟后产生200多种挥发性物质，主要是醋酸异戊酯类和醋酸丁酯类，这些物质从水果中释放出来就使水果带有香味。

（3）柑橘果实富含芳香物质，特别是在果皮中含量可达 $1.5\%\sim2.5\%$，其香味是在果实成熟过程中，由高级醇、醛、酮、挥发性有机酸、氨基酸组成，存在于汁胞和油胞中。

（4）葡萄中芳香物质大部分都是结构简单的小分子有机物，含量少，种类多，主要是醇类、醛类、有机酸类、酚类和萜烯类等。

2. 蔬菜的香气

蔬菜的香气不如水果类的香气浓，但有些蔬菜具有特殊的气味。如葱、韭菜、蒜等均含有特殊的辛辣气味，尤其以蒜最强，它们都是由硫化丙烯类化合物所形成。

植物中蒜氨酸在水解酶的作用下分解而产生硫化物：丙基丙烯二硫化物 C_3H_5S—SC_3H_7、二丙烯二硫化物 C_3H_5S—SC_3H_5、二丙烯三硫化物 $(C_3H_5)_2S_3$ 和丙烯硫醚 $(C_3H_5)_2S$。

（1）蒜、葱等加热后因酶被破坏，而不再起作用，同时香辛气味也因挥发而减少。

（2）芥菜类即十字花科菜类，它们的种子中均含有芥子油，在芥子酶的作用下分解生成异硫氰酸酯及其他化合物。

（3）在甘蓝、芦笋等蔬菜中都含有甲硫氨酸，甲硫氨酸的 S-甲基硫盐经加热可分解生成二甲基硫醚，产生特殊气味。

（4）萝卜含有甲硫醇和黑芥子素，它们经酶水解而生成异硫氰酸丙烯酯，产生挥发性辣味。姜的香味物质成分主要有姜酚（约 $1\%\sim3\%$）、姜萜、水芹烯、柠檬醛、芳樟醇等。

第十节　酶　类

果蔬中存在各种各样的酶，参与果蔬的成熟、软化、颜色和气味的变化过程，为果蔬的正常生长和发育进行了多样化的生理和生化转化。未成熟的水果通常是绿色的、酸的、无臭的、坚硬的、有毛的。随着成熟过程的进行，由于叶绿素的分解，以及在某些情况下由于类胡萝卜素、萜类、酚类等的基础，果实的颜色发生改变。酸被分解，淀粉被转化为糖，硬果胶被软化，大分子被转化为小分子，然后会散发出香气。所有这些变化是由一系列酶完成的，参与果实成熟的各种酶来自不同的酶类。

一、氧化还原酶

1. 抗坏血酸氧化酶

抗坏血酸氧化酶是一种含铜的酶，位于细胞质中或与细胞壁结合，与其他氧化还原反应相偶联到末端氧化酶的作用，能催化抗坏血酸的氧化，具有抗衰老等作用，在植物体内的物质代谢中具有重要的作用。在这种酶催化下，分子态的氧可将抗坏血酸氧化成去氢抗坏血酸。丙酮酸、异柠檬酸、α-酮戊二酸、苹果酸、葡萄糖、6-磷酸、6-磷酸葡萄糖酸都可以在脱氢酶的作用下脱去 H 质子，把 H 质子转移给辅酶，然后再经过谷胱甘肽把 H 质子传递给抗坏血酸，在抗坏血酸氧化酶的作用下，抗坏血酸被氧化脱 H，H 与氧结合生成水。

抗坏血酸氧化酶活性常用的测定方法有碘量法，仪器简单，准确性高；分光光度法，灵敏度和准确性高；氧电极分析法，测定时需要维持温度恒定；脉冲极谱法，此种方法操作简单，可重复性高。

抗坏血酸氧化酶的活性受酸碱度的影响较大，在 pH 为 5 时活性最强。

低温可以使酶保持较低的活性，降低果实的呼吸速率；臭氧抑制抗坏血酸氧化酶活性；减压对抑制抗坏血酸氧化酶活性、保持果实硬度和抗坏血酸含量作用显著。

低浓度的 Ca^{2+}、Cu^{2+}、Al^{3+} 和 K^+ 等溶液处理猕猴桃、苹果、刺梨等果蔬，可以延长贮藏期，影响维生素 C 的含量。为了延长贮藏期，可以抑制抗坏血酸氧化酶的活性。

2. 多酚氧化酶

多酚氧化酶（PPO）是一类铜结合酶，广泛存在于植物体的各种器官或组织中，如花器官、分生组织、叶片、块茎、根中，一般在幼嫩部位含量高，而成熟部位较少。早在 1883 年 Yoghid 就发现日本漆树液汁变硬可能与某种活性物质有关。1894 年 Betrand 首次研究了这种物质，发现它是一种酶蛋白。1937 年 Kubowitz 在 Warburg 实验室中第 1 次分离出多酚氧化酶。多酚氧化酶又称儿茶酚氧化酶、酪氨酸酶、苯酚酶、甲酚酶、邻苯二酚氧化还原酶，是六大类酶中的第一大类氧化还原酶。

多酚氧化酶是引起果蔬酶促褐变的主要酶类，PPO 催化果蔬原料中的内源性多酚物质氧化生成黑色素，严重影响制品的营养、风味及外观品质，而且还大大降低耐贮性，尤其对肉色较浅且容易碰伤的水果（荔枝、梨、苹果、桃、杏、葡萄、香蕉、龙眼、芒果等）和蔬菜（番茄、马铃薯、菠菜、莴苣、蘑菇、莲藕等）影响更为严重，产生的经济损失更大。通常 PPO 与底物被区域化分开，PPO 在质体中以潜伏状态存在，而 PPO 的底物存在于液泡中。只有当植物体内发生生理紊乱或组织受损时，PPO 与底物的亚细胞区域化才被打破，PPO 底物被激活产生黑色或褐色的沉积物，这是果蔬酶促褐变的主要原因。

PPO 活性常用的测定方法有检压法和分光光度法。前者应用多酚氧化酶可催化儿茶素等底物在有氧条件下的氧化还原反应，根据底物的氧化速率与单位酶浓度和单位时间内的耗氧量成正比这一原理，用瓦氏呼吸仪测定反应过程中的耗氧量求得 PPO 活性的大小，此方法设备简便，但操作复杂，误差较大。后者利用邻苯二酚和 D-儿茶素在 PPO 催化下生成有色产物。其显色物质在 460nm 处有最大吸收，吸收值在单位时间内的变化和单位酶活性成正比，计算 PPO 活性强度。此操作方法简便，重现性好。

3. 过氧化氢酶

过氧化氢酶（CAT），是催化过氧化氢分解成氧和水的酶，存在于细胞的过氧化物体内。过氧化氢酶是过氧化物酶体的标志酶，约占过氧化物酶体酶总量的 40%。

过氧化氢酶是一种四聚体血红素酶，也是首次得到纯化和晶体化的酶。按照催化中心结构差异可分为两类：含铁卟啉结构 CAT，又称铁卟啉酶（FeCAT）；含锰卟啉结构 CAT，即锰离子代替铁离子，又称锰过氧化氢酶（MnCAT）。

过氧化氢酶活性测定方法有化学滴定方法，主要有高锰酸钾滴定法和碘量滴定法；光度法，有紫外分光光度法（H_2O_2 在 240nm 处有一个吸收高峰）、荧光分析法和化学发光法；电化学法，有极谱氧电极法、电流测定法和电泳-染色法。

过氧化氢酶通常定位于一种被称为过氧化物酶体的细胞器中。植物细胞中的过氧化物酶体参与了光呼吸（利用氧气并生成二氧化碳）和共生性氮固定（将氮气解离为活性氮原子），加速果实的生理衰老，可防止组织中的过氧化氢积累到有毒的程度。

二、果胶酶类

果蔬成熟过程中质地的变化，果胶酶类起重要作用，主要功能是将果胶质中的糖苷键切断裂解为多聚半乳糖醛酸，有原果胶酶、果胶酯酶、脱甲氧基果胶酶。

梨、苹果果实成熟过程中，果胶酯酶活性增加；香蕉果皮由绿转黄和番茄果肉成熟变软时，果胶酯酶活性显著增加。

果胶酶已被广泛应用于果蔬汁的提取、澄清、改善果蔬汁的通量以及植物组织的浸渍、提取。在果蔬的生产过程中，果胶酶可以快速彻底地脱出果胶，降低果蔬的黏度，使果汁液的过滤更加容易，使化学澄清剂的用量减少，使果蔬汁的质量得到改善。

三、纤维素酶

纤维素酶（β-1,4-葡聚糖-4-葡聚糖水解酶）是降解纤维素生成葡萄糖的一组酶的总称，它不是单体酶，而是起协同作用的多组分酶系，是一种复合酶，主要由外切 β-葡聚糖酶、内切 β-葡聚糖酶和 β-葡萄糖苷酶等组成，还有很高活力的木聚糖酶。在分解纤维素时起生物催化作用，是可以将纤维素分解成寡糖或单糖的蛋白质。

纤维素酶的最适 pH 一般在 4.5～6.5。葡萄糖酸内酯能有效地抑制纤维素酶，重金属离子如铜离子和汞离子，也能抑制纤维素酶。但是半胱氨酸能消除它们的抑制作用，甚至进一步激活纤维素酶。植物组织中含有天然的纤维素酶抑制剂，它能保护植物免遭霉菌的腐烂作用，这些抑制剂是酚类化合物。如果植物组织中存在着高的氧化酶活力，那么它能将酚类化合物氧化成醌类化合物，后者能抑制纤维素酶。

果蔬成熟时，纤维素酶促使纤维素水解，引起细胞壁软化。杏成熟过程中，纤维素含量逐渐降低，并且使易软化的果实软化速率更快。草莓、黄花梨、番茄等成熟过程中，纤维素酶活性的数值和果实的硬度呈非常明显的负相关关系。然而，桃和苹果成熟过程中，纤维素没有降低。

四、淀粉酶

淀粉酶（amylase），一般作用于可溶性淀粉、直链淀粉、糖原等 α-1,4-葡聚糖，是水解 α-1,4-糖苷键的酶。根据酶水解产物异构类型的不同可分为 α-淀粉酶与 β-淀粉酶。

随着果蔬成熟，淀粉酶将淀粉水解为葡萄糖。

猕猴桃采后果实的快速软化与淀粉酶活性的上升所引起的淀粉的快速降解显著相关（$R=0.99$）。机械损伤或乙烯处理可提高淀粉酶的活性，加速淀粉的降解，从而促进了果实的软化。与冷藏相比，气调贮藏可明显地阻止淀粉酶活性的上升，减少淀粉的降解，因而可以较好地保持果实的硬度。

苹果在贮藏期间的软化主要表现为硬度下降。贮藏初期，即跃变期之前，果实硬度下降主要与果实采后呼吸强度的增加和乙烯生成量上升，淀粉酶活性迅速增加，淀粉水解成可溶性糖有关。

五、其他酶类

果蔬成熟中的合成代谢还有其他酶类参与，例如叶绿素酶，分解叶绿素，使果蔬成熟过程中由绿转红；还有酯酶、脂氧合酶、磷酸酶、核糖核酸酶等，在果蔬成熟过程中活性不断变化。合理地控制和利用这些酶的活性是果蔬贮藏保鲜中进行各种处理的基础。

第十一节 色 素

　　色素是最重要的天然化合物之一，赋予果蔬不同的色泽。果蔬中所含的色素主要有叶绿素、类胡萝卜素、花青素和黄酮类色素这四大类，每种色素都有其独特的化学结构，由具有不同颜色和生物功能的基本结构替代修饰的衍生物组成。大多数色素为人类提供必需营养素，能够预防和治疗某些疾病。

　　果蔬中的色素随着成熟过程经历定向和特定的转化，因此它们的含量和组成是果蔬采后外观品质的重要指标，也是判断果蔬成熟度和新鲜度的重要参数，决定果蔬的采收时间。了解收获前后果蔬色素的组成和变化，对优化贮藏条件和延长保质期具有重要意义。

一、叶绿素类

　　果蔬所表现的绿色，是由细胞内存在的叶绿素 a（$C_{55}H_{72}O_5N_4Mg$）和叶绿素 b（$C_{55}H_{70}O_6N_4Mg$）构成的。叶绿素 a 本身呈蓝绿色，叶绿素 b 本身呈黄绿色，它们在植物体中以（3∶1）～（4∶1）的比例存在。植物的绿色越深，叶绿素 a 含量的比例越大。

1. 结构和性质

（1）结构

　　叶绿素是一种四吡咯化合物，具有共轭双键体系，形成芳香结构。其中四个吡咯环通过甲基桥连接在一起，四个氮原子与中心金属原子镁（Mg）配位。叶绿素分子通过吡咯环中单键和双键的改变来吸收可见光。各种叶绿素之间的结构差别很小。叶绿素 a 和叶绿素 b 在结构上的区别仅在于 3 位上的取代基不同，叶绿素 a 含有一个甲基，而叶绿素 b 含有一个甲醛基。图 2-4 展示了叶绿素 a 和叶绿素 b 的分子结构。

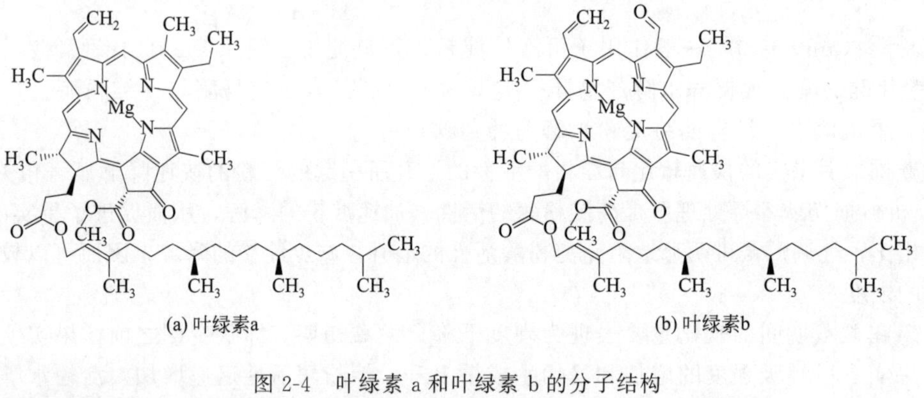

(a) 叶绿素a　　　　　　　　　　(b) 叶绿素b

图 2-4　叶绿素 a 和叶绿素 b 的分子结构

（2）性质

　　叶绿素 a 是蓝黑色的粉末，溶于乙醇溶液而呈蓝绿色，并有深红色荧光。叶绿素 b 是深绿色粉末，其乙醇溶液呈绿色或黄绿色，并有荧光。二者都不溶于水，可溶于乙醇、乙醚和丙酮等有机溶剂。在植物的正常生长情况下，由于组织中叶绿素的合成作用大于分解作用，因此，在感官上很难看到它们在色泽上的差异。收获后的果蔬中，叶绿素的合成作用基本消失，且在有氧和光照的条件下，叶绿素即迅速遭到破坏，本身具有的绿色随着破坏而减褪或消失。

2. 影响果蔬叶绿素降解的因素

（1）光照

果蔬采后叶绿素对光照很敏感，光和氧气作用可导致叶绿素不可逆分解。叶绿素的光降解机制为在自然条件以胶态分子团存在水溶液中，叶绿素在有氧的条件下，可进行光氧化而产生自由基。单线态氧和羟基自由基是叶绿素光化学反应的活性中间体，可与叶绿素吡咯链作用而进一步产生过氧自由基和其他自由基，最终可导致卟啉环和吡咯链的分解，进而造成颜色褪去。

（2）叶绿素酶

叶绿素酶是一种糖蛋白，是叶绿素降解中的关键酶。叶绿素酶是以叶绿素作为底物的，它是一种酯酶。脱镁叶绿素也是叶绿素酶的底物，酶促反应的产物是脱镁脱植叶绿素。叶绿素酶的最适反应温度在 $60\sim80℃$。

（3）温度

叶绿素在 $80℃$ 以下，降解速度较慢，$90℃$ 以上降解速度急剧加快。总体而言，随着温度的升高，叶绿素降解的速率是逐渐加快的，只是较低的温度下降解速率不明显。一般认为温度影响叶绿素降解的机理主要是影响果蔬体内各种酶的活性如叶绿素过氧化物酶，这种酶被认为参与了叶绿素的降解。在青花菜中叶绿素过氧化物酶的活性随温度的升高而升高，青花菜不断黄化，叶绿素迅速降低。香蕉在大于 $24℃$ 的高温下出现"青皮熟"也同样反映了温度对叶绿素降解的影响。

（4）pH 值

体系的 pH 值是影响叶绿素稳定性的一个重要因子，叶绿素在中性和弱酸弱碱性条件下较稳定，相关研究表明：pH 值在 $6\sim11$ 之间叶绿素的保存率高达 90%，但当体系的 pH 值下降到 4 时，叶绿素脱镁反应的速度比较明显，且随着酸性的增强，破坏性增大。

叶绿素在酸性环境中，其结构中的镁离子中心核被酸分子中的氢离子所替换，因而形成一种新产物黑籽酸盐（又名植物黑色素）。黑籽酸盐甲呈黄色，黑籽酸盐乙呈红色。由于各种绿叶菜中叶绿素 a、叶绿素 b 比值不同，形成的黑籽酸盐甲和黑籽酸盐乙也有所差异，因此在色泽表现上就有黄色或黄褐色之分。

（5）氧气

大多数文献报道，叶绿素降解速率与氧气浓度呈正相关，也就是说随着氧气浓度的增大，整个提取液的体系褪绿现象越严重，即叶绿素的保存率越低。

（6）金属离子

在酸性条件下，叶绿素分子卟啉环中的镁离子可被氢离子取代，生成黄褐色的脱镁叶绿素，脱镁叶绿素分子中的氢离子又可被其他金属离子（如铜、锌、钙等）所取代，而生成相应的叶绿素金属离子络合物，恢复为绿色。实验表明，这种络合物对酸、光、氧、热等的稳定性大大提高了；这些离子均能使叶绿素保存率提高，使叶绿素能够较长时间的保存，而且铜离子的效果优于锌离子。尽管叶绿素铜络合物的色泽及其稳定性比锌络合物的好，但铜离子属于重金属离子，毒害性较大，因此，应该对其含量进行严格控制；而锌是人体必需的微量元素，因此，在绿色果蔬加工过程中，应采用锌离子取代叶绿素分子中的镁离子，形成较稳定的叶绿素锌络合物。

3. 防止果蔬绿色损失的措施

(1) 控制 pH 值

蔬菜加工时中性或微碱性条件下能延迟脱镁叶绿素形成，但如果 pH>7.0，则会对质地产生不好的影响。因为较高的 pH 值会导致纤维素水解和植物组织快速腐败，并且烫漂过程中使用碱会导致维生素 C 的氧化和损失。添加少量碳酸钙或其他钙盐阻止半纤维素降解可防止组织软烂。

(2) 添加金属离子

加工过程中，添加某些金属离子能增加叶绿素的稳定性。目前研究、应用最多的方法是用金属铜、锌、钙盐护色，研究者认为加工中绿色蔬菜失绿的主要原因是叶绿素中的 Mg^{2+} 与卟啉环形成的配位化合物不稳定，Mg^{2+} 易被 H^+ 所取代而形成黄褐色的脱镁叶绿素，如果用 Cu^{2+}、Zn^{2+}、Ca^{2+} 取代 Mg^{2+}，则会形成更加稳定的叶绿素铜、锌、钙配位化合物，绿色就能更好地得到保存。

(3) 采用新的杀菌技术

蔬菜罐藏时，加工的安全性要求较长时间的加热及较高的温度，这使得新鲜蔬菜罐制品中叶绿素不能得以保存，相反，却形成了脱镁叶绿素、脱镁叶绿酸或焦脱镁叶绿素。与传统加工相比，高温短时杀菌（HTST）对叶绿素破坏少，杀菌时采用 HTST 有利于蔬菜绿色的保存。控制 pH 值及与 HTST 方法相结合为加工食品的绿色保持提供了可能性。

(4) 冷冻和冷藏

降低温度能使绿色稳定，这是由于冷冻食品中水活度较低。贮存在 40℃ 下时，叶绿素 b 的降解速度比 25℃ 下贮存快 3.2~5.2 倍，比 4℃ 下贮存快 11~21 倍。有研究表明：将处理后的菠菜分别储藏于 0℃、4℃、7℃、10℃，并测定了鲜切菠菜的叶绿素含量，表明鲜切菠菜在 0℃ 贮藏效果最好。

(5) 加工中采用叶绿素铜钠盐护色

叶绿素铜钠盐经试验对人体无毒害，且对某些疾病有治疗作用。加工中采用适量的叶绿素铜钠盐护色是可行的，它既符合国家食品卫生法的要求，而且护色效果亦较佳。研究表明，微波功率 600W 处理 2min，添加老山芹护绿剂（最佳配方：0.32g/L 叶绿素铜钠盐、0.95g/L 抗坏血酸、1.68g/L 茶多酚），在此条件下，老山芹叶绿素含量为 16.98mg/g，过氧化物酶（POD）活性为 453.54U/(g·min)，相比于未处理组叶绿素含量提高了 120%，POD 活性下降了 69%。

4. 叶绿素的功能作用

(1) 造血功能

叶绿素中富含微量元素铁，是天然的造血原料。

(2) 降低胆固醇

叶绿素在降低血清胆固醇水平方面效果特别明显，之所以会有这样的作用是因为在里面有一种叫作二十六烷醇的成分。这种成分不但可以降低胆固醇，还能够帮助预防血栓问题的出现，所以它在改善脑梗死和心肌梗死等方面都有比较突出的效果。

(3) 抗癌

叶绿素色素已被证明是某些植物提取物具有抗癌活性的主要原因。使用叶绿素衍生物作为光敏剂治疗乳腺癌的光动力疗法，结果表明，使用浓度是氨甲蝶呤 1/138 的叶绿素衍生物可达到 50% 的巨噬细胞趋化因子-7（MCF-7）肿瘤细胞死亡，且没有表现出任何遗传副作用。

（4）抗肥胖

研究发现，补充叶绿素可以有效延缓高脂饲料喂养的小鼠体重增加，同时可以改善葡萄糖耐量，减少炎症发生。膳食中补充叶绿素缓解肥胖相关指标的作用机制可能与叶绿素对肠道菌群组成的改变有关，研究者发现 *Blautia* 相对丰度有所增加，而 *Lactococcus* 以及 *Lactobacillus* 的相对丰度则有所下降。

二、类胡萝卜素

类胡萝卜素（$C_{40}H_{56}$）广泛存在于果蔬中，其颜色表现为黄、橙、红。目前，已经报道了 800 多种类胡萝卜素，果蔬中主要有胡萝卜素、番茄红素、番茄黄素、叶黄素、辣椒红素和辣椒黄素。

1. 结构和性质

（1）结构

类胡萝卜素是含 40 个碳的类异戊烯聚合物，即四萜化合物。典型的类胡萝卜素是由 8 个异戊间二烯单位首尾相连形成。类胡萝卜素的颜色因共轭双键的数目不同而变化。共轭双键的数目越多，颜色越移向红色。

（2）性质

胡萝卜素为典型的脂溶性色素，易溶于石油醚、乙醚等有机溶剂，而难溶于乙醇和水。类胡萝卜素的耐热性强，即使与锌、铜、铁等共存时也不易被破坏，遇碱稳定。类胡萝卜素在有氧条件下，易被脂肪氧化酶、过氧化物酶等氧化脱色，紫外线也会促进其氧化。完整的果蔬细胞中的类胡萝卜素比较稳定。

2. 种类与来源

类胡萝卜素分为胡萝卜素和叶黄素两类。胡萝卜素，如 α-胡萝卜素、β-胡萝卜素、γ-胡萝卜素和番茄红素都是碳氢化合物，自然界中约有 50 种胡萝卜素存在。另一种，叶黄素，如 β-隐黄质、叶黄素、玉米黄质、虾青素、岩黄质和过氧化物，这些分子中含有氧原子如羟基、羰基、醛、羧基、环氧和呋喃氧基。

（1）胡萝卜素

胡萝卜素（$C_{40}H_{56}$）即维生素 A 原，常与叶黄素、叶绿素同时存在，呈橙黄色，富含于胡萝卜、南瓜、番茄、辣椒等蔬菜中。杏、黄桃等果实中都含有胡萝卜素，但由于它与叶绿素同时存在而不显现，成熟时有所增加。α-胡萝卜素和 β-胡萝卜素的分子结构如图 2-5 所示。

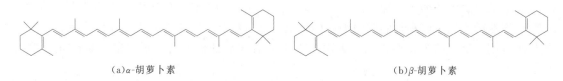

（a）α-胡萝卜素　　　　　　　　　　　　　　　　（b）β-胡萝卜素

图 2-5　α-胡萝卜素和 β-胡萝卜素的分子结构

（2）番茄红素

番茄红素（$C_{40}H_{56}$）是番茄表现红色的色素。它是胡萝卜素的同分异构体，呈橙红色，存在于番茄、西瓜中。番茄红素的合成和分解受温度影响较大。16～21℃是番茄红素合成最适温度，29.4℃以上就会抑制番茄红素的合成。番茄各品种颜色决定于各种色素的相对浓度分布。番茄红素的分子结构如图 2-6 所示。

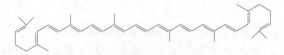

图 2-6　番茄红素的分子结构

（3）叶黄素

各种蔬菜均有叶黄素（$C_{40}H_{56}O_6$）存在，叶黄素与胡萝卜素、叶绿素结合存在于果蔬的绿色部分，只有叶绿素分解后，才能表现出黄色。如黄色番茄显现的黄色、香蕉成熟时由青色转换成黄色等。叶黄素的分子结构如图 2-7 所示。

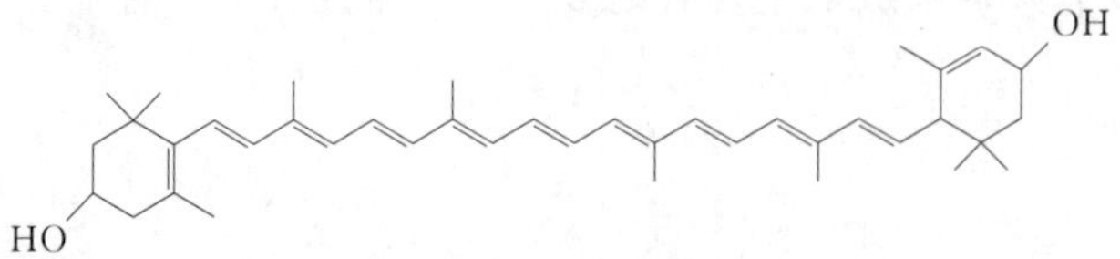

图 2-7　叶黄素的分子结构

（4）椒黄素和椒红素

椒黄素与椒红素微溶于水，存在于辣椒中，洋葱黄皮品种中也有，变化为黄色到白色。

3. 生理功能

类胡萝卜素是一种膳食生物活性化合物，是维生素 A 的重要来源，可以抗氧化、抗癌，还可防止心血管疾病、慢性肝病、糖尿病、癌症和黄斑变性等退行性疾病。

（1）维生素 A 原

维生素 A 是人体中一种必需的微量营养素，影响学龄前儿童和孕妇健康，缺乏可能导致失明、生长不良和死亡，而类胡萝卜素是一种重要的维生素 A 来源。

当人体缺乏维生素 A 时，人体肝脏内维生素酶能将胡萝卜素转化为维生素 A。当体内维生素 A 增加到满足需要的量时，酶即停止转化。通过酶的自动调控来维持体内维生素 A 的需求平衡。因此膳食中添加类胡萝卜素，可以达到安全补充给予维生素 A 的目的。

（2）抗氧化作用

大量体外试验、动物模型和人体试验证明类胡萝卜素可以猝灭单线态氧、消除自由基、防止低密度脂蛋白的氧化。研究者发现沙棘和一些墨西哥水果的类胡萝卜素提取物具有较高的抗氧化活性。

（3）抗癌作用

癌症是全球死亡的主要原因之一，类胡萝卜素被认为具有抗癌作用。类胡萝卜素通过干扰细胞周期的不同阶段来抑制肿瘤细胞的生长，通过细胞凋亡降低人类癌症发病率，具有化学预防作用、潜在的抗转移作用。类胡萝卜素具有优异的抗血管生成性能，以防止肿瘤的生长。

（4）预防心血管疾病

低密度脂蛋白（LDL）颗粒氧化过程是导致动脉粥样硬化疾病最重要的一步，也是脑梗死和心血管疾病发生的第一步，如心肌梗死和中风。活性氧（ROS）是类胡萝卜素主要作用的靶点，通过清除单线态氧和自由基可以减缓动脉粥样硬化的进展。

三、花青素

花青素是自然界中的一类水溶性色素，广泛分布于果蔬中，使其呈现出红色、蓝色或紫色等颜色。已知花青素有 20 多种，食物中重要的有 6 种，即天竺葵色素、矢车菊色素、飞燕草色素、芍药色素、牵牛花色素和锦葵色素。自然状态的花青素都以糖苷形式存在，称为花色苷。花青素的分子结构见图 2-8。

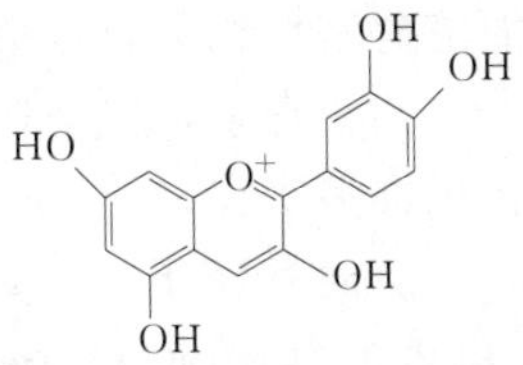

图 2-8　花青素的分子结构

1. 性质

花青素颜色常受 pH 值的影响而发生变化，与酸作用时表现红色；又由于具有酚羟基，与碱作用生成盐类而表现蓝色；在中性介质中则形成钠盐表现为紫色。

2. 加工特性

花青素苷不论原色如何，与金属化合时，其混合色谱总向蓝紫色方向转变。含花青素的果实与锡盐接触时即变为蓝色或蓝紫色；褐色和玫瑰色的葡萄汁与铜、镍、铁等接触时，亦发生强烈的变色。但铅及其合金以及镀银的金属与葡萄汁接触时则不变色。

花青素苷在加热处理时，易于遭受破坏。花青素苷在氧和日光的影响下，其色泽亦可发生变化，通常由紫红色变为砖红，最后变为褐色。为保持其固有的色泽，在果蔬加工时对含有花青素苷的原料，除在操作过程中应注意酸度和温度外，还应避免采用铁质的工具和容器，在贮藏期间应避免氧化及日光照射。

3. 功效作用

(1) 抗氧化

活性氧是生理产生的，对免疫系统、细胞信号转导和许多其他身体功能很重要。但是，如果产生过量的 ROS，则人体的氧化平衡会发生变化，从而促进细胞损伤，导致退行性疾病，例如炎症、衰老、心血管疾病、癌症和代谢紊乱。花青素的健康和治疗作用主要归功于其抗氧化活性。花青素的抗氧化能力优于其他传统抗氧化剂，例如 α-生育酚、水溶性维生素 E 和儿茶素。其抗氧化机理源于花色苷的结构，尤其是羟基的数量，B 环中的邻苯二酚部分，羟基化和甲基化以及酰化和糖基化的方式。

有学者研究了蓝靛果、悬钩子、黑莓、桑白花、玉米种子、玉米、甘蓝和紫薯中的总花色苷和矢车菊素-3-葡萄糖苷（C3G），分别通过 1,1-二苯基-2-三硝基苯肼（DPPH）、铁离子还原/抗氧化能力法（FRAP）和总还原能力来分析抗氧化活性。结果表明，大多数浆果提取物中的总花色苷、C3G 和抗氧化活性均高于蔬菜，抗氧化剂活性和总花色苷之间存在显著的正相关。植物颜色越接近黑色，总花色苷越高，其抗氧化活性越强。

(2) 抗癌

越来越多的证据表明，花色苷可能不仅具有化学预防作用，而且还具有针对各种癌症的治疗潜力。花色苷可能会干扰癌细胞获得的某种功能，它们会抑制癌细胞增殖，阻止细胞周期，诱导凋亡，限制复制，阻断血管生成，抑制组织入侵和转移，调节细胞代谢，维持基因组稳定性，减轻促肿瘤炎症，增强免疫反应。

刘奕琳将蓝靛果花色苷作用于人肺癌 A-549、人肝癌 HepG2 和人宫颈癌 Hela 三种常见的癌细胞 24h、48h 和 72h，采用四甲基偶氮唑盐（MTT）比色法测定癌细胞抑制率，结果表明蓝靛果花色苷对三种癌细胞都有抑制作用，并呈现量效和时效关系。

（3）抗心血管疾病

心血管疾病是一类影响心脏或血管的疾病。疾病的进展与血小板聚集、高血压、LDL胆固醇的高血浆浓度和血管内皮功能障碍密切相关，包括其他相关的病理学，例如动脉粥样硬化和高血压。饮食中的抗氧化剂，包括花青素，似乎在预防或部分逆转这些病理状况方面具有潜在作用，在这一领域已经进行了许多研究。

Wang等人通过口服管饲法每周三次向暴露于10mg/kg细颗粒物质（PM2.5）的大鼠口服三种剂量（0.5g/kg、1.0g/kg和2.0g/kg）的富含蓝莓花青素的提取物（BAE）。结果表明，BAE（尤其是1.0 g /kg剂量）可改善PM2.5暴露大鼠的ECG并降低细胞因子水平。这项研究表明，一定剂量的BAE可以保护心血管系统免受PM2.5诱导的损害。

四、黄酮类色素

黄酮类色素在植物界中分布极广，它们以游离态或与各种糖结合成糖苷的形式存在于细胞液中。在酸性条件下呈白色或黄色，在碱性条件下呈深黄色。例如，柑橘类呈现的黄色和洋葱、白葡萄呈现的白色，都是黄酮类色素存在的结果。黄酮类色素的分子结构见图2-9。

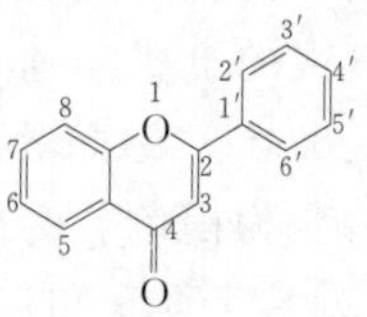

图 2-9 黄酮类色素的分子结构

1. 常见的黄酮类色素

（1）槲皮素

槲皮素广泛存在于许多植物的茎、皮、花、叶、芽、种子、果实中，多以苷的形式存在，沙棘、山楂、洋葱中含量较高。具有多种生物活性，例如抗氧化、抗炎、抗癌、抗糖尿病、神经保护和抗过敏作用。

（2）柚皮素

柚皮素（naringenin）是柚皮苷的苷元，一种单体，属于二氢黄酮类化合物，主要存在于芸香科植物葡萄柚、西红柿、葡萄以及柑橘类水果中。柚皮素具有多种药理活性，如抗菌消炎、抗氧化、抗肿瘤、抗癌、抗肺损伤等。

（3）橙皮素

橙皮素（hesperetin）是一种天然黄酮类化合物，其广泛存在于果蔬中。研究已证实其具有抗氧化、抗炎、抗衰老和降低血脂及抗肿瘤等多种生物学活性。

2. 功能作用

（1）抗氧化

黄酮类色素可通过不同途径和机制抵制对机体有氧化损伤作用的自由基，从而发挥其抗氧化作用。沙棘黄酮、芹菜黄酮、山楂黄酮等都具有很强的抗氧化性。

（2）抗癌

黄酮类色素作用于活性氧，通过与细胞增殖、凋亡和血管生成有关的细胞信号转导途径来抗癌。

（3）神经保护

研究人员评估了用橙皮苷、橙皮素和新橙皮苷（$0.8\mu mol/L$、$4\mu mol/L$、$20\mu mol/L$ 和 $50\mu mol/L$）预处理（6h）对 H_2O_2 诱导的 PC12 细胞神经毒性（$400\mu mol/L$，16h）的保护作用。结果表明，在所有测试浓度下，橙皮苷、橙皮素和新橙皮苷均显著（$P<0.05$）抑制了细胞活力的降低（MTT 降低），防止了膜损伤（LDH 释放），清除了 ROS 形成，增加了过氧化氢酶活性，并减轻了细胞内游离 Ca^{2+} 的升高，线粒体膜电位的降低（$0.8\mu mol/L$ 新橙皮苷处理的细胞除外）和 H_2O_2 诱导的 PC12 细胞中胱天蛋白酶-3 活性的增加。同时，橙皮苷和橙皮素减弱了 H_2O_2 诱导的 PC12 细胞中谷胱甘肽过氧化物酶和谷胱甘肽还原酶活性的降低，并降低了 DNA 损伤。这些结果表明，即使在生理浓度下，柑橘类黄烷酮橙皮苷、橙皮素和新橙皮苷对 PC12 细胞中 H_2O_2 诱导的细胞毒性也具有神经保护作用。

第十二节　酚类化合物

酚类物质是植物体内重要的次生代谢物，广泛存在于植物的根、茎、叶、果实等部位。果蔬中的酚类物质不仅与其色泽、风味和营养价值密切相关，而且是果蔬褐变的物质基础。水果和蔬菜的酚类物质与心血管疾病、癌症、肥胖、糖尿病等慢性疾病有关，对人体健康有很大益处。

一、结构和分类

所有酚类物质至少含有一个带羟基的芳香环。目前，有 8000 多种植物酚类化合物，具有很大的结构变异性，可分为黄酮类和非黄酮类两大类。

黄酮类化合物是水果和蔬菜中最丰富的酚类物质，占膳食多酚的近三分之二，具有较高的生物活性。它们含有苯基苯并吡喃骨架：两个苯环（A 和 B）通过杂环吡喃环连接，根据结构不同，可以分为黄酮、花色苷、黄烷醇、黄烷酮、黄酮醇和异黄酮六类。

非黄酮类，大多比黄酮类化合物小、简单。果蔬中最重要的一类非黄酮是酚酸，它们含有一个单一的苯基，由一个羧基和一个或多个羟基取代。酚酸可进一步分为羟基苯甲酸、羟基肉桂酸和其他羟苯基酸（乙酸、丙酸和戊烯酸），它们在含有羧基的链长上不同。羟基苯甲酸衍生物是没食子酸、对羟基苯甲酸、香草酸和丁香酸，而咖啡酸、阿魏酸和对香豆酸属于羟基肉桂酸。酚类的基本分子结构见图 2-10。

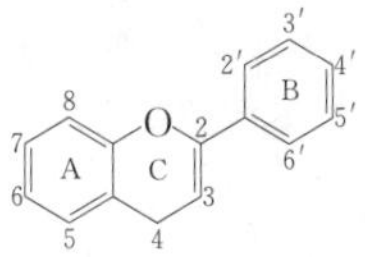

图 2-10　酚类的基本分子结构

二、功效作用

1. 抗心血管疾病

心血管疾病，包括冠状动脉疾病、中风、心力衰竭和高血压，是造成人们死亡的重要原因。大量研究表明，天然饮食中的多酚对促进心血管健康具有重要意义，白藜芦醇、表没食子儿茶素没食子酸酯（EGCG）和姜黄素等多酚对心血管健康具有有益作用。

2. 抗癌

多酚具有抗启动、抗促进、抗进展和抗血管生成作用以及可以调节免疫系统，已证明对实验肿瘤具有化学预防作用。苹果、蓝莓等果蔬中的酚类提取物已经在乳腺癌、肺癌、肝癌和结肠癌等癌症中发挥重要的抑制作用。

3. 抗糖尿病

大量证据表明，富含多酚的饮食具有预防糖尿病的能力。饮食中多酚对 2 型糖尿病的益处可概括为：保护胰 β 细胞免受葡萄糖毒性，抗炎和抗氧化作用，抑制 α-淀粉酶或 α-葡萄糖苷酶，从而减少淀粉的消化，并抑制淀粉样蛋白的产生和晚期糖基化终产物形成。

三、采后处理对果蔬酚类化合物含量的影响

某些酚类物质在有氧条件下易被氧化成褐色多聚物，从而导致果蔬发生褐变，品质降低。多酚氧化酶（PPO）参与褐变过程。在果实生长和成熟过程中，酚类物质的种类和含量会发生变化，一般随贮藏时间的延长含量下降，而 PPO 活性却增加，褐变程度相应增加。

气调贮藏是一种通常与低温结合使用的技术，可在长期贮藏期间保持水果和蔬菜的质量。它包括通过用氮气、二氧化碳（用于除氧）或另一种惰性气体代替氧气和二氧化碳来降低其含量，以控制好氧微生物的生长和氧化代谢反应。同样，低温贮藏也可以延缓果蔬的褐变，延长保质期。

参 考 文 献

陈婕，姚延梼. 果蔬贮藏与加工时酶促褐变的研究进展 [J]. 山西林业科技，2009，38（01）：37-39＋64.

崔旭海. 维生素 E 的最新研究进展及应用前景 [J]. 食品工程，2009（01）：8-10＋14.

代丽，宫长荣，史霖，等. 植物多酚氧化酶研究综述 [J]. 中国农学通报，2007（06）：312-316.

杜双奎，周丽卿，于修烛，等. 山药淀粉加工特性研究 [J]. 中国粮油学报，2011，26（03）：34-40.

郭燕，朱杰，许自成，等. 植物抗坏血酸氧化酶的研究进展 [J]. 中国农学通报，2008（03）：196-199.

胡爱军，郑捷，秦志平，等. 变性淀粉特性及其在食品工业中应用 [J]. 粮食与油脂，2010（06）：1-4.

李莎，王敬涵，戴瑞，等. 芋头淀粉及其提取工艺的研究进展 [J]. 食品工程，2019（03）：6-9.

刘奕琳. 蓝靛果花色苷分离及其抗氧化与抗癌功能研究 [D]. 东北林业大学，2012.

鲁晓翔. 黄酮类化合物抗氧化作用机制研究进展 [J]. 食品研究与开发，2012，33（03）：220-224.

孙涓，余世春. 槲皮素的研究进展 [J]. 现代中药研究与实践，2011，25（03）：85-88.

孙情，杨炎，罗冬兰，等. 黄瓜采后贮藏保鲜技术研究进展 [J]. 南方农业，2018，12（34）：54-55＋61.

钟志友，张敏，杨乐，等. 果蔬冰点与其生理生化指标关系的研究 [J]. 食品工业科技，2011，32（02）：76-78.

王超，刘斌，巩玉芬，等. 鲜切菠菜在不同冷藏温度下品质变化的动力模型 [J]. 制冷学报，2015，36（06）：98-103＋118.

王华芳，展海军. 过氧化氢酶活性测定方法的研究进展 [J]. 科技创新导报，2009（19）：7-8.

王炬，张秀玲，高宁，等. 响应面法优化老山芹护绿工艺 [J]. 食品工业科技，2018，39（17）：152-158＋166.

王馨雨，杨绿竹，王婷，等. 植物多酚氧化酶的生理功能、分离纯化及酶促褐变控制的研究进展 [J]. 食品科学，2020，41（09）：222-237.

赵美佳，邹通，汤泽君，等. 番茄营养成分分级及国内外加工现状 [J]. 食品研究与开发，2016，37（10）：215-218.

郑瑶瑶，夏延斌. 胡萝卜营养保健功能及其开发前景 [J]. 包装与食品机械，2006（05）：35-37.

周先艳，朱春华，李进学，等. 果实有机酸代谢研究进展 [J]. 中国南方果树，2015，44（01）：120-125＋132.

Antonio P，Viera I，Maria R. Chemistry in the bioactivity of chlorophylls: an overview [J]. Current Medicinal Chemistry，2017，24（40）：4515-4536.

Aslam M M，Deng L，Wang X，et al. Expression patterns of genes involved in sugar metabolism and accumulation during peach fruit development and ripening ［J］. Scientia Horticulturae，2019，257：108633.

Awasthi S，Saraswathi N T . Sinigrin，a major glucosinolate from cruciferous vegetables restrains non-enzymatic glycation of albumin ［J］. International Journal of Biological Macromolecules，2016，83：410-415.

Babazadeh S，Ahmadi Moghaddam P，Sabatyan A，et al. Classification of potato tubers based on solanine toxicant using laser-induced light backscattering imaging ［J］. Computers & Electronics in Agriculture，2016，129：1-8.

Barbehenn R V，Constabel C P . Tannins in plant-herbivore interactions ［J］. Phytochemistry，2011，72（13）：1551-1565.

Tan J，Hua X，Lin J，et al. Extraction of sunflower head pectin with superfine grinding pretreatment ［J］. Food Chemistry，2020，320：126631.

Coyago-Cruz E，Corell M，Moriana A，et al. Effect of the fruit position on the cluster on fruit quality，carotenoids，phenolics and sugars in cherry tomatoes（Solanum lycopersicum L.）［J］. Food Research International，2017：804-813.

Crozier A，Jaganath I B，Clifford M N . Dietary phenolics：chemistry，bioavailability and effects on health ［J］. Natural Product Reports，2009，26（8）：1001-1043.

Durazzo A，Lucarini M，Souto E B，et al. Polyphenols：a concise overview on the chemistry，occurrence，and human health ［J］. Phytotherapy Research，2019，33（9）：2221-2243.

Emma J，Mcdonald. Chapter 3-physical and chemical properties of the reducing sugars（dextrose and levulose）* ［J］. Principles of Sugar Technology，2013，13（6）：75-127.

Ferruzzi M G，Blakeslee J . Digestion，absorption，and cancer preventative activity of dietary chlorophyll derivatives ［J］. Nutrition Research，2007，27（1）：1-12.

Gao S，Hu M . Bioavailability challenges associated with development of anti-cancer phenolics ［J］. Mini Reviews in Medicinal Chemistry，2010，10（6）：550-567.

Giordano P，Scicchitano P，Locorotondo M，et al. Carotenoids and cardiovascular risk ［J］. Current Pharmaceutical Design，2012，18（34）：5577-5589.

He X Y，Wu L J，Wang W X，et al. Amygdalin-a pharmacological and toxicological review ［J］. Journal of Ethnopharmacology，2020，254：112717.

Hogger P，Xiao J B . Dietary polyphenols and type 2 diabetes：current insights and future perspectives ［J］. Current Medicinal Chemistry，2015，22（1）：23-38.

Gomaa I，Ali S E，El-Tayeb T A，et al. Chlorophyll derivative mediated PDT versus methotrexate：an in vitro study using MCF-7 cells ［J］. Photodiagnosis and Photodynamic Therapy，2012，9（4）：362-368.

Jin，Dai，Mumper，et al. Plant phenolics：extraction，analysis and their antioxidant and anticancer properties. ［J］. Molecules，2010，15（10）：7313-7352.

Lesjak M，Beara I，Simin N，et al. Antioxidant and anti-inflammatory activities of quercetin and its derivatives ［J］. Journal of Functional Foods，2018，40：68-75.

Magwaza L S，Opara U L . Analytical methods for determination of sugars and sweetness of horticultural products—a review ［J］. Scientia Horticulturae，2015，184：179-192.

Manfred E，Adrian W . Carotenoids in human nutrition and health ［J］. Archives of Biochemistry and Biophysics，2018，652：18-26.

Maoka T . Carotenoids as natural functional pigments ［J］. Journal of Natural Medicines，2019，74（5）：1-16.

Marles，Robin J . Mineral nutrient composition of vegetables，fruits and grains：the context of reports of apparent historical declines ［J］. Journal of Food Composition and Analysis，2017，56：93-103.

Matsuda R，Kubota C . Variation of total soluble protein content in fruit among six greenhouse tomato cultivars ［J］. Hortence：A Publication of The American Society for Horticultural Ence，2010，45（11）：1645-1648.

Matthew，David，Cook，et al. Dietary anthocyanins：a review of the exercise performance effects and related physiological responses. ［J］. International Journal of Sport Nutrition & Exercise Metabolism，2019，29（3）：322-330.

Micha K，Adam S，Aleksandra M N，et al. Antioxidant capacity of crude extracts containing carotenoids from the berries of various cultivars of Sea buckthorn（*Hippophae rhamnoides L.*）［J］. Acta biochimica Polonica，2012，59（1）：135-137.

Mohnen D . Pectin structure and biosynthesis [J]. Current Opinion in Plant Biology, 2008, 11 (3): 266-277.

Mohsenikia M, Alizadeh A M, Khodayari H, et al. Therapeutic effects of dendrosomal solanine on a metastatic breast tumor [J]. Life Sciences, 2016, 148: 260-261.

Moo-Huchin V C M, Lez-Aguilar G A G, Moo-Huchin M, et al. Carotenoid composition and antioxidant activity of extracts from tropical fruits [J]. Chiang Mai Journal of Science, 2017, 44 (2): 605-616.

Mudgil D, Barak S . Composition, properties and health benefits of indigestible carbohydrate polymers as dietary fiber: a review [J]. International Journal of Biological Macromolecules, 2013, 61 (Complete): 1-6.

Muir J G, Rose R, Rosella O, et al. Measurement of short-chain carbohydrates in common australian vegetables and fruits by high-performance liquid chromatography (HPLC) [J]. Journal of Agricultural & Food Chemistry, 2009, 57 (2): 554-565.

Niranjana R, Gayathri R, Nimish Mol S, et al. Carotenoids modulate the hallmarks of cancer cells [J]. Journal of Functional Foods, 2015, 18 (Part B): 968-985.

Nkuimi W J G, Sut S, Giuliani C, et al. Characterization of nutrients, polyphenols and volatile components of the ancient apple cultivar 'mela rosa dei monti sibillini' from marche region, central Italy. [J]. International Journal of Food Sciences and Nutrition, 2019, 70 (7): 796-812.

Oluwafemi J Caleb, Gabriele Wegner, Corinna Rolleczek, et al. Hot water dipping: Impact on postharvest quality, individual sugars, and bioactive compounds during storage of 'Sonata' strawberry [J]. Scientia Horticulturae, 2016, 210: 150-157.

Oyebode O, Gordon-Dseagu V, Walker A, et al. Fruit and vegetable consumption and all-cause, cancer and CVD mortality: analysis of health survey for england data [J]. Journal of Epidemiology & Community Health, 2014, 68 (9): 856-862.

Patel D K, Patel K, Gadewar M, et al. A concise report on pharmacological and bioanalytical aspect of sinigrin [J]. Asian Pacific Journal of Tropical Biomedicine, 2012, 2 (1-supp-S): S446-S448.

Poovan Shanmugavelan, Su Yeon Kim, Jung Bong Kim, et al. Evaluation of sugar content and composition in commonly consumed Korean vegetables, fruits, cereals, seed plants, and leaves by HPLC-ELSD [J]. Carbohydrate Research, 2013, 380: 112-117.

Queiroz Zepka L, Jacob-Lopes E, Roca, et al. Catabolism and bioactive properties of chlorophylls [J]. Current Opinion in Food Science, 2019, 26: 94-100.

Sabina L, Jan O, Łukasz S, et al. Phytochemical composition and antioxidant capacity of seven saskatoon berry (amelanchier alnifolia nutt.) genotypes grown in poland [J]. MDPI, 2017, 22 (5): 853.

Hwang S L, Yen G C. Neuroprotective effects of the citrus flavanones against H_2O_2-induced cytotoxicity in PC12 cells [J]. Journal of Agricultural & Food Chemistry, 2008, 56 (3): 859.

Khurana S, Venkataraman K, Hollingsworth A, et al. Polyphenols: benefits to the cardiovascular system in health and in aging [J]. Nutrients, 2013, 5 (10): 3779-3827.

Smeriglio A, Barreca D, Bellocco E, et al. Chemistry, pharmacology and health benefits of anthocyanins [J]. Phytotherapy Research, 2016, 30 (8): 1265-1286.

Sweedman M C, Tizzotti M J, SchFer C, et al. Structure and physicochemical properties of octenyl succinic anhydride modified starches: a review [J]. Carbohydrate Polymers, 2013, 92 (1): 905-920.

Stevenson D G, Domoto P A, Jane J L . Structures and functional properties of apple (malus domestica borkh) fruit starch [J]. Carbohydrate Polymers, 2006, 63 (3): 432-441.

Tan J, Hua X, Lin J, et al. Extraction of sunflower head pectin with superfine grinding pretreatment [J]. Food Chemistry, 2020, 320: 126631.

Vemana G, Jia Z Q, et al. Anthocyanins as promising molecules and dietary bioactive components against diabetes-a review of recent advances [J]. Trends in Food Science & Technology, 2017, 68: 1-13.

Wang L L, Gong Y, Li Y X, et al. Structure and properties of soft rice starch [J]. International Journal of Biological Macromolecules, 2020, 157: 10-16.

Wang Z Y, Pang W, He C C, et al. Blueberry anthocyanin-enriched extracts attenuate fine particulate matter (PM2. 5) - induced cardiovascular dysfunction [J]. Journal of Agricultural and Food Chemistry, 2017, 65 (1): 87-94.

Waliszewski K N, Aparicio M A, Bello L A, et al. Changes of banana starch by chemical and physical modification [J].

Carbohydrate Polymers，2003，52（3）：237-242.

Xie L H，Su H M，Sun C D，et al. Recent advances in understanding the anti-obesity activity of anthocyanins and their bio-synthesis in microorganisms ［J］. Trends in Food Science & Technology，2018，72：13-24.

Yao H，Xu W，Shi X，et al. Dietary flavonoids as cancer prevention agents ［J］. Journal of Environmental ence and Health Part C Environmental Carcinogenesis & Ecotoxicology Reviews，2011，29（1）：1-31.

Yu-bin J I，Shi-yong G. Antihepatocarcinoma Effect of Solanine and Its Mechanisms ［J］. Chinese Herbal Medicines，2012，4（2）：126-135.

Zhao C L，Yu Y Q，Chen Z J，et al. Stability-increasing effects of anthocyanin glycosyl acylation ［J］. Food Chemistry，2017，214：119-128.

第三章　果蔬采后生理及病害

第一节　呼吸生理

一、呼吸作用

呼吸是生命的基本特征，是生物体在细胞内将有机物氧化分解并产生能量的化学过程。在呼吸过程中，呼吸底物在一系列酶的作用下，逐渐分解成简单的物质，最终形成 CO_2 和 H_2O，同时释放出能量，这是一种异化作用。果蔬采后仍然是活的有生命的有机体，进行着一系列的生命活动。但是与采前相比较，存在着一定的差异。在果蔬体内各种酶系统的参与下，经过复杂的氧化还原反应，将有机物分解为简单物质同时释放能量的过程叫作呼吸作用。首先，采前果蔬进行着光合作用和呼吸作用；采后的果蔬，光合作用消失，呼吸作用成为主要的生理代谢活动，导致果蔬有机体内内容物逐渐消失，品质下降。其次，果蔬采前可以通过根部吸水，补充果蔬内部水分，使得细胞饱满，采后果蔬失去补水功能，蒸腾作用消耗大量水分，果蔬产品逐渐萎蔫。在呼吸过程中，被氧化还原的物质叫作呼吸基质。果蔬产品采后呼吸的主要呼吸基质是有机物质：糖、有机酸、氨基酸、蛋白质和脂肪等。

呼吸作用分为两大类：有氧呼吸和无氧呼吸。有氧呼吸是指细胞在 O_2 的参与下，把某些有机物彻底氧化分解，形成 CO_2 和 H_2O，同时释放出能量的过程。

$$C_6H_{12}O_6 + 6O_2 \longrightarrow 6CO_2 + 6H_2O + 能量（2817.7kJ）$$

无氧呼吸是指在无氧条件下，有机物被降解为不彻底的氧化产物，同时释放出能量的过程。无氧呼吸可以产生酒精，也可产生乳酸。

$$C_6H_{12}O_6 \longrightarrow 2C_2H_5OH + 2CO_2 + 能量（87.9kJ）$$

$$C_6H_{12}O_6 \longrightarrow 2CH_3CHOHCOOH + 能量（75.3kJ）$$

二、呼吸跃变

有些果品和蔬菜从胚胎受精开始到果实发育定型之间，呼吸强度持续下降，此后进入成熟阶段，呼吸迅速增强，达到一个高峰后，重新下降，直至果实完全衰败为止。在果实的成熟过程中所出现的这种呼吸变化，称为呼吸跃变。这类果实称为呼吸跃变型果实。另一些果实在成熟过程中没有呼吸跃变现象，呼吸强度只表现为缓慢下降，这类果实称为非呼吸跃变型果实。当果蔬进入呼吸跃变期之后，耐贮性逐渐下降，人为地采取各种延缓呼吸跃变的措施，是有效地延长果蔬贮藏的重要措施。

跃变型果实的呼吸强度随着果蔬的成熟而上升，不同果蔬在呼吸跃变期呼吸强度的变化程度不同。苹果呼吸跃变期的呼吸强度是前期的两倍，而香蕉的最大呼吸强度是前期的10倍，桃子发生呼吸跃变时的呼吸强度只占前期的30%。大多数果蔬在植株体上就已经发生了呼吸跃变，但是有一些果蔬采摘后通过刺激发生呼吸跃变，比如芒果、鳄梨等。非呼吸跃变型果实的主要特征是呼吸强度低，并且在成熟期间呼吸强度不断下降。柑橘是典型的非呼吸跃变型果实，呼吸强度很低，完全成熟过程时间很长。呼吸跃变型果实和非呼吸跃变型果实的呼吸强度曲线分别如图3-1和图3-2所示。

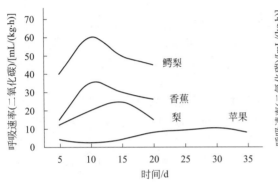

图3-1　呼吸跃变型果实呼吸强度曲线　　　　图3-2　非跃变型果实呼吸强度曲线

三、呼吸强度、呼吸商

呼吸强度是用来衡量呼吸作用强弱的一个指标，又称呼吸速率，以单位数量植物组织、单位时间的 O_2 消耗量或 CO_2 释放量表示。呼吸强度是评价新陈代谢快慢的重要指标，根据呼吸强度可以衡量果蔬的贮藏潜力，一般情况下果蔬的耐贮性与呼吸强度成反比，呼吸强度越大，新陈代谢越快，消耗营养物质的速度越快。呼吸强度大的果蔬产品，其衰老速度也越快，耐贮藏性较差。比如菠菜在室温下的呼吸强度是马铃薯的20倍。

呼吸商是呼吸作用过程中释放出的 CO_2 与消耗的 O_2 在容量上的比值，即 CO_2/O_2，称为呼吸商（RQ）。当呼吸商＝1时，以葡萄糖为呼吸基质；呼吸商＞1时，以苹果酸为呼吸基质；呼吸商＜1时，以脂肪和蛋白质为呼吸基质。

四、呼吸热

当环境温度提高10℃时，采后果蔬产品反应加速的呼吸强度，以呼吸温度系数（$Q10$）表示。采后果蔬产品进行呼吸作用的过程中，消耗呼吸基质，一部分用于合成能量供组织生命活动所用，另一部分则以热量的形式释放出来，这一部分的热量称为呼吸热。已知每摩尔的葡萄糖完全氧化分解为二氧化碳和水，放出自由能2867.5kJ，形成了36mol ATP，消耗1099.3kJ的自由能，其余的自由能以热能的形式释放。果蔬产品采后释放大量的呼吸热，因此在贮藏运输期间需要及时散热与降温，以避免贮藏过程中温度升高，加剧呼吸强度，形成恶性循环。呼吸跃变型果蔬产品采后成熟衰老进程中，在果实、蔬菜进入完熟期或衰老期时，其呼吸强度出现骤然升高，随后趋于下降，呈一明显的峰形变化，这个峰即为呼吸高峰。

五、影响呼吸作用的因素

果蔬的贮藏寿命与呼吸作用有密切的关系，在不妨碍果蔬正常生理活动的前提下，应该尽可能地降低呼吸强度，减少物质的消耗，延缓果实衰老。影响呼吸强度的因素包括果蔬的种类和品种、发育阶段与成熟度、温度、湿度、环境气体成分（O_2、CO_2、C_2H_4）、机械损伤、化学物质。

1. 种类和品种

果蔬种类繁多，食用部分各不相同，包括根、茎、叶、花、果实和变态器官，这些器官在组织结构和生理方面有很大差异，采后的呼吸作用有很大不同。在蔬菜的各种器官中，生殖器官新陈代谢异常活跃，呼吸强度一般大于营养器官，而营养器官又大于贮藏器官，所以通常以花的呼吸作用最强，叶次之。其中散叶型蔬菜的呼吸要高于结球型，因为叶球变态成为积累养分器官，呼吸作用最小的为根茎类蔬菜，如直根、块根、块茎、鳞茎的呼吸强度相对最小。除了受器官特征的影响外，还与其在系统发育中形成的对土壤或盐环境中缺氧的适应特性有关，有些产品采后进入休眠期，呼吸更弱。

同一类产品，不同品种之间呼吸也有差异，这是由遗传特性决定的。一般来说，由于晚熟品种生长期较长，积累的营养物质较多，呼吸强度高于早熟品种；夏季成熟品种的呼吸比秋冬成熟品种强；南方生长的比北方的要强。在蔬菜中，叶菜类和花菜类的呼吸强度最大，果菜类次之，作为贮藏器官的根和块茎蔬菜如马铃薯、胡萝卜等的呼吸强度相对较小，也较耐贮藏。一般来说，呼吸强度越大，耐贮性越低。

2. 发育阶段与成熟度

不同成熟度的瓜果，呼吸强度也有较大差异。以嫩果供食的瓜果，其呼吸强度大，而成熟瓜果的呼吸强度较小。

在果蔬的个体发育和器官发育过程中，幼果期幼嫩组织处于细胞分裂和生长阶段，代谢旺盛，且保护组织尚未发育完善，便于气体交换而使组织内部供氧充足，呼吸强度较高，呼吸旺盛。随着生长发育，果实长大，呼吸逐渐下降。幼嫩蔬菜的呼吸最强，是因为正处在生长最旺盛的阶段，各种代谢活动都很活跃，而且此时的表皮保护组织尚未发育完全，组织内细胞间隙也较大，便于气体交换，内层组织也能获得较充足的 O_2。一般而言，处于生长发育过程的植物组织、器官的生理活动很旺盛，呼吸代谢也很强。如生长期采收的叶菜类蔬菜，此时营养生长旺盛，各种生理代谢非常活跃，呼吸强度也很大。成熟产品表皮保护组织如蜡质、角质加厚，使新陈代谢缓慢，呼吸较弱。跃变型果实在成熟时呼吸强度升高，达到呼吸高峰后又下降，非跃变型果实成熟衰老时则呼吸作用一直缓慢减弱，直到死亡。块茎、鳞茎类蔬菜田间生长期间呼吸强度一直下降，采后进入休眠期呼吸降到最低，休眠期后重新上升。

一般果品均不在生长期采收，因为此时养分未充分积累，风味、品质均较差，同时呼吸强度很高。跃变型果实在生长末期采收，此时果实已基本成熟，营养积累较充分，呼吸强度明显下降。老熟的瓜果和其他蔬菜，新陈代谢强度降低，表皮组织和蜡质、角质保护层加厚并变得完整，呼吸强度较低，则较耐贮藏。一些果实如番茄在成熟时细胞壁中胶层溶解，组织充水，细胞间隙被堵塞而使体积缩小，这些都会阻碍气体交换，使得呼吸强度下降，呼吸系数升高。

3. 温度

呼吸作用是一系列酶促生物化学反应过程，温度是影响呼吸强度最重要的因素。在一定范围内随着温度的升高，酶的活性增强，呼吸强度增大。

在 0~35℃范围内，随着温度的升高，呼吸强度增大。温度变化与果蔬呼吸作用的关系，可以用呼吸温度系数（Q_{10}）表示，即温度每上升10℃，呼吸强度所增加的倍数。如果不发生冷害，多数果蔬温度每升高10℃，呼吸强度增大1~1.5倍（$Q_{10}=1~1.5$）。在 0~10℃范围的温度系数往往比其他范围的温度系数的数值大，这说明越接近0℃，温度的变化对果蔬呼吸强度的影响越大。在0℃左右时，酶的活性极低，呼吸很弱，呼吸跃变型果实的呼吸高峰得以推迟，甚至不出现呼吸高峰。因此，在不出现冷害的前提下，果蔬采后应尽量降低贮运温度，并且要保持冷库温度的恒定，否则，温度的变动可刺激果蔬的呼吸作用，缩短贮藏寿命。当温度高于一定的程度（35~45℃），呼吸强度在短时间内可能增加，但稍后呼吸强度急剧下降，这是由于温度太高导致酶的钝化或失活。

同样，呼吸强度随着温度的降低而下降，但是如果温度太低，导致冷害，反而会出现不正常的呼吸反应。为了抑制呼吸强度，贮藏温度在适宜范围内越低越好。适宜的低温，可以显著降低产品的呼吸强度，并推迟呼吸跃变型果蔬产品的呼吸跃变高峰的出现，甚至不表现呼吸跃变。

一些原产于热带、亚热带的产品对冷敏感，在一定低温下会发生代谢失调，失去耐贮藏性和抗病性，反而不利于贮藏。过高或过低的温度对产品的贮藏不利。超过正常温度范围时，初期的呼吸强度上升，其后下降为0。这是由于在过高温度下，O_2 的供应不能满足组织对 O_2 消耗的需求，同时 CO_2 过多的积累又抑制了呼吸作用的进行。温度低于产品的适宜贮藏温度时，会造成低温伤害或冷害。所以，应根据各种水果和蔬菜对低温的耐度性不同，在不破坏正常生命活动的条件下，尽可能维持较低的贮藏温度，使呼吸降到最低限度的同时又不至于产生冷害。另外，贮藏环境的温度波动会刺激水果和蔬菜中水解酶的活性，促进呼吸，增加营养物质的消耗，缩短贮藏时间，因此，水果和蔬菜贮藏时应尽量避免库温波动。

根据温度对呼吸强度的影响原理，在生产实践上贮藏蔬菜和水果时应该降低温度，以减少呼吸消耗。温度降低的幅度以不破坏植物组织为标准，否则细胞受损，对病原微生物抵抗力大减，也易腐烂损坏。

4. 相对湿度

相对湿度对呼吸的影响，就目前来看还缺乏系统和更为深入的研究，但这种影响在许多贮藏实例中确有反映。稍微干燥的环境可以抑制呼吸，大白菜、菠菜、温州蜜柑、红橘等采收后进行预贮，晾晒蒸发掉一小部分水分，使产品轻微失水有利于降低呼吸强度，增加耐贮藏性。洋葱在贮藏时要求低湿，低湿可以减弱呼吸强度，保持器官的休眠状态，有利于贮藏。另一方面，湿度过低对香蕉的呼吸作用和完熟也有影响，香蕉在90%以上的相对湿度时，采后出现正常的呼吸跃变，果实正常完熟；当相对湿度下降到80%以下时，没有出现正常的呼吸跃变，不能正常完熟，即使能够勉强完熟，但果实不能正常黄熟，果皮呈黄褐色且无光泽。每种果蔬都有自己适宜贮藏的相对湿度。

5. 环境气体成分

从呼吸作用总反应式可知，环境中 O_2 和 CO_2 的浓度变化，对呼吸作用有直接的影响。在不干扰组织正常呼吸代谢的前提下，适当降低环境中 O_2 浓度，并提高 CO_2 浓度，可以有效抑制呼吸作用，减少呼吸消耗，更好地维持产品品质，这就是气调贮藏的理论依据。

(1) O_2

O_2 是进行有氧呼吸的必要条件，正常空气中，一般氧气是过量的。在 $O_2 > 16\%$ 而低于大气中的含量时，对呼吸无抑制作用；当 O_2 含量降到 20% 以下时，植物的呼吸强度便开始下降；在 $O_2 < 10\%$ 时，呼吸强度受到显著的抑制；在 $O_2 < (5\% \sim 7\%)$ 时，受到较大幅度的抑制。值得注意的是，在一定范围内，虽然降低 O_2 浓度可抑制呼吸作用，但 O_2 浓度过低，无氧呼吸会增强，过多消耗体内养分，甚至导致酒精中毒和产生异味，缩短贮藏寿命。在 O_2 浓度较低的情况下，呼吸强度（有氧呼吸）随 O_2 浓度的增加而增强，但 O_2 浓度增至一定程度时，对呼吸就没有促进作用了，这时 O_2 浓度称为氧饱和点。因此，贮藏中 O_2 含量常维持在 2% ~ 5%，一些热带、亚热带产品需要在 5% ~ 9% 的范围内。

(2) CO_2

提高空气中的 CO_2 浓度，呼吸也会受到抑制，多数果品比较合适的 CO_2 含量为 1% ~ 5%。若 CO_2 浓度过高，会使细胞中毒而导致某些果蔬出现异味。O_2 和 CO_2 有拮抗作用，CO_2 毒害可因提高 O_2 浓度而有所减轻，而在低 O_2 环境中，CO_2 毒害会更为严重；另一方面，当较高浓度的 O_2 伴随着较高浓度的 CO_2 时，对呼吸作用仍能起明显的抑制作用。低浓度的 O_2 和高浓度的 CO_2 不但可以降低呼吸强度，还能推迟果实的呼吸高峰，甚至使其不发生呼吸跃变。因此，要维持果蔬正常的生命活动，又要控制适当的呼吸作用，就要使贮藏环境中的 O_2 和 CO_2 含量保持一定的比例。

(3) C_2H_4

乙烯（C_2H_4）是影响呼吸作用的重要因素。它是一种与成熟衰老密切相关的植物激素，即果蔬催熟剂，它可以增强呼吸强度。乙烯是五大类植物内源激素中结构最简单的一种，但对果蔬的成熟衰老有重要影响，微量的乙烯（0.1mg/L）就可以诱导果蔬的成熟。抑制或促进乙烯的产生，可调节果蔬的成熟进程，影响贮藏寿命。因此，了解乙烯对果蔬成熟衰老的影响、乙烯的生物合成过程及其调节机理，对于做好果蔬的贮运工作有重要的意义。

在果实发育和成熟阶段均伴随乙烯产生，跃变型果实在跃变开始到跃变高峰时的内源乙烯的含量比非跃变型果实高得多，而且在此期间内源乙烯浓度的变化幅度也比非跃变型果实要大。一般认为乙烯浓度的阈值为 $0.1\mu g/g$，因此，不同果实的乙烯阈值是不同的，而且果实在不同的发育期和成熟期对乙烯的敏感度是不同的。一般来说，随果龄的增大和成熟度的提高，果实对乙烯的敏感性提高，因而诱导果实成熟所需的乙烯浓度也随之降低。幼果对乙烯的敏感度很低，即使施加高浓度外源乙烯也难以诱导呼吸跃变。但对于即将进入呼吸跃变的果实，只需用很低浓度的乙烯处理，就可诱导呼吸跃变的出现。乙烯是成熟激素，可诱导和促进跃变型果实的成熟，主要的根据如下：①乙烯生成量增加与呼吸强度上升时间进程一致，通常出现在果实的完熟期间；②外源乙烯处理可诱导和加速果实成熟；③通过抑制乙烯的生物合成，如使用乙烯合成抑制剂氨氧乙基乙烯基甘氨酸（AVG）和氨基氧乙酸（AOA），或除去贮藏环境中的乙烯（如减压抽气、乙烯吸收剂等），能有效地延缓果蔬的成熟衰老；④使用乙烯作用的拮抗物（如 Ag^+、CO_2、1-MCP）可以抑制果蔬的成熟。虽然非跃变型果实成熟时没有呼吸跃变现象，但是用外源乙烯处理能提高呼吸强度，同时也能促进叶绿素破坏、组织软化、多糖水解等。所以，乙烯对非跃变型果实同样具有促进成熟、衰老的作用。

果蔬产品采后贮运过程中，由于组织自身代谢可以释放 C_2H_4，并在贮运环境中积累，这对于一些对 C_2H_4 敏感的果蔬产品的呼吸作用有较大的影响。果蔬在贮藏过程中不断产生乙烯,并使果蔬贮藏场所的乙烯浓度增高,果蔬在乙烯浓度升高的环境中贮藏时,空气中的微量乙烯又能促进呼吸强度提高,从而加快果蔬成熟和衰老。所以,对果蔬贮藏库要通风换气或放置乙烯吸收剂,排出或吸收乙烯防止过量积累,可以有效延长果蔬的贮藏时间。

6. 机械损伤

任何机械损伤,即便是轻微的挤压和擦伤,都会导致采后果蔬产品呼吸强度不同程度的增加,不利于贮藏。因此,应尽量避免果蔬受机械损伤和微生物浸染。果蔬受机械损伤后,呼吸强度和乙烯的产生量明显提高。组织因受伤引起呼吸强度不正常的增加称为"伤呼吸"。呼吸强度的增加与损伤的严重程度成正比。

机械损伤引起呼吸强度增加的可能机制是:①开放性伤口使内层组织直接与空气接触,增加气体的交换,可利用的 O_2 增加,细胞结构被破坏,从而破坏了正常细胞中酶与底物的空间分隔;②当组织受到机械损伤、冻害、紫外线辐射或病菌感染时,内源乙烯含量可提高 $3\sim10$ 倍,乙烯合成的增强加速了有关的生理代谢和贮藏物质的消耗以及呼吸热的释放,导致品质下降,促进果实的成熟和衰老,从而加强对呼吸的刺激作用;③果实受机械损伤后,易受真菌和细菌侵染,真菌和细菌在果品上繁殖可以产生大量的乙烯,也促进了果实呼吸的增强而导致果实的成熟和衰老,形成恶性循环,果蔬通过增强呼吸来加强组织对损伤的保卫反应和促进愈伤组织的形成等。在贮藏实践中,受机械损伤的果实容易长霉腐烂,而长霉的果实往往提前成熟,贮藏寿命缩短。因此,在采收、分级、包装、运输和销售等环节中,必须做到轻拿轻放和良好的包装,以免果蔬发生机械损伤。图3-3展示了机械损伤对枣果实的影响。

图 3-3　机械损伤对枣果实的影响

7. 化学物质

有些化学物质,如抑丹芽、矮壮素(CCC)、6-苄基腺嘌呤(6-BA)、赤霉素(GA)、2,4-D、重氮化合物、脱氢醋酸钠等,对呼吸强度都有不同程度的抑制作用,其中的一些也是果蔬产品保鲜剂的重要成分。

六、呼吸作用的生理意义

呼吸作用对植物生命活动具有十分重要的意义,主要表现在以下四个方面。

1. 为生命活动提供能量

呼吸作用将有机物氧化,使其中的化学能以 ATP 形式贮存起来。当 ATP 在 ATP 酶作用下分解时,再把贮存的能量释放出来,以不断满足植物体内各种生理过程对能量的需要,未被利用的能量就转变成热能散失掉。

2. 为重要有机物提供合成原料

呼吸作用在分解有机物过程中产生许多中间产物,其中有一些中间产物化学性质十分活泼,如丙酮酸、α-酮戊二酸、苹果酸等,它们是进一步合成植物体内新的有机物的物质基础。

3. 为代谢活动提供还原力

呼吸作用可以为植物体内有机物的生物合成提供还原力，生成还原型辅酶，如还原型辅酶Ⅱ（NADPH）、还原型辅酶Ⅰ（NADH）、还原型黄素腺嘌呤二核苷酸（FADH$_2$）等。

4. 增强植物抗病免疫能力

在植物和病原微生物的相互作用中，植物依靠呼吸作用氧化分解病原微生物所分泌的毒素，以消除其毒害。植物受伤或受到病菌侵染时，也通过旺盛的呼吸，促进伤口愈合，加速木质化或栓质化，以减少病菌的侵染。此外，呼吸作用的加强还可促进具有杀菌作用的绿原酸、咖啡酸等的合成，以增强植物的免疫能力。

第二节　蒸腾生理

一、蒸腾作用

新鲜果实、蔬菜含有很高的水分，细胞汁液充足，细胞膨压大，使组织器官呈现坚挺、饱满的状态，具有光泽和弹性，表现出新鲜健壮的优良品质。若果实组织水分减少，细胞膨压降低，组织会萎蔫、皱缩，光泽消退，表观失去新鲜状态。采收后的器官（果实、蔬菜）失去母体和土壤供给的营养和水分补充，蒸腾作用仍在持续进行，蒸腾失水通常不能得到补充。如贮藏环境不适宜，贮藏器官就成为一个蒸发体，不断蒸腾失水，逐渐失去新鲜度，并产生一系列的不良反应。蒸腾作用是水分从活的植物体表面（采后果实、蔬菜）以水蒸气状态散失到大气中的过程。与物理学的蒸发过程不同，蒸腾作用不仅受外界环境条件的影响，而且还受组织结构和气孔的调控，因此它是一种复杂的生理过程。蒸腾作用是植物对水分吸收和运输的主要动力，特别是高大的植物，假如没有蒸腾作用，由蒸腾拉力引起的吸水过程便不能产生，植株较高部分也无法获得水分。矿物质盐类要溶于水中才能被植物吸收和在体内运转，由于蒸腾作用是对水分吸收和利用水流动的动力，那么，矿物质也随水分的吸收和流动而被吸入和分布到植物体各部分中去。蒸腾作用能够降低叶片的温度。太阳光照射到叶片上时，大部分能量转变为热能，如果叶子没有降温的本领，叶温过高，叶片会被灼伤。而在蒸腾过程中，水变为水蒸气时需要吸收热能（1g 水变成水蒸气需要能量，在 20℃ 时是 2444.9J，30℃ 时是 2430.2J）。因此，蒸腾能够降低叶片的温度。在果蔬产品贮藏过程中器官的蒸腾失水和干物质的损耗，造成质量的减少，称为失重。

图 3-4　蒸腾失水后的瓜秧

蒸腾失水主要是蒸腾作用引起的组织水分散失；干物质的消耗则是呼吸作用导致细胞内贮藏物质的消耗。失水是贮藏器官失重的主要原因。图 3-4 展示了蒸腾失水对于蔬菜的影响。

二、蒸腾作用对果蔬贮藏品质的影响

蒸腾失水对果蔬品质产生严重的影响。贮藏器官的采后蒸腾作用，不仅影响贮藏产品的表观品质，而且造成贮藏失重。一般而言，当贮藏失重占贮藏器官质量的 5% 时，就呈现明显的萎蔫状态。柑橘果实贮藏过程的失重有 3/4 是蒸腾失重所致，1/4 是由于呼吸作用的消耗。苹果在 2.7℃时贮藏，每周由呼吸作用造成的失重大约为 0.05%，由蒸腾失水引发的失重约为 0.5%。

蒸腾失水也会影响果蔬生理代谢过程。水分是生物体内最重要的物质之一，它在代谢过程中发挥着特殊的生理作用，它可以使细胞器、细胞膜和酶得以稳定，细胞的膨压也是靠水和原生质膜的半渗透性来维持的。失水后，细胞膨压降低，气孔关闭，因而对正常的代谢产生不利影响。器官、组织的蒸腾失重造成的萎蔫，还会影响正常代谢机制，如呼吸代谢受到破坏，促使酶的活动趋于水解作用，从而加速组织的降解，促进组织衰老，并削弱器官固有的贮藏性和抗病性。另一方面，当细胞失水达到一定程度时，细胞液浓度增高，H^+、NH_4^+和其他一些物质积累到有害程度，会使细胞中毒。水分状况异常还会改变体内激素平衡，使脱落酸和乙烯等与成熟衰老有关的激素合成增加，促使器官衰老脱落。因此，在果蔬产品采后贮运过程中，减少组织的蒸腾失重就显得非常重要了。

三、影响蒸腾作用的因素

影响果蔬产品蒸腾作用的因素主要包括果蔬结构和环境因素。果蔬的比表面积、表面组织结构、细胞持水力在果蔬蒸腾作用中起主要作用。比表面积是指单位质量或单位体积的器官所具有的表面积，单位是 cm^2/g。比表面积大，相同质量的产品所具有的蒸腾面积就大，因而失水就越多。一般情况下，叶菜类蔬菜的蒸腾作用强度比块茎类蔬菜要高。

表面组织结构对植物器官、组织的水分蒸腾具有明显的影响。蒸腾的途径有两个，即自然孔道蒸腾和角质层蒸腾。自然孔道蒸腾是指通过气孔和皮孔的水分蒸腾。通过植物皮孔进行的水分蒸腾叫皮孔蒸腾。通过植物气孔进行的水分蒸腾叫气孔蒸腾。气孔多在叶面上，主要由它周围的保卫细胞和薄壁细胞的含水程度来调节其开闭，温度、光照等环境因子对气孔的关闭也有影响。当温度过低和 CO_2 增多时，气孔不易开放；光照刺激气孔开放；植物处于缺水条件时，气孔关闭。皮孔多在茎和根上，不能自由开闭，而是经常开放。苹果、梨果实的表皮上也有皮孔，皮孔使较内层组织的胞间隙直接与外界相通，从而有利于各种气体的交换。但是，皮孔蒸腾量极微，约占总蒸腾量的 0.1%。角质层蒸腾在蒸腾中所占的比例，与角质层的厚薄有关，还与角质层中有无蜡质及蜡质的厚薄有关。幼嫩器官表皮角质层未充分发育，透水性强，极易失水。角质层本身不易使水分透过，但角质层中间夹杂有吸水能力强的果胶质，同时角质层还有微细的缝隙，可使水分透过。相对于角质层蒸腾而言，气孔蒸腾的量和速度均要大得多。随着果蔬的成熟，表皮、角质层发育完整健全，有的还覆盖着致密的蜡质，这就有利于组织内水分的保持。细胞持水力也会影响果蔬产品的蒸腾作用。原生质中有较多的亲水性强的胶体，可溶性固形物含量高，使细胞渗透压高，因而保水力强，可阻止水分渗透到细胞壁以外。胞间隙的大小可影响水分移动的速度，胞间隙大，水分移动时阻力小，因而移动速度快，有利于细胞失水。胞间隙结构见图3-5。

影响蒸腾作用的环境因素包括光照、相对湿度、环境温度、空气流速和气压。

光照对蒸腾作用的影响首先是引起气孔开放，减少气孔阻力，从而增强蒸腾作用。其

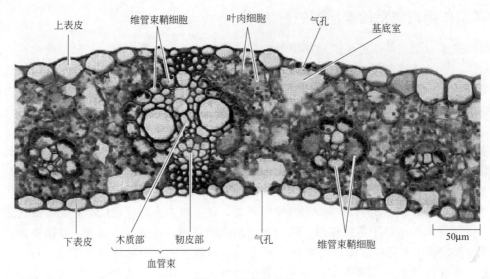

图 3-5　胞间隙结构

次，光照可以提高大气与叶子温度，增加叶内外蒸气压差，加快蒸腾速率。

　　果蔬产品贮藏过程中，常用空气相对湿度（RH）来表示环境空气的干湿程度。相对湿度越小，蒸发速度越快。环境温度高，水分子移动快，同时细胞液的黏度下降，水分子所受的束缚力减小，水分子容易自由移动，有利于水分的蒸发。因此对蒸腾作用较为敏感的水果，可以通过喷洒冰水降温来降低水果内部温度，增加水果周围环境的湿度，进而减缓水果的蒸腾作用，达到控损的目的。

　　温度对蒸腾速率的影响很大。当大气温度升高时，叶温比气温高出 $2 \sim 10℃$，因而气孔下腔蒸气压的增加大于空气蒸气压的增加，使叶内外蒸气压差增大，蒸腾速率增大。当气温过高时，叶片过度失水，气孔关闭，蒸腾减弱。同时，在较高温度下，细胞液的胶体黏性低，细胞持水力下降，水分在组织内也容易移动。当果蔬温度降到与贮藏环境一致，并且该温度是果蔬的最适贮温时果蔬的蒸腾作用就缓解下来，这时影响果实水分蒸腾速率的因素，则是贮藏环境中的相对湿度。

　　在一定的时间内，空气流速越快，产品水分损失越大。

　　气压也是影响蒸腾的主要因素之一。一般在常压下贮藏，气压对果蔬水分蒸发影响不大。但近年对果蔬进行减压预冷，减压真空使得果蔬迅速脱水，因果蔬组织结构不同，对果蔬蒸腾失水的效果也不同。一般对番茄失重的影响很小，但对于芹菜、白菜等有时会发生萎蔫和失鲜的现象。减压预冷对表面积比大的蔬菜更为适宜，低压下蒸发一部分水分，有助于达到均匀冷却的目的。

四、抑制蒸腾作用的措施

　　综合影响蒸腾作用强弱因素，应该采取一定的措施来防止果蔬的蒸腾作用。以叶菜为例，90%的损耗来自于叶菜水分蒸发而导致的枯萎、发蔫，蒸腾作用比较显著。可以考虑在叶菜表面喷洒冰水，来降低叶菜陈列内部温度，增加叶菜陈列周围湿度。需要注意的是，不可喷洒常温水，会加快叶菜腐烂、变质速度。可以考虑将叶菜直立起来，如小白菜等，增加根部的通风，避免积热。应尽量减少叶菜与空气的接触面积。保鲜时，避免堆放在保鲜库风口位置，并在叶菜表面覆盖浸过水的湿毛毯，来保持叶菜的湿度，降低内部温度，减少空气与叶菜直接接触，进而减缓叶菜的蒸腾作用，达到控损保鲜的目的。果蔬的蒸腾作用在销售过程中，每时每刻切实发生，且无法避免，只能降低或减缓。可以将影响蒸腾作用的几个因素作为出发点，结合每一种果蔬的自身特点，酌情选择应对措施，来减少损耗。

五、结露现象

果蔬贮藏中，如果在贮藏窖、库中大堆散放，如马铃薯、苹果、洋葱的贮藏，或者采用容量为200~300kg的大箱贮藏，如苹果、梨的贮藏，有时可以看到大堆或大箱的表层产品湿润或有凝结水珠。采用塑料薄膜帐、袋封闭气调贮藏果蔬时，当空气温度下降至露点以下时，过多的水汽从空气中析出而在产品表面上凝结成水珠，有时会看到薄膜内表面有凝结水珠，这种现象即所谓的"出汗"和"结露"，统称凝水现象，也叫结露现象。凝水现象的原因是贮藏环境中空气温度降到露点以下，过多的水分会从空气中析出，大堆或大箱中贮藏的果蔬会因产品呼吸放热，堆、箱内不易通风散热，使其内部温度高于表面温度，形成温度差，这种温暖湿润的空气，就会在堆、箱表面达到露点而凝水。采用薄膜封闭贮藏时，会因封闭前预冷不透，内部产品的田间热和呼吸热使其温度高于外部，这种冷热温差便会造成薄膜内凝水。温差越大，凝结水珠也越大。一般在贮藏水果和蔬菜的冷库中，空气湿度很高，温度波动时，在冷热交界面很容易出现结露现象。当将水果和蔬菜从冷库中直接转移到温暖的地方时，产品表面很快就会有水珠出现。这是因为外界高温空气接触到低温的果蔬表面时，产品周围空气的温度达到露点以下，空气中的水蒸气就在果蔬表面凝结成水滴。当块茎、鳞茎、直根类蔬菜在贮运中堆积过高、过大时，可以观察到，在堆表层下约20cm处的产品表面潮湿或凝结有水珠，这是因为散堆过大，不易通风，堆内温度高、湿度大，热空气往外扩散时，遇到表层低温的产品或表层的冷空气，达到露点而凝结。果蔬用塑料薄膜袋密封贮藏时，袋内因产品的呼吸和蒸腾，温度和湿度均较外界高，薄膜正好是冷热的交界面，从而使薄膜的内壁有水珠凝结。这些凝结水沾到果蔬表面，有利于微生物的活动，易引起果蔬贮藏期间的腐烂。图3-6展示了出现结露现象的番茄。

通常在以下几种情况下易出现结露现象。①果蔬入库初期，水分蒸发量大，使贮藏环境湿度较高，这时若在库内外温度相差较大时通风，使库温骤然下降，易出现结露现象。②果蔬贮藏时，若堆积过多，不易通风散热，堆内温度高于堆表面的温度，堆内空气的湿度也较高，这种较温暖湿润的空气移动到堆外的表面，就容易引起结露。③进行简易气调贮藏时，封闭的塑料薄膜袋（帐）内，由于果蔬产生呼吸热，袋（帐）内的温度总是高于贮藏场所的温度，加之塑料薄膜封闭后，湿度也较高，薄膜处于冷热交界面，所以薄膜交界处总会有水珠凝结，内外温差越大，凝结的水珠越多。④冷藏后

图3-6　出现结露现象的番茄

的果蔬，未经升温而直接放置于高温场所，果蔬本身是一个冷源，空气中的水汽接触果蔬表面而达到露点。果蔬结露现象形成的凝结水本身是微酸性的，附着或滴落到产品表面上，极有利于病原菌孢子的传播、萌发和侵染。所以结露现象会增加贮藏产品的腐烂损失。因此，果蔬贮藏期间应尽量避免温度波动，出库时最好采用逐渐升温的方法，堆放时要加强通风，

减少内外层的温差，避免出现结露现象。

第三节　休眠与生长

一、休眠

　　一些块茎、鳞茎、球茎、根茎类蔬菜，在结束田间生长时，器官内积累了大量的营养物质，原生质内部发生剧烈变化，新陈代谢明显降低，生长停止而进入相对静止状态，此时进入休眠。果蔬休眠分为自发休眠和被动休眠两种类型，其中自发休眠是果蔬休眠的内因；被动休眠是在一定的环境因素下，改变果蔬自身的生理条件，从而导致果蔬休眠。不同的果蔬休眠期不同，大蒜休眠期是 60～80 天，马铃薯休眠期是 2～4 个月，板栗休眠期是一个月，洋葱休眠期是 1.5～2.5 个月。相同种类蔬菜的不同品种之间休眠期也是不同的。果蔬休眠现象在生产上有助于在不同的时间品尝到新鲜的果蔬产品，利用果蔬的休眠现象可以达到果蔬保鲜的效果。图 3-7 和图 3-8 分别展示了处在休眠状态的生姜和正在发芽的大蒜。

图 3-7　处在休眠状态的生姜

图 3-8　正在发芽的大蒜

　　果蔬产品的休眠分为三个生理阶段。第一个阶段，休眠前期，也叫休眠诱导期。在此期间，如果条件适宜，可抑制其进入下一阶段，促进芽的诱发生长，延迟休眠。第二阶段，生理休眠期，也称深休眠或真休眠。此阶段产品新陈代谢下降到最低水平，生理活动处于相对静止状态，产品外层保护组织完全形成，水分蒸发进一步减少。在这一时期即使有适宜生长的条件也不会发芽。这个阶段时间的长短与果蔬产品的种类、品种和环境因素有关，比如洋葱倒伏后不采收，有可能因为鳞茎吸水而缩短休眠期，低温贮藏也可以解除休眠。第三个阶段，复苏阶段，也称强制休眠阶段。此时，产品由休眠向生长过渡，体内的大分子物质开始向小分子转化，可以利用的营养物质增加，为发芽、伸长、生长提供了物质基础。如果外界条件一旦适宜，休眠会被打破，萌芽开始。实际的贮藏过程中，可以采取强制办法，给予不利的生长条件，比如温度、湿度、气调等手段延长这个阶段的时间。

二、休眠期间的生理生化变化

　　休眠是植物在逆境环境诱导下发生的一种特殊反应，它必须伴随着有机体内部生理机能、生化特性的相应改变。

（1）原生质变化

　　细胞要进入休眠前，先有一个原生质的脱水过程，从而聚集起大量疏水性胶体。由于原生质几乎不能吸水膨胀，所以电解质也很难通过。同时休眠期原生质和细胞壁分离，胞间连丝消失，细胞核也有所变化。

(2) 激素平衡

休眠是植物进化过程中形成的对自身生长发育特性的一种调节现象，植物内源生长激素的动态平衡正是调节休眠与生长的重要因素。赤霉素（GA）和细胞分裂素能解除许多器官的休眠。脱落酸（ABA）是一种强烈的生长抑制物质。如果体内有较高浓度的 ABA 和低浓度的 GA 时，可以诱导果蔬休眠；低浓度的 ABA 和高浓度的 GA 可以解除休眠。深休眠期的马铃薯体内 ABA 的含量最高，休眠快结束时，马铃薯中的 ABA 的含量显著下降；马铃薯解除休眠时，GA、细胞分裂素、生长素的含量迅速增加。使用外源激素可以解除马铃薯的休眠。

(3) 物质代谢

马铃薯和洋葱在休眠期间，维生素 C 含量通常缓慢下降；到萌芽时，活跃生长的部位明显积累还原型维生素 C。维生素 C 可以保护促进生长的物质不被破坏，具有抗氧化的作用。同时也与一些酶的活性有着密切的关系。休眠结束时，含氮化合物的变化表明了水解作用的增强。

(4) 酶

GA 能促进休眠器官中的酶蛋白的合成，如 α-淀粉酶、蛋白酶、脂肪酶、核糖核酸酶等水解酶和异柠檬酸酶、苹果酸合成酶等呼吸酶系。GA 促进合成酶的作用部位是在 DNA 向 mRNA 进行转录的水平上。马铃薯、洋葱处于休眠末期的芽中，DNA 和 RNA 含量增多。所以，GA 的作用之一就在于使"DNA→RNA→特定酶"这一系统活化。与此相反，ABA 在 RNA 的合成阶段能抑制特定酶的合成，也能抑制 GA 的合成，这就加强了抑制发芽的作用。

三、休眠的调控

蔬菜一过休眠期就会开始萌芽，从而使产品的质量减轻，品质下降。因此，必须设法控制休眠，防止发芽，延长贮藏期。环境条件对果蔬产品休眠期会产生一定的影响，低温、低湿、低氧和适当地提高 CO_2 浓度等措施都能延长休眠，抑制萌发。与此相反，适当的高温、高湿、高氧都可以加速休眠的解除，促进萌发。块茎、鳞茎、球茎类果蔬的休眠主要是因为高温、干燥的环境，创造此条件有利于休眠，而湿润、冷凉条件有利于缩短休眠期。比如 0～5℃解除洋葱休眠期，马铃薯 2～4℃缩短休眠期，5℃下打破大蒜的休眠期。休眠期间要防止果蔬受潮和低温，以免造成休眠期缩短。度过生理休眠期后，可以利用低温强迫休眠而不萌芽。板栗贮藏过程中，可以低温控制延长休眠期，一般低于 4℃。

化学药剂处理有明显的抑芽效果。根据激素平衡调节的原理，可以利用外源提供抑制生长的激素，改变内源植物激素的平衡，从而可以延长休眠。青鲜素对鳞茎、块茎类以及大白菜、甜菜块茎、萝卜有一定的抑芽作用，对洋葱和大蒜的效果最好。在采前两周时，将 0.25% 的青鲜素喷于洋葱和大蒜叶片上，待叶片组织吸收后，转移到生长点，能够起到很好的抑芽作用，0.1% 的青鲜素对板栗也具有很好的抑芽作用。

采用辐照处理块茎、鳞茎类蔬菜，防止贮藏期发芽。辐射处理对抑制马铃薯、洋葱、大蒜和生姜发芽都有效。许多国家在生产上已经大量使用。一般使用 60～150Gy γ 射线照射可以防止发芽，应用最广泛的是马铃薯。

四、控制休眠的新技术

负离子保鲜法是一种气态保鲜的方法，日本已经普遍应用，主要原理是利用高压负静电场产生大量的负氧离子和臭氧，达到保鲜效果。负氧离子可以抑制果蔬体内酶的活力，可以降低果蔬产品中具有催熟作用的乙烯的产生量。臭氧有利于杀菌消毒，抑制并延长果蔬内有机物的分解，延缓果蔬的成熟。

临界点低温高湿保鲜是在保证果蔬不发生冷害的前提下，采用尽量低温有效地控制果蔬在保鲜期间的呼吸强度，使某些易腐烂的果蔬达到休眠状态。同时，采用相对高的环境湿度可以有效地减少果蔬产品的水分蒸发，降低果蔬失重率。

臭氧气调保鲜也可以控制果蔬休眠。臭氧是一种强氧化剂，又是一种良好的消毒剂和杀菌剂，既可以杀灭消除果蔬上的微生物及分泌的毒素，又能延缓并抑制果蔬内有机物的水解，从而延长果蔬贮藏期。

马铃薯收获后仍然持续进行着呼吸等新陈代谢过程，且存在明显的生理休眠期，一般为 $2\sim4$ 个月，休眠期结束后就会发芽。在发芽期间薯块内部将会发生一系列的生理代谢和生理学变化，使薯块中营养物质大量消耗，失水萎蔫，品质劣变，商品性急剧下降。现如今经常使用的是 CIPC 抑制剂。有研究证明，10mmol 萘乙酸，500mg/kg 肉桂醛，250mg/kg 乙醛和 50mg/kg 乙烯利能有效控制马铃薯的发芽。

果蔬产品在采收以后出现细胞、器官或整个有机体在数目、大小与质量上的不可逆增加，称为果蔬的生长。果蔬采后生长与自身物质的运输有关，非生长部分的组织内的物质经过水解后分解为简单物质，在水分运输的过程中同时运送到生长点，为生长提供底物，同时呼吸作用释放的能量也为生长提供能量来源。因此，在贮藏环境中人为地避光、低温，可以抑制果蔬的生长。一般情况下，为了防止果蔬产品的失水现象，给予较高的湿度环境，对某些产品的生长是非常有利的。气调贮藏给予的低氧环境，如 5% 左右的氧含量，能够抑制果蔬产品生长。辐照可以很好地控制大蒜、洋葱等出现发芽现象。激素处理可以抑制蒜薹的薹苞生长。盐水处理板栗可以抑制其发芽。

第四节　激素生理

一、乙烯的发现与研究历史

乙烯（ethylene）是一种简单的不饱和烃类化合物（C_2H_4），在常温常压下为气体，是最重要的成熟衰老激素。植物对它非常敏感，空气中极其微量的乙烯（$0.1\sim1.0\mu L/L$）就能显著地影响植物生长、发育等许多方面，尤其对果实的成熟衰老起着重要的调控作用。乙烯的分子结构式见图3-9。

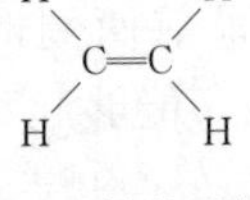

图 3-9　乙烯分子结构式

据我国古书记载：促进青而涩的果实成熟，最好放在密封的米缸里；烟熏和焚香，能促进果实成熟；灶房熏烟气体可使果实成熟和显色。在西方，Girardin 于 1864 年首次报告渗漏的燃气使法国某城市的树叶变黄。1900 年人们发现用加热器燃烧煤油可以使绿色的加利福尼亚柠檬变黄。1901 年俄国学者首次研究表明，乙烯是燃气中的活跃成分。1935 年之后的近 20 年，是对于乙烯作用地位争论非常激烈的时期。两派的争论直到 1952 年，James 和 Martin 发明了气相色谱并检测出微量乙烯为止。这种精密仪器帮助人们认识到了果实中乙烯的存在与果实成熟的关系，证明了乙烯的确是促进果实成熟衰老的一种植物激素。

二、乙烯的生理作用及调控

乙烯是五大类植物内源激素中结构最简单的一种，但对果蔬的成熟衰老具有显著的调节作用。微量的乙烯可诱导果蔬成熟，少量的乙烯可加速衰老。因此，乙烯被认为是最重要的植物衰老激素。了解乙烯的生理作用，对于做好果蔬的贮运工作具有重要意义。

大量的研究证明，很多果蔬在生长发育过程中都能产生乙烯，区别在于生成量的多少。跃变型果实成熟期间自身能产生乙烯，只要有微量的乙烯，就足以促进果实成熟。跃变型果实在果实未成熟时乙烯含量很低，通常在果实进入成熟和呼吸高峰出现之前，乙烯含量开始增加，并且出现一个与呼吸高峰类似的乙烯高峰，同时果实内部的化学成分也发生一系列的变化。非跃变型果实成熟期间自身不产生乙烯或产量极低，因此后熟过程不明显。在贮藏过程中，对于不同种类、不同产地、不同成熟度的果蔬，应放在不同贮藏库或不同包装箱中。在诱导果蔬成熟时也应根据不同的成熟度采用不同的处理浓度和处理时间。乙烯不仅能促进果实的成熟，而且还有许多其他的生理作用。例如，乙烯可以加快叶绿素的分解，使水果和蔬菜转黄，促进果蔬衰老，导致品质下降，主要表现在黄瓜、菠菜、油菜、小白菜、芹菜、花椰菜等蔬菜上；乙烯还能促进植物器官脱落及引起果蔬质地变化。

在生产上采取多种措施来调控乙烯的合成。

（1）降低贮藏温度

在正常的生理温度下，随着温度上升乙烯合成速度加快。在 $0℃$ 左右贮藏时，果蔬乙烯的合成速度受到抑制。所以，低温贮藏是控制乙烯的有效方式。

（2）使用乙烯的拮抗剂

在低浓度乙烯条件下，CO_2 可有效地抑制乙烯的作用，但当乙烯浓度超过 $1\mu L/L$ 时，其效果便消失。气调贮藏环境中高浓度的 CO_2，有助于延缓乙烯促进成熟的作用。丙烯类物质是乙烯反应的有效抑制剂，是阻断乙烯信号的有机分子，可以消除乙烯的效应，从而延缓许多果蔬的成熟与衰老进程。丙烯能延长气调贮藏下甘蓝的贮藏寿命，可抑制番茄、草莓、苹果、鳄梨、李子、杏、香蕉等果实采后乙烯的释放，延缓叶片脱绿和减少叶片的黄化，能大大降低苹果果实组织内的乙烯浓度。1-甲基环丙烯（1-MCP）是近年来研究较多的乙烯受体抑制剂，它可以有效地抑制乙烯的产生和生理作用，延长水果和蔬菜的保鲜期。具有成本低、效率高、使用方便、安全性高等特点。用它处理香蕉、苹果、草莓、番茄、鳄梨等果实，可延缓果皮颜色的改变和果实的软化，抑制果实的呼吸和乙烯的产生，延长货架期，目前已在生产上广泛应用。

（3）钙处理

采后用钙处理可降低果蔬产品的呼吸强度，减少乙烯的产生，并延缓果实的软化和成熟。国内外目前普遍采用的是氯化钙和硝酸钙，可采前喷布果实或采后用钙盐溶液处理，使钙离子渗入果实中，以延缓果实硬度的下降。

三、其他植物激素

果实生长发育过程中存在各种激素的相互作用。植物体内存在着生长素（IAA）、赤霉素（GA）、细胞分裂素（CTK）、脱落酸（ABA）和乙烯（ETH）。它们之间相互协调，共同作用，调节着植物生长发育的各个阶段。一般来说，生长素、赤霉素和细胞分裂素协同促进衰老，乙烯和脱落酸协同促进衰老，而两大类激素间有拮抗作用。

第五节　果蔬病害

一、果蔬病害分类

果蔬产品的采后病害可分为两大类：非传染性生理病害（生理失调）和传染性病害（病理病害）。非传染性生理病害是由非生物因素如环境条件恶劣或营养失调引起的，而病理病害是由病原微生物的侵染引起的。

非传染性生理病害

（1）生理失调

生理失调是由不良因子引起的不正常的生理代谢变化，正常呼吸代谢的受挫或中断，产生类似缺氧呼吸的影响。常见的症状有褐变、黑心、干疤、斑点、组织水浸状等。生理失调不是由病原菌（致病微生物）和机械损伤造成组织损伤引起的，而是由环境条件不适，如温度、气体成分不适或生长发育期间营养不良造成的。生理失调是水果和蔬菜在逆境时产生的一种反应。采后生理失调包括温度失调、呼吸失调和其他失调。图 3-10 展示了一些出现采后生理失调的果蔬产品。

图 3-10　出现采后生理失调的果蔬产品

（2）冷害

尽管在一些生长于气候温和地区的果蔬，只有在低温贮藏的时候才会发生一些特定的生理失调现象，但冷害是一种主要发生在热带及亚热带果蔬的常见灾害。冷害有别于冻害，冻害是由于贮存在冰点以下，结成的冰晶破坏了组织结构造成的。作物发生冷害的临界点温度因种类而有所不同。因此，对冷害敏感的果蔬通常因为不能抵御低温来防止腐败或细菌病毒的生长而只能保质较短时间。冷害可能发生于田地中、运送中、分配阶段、零售期或者家里的冰箱中。短时间的低温的累积可能会给果蔬带来影响。

低温伤害是指果蔬产品采后贮藏在不适宜的低温下产生的生理病害。低温伤害分为两种：冷害和冻害。某些果蔬产品在结冰点以上的低温中，表现出生理代谢异常，出现败坏变质的现象，称之为冷害。冷害是由 0℃以上不适低温而非冻结温度诱导的生理障碍。冷害会引起果蔬产品变色、凹陷，导致果蔬不能正常成熟，甚至腐烂。影响冷害的因素有很多，概括起来主要是内在因素和外在环境因素。内在因素主要指的是果蔬的种类、品种、原产地、成熟度、组织的生理状况和化学组成、采收期等。环境因素有温度、相对湿度、光照、大气成分、栽培管理条件等。

研究认为发生冷害的主要原因是细胞膜的破坏。细胞膜的破坏会引起一系列的副作用，可能包括乙烯的生成，呼吸作用的增强，光合作用的降低，能量生成的干扰，乙醇、乙醛等有毒化合物的积累和多孔结构的改变。因种类不同，每种果蔬产品受损害的程度和修复细胞膜的能力也有所差异，冷害的症状也有明显的区别。冷害是一个特定温度下由时间积累而造成的问题。如果果蔬产品在低于临界温度下只保存了很短的时间，其自身是可以修复损伤的。但是如果低温下暴露的时间较长，损伤是不可逆的，并且将直接导致肉眼可见的症状。贮藏温度低于其原温度越多，伤害发生得越快且越严重。冷害的察觉和判断通常十分困难，因为当果蔬产品从低温中移走时看起来健全完好，只有当它们被转移到较高温度的环境中，症状才会出现。被移至温度较高的环境后，有的症状会立即显现，有的则要数日后才会发作，并且症状从外表是看不出来的。生长季节的气候条件影响着果蔬产品对冷害的敏感程度。果蔬产品生长阶段的温度越低，其冷害越严重。

冷害损伤可以积累，冷害温度冲击细胞器膜，引起膜脂质发生相变。冷害破坏了呼吸系统中各阶段间的协调性，并且在较低温度范围内有较高的温度系数，表现出呼吸失常，引起一些物质的反常消长，引起以 ATP 为代表的高能量的短缺。为了避免冷害，最好将果蔬产品贮藏在其冷害的临界温度之上。同时，某些处理如采前喷乙烯利，采后用杀菌剂处理，通过打蜡或半透气性薄膜袋包装，以及分步降温、间隙式升温和气调贮藏等都有利于减少冷害的发生。

冷害的潜在症状有很多，比如表面损伤，出现凹陷和变色，多发生于果皮坚硬且较厚的果蔬产品，例如柑橘、黄瓜等。组织水渍状多发生于果皮较薄的果蔬，例如辣椒、芦笋、葡萄。发生冷害的辣椒出现了皱缩和斑点，红色品种的辣椒损害程度会比其他品种的轻。冷害还会导致果蔬内部变色，0℃低温会导致苹果黑心，2℃下贮藏三周的油桃出现果肉变红和糠化。果蔬产品不能成熟、成熟不均匀、成熟缓慢也是冷害的症状。开始贮存在 3℃，成熟后贮藏在室温下的绿番茄出现成熟度不均的现象。冷害会加速腐烂，

图 3-11　香蕉在低温下变黑

引起代谢物渗漏，促进微生物，尤其是真菌类的生长。哈密瓜在 0℃下贮存 4d 后发生衰败。香蕉的冷害见图 3-11。

在临界温度之上贮存果蔬产品可以防止冷害。在这种情况下，需要严格的方法来减轻冷害，尽管如此，这些方法也不是适用于所有的果蔬产品。把果蔬产品暴露在低温的时间降至最低，如果暴露的时间短，冷害造成的伤害就是可逆的并且不会有肉眼可见的症状发生。果蔬产品进行预处理，果蔬逐步冷却可以使果蔬更好地适应较低的温度并控制冷害进一步恶化。在果蔬产品贮藏过程中，如果在永久的伤害发生之前逐步地将温度降至室温，可以使果蔬产品恢复并防止其发生冷害症状。然而，这个处理可能会导致不想要的软化，增强衰败并可能导致产品发生冷害。选择果蔬产品的品种时，多选用特定的耐冷品种，也可以有效地避

免冷害。在收获前，适当地加入营养物质可以将果蔬产品的冷害敏感程度降至最低，补充钙可以稳定蜂窝状细胞膜，使特定的果蔬产品减轻冷害。通常来讲，水果对冷害的敏感程度相对较低，成熟的番茄、香蕉和鳄梨比不成熟的更能承受低温。收获后成熟了1～2d的桃子和油桃在贮存中也相对耐低温。高湿度可以降低冷害引起的干燥。对于特定的果蔬产品，比如油桃、秋葵、鳄梨等，受控的或者被调节的气体成分（通常氧气含量少于5%，二氧化碳含量大于2.5%）可以减慢新陈代谢并抑制冷害的发展。受到调节的气体还可以延长保存在临界温度之上的对冷敏感果蔬的保存期。有时调节过度的气体可能进一步压迫果蔬产品并提高冷害的敏感度（例如一些培育转变而来的苹果品种、黄瓜、芦笋、柑橘）。其他还处于试验阶段的方法包括用激素或者化学物质稳定植物的细胞膜和通过使果蔬产品承受其他压迫，比如高温、低氧，来锻炼其耐冷感应机制。表3-1展示了不同果蔬的冷害症状。

表3-1　果蔬的冷害症状

品种	冷害症状
苹果	果核和果肉变褐色，出现发酵气味，果质糠化，敏感程度与品种有关
芦笋	尖端颜色变深，出现水渍状，紧接着发生细菌性腐烂
鳄梨	维管组织的颜色变暗，果肉和果皮变色，风味异常和成熟不正常
香蕉	果皮变棕黑色，香味损失，成熟不正常
紫苏	萎蔫，表面水渍状，褪色
豆类	果皮上出现锈斑和蚀损斑
哈密瓜	凹陷，表面腐烂
黄瓜	表面凹陷，皮孔处最先受到影响，接下来感染镰刀霉，其他部位腐烂
橙子、柚子及酸橙	外皮变棕，内部和外部组织溃烂，出现发酵味
芒果	表皮变色发灰，腐烂，成熟不均一，风味下降，易受链格孢属侵染
秋葵	腐败
番木瓜	腐烂，变黄棕色，成熟不正常
油桃	内部溃烂，糠化，成熟不正常，果肉变棕色
辣椒	外表水渍状，形成薄坑，颜色变深，易受葡萄孢菌侵染
菠萝	果肉渗水，紧接着变棕色、变黑色
马铃薯	变红褐色，变甜
南瓜	腐烂，主要由链格孢菌引起
甘薯	果肉变色，内部溃烂，腐烂加重
番茄	组织变硬变弹，果肉水化，成熟不正常，种子变棕色
西瓜	腐烂，香味丢失，红色褪去
西葫芦	表面坑洼，快速腐烂

（3）冻害

果蔬处在冰点以下的温度，在组织内、细胞间隙间形成冰晶体，新陈代谢受到抑制而产生的伤害，叫作冻害。冻害主要导致细胞结冰破裂，组织损伤，出现萎蔫、变色和死亡。蔬菜冻害后一般表现为水泡状，组织透明或半透明，有的组织产生褐变，解冻后有异味。有些果蔬产品，如洋葱轻微的冻伤还可恢复，大葱适合冻藏，但大多数蔬菜则不行。果蔬产品含水量很高，细胞液的冰点只要稍低于0℃，组织内就会结冰。结冰的过程有胞间结冰和胞内结冰两种过程。果蔬冻结首先是细胞间隙和细胞壁内的水分在细胞间隙生成冰结晶，导致细胞脱水，冰晶不断长大，最后延伸到细胞质和液泡，这样的结晶会破坏细胞器和细胞质，导致细胞死亡。图3-12展示了发生冻害的大白菜。

（4）气体伤害

果蔬产品贮藏在不适宜的气体浓度环境中，正常的呼吸代谢受阻而造成呼吸代谢失调，又叫气体伤害。常见的呼吸失调有两类：低氧伤害（缺氧障碍）和高二氧化碳伤害（高二氧化碳中毒）。当贮藏环境中氧浓度低于果蔬产品适宜的贮藏浓度（大多数 2%）时，果蔬产品正常的呼吸作用就受到影响，导致产品进行无氧呼吸，产生和积累大量的挥发性代谢物（如乙醇、乙醛、甲醛等），毒害组织细胞，产生异味，使风味品质恶化。当贮藏环境中的 CO_2 浓度超过果蔬产品适宜的贮藏浓度（大多数 10%）时，会抑制线粒体的琥珀酸脱氢酶系统，影响三羧酸循环的正常进行，导致丙酮酸向乙醛和乙醇转化，使乙醛和乙醇等挥发性物质积累，引起组织伤害，出现风味品质恶化。

图 3-12　低温下发生冻害的大白菜

正常空气中氧气含量占 20.9%，二氧化碳含量为 0.03%，一般果实不会产生二氧化碳中毒和低氧伤害。但有时果实大量堆积或包装不当，以及采用气调贮藏时，条件控制不当，就会导致贮藏环境中二氧化碳浓度太高或氧气含量太低。一旦贮藏环境中二氧化碳浓度高于或氧气浓度低于果蔬组织的耐受力，就会导致果蔬组织发生无氧呼吸，使其积累过量的乙醇、乙醛等有毒物质，最终使组织中毒。

高 CO_2 伤害的症状一般为表面产生凹陷的褐斑，有些伤害从果实维管束开始褐变，随后在果肉发生不规则、分散的小块褐斑并逐渐扩大连片，严重者出现空腔，患病部位与未患病部位之间有明显的界线。苹果和马铃薯首先发生在果实内部，表面无症状，只是在伤害后期表面才出现褐变。柑橘的伤害使果肉变苦，产生浮皮果。番茄伤害开始时的症状是在表皮上出现白色凹陷斑点并逐渐转褐色，严重时大面积凹陷，果实变软，发出浓厚的酒精异味。凡遭受高二氧化碳危害的果蔬，一旦解除高二氧化碳环境后，伤害症状不再发展，但也不能复原。不同果蔬对 CO_2 的敏感性不同，芹菜不耐高 CO_2，但蒜薹的耐受力要强得多。同一果蔬不同品种的敏感性也不同，红星和金冠苹果的忍耐力要比红富士苹果强得多。高 CO_2 伤害存在一个临界浓度，超过临界浓度伤害就容易出现，超过临界浓度的持续时间越长，伤害越严重。小国光苹果在二氧化碳浓度超过 10% 时就容易产生褐变，浓度越高，伤害出现的时间越早，当浓度超过 20% 时，只需几天就会发生严重褐变。在相对高温条件下果蔬对高 CO_2 浓度的耐受力提高，但在相对低温下耐受力降低。

在气调贮藏的温度条件下，氧浓度低于 2% 或 1.5% 以下时，果蔬呼吸代谢转向无氧呼吸途径，乙醇和乙醛积累，并产生酒精或发酵的气味，造成低氧伤害。低氧伤害的症状表现与二氧化碳伤害极为相似，主要是表皮局部下陷，果肉或果皮褐变，果实软化，不能正常成熟。蒜薹耐低氧伤害能力较强，但长期处于 1% 浓度以下，也会发生伤害，它的伤害与二氧化碳伤害症状也极为相似，区别在于低氧伤害后薹苞是干燥的，而二氧化碳伤害薹苞是潮湿的。轻度缺氧造成少量乙醇积累的苹果，在提高贮藏温度至 10～18℃ 并进行通风后，乙醇可以缓慢消失。但马铃薯的情况又不一样，如将因低氧造成黑心的薯块转移到高温环境中，黑心症状将更加严重。为了避免低氧伤害，贮藏过程中氧含量的测定是很重要的，尤其在低氧或超低氧气调贮藏中，准确测定氧浓度更为重要，因为氧浓度已降到接近于低氧伤害的临界浓度，稍有不慎即可能造成伤害。

乙烯具有破坏果蔬叶绿素，合成花青素，促进呼吸强度增加和加快果蔬后熟衰老的作用，因此，乙烯的积累对果蔬贮藏是不利的。例如，将结球莴苣置于小于 0.5mg/kg 的乙烯中，叶上便会出现褐色斑点，并随乙烯浓度增加而发病率增加。在实际生产过程中，假如采用乙烯催熟脱绿处理不当或贮库环境控制不善，也会使果蔬产生乙烯中毒。其症状通常是果皮变暗变褐，失去光泽，外部出现斑块，甚至软化腐败，同样与冷害症状相类似。

NH_3 是许多冷库常用的制冷剂，如果制冷系统出现漏气，氨与贮藏产品接触将引起产品明显的变色或中毒。伤害的程度取决于氨的泄漏浓度和持续时间。苹果和梨的伤害首先发生在皮孔或伤口周围的组织，皮孔突出，中心变白，皮色变成褐色或黑色，轻微伤害病斑向表皮层下延伸，随着伤害程度的加重，病斑扩大并连接成片，变色部可延伸至果肉。红色的苹果品种伤害后色素的反应是从红色变至蓝黑色，如果氨伤害的时间短、浓度低，脱离氨气环境后引起的变色会逐渐褪去；洋葱与氨接触后，红皮洋葱变成黑绿色，黄皮洋葱变成棕黑色，白皮洋葱变成绿黄色，尤其在空气湿度比较高的条件下，变色加快而且显著。氨的浓度为1%时，经过1h即可使其发生变色。逸出氨浓度越高，变色速度也越快，有时甚至数分钟之内即可出现变色。其他蔬菜与氨接触时，也会发生生理失调。例如，甘薯在氨作用下产生黑褐色凹陷斑，薯块内部也会发生变色或水肿；番茄接触氨时，不能正常变红而且组织破裂；蒜薹接触氨时，薹条出现不规则浅褐色凹陷斑，而且在高浓度氨作用下薹条整个变黄。不同果蔬对氨的敏感性差异较大，苹果、梨、桃、香蕉及洋葱在0.8%氨浓度下处理1h产生严重的伤害，但扁桃和杏只需半小时即产生伤害。贮库发生氨泄漏后应及时进行通风，移出贮藏果蔬，库体用水冲洗并继续通风，直至氨味全部消除。还要将致冷盘管凝结的冰融化排走，避免溶于冰中的氨继续释放。

SO_2 常用于贮库消毒或将其充满包装箱内的填纸板以防腐，但处理不当，或消毒后通风不足，很容易引起果蔬中毒。SO_2 本身是无色气体，有窒息味，比空气重。当环境条件干燥时，SO_2 可通过果蔬气孔或皮孔进入组织细胞，干扰细胞质和叶绿素的生理作用，使叶绿素或其他色素遭到破坏，影响光合作用，被害组织细胞内淀粉粒减少，组织发白。

自发气调包装设计，可以使保鲜袋内的氧气、二氧化碳浓度最大限度地达到果蔬的要求值。但正如前面所述，很多因素会影响保鲜袋内的氧气、二氧化碳浓度，进而影响自发气调保鲜的效果。如果氧气浓度偏高或二氧化碳浓度偏低，自发气调效果减弱。如果氧气浓度偏低或二氧化碳浓度偏高，有可能出现低氧和高二氧化碳伤害。低氧伤害的主要症状是果蔬表皮组织局部塌陷、褐变、软化，不能正常后熟，有时果皮也会形成白色或紫色斑块，产生酒味和异味。果蔬种类不同或贮藏温度不同时，氧气的临界浓度也会有所不同。在0℃下，鸭梨在1%的氧气浓度下2个月或2%的氧气浓度下4个月，可引起果肉的褐变。苹果的低氧伤害表现为：外部果皮呈现界线明显的褐色斑，初始为小条状，后向整个果面发展，内部出现褐色木纹状斑并形成空洞；伤害严重时还会发生腐烂，但总是保持一个固定的轮廓。一般个体较大、果皮较厚的果蔬，如柚子、石榴、洋葱、马铃薯等，因体内氧气传递速度慢，易产生组织内部缺氧。每种果蔬对二氧化碳浓度的要求是不一样的，都有一个最适的范围。不少果蔬对二氧化碳敏感，二氧化碳浓度稍高时易发生二氧化碳伤害。二氧化碳伤害的症状主要表现为果蔬表皮或内部组织发生褐变，出现褐斑、凹陷或组织脱水萎蔫甚至形成空腔。冬枣在二氧化碳浓度高于1%时乙醇含量就明显上升，容易腐烂，营养物质含量明显下降；鸭梨在二氧化碳浓度高于1%时果心、果肉容易褐变，严重影响其商品性；富士苹果在二氧化碳浓度高于2%时果肉容易褐变；结球莴苣在浓度为1%～2%的二氧化碳中短时间就可受伤害。芹菜、花椰菜、菜豆、胡萝卜对二氧化碳也较敏感。高二氧化碳对香蕉也有伤害作用，其伤害程度与香蕉的成熟度和贮藏温度有关。过早采收的香蕉，如在较高温下长期贮藏，容易受到二氧化碳伤害；如果在低温下贮藏，香蕉也会受二氧化碳的伤害，但耐受的浓度可以高一些。柑橘类果实对二氧化碳也非常敏感，如蕉柑和甜橙在通风不良的条件下贮藏，一段时间以后就会出现二氧化碳伤害。有些果蔬能耐受高浓度二氧化碳，如樱桃、草莓、甜玉米、无花果、菠萝、厚皮甜瓜、洋葱、芦笋等，均能耐受 10% 以上的二氧化碳。对于这种果蔬采用高浓度二氧化碳贮藏，可以延长保鲜期。

（5）其他生理失调

衰老是果实采后的生理变化过程，也是贮藏期间常见的一种生理失调，如桃贮藏时间过长果肉出现木化、发绵和果肉褐变。营养物质亏缺也会引起果蔬产品的生理失调，因为营养元素直接参与细胞的结构和组织的功能。SO_2 通常作为一种杀菌剂被广泛地用于水果蔬菜的采后贮藏，但处理不当，容易引起果实中毒。乙烯是一种催熟激素，能增加呼吸强度，促进水解淀粉、糖类和代谢过程，加速果实成熟和衰老，被用作果实的催熟剂。如果乙烯使用不当，也会出现中毒，表现为果色变暗，失去光泽，出现斑块，并软化腐败。

二、侵染性病害

引起果蔬产品发生病理病害的微生物主要是真菌和细菌。真菌是最主要和最流行的病原微生物，它侵染广，危害大，是造成水果在贮藏运输期间损失的重要原因。提高果蔬本身的抗病能力是预防果蔬产品发生病理病害的主要措施，同时改变环境条件也十分重要，病菌生长的最适温度一般为 $20\sim25℃$，低温保存果蔬产品能够有效地降低果蔬产品的患病率。控制环境温度适宜，较高的湿度将有利于病菌孢子的萌发和侵染。低 O_2 浓度和高 CO_2 浓度对病菌的生长有明显的抑制作用。图 3-13 展示了被微生物侵染后腐烂的水果。

图 3-13 被微生物侵染后腐烂的水果

1. 真菌病害

真菌病害是由真菌引起的各种病害的总称，是蔬菜病害中数量最多的一类病害，在常见的200多种蔬菜病害中，真菌病害有120多种，占总数的60%以上。真菌病害对蔬菜的危害最严重，是主要的防治对象。

真菌病害属于传染性病害。通常病菌在病株残体、种子、土壤、温室和大棚内的蔬菜上越冬，主要靠孢子侵染蔬菜，孢子借助气流、水流、土壤、粪肥、种子、病株残体、昆虫及人体等进行传播，传播途径广泛，较难防备。

2. 病菌的侵染过程

病菌的侵染过程从时间上可分为采前侵染和采后侵染，从侵染方式上则分为伤口侵染、自然开口或穿越寄主表皮直接侵染。了解病菌侵染的时间和方式对制订防病措施是极为重要的。

3. 影响发病的因素

病害的发生与发展受三个因素的影响和制约，即病原菌、寄主的抗病性和环境条件。当病原菌的致病力强，寄主的抵抗力弱，环境条件有利于病菌生长、繁殖和致病时，病害就严重。反之，病害就受抑制。

（1）病原菌

病原菌的寄生性是病原菌从寄主的活细胞和组织中获取营养物质的能力。致病性是指病原菌对寄主组织的破坏和毒害的能力，也称为致病力或病毒性。病菌是引起果蔬病害的病原，由于病菌具有各自的生活周期，许多贮藏病害都源于田间的侵染。

（2）寄主的抗病性

植物对病菌进攻的抵抗能力叫抗病性。植物的抗病性与品种种类、自身的组织结构和生理代谢有关。影响果实抗病性的因素主要有成熟度、伤口和生理病害。一般来说，没有成熟的果实有较强的抗病性，如未成熟的苹果不会感染疫病，但随着果实成熟度增加，感病性也增强。

（3）环境条件

影响发病的环境条件主要是温度、湿度和气体成分。

三、果蔬病害防治

（1）物理防治

控制贮藏温度和气体成分，以及采后热处理或辐射处理等。如及时降温预冷、低温贮藏、低O_2高CO_2、杀死某些害虫、热水浸泡或者热蒸汽处理、紫外线及γ射线处理。

（2）化学防治

通过使用化学药剂来直接杀死果蔬产品上的病原菌。化学药剂一般具有内吸或触杀作用，使用方法有喷洒、浸泡和熏蒸等。化学杀菌剂的种类较多。用0.4%硼砂溶液处理绿熟番茄后用塑料薄膜袋包装进行自发性气调贮藏可明显地减少腐烂。氯和次氯酸被广泛用于水的消毒和果蔬表面杀菌。次氯酸盐也被广泛用于控制桃的软腐病和褐腐病。定期用0.25%~0.5%的SO_2熏蒸贮藏库20min，或将亚硫酸氢钠或焦亚硫酸钠，加入一定量的黏合剂制成药片，按葡萄鲜重的0.2%~0.3%放入药剂，可以降低葡萄的腐烂率。仲丁胺既可作为熏蒸剂，也可用仲丁胺盐溶液浸淋使用。邻苯酚是一种广谱杀菌剂。利用邻苯酚浸纸包果，可抑制多种采后病害。用联苯酚浸渍包装纸单果包装，或在箱底部和顶部铺垫联苯酚纸来控制柑橘的果实青霉病。苯菌灵、甲基硫菌灵、多菌灵等，这类药物具有内吸性，对青霉菌、色二孢、拟茎点霉、链核盘菌都具有很强的杀伤力，广泛用于控制苹果、梨、柑橘、桃、李子等水果采后病害的杀菌剂。

（3）生物防治

生物防治主要利用微生物之间的拮抗作用，选择对果蔬产品不造成危害的微生物抑制采后引起腐烂的病原真菌的生长。生物防治不仅可以在一定程度上替代化学农药，而且无残毒，对环境没有污染，因而能有效地保护生态平衡，发挥持续控制作用。此外它还能节省能源、降低生产成本。

生物防治没有应用化学农药进行防治的速度快，即杀虫效果较慢。另外，生物防治易受环境因素的影响，且人工繁殖培养有益生物的技术难度较高，能用于大量释放的天敌昆虫种类不多，多数天敌作用范围较窄，对害虫的捕食和寄生有选择性。

（4）综合防治

采前田间管理，如修剪、施肥、灌水、喷药、适时采收。采后及时预冷、剔除有病虫害或机械损伤的果实、应用防腐保鲜剂处理等。

参 考 文 献

白登忠 . 水分亏缺下番茄水分传输途径和根冠大小对蒸腾和 WUE 的调控 ［D］. 西北农林科技大学，2003.

白杨，杨剑，陈鹏，等 . 基于空间插值的西安市特重空气污染期间主要污染物时空变化特征及相关性分析 ［J］. 环境科学研究，2020, 33（04）：809-819.

陈庆华，王欣 . 气调包装（MAP）在果蔬保鲜方面的应用进展分析 ［J］. 黑龙江农业科学，2012（01）：94-98.

刁小琴，关海宁，乔秀丽，等 . 壳聚糖/纳米二氧化钛涂膜对休眠后期马铃薯品质及生理指标的影响 ［J］. 河南农业科学，2018, 47（03）：150-154.

刁小琴，关海宁，魏雅冬 . 短波紫外线诱导对休眠后期马铃薯品质及酶活性的影响 ［J］. 食品工业，2016, 37（05）：116-118.

范新光，梁畅畅，郭风军，等 . 近冰温冷藏过程中果蔬采后生理品质变化的研究现状 ［J］. 食品与发酵工业，2019, 45（18）：270-276.

郭鑫，崔政伟 . 果蔬气调贮藏研究现状及展望 ［J］. 包装工程，2012, 33（07）：122-126.

郭彦峰，王大威，候秦瑞，等 . 自然气调包装对采后苹果蒸腾作用的影响 ［J］. 包装工程，2011, 32（15）：1-4.

贺艳娥 . 1-MCP 处理对猕猴桃贮藏品质及软化效应的影响 ［D］. 西北农林科技大学，2019.

金童 . 1-甲基环丙烯（1-MCP）和二氧化氯联合使用对果蔬采后品质的影响 ［D］. 齐鲁工业大学，2019.

康宗利，王显玲，冯玉龙 . 关于蒸腾作用指标的探讨 ［J］. 植物生理学报，2018, 54（11）：1678-1680.

李丙志 . 浅谈气调贮藏方法在果蔬保鲜上的应用 ［J］. 现代园艺，2012（14）：32.

李娟，张正周，郑旗，等 . 关于果蔬采后商品化处理中的机械采收技术探讨 ［J］. 农业与技术，2013, 33（07）：31.

梁健梅，钟海强，刘青，等 . 我国果蔬贮藏技术浅析 ［J］. 现代园艺，2019（03）：68-69.

梁洁玉，朱丹实，冯叙桥，等 . 果蔬气调贮藏保鲜技术研究现状与展望 ［J］. 食品安全质量检测学报，2013, 4（06）：1617-1625.

吕成军 . 浅谈化学保鲜剂在果蔬贮藏保鲜中的应用 ［J］. 南方农机，2020, 51（09）：86-87.

宁德鲁，陆斌，杜春花 . 果蔬"冷链"贮运技术的应用现状及发展趋势 ［J］. 柑桔与亚热带果树信息，2000（11）：3-4+6.

裴哗哗 . 乙烯对采后'徐香'猕猴桃果实冷害的调控作用 ［D］. 西北农林科技大学，2019.

祁玉霞，张程慧，程康蓉，等 . 果蔬采后外源脱落酸作用的生理机制和应用研究进展 ［J］. 食品工业科技，2017, 38（23）：295-300.

秦跃龙 . CO_2 对马铃薯块茎采后品质的影响研究 ［D］. 兰州理工大学，2014.

司振伟 . 浅谈果蔬气调包装保鲜技术 ［J］. 农业与技术，2014, 34（06）：247.

王静 . 1-MCP 控制采后果实品质劣变的研究进展 ［J］. 现代园艺，2014（14）：8-9.

王克勤，王立 . 不同土壤水分下金矮生苹果叶片蒸腾速率研究 ［J］. 西南林学院学报，1999（01）：9-14.

吴雅静. 果蔬气调包装保鲜效果的影响因素分析 [J]. 安徽农业科学, 2014, 42 (21): 7194-7195.

谢忠斌, 叶春海, 任雪岩, 等.1-MCP 和乙烯利处理对采后菠萝蜜果实活性氧代谢的影响 [J]. 热带作物学报, 2018, 39 (01): 77-83.

殷健东.1-MCP 和乙烯对水蜜桃采后冷害发生的生理调控机制研究 [D]. 扬州大学, 2018.

尹淑娟. 浅谈果蔬气调贮藏保鲜技术 [J]. 科教文汇 (下旬刊), 2012 (01): 132+154.

于平, 士向阳, Amada Able. 抗蒸腾剂对青花菜贮藏期失水的影响 [J]. 中国蔬菜, 2001 (04): 12-13.

于延申, 齐心. 果蔬采后生长与调控技术 [J]. 吉林蔬菜, 2018 (09): 40-41.

张卿. 京白梨果实蒸腾速率测定方法和影响因素初探 [D]. 中国农业大学, 2005.

张占甲. 发生剧烈蒸腾时植物细胞水势的变化 [J]. 天水师专学报, 1991 (01): 47-48.

朱先波.NO 处理对马铃薯保鲜的影响 [D]. 西北农林科技大学, 2009.

Kou J J, Wei C Q, Zhao Z H, et al. Effects of ethylene and 1-methylcyclopropene treatments on physiological changes and ripening-related gene expression of 'Mopan' persimmon fruit during storage [J]. Postharvest Biology and Technology, 2020, 166: 111185.

Qi W Y, Wang H J, Zhou Z, et al. Ethylene emission as a potential indicator of Fuji apple flavor quality evaluation under low temperature [J]. Horticultural Plant Journal, 2020, 1: 1-9.

Qi X H, Chen M Y, Liang D N, et al. Jasmonic acid, ethylene and ROS are involved in the response of cucumber (*Cucumis sativus L.*) to aphid infestation [J]. Scientia Horticulturae, 2020, 269: 109421.

Wang S Y, Zhou Q, Zhou X, et al. Ethylene plays an important role in the softening and sucrose metabolism of blueberries postharvest [J]. Food Chemistry, 2020, 310: 125965.

Zhang J Y, Zhang Y T, Song S W, et al. Supplementary red light results in the earlier ripening of tomato fruit depending on ethylene production [J]. Environmental and Experimental Botany, 2020, 175: 104044.

第四章 果蔬的采后处理与运销

第一节 果蔬的采收

采收是果蔬产品生产中的最后环节，同时也是果蔬产品贮藏加工的第一个环节，是决定果蔬贮藏成败的关键步骤。采收使果蔬产品在适当的成熟度时转化成为商品。在采收过程中，首先要确定最佳采收期，保证速度尽可能快，采收时力求做到最小的损伤和最小的花费，保质保量，减少损耗，提高果蔬贮藏保鲜性能。采收成熟度的确定和采收方式是果蔬产品商品化处理的前提，也是保证果蔬产品品质的重要环节。

1. 成熟度的分类和标准

生理成熟度是指对果蔬产品本身而言，植物器官在生理上已经达到了充分的成熟，即达到了最大生长并完全成熟的阶段。种子充分成熟，果肉变软，由于果实呼吸作用和化学成分的水解作用加强，果味变淡，甚至无味，营养价值降低，故不适合食用，更不耐贮藏，但是具备留作种子的条件。对于作种子的果蔬，都适合在这个阶段采收，否则同样影响果蔬的产量和质量。它是以开花授粉的时间或者播种后出苗的时间开始计算的天数为标准的，如茄子开花后18d就进入果实成熟期，35d进入种子成熟期。

消费成熟度也叫作食用成熟度。对产品的零售商和消费者而言，它是指果蔬充分成熟，表现出特有的色香味和质地，具有最佳食用价值的阶段。它是以产品的品质转变为标准的。缺乏或无后熟作用的果蔬，如大多数蔬菜和桃、杏、葡萄等果品，都适合到此阶段采收，采收后即可上市，但是不适合长途运输或长期贮藏。

采收成熟度对于农民和果蔬经销商而言，指果实已经充分长大，但是未完全成熟的阶段。此阶段果蔬的色香味还未充分表现出来，还不完全适于食用。它是根据产品的大小、形状、颜色、硬度为标准的。一般具有明显的后熟作用的果蔬，如苹果、香蕉、番茄等，只要达到此阶段即可以采收。因为经过一段时间的贮藏，在适宜的环境中，可以自然完成后熟过程，达到本品种固有的食用品质和风味要求。采收成熟度对于不同品种的果蔬、不同的采收季节、不同的用途都是不同的。不同的果蔬品种及供食部位不同，判断果蔬成熟度的标准不同。国内外制定了许多果实成熟度的标准。

2. 采收成熟度的确定

果蔬采收期的确定对后期贮藏品质起决定性作用。过早采收，果蔬尚未发育完全，果蔬内含物积累不足，果蔬仍旧保持较高的呼吸强度，采收后贮藏性较差。过迟采收，果蔬从生长发育期已经进入衰老期，此时果蔬容易软烂，不适合长途运输，抗病能力较差。采收期一般是根据果蔬贮藏的适宜成熟度而确定。通常就地销售的果蔬产品选择适当晚采，远距离运输销售的产品应该适当早采。

判别果蔬产品成熟度的方法有以下六个方面。

(1) 根据果蔬产品表面色泽的显现和变化

一般未成熟果实含有大量叶绿素，随着果实的逐渐成熟，叶绿素降解，花青素等色素逐渐合成。比如苹果、桃子等在果实成熟时，果皮会呈现出特有的颜色，叶绿素逐渐分解，花青素和类胡萝卜素积累，果实从绿色变为红色。表 4-1 展示了不同色泽番茄果实主要色素含量的变化。

表 4-1　不同色泽番茄果实主要色素含量的变化

色泽	胡萝卜素	番茄红素	叶黄素	叶绿素
绿色	1.270	0.000	0.194	2.869
绿带白	0.966	0.000	0.214	2.055
绿带白(略带红)	1.431	0.195	0.979	1.701
成熟(深红)	428340.00	2589510.000	170362.500	1.194

注：以随机的 100g 鲜重果实，表中为 OD 值。

根据色泽的变化，番茄的成熟度可分为绿熟期、微绿期、半熟期、坚熟期、完熟期几个阶段。成熟度高低与果蔬的颜色浓淡呈正相关，达到成熟时色泽最鲜艳、色彩最浓。

果蔬生产和经销商应该综合考虑果蔬品种、食用部位、内外品质和市场销售需求等诸多因素确定适宜的采收期，以最佳品质的商品提供销售。番茄成熟时由绿转白再变为浅红，达到深红即为充分成熟，需要根据用途和销售远近适当地掌握采收期。长距离运输或销售的应在绿熟期采收，当地鲜销的可以在粉红色或深红色时采收，就地加工原料以充分成熟的果实最好。

(2) 饱满程度和硬度

有些果蔬的饱满程度大，表示发育良好、充分成熟或达到采收的质量标准。通常未成熟的果实硬度较大，达到一定成熟度时才变得柔软多汁。番茄、香蕉等成熟时，果实由硬变软。

(3) 果实形态

果蔬产品成熟后，其植株或产品本身都会表现出该产品固有的生长状态，根据经验可以把形态作为判别成熟度的指标。果实必须达到一定的体积和质量时才算达到了成熟阶段，各种类、品种都具有固有的形状、大小，过轻过小都达不到品质标准。香蕉成熟度判断方法：果面圆满无棱为九成熟以上，果面圆满但尚现棱角为八成熟，果面接近圆满为七成熟，果面棱角明显突出为七成熟以下。果实成熟应达到充分饱满、充实的程度，例如贮运香蕉的成熟度达到 75%～90%饱满度最好。不同饱满度的香蕉对耐藏性的影响很大。饱满度低，产量少，品质差；饱满度高则不耐贮藏，内源乙烯释放较快且多，呼吸强度大，易变黄。不同饱满度香蕉的呼吸强度见表 4-2。

表 4-2　不同饱满度香蕉的呼吸强度

采收后的时间/d	饱满度50% 呼吸强度/[mg/(h·g) 或 μL/(h·g)]	饱满度85% 呼吸强度/[mg/(h·g) 或 μL/(h·g)]	饱满度95% 呼吸强度/[mg/(h·g) 或 μL/(h·g)]
1	36.8	31.8	36.7
5	27.8	26.3	35.5
9	29.0	50.7	40.3
13	20.6	51.9	120.5

（4）生长期和成熟特征

不同品种的果蔬由开花到成熟有一定的生长期，各地可以根据当地的气候条件和多年的经验得出适合当地采收的平均生长期。苹果的采收期：一般早熟品种为 65～87d，中熟品种为 90～133d，晚熟品种为 137～168d。葡萄从开花到果实成熟通常需要 90～100d。梨从开花到果实成熟通常需要 120d 左右。

（5）果梗脱离的难易程度

有些种类的果实，成熟时果柄与果枝间常产生离层，稍一震动果实就会脱落，所以常根据其果梗与果枝脱离的难易程度来判断果实的成熟度。苹果和梨成熟时果柄与果枝会产生离层，稍微震动果实就会脱落。因此如不及时采收会造成大量落果。

（6）主要化学物质的含量

果蔬在生长过程中，糖、淀粉等化学物质的含量都在不断发生变化。它们的含量变化情况可以作为衡量成熟度的标志。苹果在成熟过程中酸含量下降，糖酸比升高，成熟的苹果中含糖量为 15%（品种有差异）。马铃薯、芋头等块茎类蔬菜在淀粉含量高时，采收最为适宜，贮藏期较长。

可溶性固形物与总酸含量之比称为"固酸比"，总糖含量与总酸含量之比称为"糖酸比"。此比值不仅可以衡量果实的风味品质，也可以判断果实的成熟度。例如菲律宾以固酸比作为柑橘采收的标准，四川甜橙采收以固酸比 10、糖酸比 8 作为采收成熟度的最低标准。苹果、梨的酸含量低，糖酸比在 30 时采收，风味浓郁，品质好。夏橙在糖分积累最高时采收，而柠檬则在酸含量最高时采收。淀粉和糖含量是果蔬采收的重要指标。绿豌豆、甜玉米、菜豆等食用幼嫩组织，要求含糖多、含淀粉少，如果淀粉含量过高，则组织粗老，品质低劣；而薯芋类淀粉含量高则产量高、品质好、耐贮藏，用于加工制作淀粉，出粉率高；对果蔬品种来说，根据碘化淀粉实验所确定的果实最佳采收期是有可能不一样的。

3. 采收时间的确定

先看果蔬体内水分的变化情况。早上太阳出来之前，果蔬含水量最多，因为晚上根部从土中吸够了水，地上部分蒸发又少，所以显得特别新鲜饱满。郊区的菜农一般都喜欢在清晨的时候收菜上市。太阳出来以后，气温不断上升，果蔬的地上部分也不断蒸发失水。幸运的是，失去的水分可以通过根部从地下得到补充，维持平衡。平衡的快慢要看气温的高低和地下水是否充足。例如，山地与水田低地就大不相同。从太阳下山的黄昏开始到夜间，由于气温逐步下降，蒸发减少，果蔬体内水分又逐步恢复到饱满状态。

再看果蔬体温的变化情况。与水分的变化相似，主要受太阳引起的气温高低变化所影响。太阳出来以后，果蔬的体温逐渐上升，13～14 时达到最高，以后又逐步下降，黄昏之后热量散尽温度降低。必须指出，果蔬如果没有蒸发失水，体温是很难降下来的，在烈日高温下，体温越升越高，直至枯死。

从以上情况来看，果蔬的采收时间不必硬性规定，完全可以根据天气情况、市场情况、运输条件、收获数量以及处理能力等情况来做决定。

果蔬种类繁多，成熟特性各异，在判断采收成熟度时应该抓住主要因素，只有这样才能确定最佳的采收期，从而满足贮藏、加工、销售的需要。

4. 采收方法

据联合国粮农组织的调查报告显示，采收成熟度和采收方法的不当造成的机械损伤，使得果蔬的损失率达8%～12%。田间不合格的采收和粗放处理，直接影响商品品质，撞伤和损伤后显示出褐色和黑色的斑点，使商品失去吸引力。表皮的损伤作为微生物的通道而引起腐烂，损伤使得呼吸加强，贮藏期缩短。适宜的采收期、无机械损伤对提高果蔬产品的品质、价格、利润都有作用。

果蔬具体的采收方式要根据果蔬的种类来确定，一般采收方式分为人工采收和机械采收。目前我国主要采用人工采收的方法。机械采收可以节省很多劳力，采收效率高，但是采收的产品的质量差。例如果实以机械采收，往往会折断果梗和增加机械损伤，因而作为鲜销和长期贮藏的果蔬不适于采用机械采收。但是在发达国家，由于劳动力比较昂贵，可用机械采收的方法采收某些适宜的果蔬品种和某些加工用品种。

(1) 人工采收

作为鲜销和长期贮藏的果蔬产品最好采用人工采收。人工采收灵活性很强，在采收过程中有效地降低了损伤。同时人工采收可以针对不同的产品、形状、成熟度进行采收和分类处理，采收速度便于调节。目前我国人工采收质量与国外相比有很大的差距，主要原因在于缺乏可操作的采收标准、采收工具原始、采收管理粗放。

为了达到更好的采收效果，人工采收过程中应该注意：采收时戴手套，戴手套可以有效减少采收过程中指甲对产品所造成的划伤；采收过程中选择合适的采收工具，如果剪、采收刀等，防止从植株上用力拉、拽产品，可以有效减少产品的机械损伤；在采收时，选择合适的采收袋或者采收篮；采收的果蔬选择大小适中的周转箱保存，周转箱过小，容量有限，加大运输成本，周转箱过大容易造成底部产品的压伤。

有些水果从母枝上剪切下来需要一些简单的工具。有些水果生长在树上，人站在地上够不着，可采用采摘竿。采集袋上的刀锋保持锋利，采摘时切割的角度和套袋的形状会影响到水果的质量。也可以使用一些自动升降或悬挂式平台辅助采收，如意大利的公司研制出了液压传动悬挂式双轴平台，它能安排4～6个人同时作业，每个人可以任意挑选位置。一些水果在采收时可以利用机械辅助作业，如莴苣、甜瓜等，常使用皮带传送装置将已经采收的产品传送到田间处理容器。在番木瓜和香蕉采收时，采收梯旁边常安放可升降的工作平台用于装载产品。

人工采收的方法包括手摘法、剪切法、刀砍法、打落法。直接用手采摘果蔬是蔬菜中的叶菜类和果菜类采收时为避免叶和果的损伤所常用的方法。果品中苹果、梨等品种成熟时，其果梗与短果枝之间产生离层，采收时手紧紧抓住果实，但是动作要轻，然后向上拉即可以完成作业。利用剪刀直接伸到枝茎上剪摘果实的方法叫剪切法，如葡萄、瓜类都采用此法。剪刀应该保持锋利，木质茎或者带刺茎采摘时应该尽量在近果实处下剪刀，以避免在运输途中刺伤临近的果实。柑橘采收时为避免果蒂拉伤，多采用复剪法，即先将果实从树上剪下来，再将果柄剪平。刀砍法利用刀片切割果实，如采收香蕉时，先用刀切断假茎，紧扶母株让其徐徐倒下，并切断果轴，特别注意应减少擦伤、跌伤、碰伤；蔬菜中大白菜也是用刀砍法采收。利用木杆、竹竿直接敲打或者摇晃果枝，这是一些坚果和干果的采收方式。在北方板栗产区，一般树上的果实完全成熟后自动裂开，坚果落地后再拾取。也有一次打落法，即等到树上有1/3的果实由青转黄开始裂开时，用竹竿一次全部打落，堆放几天，大部分开裂后取出板栗。人工采收工具见图4-1。

图4-1　人工采收工具

（2）机械采收

机械采收在美国、西班牙、俄罗斯、意大利、英国、法国、丹麦和匈牙利等国家的应用较普遍。机械采收适于成熟时果梗与果枝间形成离层的果实，一般使用强风或强力振动机械，迫使果实从离层脱落，在树下铺垫柔软的帆布垫或传送带承接果实并将果实送至分级包装机内。目前，机械采收量较大的果品有苹果、葡萄、甜橙、草莓、桃、李、杏、樱桃、树莓、越橘、油橄榄、核桃和扁桃等。

机械采收与人工采收相比较，采收效率高，节省劳动力，降低采收成本，可以改善采收工人的工作条件，减少因大量雇佣和管理工人所带来的系列问题。但是，机械采收不能进行选择性采收，产品的损伤严重，影响产品的质量、商品价值和耐贮性。

机械采收包括强风压机械或强力振动机械、犁耙式采收机械、辅助采收机械等。强风压机械或强力振动机械主要用于樱桃或加工用柑橘，其果实在成熟时果梗与枝条间形成离层，迫使果实离层分离脱落，同时在树下铺设柔软的衬垫来传送果实，并自动将果实送到分级包装箱内。采前配合使用果实脱落剂，可以使得机械采收得到进一步的提升。犁耙式采收机械主要用于地下根茎类、胡萝卜、马铃薯、山药、大蒜等。采收机械由挖掘器、收集器和运输带组成。采收要求挖到一定深度，以免伤及根部。辅助采收机械主要为输送设备、升降平台，这些都是为了提高人工采收时的效率。采收机械见图4-2和图4-3。

图4-2　西红柿采收机械

图4-3　香瓜采收机械

在机械采收过程中，要提高操作员的技术水平，不恰当的操作将会带来严重的设备损伤和大量机械损伤。机械设备也必须定期保养。采收产品必须达到机械采收的标准，如蔬菜采收时必须达到最大的坚实度，结构紧密。同时要正确估计经济实力，量力而行。采收机械设备价格昂贵，投资成本较大，所以必须达到相当的规模才能具有较好的经济性。

第二节　果蔬的采后处理

采后处理是为保持和改进产品质量并使其从农产品转化为商品所采取的一系列措施的总称。采后处理主要包括整理与挑选、预贮、愈伤、药剂处理、预冷、分级和包装等环节。整理与挑选是采后处理的第一步，目的是剔除有机械损伤、病虫害等不符合商品要求的产品，以便改进产品的外观，有利于销售和食用。

因为果蔬中含有大量的水分和营养物质，是微生物生活的良好培养基。微生物侵入果蔬体内的途径都是在果蔬的机械损伤或虫伤的伤口处，被微生物污染的果蔬很快就会全部腐烂变质。不同成熟度的果蔬也不宜混在一起保藏。因为较成熟的果蔬，再经过一段时间保藏后会形成过熟现象，其特点是果体变软，并即将开始腐烂。有些果蔬经过挑选后，质量好的、可以长期冷藏的应逐个用纸包裹，并装箱或装筐。包裹果蔬用的纸，不要过硬或过薄，最好是用对果蔬无任何不良作用的纸。有柄的水果在装箱（筐）时，要特别注意勿将果柄压在周围的果体上，以免把其他的水果果皮碰破。在整个整理挑选过程中，都要特别注意轻拿轻放，以防因工作不慎而使果体受伤。

一、果蔬的预冷

1. 国内外现状及趋势

国外预冷起步早，冷链物流设施建设较为完善，从采收后的预冷到贮藏、销售、上餐桌，果蔬都处于低温环境。预冷的概念早在 1904 年由美国农业部提出，并且认识到预冷在果蔬贮藏保鲜及冷藏运输中的重要性。经过多年的发展，不仅在预冷装备和设施上得到了完善和普及，而且也对预冷技术进行了仔细研究，增强了广大农场主的预冷意识。很多发达国家将预冷作为果蔬低温运输和冷藏前的一项重要措施，广泛应用于生产中。例如在智利，甜樱桃采收时间控制在 12 时之前，采收后迅速将果实运到附近的加工厂，对其进行快速预冷处理，3h 将果实的温度降到 4~5℃，同时对其进行保鲜处理，然后根据需要进行大小、颜色、硬度、糖度等不同类别的分级，并将处理后的果实进行分类包装、入库。经过该工艺处理的甜樱桃，品质保持时间较长，远销国内外。受果蔬自身生理特性的影响，预冷装备在国外根据品种不同已研制出专用设备，如土豆预冷设备、西兰花田间预冷设备等，这些设备已广泛应用到各大农场。据日本农业协同组合（日本农协）的资料，日本基本普及产地的预冷设备，农协的蔬菜预冷服务组织达到 1810 家，水果的预冷服务组织达到了 1020 家，并将果蔬采后必须经过预冷写进了法律条文，日本配送最大的运营商，拒绝接受没有预冷过的作物和食品。目前在已经普及冷链的情况下，日本中央政府每年编制数十亿日元的预算（有些地区还加上地方政府的补助）推广打造以预冷为核心的冷链高端化。

我国对预冷认识晚，起步迟，预冷装备、设施建设均不完善，缺乏整体规划和协调衔接，预冷技术仍处于探索阶段。我国预冷设施的投入多为企业或个人，预冷设备较为落后，并且预冷设施离产地远，采摘后带有大量田间热的果蔬得不到及时快速降温，有的长时间常温堆放，使果蔬温度快速上升。高温不仅可以引起呼吸强度增加，并且为其携带的有害微生物进行大量繁殖创造了条件，加快衰老、变质和腐烂，从而造成巨大浪费。目前我国已认识到问题的严重性，在近几年的中央一号文件内，都提到要加大对冷链物流建设的投入，加强农产品产地预冷等冷链物流基础设施建设，从政策上给予支持，引导大家加强主产区田间地头的预冷，加强冷藏保鲜、冷链运输等设施的建设，提高冷链物流的水平。

预冷作为冷链中重要的环节，对果蔬贮、运、销的质量产生重要影响。经过预冷的果蔬可显著降低流通过程中的损耗，延长运输半径和货架期。在田间地头进行的预冷，可使刚采收的果蔬快速散去田间热，降低果蔬的呼吸强度，保障果蔬品质，延缓成熟衰老的速度。有些品种的果蔬高温下一天的营养消耗相当于低温下的 $10 \sim 20d$ 营养消耗量。预冷具有以下优越性：减少后续贮运、制冷设备功率配备，从而减少投资，减少微生物的繁殖、病虫害的发生、乙烯的产生、库温的波动，并且能够延缓果蔬成熟，利于果蔬保鲜。前些年果蔬预冷的重要性并没有被产、贮、销等相关领域的人们意识到，根据资料调查显示，目前我国 90% 以上的果蔬不经过任何低温处理就直接进入流通领域。对预冷环节的忽视，是农产品流通更大损失、浪费严重的主要原因。

2. 预冷的作用

预冷是指将货物温度迅速降到适宜温度的工艺过程。对果蔬而言，预冷速度快慢直接影响果蔬的品质保持，不同果蔬适用的预冷方式也不尽相同。果蔬在采摘后，仍保持较高的呼吸强度和蒸腾作用，储存在果蔬内的营养物质被不断消耗且得不到补充，导致果蔬产品质量下降，货架期严重缩短。预冷是冷链的首要环节，是将新采收的产品在运输、贮藏或加工以前迅速除去田间热，将其温度降低到适宜温度的过程。预冷使果实表面温度下降，扩散田间热，降低生理代谢作用，抑制微生物生长繁殖，减少运输过程中腐烂变质。因此预冷成为保持果蔬品质的关键措施。

3. 预冷方法及设备

我国每年都会生产商业价值上万亿元的果蔬等农产品，很多果蔬在产地采摘后未做及时的预冷处理，导致果蔬采后产生的田间热加速了其呼吸和蒸腾作用，促进水分蒸发和微生物繁殖，加速果蔬老化，使得果蔬的品质无法得以保证。据统计，我国每年生产的果蔬在其流通过程中因采后没接受适当的处理，导致每年约有 8000 万吨果蔬腐烂，给我国农业生产造成了不可估量的损失。因此，果蔬在产地采摘后，如何快速降低果蔬采后的呼吸强度，抑制酶活性和乙烯释放的同时还降低果蔬生理代谢率，减少生理病害，从而最大限度地保证果蔬的品质是我国果蔬冷链流通过程发展的重中之重。

为了实现以上目的，需要利用低温处理的方法将采摘后的果蔬从初始温度（$25 \sim 30$℃）迅速降低到所需要的冷藏温度（$0 \sim 15$℃），由此可见预冷对于我国农业生产的重要意义。根据果蔬产品预冷时所需的媒介的不同，可将预冷方法分为空气预冷、水预冷和真空预冷三种，另外还有自然预冷、冰预冷、压差预冷等方法。

(1) 空气预冷

空气预冷是以冷空气为媒介，利用热传导使果蔬产品降温的方法，可分为冷库空气预冷和强制通风预冷。空气预冷操作方法简单便捷，费用少，使用范围广，耗能小，对环境污染小，节约投资，是国内外最早使用的预冷方式之一。但是空气预冷不可避免地造成贮藏产品产生干耗、预冷不均匀、预冷时间较长等现象，而且强制通风冷却的冷库利用率不高。

(2) 水预冷

水预冷是以 $0 \sim 3$℃的冷水为媒介，依靠热传导使产品降温的方法。预冷时冷水带走了果蔬的热量，预冷所用的水可以经过消毒杀菌后循环使用。冷水与果蔬接触方式有浸渍、漂洗、喷淋。在同一条件下，水预冷的速度高于空气预冷。

根据果蔬产品的种类，水预冷的装置一般分为喷水式（喷淋、喷雾两种）、浸渍式和混合式等数种，以喷水式应用较多。装置一般包括流水系统和传送带系统。其中喷水式装置所需的动力能耗较少，但是预冷不均匀。浸渍式和混合式两种装置预冷均匀、效率高，且具有清洗功能，但是在预冷过程中需要在水中加入防腐剂，且水质易受到污染。

水预冷的优点包括适用范围广、冷却速度快、效率高、成本低、装置构造简单、预冷后产品不减重、有利于新鲜度的保持、可持续作业等。许多农产品如甜玉米、芹菜、芦笋、荔枝等沾水不易腐烂型果蔬采用水预冷能达到很好的预冷效果。值得注意的是，冷却水易受微生物的污染，容易造成果蔬产品的腐烂变质，而且对包装材料有一定的要求，不宜使用较为紧密的及怕水的包装，如纸箱等。比如花叶菜类果蔬产品，由于自身组织结构易残留水分、消毒剂，诱发微生物繁殖，不易采用水预冷。

（3）真空预冷

真空预冷是将产品放在坚固、气密的容器中，迅速抽出空气和水蒸气，使产品表面的水在真空负压下蒸发而冷却降温。真空预冷分为两个阶段：首先是真空室内压力降至果蔬产品初始温度对应的饱和压力值，出现闪点；然后压力持续下降，加速果蔬产品的水分蒸发，直至温度降低到预设温度值。真空预冷中产品的失水范围为 1.5%～5%，由于被冷却产品的各部分等量失水，所以产品不会出现萎蔫现象。果蔬在真空冷却时，大约温度每降低5.6℃，失水量为1%。

真空预冷的作用原理是依靠压力差加速水分蒸发，从而降低果蔬温度。真空预冷效率高，冷却时间短，对贮藏果蔬产品的品质保持良好，对包装没有特殊要求，但是成本高，适用范围有限，容易导致产品失重。真空预冷是依据水的沸点随气压变化而变化的特点，利用水分蒸发带走热量的原理，降低果蔬温度。将新鲜的果蔬放在密闭的容器中，迅速抽出空气和水蒸气，随着压力持续降低，果蔬不断地、快速地蒸发水分而冷却。蒸发走的水分通过制冷设备的冷凝器将其冷却成水，避免过多的水分进入真空系统，引起真空泵内润滑油雾化，损坏真空泵。真空预冷过程中会造成果蔬一定程度的水分损失，水分蒸发的快慢与果蔬表面积大小及组织密度有直接关系，大而疏的组织预冷速度显著，因此该方法适用于一些表面积较大的果蔬，如娃娃菜、蘑菇、叶菜。真空预冷的优点为降温速度快、冷却均匀、干净卫生、操作方便、基本不受包装影响；缺点为投资高、适用品种少，对果蔬造成部分失水，尤其是对水果类预冷效果优势不明显。图4-4展示了真空预冷后的叶菜。

图 4-4　真空预冷后的叶菜

（4）冰预冷

冰预冷是指将冰块与果蔬直接接触，利用冰块对果蔬进行降温的方式。如果将果蔬的温度从35℃降到2℃，所加冰量应占产品质量的38％。一般采用顶端加冰，从而达到降低果蔬产品温度的效果。此预冷方式的优点是方便获取，易操作，果蔬表面潮湿、干耗低，但缺点也较为明显，具体表现为劳动强度大、适用范围小、空间利用率低、成本高。由于冰块的最高温度为0℃，与果蔬长时间直接接触容易产生冷害，只有一些耐低温的果蔬才能采用此种预冷方式，如菠菜、花菜、葱、甘蓝、蒜薹、西兰花等。采用覆冰预冷时温度变化不均匀，冰块溶解不均衡，易造成运输过程中车辆的安全隐患。对于电商产业，目前较多采用蓄冷剂冰袋预冷，此种方式多为一次性流通使用，容易造成较大的浪费与污染，通常作为其他预冷方式的辅助措施。图4-5展示了冰预冷的西兰花。

图4-5　冰预冷的西兰花

（5）压差预冷

压差预冷（又称强制通风预冷）是在冷库预冷技术基础上发展起来的。将果蔬放入两侧带有通风孔的压差预冷专用包装箱内，利用压差风机使得制冷机组产生的冷空气经过包装箱内部与果蔬充分接触换热，带走包装箱内果蔬的热量。压差预冷较冷库预冷初投资略高，压差预冷设备主要由以下几个部分组成：制冷系统（提供冷量）、加湿系统（维持内部果蔬湿度）、静压箱和压差风机（提供压力差）、压差预冷专用的包装箱。压差预冷所需时间比冷库预冷所需时间要明显缩短，通常仅需3～5h，仅为冷库预冷的1/10～1/4，预冷效率较冷库预冷可提高2～6倍，且普适性强，适合预冷大部分常见果蔬产品。压差预冷技术使用压差风机使冷空气从包装箱的通风孔进入内部，从而达到降低果蔬温度的目的。压差预冷技术具有冷却均匀、预冷时间短等优势，因此在欧美、日本等发达国家和地区得到了广泛的利用。目前，压差预冷技术主要采用水平通风方式，结合计算机辅助系统模拟压差预冷过程，有效地避免因季节而带来的不便。在压差预冷过程中，影响冷却速度、冷却均匀性、失重率的因素有很多。果蔬的种类、形状、热物性，冷风送风温度、速度，预冷包装箱的开孔形状、大小、位置等都对压差预冷的效果有重要影响。因此，通过实验对以上压差预冷过程中的各种条件进行对比验证，可以找到不同果蔬降温速率最快、冷却最均匀的条件。这对于压差预冷工艺技术的优化起到决定性作用。集装箱式压差预冷设备见图4-6。

4. 预冷的注意事项

预冷要及时，必须在产地采收后尽快进行预冷处理，故需安装降温冷却设施；根据产品的形态结构选用适当的预冷方法，一般体积越小，冷却速度越快，并便于连续作业，冷却效果好；掌握适当的预冷温度和速度，为了提高冷却效果，要及时冷却和快速冷却；预冷后处理要适当，预冷后要在适宜的贮藏温度下及时进行贮运。

果蔬产品预冷对延长保质期，减少果蔬产品中营养成分流失，提高我国冷链技术的发展具有重要作用。因此，提高农户、经销商对果蔬产品的预冷意识，制定果蔬不同预冷技术标准与评价指标，规范预冷操作，对冷链物流行业的发展与我国经济的快速发展具有重大意义。

图 4-6　集装箱式压差预冷设备

二、果蔬的分级

1. 分级目的

分级是按照一定的品质规格和大小标准将果蔬产品分为若干等级的措施，使产品标准化、商品化。分级是提高商品质量和实现产品商品化的重要手段，便于产品的包装和运输。分级的意义在于使果蔬产品在色泽、品质、大小、成熟度、清洁度等方面达到一致。产品收获后将大小不一、色泽不均、染病或受到机械损伤的产品按照不同销售市场所要求的分级标准进行大小或品质分级。产品经过分级后，商品质量大大提高，减少了贮运过程中的损失，并便于包装、运输及市场的规范化管理。

2. 分级标准

在国外，等级标准分为：国际标准、国家标准、协会标准和企业标准。在我国，将标准分为四级：国家标准、行业标准、地方标准和企业标准。品质分级一般是根据产品的色泽、形状、有无损伤、有无病虫害进行分级。大小分级一般根据产品的质量、直径、长度等分级。

3. 分级方法

果蔬的分级通常是根据坚实度、清洁度、大小、质量、颜色、形状、成熟度、新鲜度，以及病虫感染和机械损伤等多方面分级。分级方法有：人工操作和机械操作。

人工分级效率低，而且在翻动的过程中容易对产品造成损伤，误差也较大，不适于大规模生产的要求。机械分级包括形状分选装置、质量分级装置、颜色分级装置、颜色形状综合分级装置、果蔬分级包装等。我国水果的分级标准是在果形、新鲜度、颜色、品质、病虫害和机械损伤等方面已符合要求的基础上，根据果实横径最大部分直径分为若干等级。例如：我国红富士苹果分为70、75、80就是指苹果平放时的最大直径，单位是 mm。形状不规则的蔬菜产品，如西芹、花椰菜等则按质量进行分级。甜豌豆片、青刀豆等则按长度进行分级。人工分级与机械分级分别见图4-7和图4-8。

图 4-7　青枣进行人工分级与机械分级

图 4-8　苹果机械分级系统

三、果蔬清洗和涂蜡

1. 清洗

果蔬产品经清洗、涂蜡后，可以改善商品外观，提高商品价值，减少表面的病原微生物。同时可以减少水分蒸腾，保持产品的新鲜度，抑制呼吸代谢，延缓衰老。

果蔬产品的清洗方式包括人工清洗和机械清洗两种方式。人工清洗是指将洗涤液盛入已消毒的容器中，调好水温，将产品轻轻放入，用软质毛巾、海绵或软质毛刷等迅速洗去果面污物，取出在阴凉通风处晾干。机械清洗是指用传送带将产品送入洗涤池中，在果面喷淋洗涤液，通过一排转动的毛刷，将果面洗净，然后用清水冲淋干净，将表面水分吸干，并通过烘干装置将果实表面水分烘干。相比于人工清洗，机械清洗更加迅速简捷，适用于一些质地较硬的果蔬产品。人工清洗与机械清洗见图 4-9。

图 4-9　人工清洗与机械清洗

2. 涂蜡

果蔬产品表面有一层天然的蜡质保护层，往往在采后处理或清洗中受到破坏。涂蜡即人为地在果蔬产品表面涂一层蜡质。果蜡的主要成分有天然蜡、合成或天然的高聚物、乳化剂、水和有机溶剂等。天然蜡如棕榈蜡、米糠蜡等。合成或天然的高聚物比如多聚糖、蛋白质、纤维素衍生物、聚氧乙烯、聚丁烯等。乳化剂包括 $C_{16\sim18}$ 脂肪酸蔗糖酯、油酸钠等。

图 4-10　经过涂蜡处理后的苹果

涂蜡方式分为三种：起泡法、浸渍法、涂刷法。起泡法是指利用一个起泡发生装置，将液态蜡喷向果蔬产品形成气泡，待水分蒸发后，果蔬表面形成一层保护膜。浸渍法是指把果蔬产品直接浸泡在蜡液中。这种方法会使果蔬产品表面残留大量积留物，故不常用。涂刷法是指将刷头安装在滚筒运送机上，用移动杆将液态蜡分布在刷头上，然后均匀地刷在果蔬产品表皮上。在果蔬产品涂蜡的过程中，要注意涂被厚度均匀、适量。选择的涂料安全、无毒、无损健康，同时涂料成本低廉，材料易得，便于推广。涂蜡处理只是产品采后一定期限内商品化处理的一种辅助措施，只能在上市前进行处理或作短期贮藏、运输。图 4-10 展示了经过涂蜡处理后的苹果。

四、果蔬的包装

1. 包装的作用

果蔬产品包装是用适当的材料或容器保护商品在贮运及流通中的价值及状态，是实现标准化、商品化，保证安全运输和贮藏的重要措施。对于包装容器，要求具有保护性，有足够的机械强度，防止产品受挤压碰撞而影响品质；具有通透性，利于产品呼吸热的排出及氧、二氧化碳、乙烯等气体的交换；具有防潮性，防止吸水变形，避免由于容器的吸水变形而导致内部产品的腐烂；具有清洁、无污染、无异味、无有害化学物质等特点。

但是，包装只能保护而不能改进品质。所以，只有对好的产品，包装才有意义。此外，包装不能代替冷藏等贮藏措施，好的包装只有与适宜贮藏条件相配合才能发挥其优势。

2. 包装的种类和规格

果蔬产品的包装可分为：外包装和内包装。传统外包装有：用柳条、荆条、竹篾或铁丝编成的筐，用木板、木条、胶合板、纤维板制成的箱，以及用麻、草织成的袋等。为了适应现代化贮运设施的要求，大规模的果蔬贮运包装采用符合标准货件制的散箱、集装箱和托盘。内包装有塑料袋包装、浅盘包装、穿孔膜包装、简易膜包装、硅窗袋气调包装。在果蔬产品包装前，首先要洗涤、整理、涂被、分级，然后包果、装箱。目的是为了提高果蔬的商品价值，便于销售，有利贮存。

各种外包装材料各有其优缺点，如筐篓等价格经济，但容量大小不一，给销售过程带来不便，而且内部结构容易给产品造成机械损伤。木箱大小规格一致，能反复使用，但较沉重，内部不加工修饰易造成产品的机械损伤。塑料箱轻便防潮，容量大小统一，但造价高。

纸箱的质量轻，可折叠平放，便于运输，能印刷各种图案，外观美观，便于宣传，但易损坏及吸潮。通过上蜡，纸箱防水防潮性能有一定程度的提高，在一定湿度的环境中仍具有很好的强度，不至于变形。目前的纸箱几乎都是瓦楞纸板制成。瓦楞纸板是在波形纸板的一侧或两侧，用黏合剂黏合平板纸而成。由于平板纸与瓦楞纸芯的组合不同，可形成多种纸板。常用的有单面、双面及双层瓦楞纸板三种。单面纸板多用作箱内的缓冲材料，用来将果蔬产品形成隔层。双面及双层瓦楞纸板是制造纸箱的主要纸板。纸箱的形式和规格可按市场要求的容量、产品的堆垛方式及纸箱的抗力而定。经营者可根据自身产品的特点及经济状况进行合理选择。

为了提高果蔬产品的经济价值及食用品质，在确定了外包装之后还需进一步选择内包装材料，这是因为内包装不仅便于零售，能够更好保藏，还可以更好地防止产品受振荡、碰撞、摩擦等物理作用而引起的机械损伤。内包装的形式有在底部加衬垫、浅盘杯、薄垫片或改进小包装材料。聚合物材料的内包装具有一定的防失水、调节小范围气体成分浓度的作用。如聚乙烯薄膜袋可以有效地减少蒸腾失水，防止产品萎蔫，但这类包装材料不利于气体交换，管理不当容易引起二氧化碳伤害。对于呼吸跃变型果实而言还会引起乙烯的大量积累，加速果实的后熟、衰老，品质迅速下降，但可以通过膜上打孔法解决。打孔的数目及大小根据产品自身特点确定，这种方法不仅减少了乙烯的积累，还可在单果包装内形成小范围低氧、高二氧化碳的气调环境，有利于产品的贮藏保鲜。同时应注意合理选择作内包装的聚乙烯薄膜的厚度，厚度太小达不到气调效果，厚度太大则易于引起生理的伤害。一般膜的厚度为 0.01~0.03mm 为宜。内包装的主要缺点是难以重新利用导致环境污染。为了提高环保意识，为环保做出切实的行动，应逐渐用纸包装取代塑料薄膜内包装。

3. 包装方式

（1）包装前的处理

包装前对果蔬产品进行洗涤、整理、涂被、分级等前处理，目的是为了提高果蔬的商品价值，便于销售，有利于贮运。及时销售的大多数果蔬都应洗涤干净，晾干水分后再进行小包装。不少水果及番茄等，在包装前可进行涂蜡处理。

（2）包果

有些果实，特别是出口外销果实，经过处理后要逐个用纸或塑料薄膜包严后再装箱。包果纸应质地坚韧，大小适宜。塑料薄膜也可制成大小适宜的袋，每袋装一个或定量的果实。

（3）装箱

在容器内加衬垫、蒲包、纸板等衬垫物，再放入果蔬，在空隙间还应加锯屑、刨花、纸条、稻壳等填充物，以防止互相碰撞、挤压，若能增加格板和托盘效果更好。果蔬上再加衬垫物后才能封箱，捆紧扎实，并注明产地、品种、等级、质量以及包装日期等。

果蔬在包装容器内应有一定的排列方式。其目的在于能通风透气，整齐紧凑，充分利用容器空间而又不致互相碰撞挤压。如水果、番茄、青椒等在圆形容器内多沿壁由外至内呈同心圆排列，在长方形容器内一般采用直线或对角线排列。直线排列方法简单，排列整齐，便于计数，适用于小型果；对角线排列，底层果实承受压力小，通风通气较好，适用于大、中型果实。

4. 包装要求

对于商品包装的总体要求是一要符合标准，二要招揽顾客。具体要求包括：名称容易记住，包装上的产品名称易懂、易念、易记；外形醒目，要使消费者从包装外表就能对产品的特征了如指掌；印刷简明，超级市场上的商品都是由顾客自己从货架上挑选，因此它们的包装就要吸引人，让顾客从货架旁边走过时能留意到；要充分体现产品的信誉，使消费者透过产品的包装增加对产品的信赖；应该有产品地区标志或图案，使人容易辨识；材料采用绿色环保材料，用纸和玻璃代替塑料、塑胶等材料。

五、保鲜防腐处理

1. 保鲜防腐

随着我国经济的飞速发展，我国居民对于果蔬产品的消耗急剧增加。但是每年采摘后的果蔬产品由于保存方式不当，出现不同程度的腐烂，给我国的果蔬行业带来了巨大的损失。因此果蔬产品的保鲜防腐成为目前迫切需要解决的问题。为了延长果蔬产品的寿命，达到抑制衰老、减少腐烂的目的，需采用保鲜防腐处理。保鲜防腐处理是采用天然或人工合成的化学物质，主要成分是杀菌物质和生长调节物质。发展天然和合成保鲜剂对于果农而言，保证了果蔬产品的新鲜，降低了腐烂率，为果农带来了经济利益；而对于消费者而言，保证了食用果蔬产品的新鲜度，有利于身体健康。同时，研究各种保鲜防腐剂，以及多样的保鲜防腐技术，尤其是天然保鲜剂的开发和利用，有利于我国果蔬行业的进一步发展。

2. 植物激素类

植物激素类对果蔬产品的作用可分为三种：生长素类、生长抑制剂类和细胞分裂素。因为芽能产生生长素，生长素类在低浓度时促进生长，促进扦插的枝条生根，所以植物扦插时要保留芽，去掉大部分的叶。生长素促进果实发育，雌蕊受粉以后，在胚珠发育成种子的过程中，发育着的种子能合成大量的生长素刺激子房发育成果实。生长素还能防止落花落果。当生长素浓度过高时，可以抑制生长，农业生产的除草剂就是用这一原理制成的生长素的类似物 2,4-D。2,4-D 不仅可以作为除草剂使用，还可以在柑橘上使用，抑制离层形成，保持果蒂新鲜不脱落，抑制各种蒂腐性病变，减少腐烂，延长贮藏寿命。2,4-D 还可以防治马铃薯疮痂病，增加马铃薯的产量，降低腐烂率。低浓度的 2,4-D 能使黄瓜瓜条加快生长，瓜条更为顺直，瓜长及横径有所增加。但是高浓度的 2,4-D 会污染土壤和水源，对植物和人体有害，在使用过程中应该做到安全无毒。吲哚乙酸（IAA）、萘乙酸（NAA）也属于生长素类化合物，花椰菜与甘蓝用含 50～100mg 的 NAA 碎纸填充包装物时，失重和脱帮都会减轻。

生长抑制剂也叫生长延缓剂，由人工合成，能够延缓植物亚顶端分生组织的细胞分裂和生长，使之生长速度减慢，且易被外源赤霉素逆转的一种植物生长调节剂。这种生长调节剂使植物体表现生理性矮化现象，但不损伤植物顶端分生组织，不影响植物发育进程。主要通过影响内源激素含量，调控植物体内核酸、蛋白质和酶的合成，对植物生长过程中的不同阶段如发芽、生根、细胞伸长、器官分化、开花、结果、落叶等特性起到调节和控制作用。脱落酸是一种抑制生长的植物激素，因能促使叶子脱落而得名，广泛分布于高等植物。除促使叶子脱落外尚有其他作用，如使芽进入休眠状态、促使马铃薯形成块茎等，对细胞的延长也有抑制作用。三碘苯甲酸被称为抗生长素，阻碍植物体内生长素自上而下的极性运输，易被植物吸收，能在茎中运输，影响植物的生长发育。抑制植物顶端生长，使植物矮化，促进侧芽和分蘖生长。高浓度时抑制生长，可用于防止大豆倒伏；低浓度促进生根；在适当浓度下，具有促进开花和诱导花芽形成的作用。马来酰肼可通过叶面角质层进入植株，降低光合作用、渗透压和蒸发作用，能强烈地抑制芽的生长。用于防止马铃薯块茎、洋葱、大蒜、萝卜、梨等贮藏期间的抽芽，并有抑制作物生长、延长开花的作用。

目前，水果和蔬菜的防腐处理，在国外已经成为商品化不可缺少的一个步骤，我国许多地方也广泛使用杀菌剂来减少采后损失。仲丁胺（2-氨基丁烷，简称 2-AB）有强烈的挥发性，高效低毒，可控制多种果蔬的腐烂，对柑橘、苹果、葡萄、桂圆、番茄、蒜薹等果蔬的贮藏保鲜具有明显效果。河北农业大学在此方面进行了深入的研究，并研制出了仲丁胺系列保鲜剂。克霉灵是含 50％仲丁胺的熏蒸剂，适用于不宜洗涤的果蔬。使用时将克霉灵沾在松软多孔的载体如棉花球、卫生纸上等与产品一起密封，让克霉灵自然挥发。用药量应根据果蔬种类、品种、贮藏量或贮藏容积来计算。山梨酸，化学名 2,4-己二烯酸，可以抑制酵母、霉菌和好气性细菌的生长。它既可浸泡、喷洒又可涂被在包装膜上发挥功效。

果蔬贮藏环境中，即使存在 0.1％的乙烯，也足以诱发果蔬成熟，所以果蔬采收后 1～5d 内施用乙烯脱除剂可抑制果蔬的呼吸作用，防止后熟老化。常用的物理吸附型乙烯脱除剂有活性炭、硅藻土、活性白土等。它们都是多孔性结构。将活性炭装入透气性的布、纸等小袋内，连同待贮藏的果蔬一起装入塑料袋或其他容器中贮存，果蔬贮量较大的，将活性炭分散地放置于果蔬中层和上层，使用量一般为果蔬质量的 0.3％～3％。如活性炭受潮，吸附性能会降低，应予以更换。

化学吸附又可分为氧化吸附型和触媒型乙烯脱除剂。氧化型的保鲜剂一般不单独使用，而是将其覆于表面积大的多孔质吸附体表面，构成氧化吸附型乙烯脱除剂。如将高锰酸钾 5g，磷酸 5g，磷酸二氢钠 5g，沸石 65g，膨润土 20g，放在一起混合（或按此比例混合），加少量水，搅拌均匀，充分浸润，经干燥后粉碎制成粒径 2～3mm 的小颗粒或制成 3mm 左右的柱状体。将保鲜剂装入透气性的小袋中，与待贮藏的果蔬一起装入容器中，密封包装，置于阴凉处贮存。它适用于各种果蔬，尤其适用于甜瓜、葡萄、水蜜桃的保鲜贮藏，使用量为果蔬质量的 0.6％～2％。触媒型乙烯脱除剂是用特定的有选择性的金属、金属氧化物或无机酸催化乙烯的氧化分解，适用于脱除低浓度的内源乙烯。如将次氯酸钡 100g，三氧化二铬 100g，沸石 200g 混合在一起（或按此比例混合），加少量水搅拌均匀，制成粒径 3mm 左右的颗粒或柱状体，阴干后在 10℃下人工干燥，冷却后即为所要求的保鲜剂。此保鲜剂适用于各种果蔬，使用量为 0.2％～1.5％。

气体调节剂能够调节气调贮藏中的气体成分，主要包括脱氧剂、CO_2 发生剂、CO_2 脱除剂等，主要用于调节小环境中 O_2 和 CO_2 的浓度，达到气调贮藏效果，使产品在贮期内品质变化降至最小。

（1）脱氧剂

在果蔬贮藏保鲜中，使用脱氧剂必须与相应的透气透湿性的包装材料如低密度聚乙烯薄膜袋、聚丙烯薄膜袋、KOP（聚乙烯、偏二氯乙烯、聚丙烯层压）薄膜袋等配合使用，才能取得较好的效果。将铁粉 60g，硫酸亚铁 10g（$FeSO_4 \cdot 7H_2O$），氯化钠 7g，大豆粉 23g 混合均匀（量大按此比例配制），装入透气的小袋内，与待保鲜果蔬一起装入塑料等容器中密封即可。

（2）二氧化碳发生剂

将碳酸氢钠 73g，苹果酸 88g，活性炭 5g 放在一起混合均匀，即得到能够释放出二氧化碳气体的果蔬保鲜剂。为了便于使用和充分发挥保鲜效果，应将保鲜剂分装成 5～10g 左右的小袋。使用时将其与保鲜的果蔬一起封入聚乙烯袋、瓦楞纸果品箱等容器中即可。

（3）二氧化碳脱除剂

适度的二氧化碳气体能抑制果蔬的呼吸强度，但必须根据不同的果蔬对二氧化碳的适应能力，相应地调整气体组成成分。在可能引起二氧化碳高浓度障碍时，使用二氧化碳脱除剂更有效。将 500g 氢氧化钠溶解在 500mL 水中，配制成饱和溶液，然后将草炭投入到氢氧化钠水溶液中，搅动令其充分吸附、过滤后控干即可使用。

3. 催熟与脱涩

(1) 催熟

催熟是指销售前用人工方法促使果实成熟的技术。乙烯、丙烯、燃香等都具有催熟作用，尤其以乙烯的催熟作用最强。但由于乙烯是一种气体，使用不便，因此，生产上常采用乙烯利（2-氯乙基磷酸）进行催熟。乙烯利是一种液体，在pH>4.1时，它即可释放出乙烯。采收后的香蕉一般是未成熟的，在销售时需要催熟，香蕉催熟效果好不好，温度很重要。温度低，香蕉催熟花费的时间长、效果差；温度如果过高，比如超过30℃，香蕉果皮的叶绿素不能消失，叶黄素和胡萝卜素显现不出来，这样香蕉虽然软了，但果皮仍然是绿色的。最适宜的催熟温度为20~25℃。另外，冬季气温低，香蕉催熟时应特别注意防冻。香蕉在8℃以下受冻24h后不能正常成熟。所以，香蕉不能放在冰箱贮存保鲜，冻伤后的香蕉很难再成熟。

催熟有如下作用。①满足商品要求。一些果实如香蕉、柿、番茄等，为了适应市场均衡供应及外运的需要，有一部分必须在产品未熟时进行采收。利用催熟手段，即可使采下的果实在所需要的时间内成熟。②使产品成熟期比较集中，有利于机械采收。如核桃、酿酒用葡萄等。③在多熟制地区，催熟可使前作物及早腾地，以便后作物适时种植。④躲避不良气候的影响。为减轻干热风所造成的"逼熟"减产，也做过药剂催熟的研究。⑤减轻由于选用品种或技术措施不当而使作物晚熟造成的损失。此外，在一定条件下，对甘蔗催熟可提高其含糖量。催熟的时间有的在采收前，有的则在采收后，如多数水果及番茄的催熟。图4-11展示了不同成熟度的香蕉。

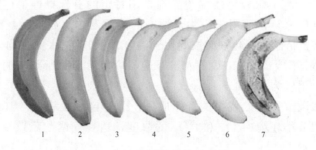

图 4-11　不同成熟度的香蕉

(2) 脱涩

果蔬采收后，应提供给市场新鲜、高品质的商品，为了获得高品质的产品，就应该对一些有涩味的果蔬进行脱涩处理，提高其品质。脱涩的机理是使涩果将缺氧呼吸的中间产物乙醛、丙酮等与单宁物质结合，使之凝固成不溶性的树脂状物质，使人感觉不到涩味。依据上述原理，可人为地制造缺氧条件，使单宁物质转化，从而起到脱涩的作用。涩味产生的主要原因是单宁物质与口舌上的蛋白质结合，使蛋白质凝固，味觉下降所致。常见的脱涩方法包括缺氧脱涩、化学催熟脱涩、物理方法脱涩。二氧化碳法是将果实放置在高浓度二氧化碳中，强制进行无氧呼吸来达到脱涩，一般需4~7d。脱氧剂法是利用脱氧剂造成无氧呼吸，达到脱涩的目的，主要的脱氧剂有：连二亚硫酸、亚硫酸盐等。一般脱氧剂放在透气性材料中，与涩果一同放置在不透气的包装容器内，即可达到脱涩效果。用乙烯利、酒精等物质对果实进行催熟，使其脱涩，乙烯利的浓度为250~500mg/kg加0.2%洗衣粉作展布剂，喷果或蘸果。也可以利用酒精促进果实成熟来达到脱涩。物理脱涩的方法有干燥脱涩、冷冻脱涩、温水脱涩等。涩柿去皮后进行干燥处理，就可自然脱涩。冷冻涩果可使可溶性单宁物质变成不溶性的单宁使之脱涩。温水脱涩是在温水中催熟，同时也造成无氧条件，进行脱涩。其他果蔬的脱涩方法还有许多，如传统的石灰脱涩等。

第三节　运输与销售

随着人们生活水平的提高以及对营养知识了解的加深，人们对各种果蔬的需求量在不断增长。然而，现代社会人口集中于城市，果蔬的生产受到地域性和季节性限制，需要一个环节协调生产和消费之间的矛盾，交通运输在此方面则起到了举足轻重的作用。产地与销售地之间的距离及温差为果蔬的运输带来了极大的挑战，故需要在运输途中加强各种技术措施来保持果蔬的良好品质。

1. 运输方式

根据果蔬产品的种类及易腐程度选择合适的运输方式，运输方式包括铁路运输、陆路运输、空运运输、海上运输。

陆路运输是我国最重要和最常见的短途运输方式。陆路运输机动方便，可实现上门服务，中间搬运少，量少时短距离运输成本低，但存在震动大、运量小、能耗大的缺点。主要工具有各种大小汽车、双挂车、拖拉机等。对需要保持低温的货物，可以使用保温车、冷冻车或冷藏车、冷藏集装箱。铁路运输运载量大、速度快、效率高、不受季节影响，但机动性差，没有铁路的地方不能直接运达。海上运输利用船舶运输，运载量大、成本低（各种运输方式中最低）、行驶平稳，但受地理条件限制，运输速度慢，易受季节影响，运输连续性差。发展冷藏船、集装箱专用船和轮渡是水路运输的发展方向。空运运输不受地形条件限制，运行速度快、损伤少，但运量少、运费高，适用于特供高档生鲜果蔬。空运由于时间短，只要提前预冷，采取一定保温措施即可，一般不用制冷装置。

运输过程中要注意：包装需要标准化，保证运输果蔬的质量；装运速度要快，避免挤压和堆放；产品不应混合，避免相互间的影响；预冷后最好通过冷藏车运输；到达目的地时，最好将水果放入冰箱。

2. 影响果蔬运输的因素

（1）温度

温度在果蔬运输过程中对其品质有重要的影响。为了实现合理有效的运输，首先要将温度控制在适宜果蔬贮藏的范围内。温度过高会导致果实的呼吸强度增大，加快果蔬的衰老，而且呼吸产生的大量 CO_2 会累积在细胞内对新陈代谢造成危害；而温度过低则容易造成果蔬的冻害，降低其食用品质。其次要保持贮运温度的稳定，温度波动太大会使果蔬产品的呼吸作用增强。

在运输过程中需要根据果蔬的特性选择合适的贮运温度，在春夏季对于短途且适宜贮运温度不太低的果蔬可以采用常温运输，但常温运输容易受外界温度的影响，要针对运输的果蔬种类不同而做好相应的调整工作。如南菜北运要做好产品的保温工作，防止产品受冻；而北菜南运则要做好降温工作，防止微生物滋生，使产品品质下降。而对于长途且对温度有严格要求的果蔬则应采用低温运输，低温运输受环境湿度和温度的影响较小，温度的控制受冷藏车或冷藏箱的结构及冷却能力的影响，而且也与空气排出口的位置和冷气循环状况密切相关。

（2）相对湿度

由于不同果蔬的水分蒸腾作用以及其包装材料、容器不同，故运输过程中容器内的湿度不同，然而各种果蔬对环境湿度的要求又有很大的差别。若环境湿度太小，容易造成果蔬产品的萎蔫；而环境湿度太大又有利于微生物的滋生，容易引起果蔬产品的生理病害。因此为了使果蔬产品在运输过程中保持良好的品质，需要保持包装容器内适宜的相对湿度，必要时还需要采用隔水纸箱或在纸箱中用聚乙烯薄膜铺垫或定期喷水的方法来有效防止水分散失及微生物的影响。

（3）气体成分

环境中的气体成分对果蔬的呼吸、衰老也有很大的影响，适当地降低 O_2、升高 CO_2 的含量，既可抑制呼吸作用又不干扰正常的代谢。但如果 O_2 的含量太低，无氧呼吸会产生乙醇、乙醛等有害物质，影响产品品质。果蔬因呼吸、容器材料及运输工具的不同，容器内气体成分也会有相应的变化。使用普通纸箱时，因气体分子可从箱面上自由扩散，箱内气体成分变化不大，CO_2 的含量一般不会超过 0.1%；当使用具有耐水性的塑料薄膜贴附的纸箱时，气体分子的扩散受到抑制，箱内会有 CO_2 气体积累，积累的程度因塑料薄膜的种类和厚度而异，此时需要适当的通风换气。

（4）震动

果蔬产品在运输过程中，由于受运输路线、运输工具、货品装载情况的影响，会出现震动现象。剧烈的震动会给果实个体表面造成机械损伤，促进乙烯的合成，从而使果实的成熟加快；伤口也容易侵染微生物，导致果实腐烂，而且还容易使临近的果实个体腐烂，造成大量的经济损失。另外，病害也会导致果实呼吸高峰的出现和代谢的异常。故在果蔬运输过程中，应尽量避免震动或减轻震动。

3. 包装

包装除了实现果蔬的商品化以及提供其美观的外表外，还兼有容纳和保护的作用。

包装材料要根据果蔬的种类和运输条件来选择，其材料应质轻坚固、无不良气味，内部包装还应清洁卫生、无毒无害；容器的大小应便于堆放和搬运，内部必须平整光滑。为了防止水分浸湿纸箱，纸箱上需涂石蜡或防水剂，另外在容器内应有衬垫以避免摩擦与震动，而且还要有利于通风换气。

果蔬装箱后的各项指标（质量、品质、等级、包装等）经检验都合格者即可封箱成件。木箱一般用铁钉封箱，铁丝捆扎；纸箱一般用强力胶水、纸带封箱，尼龙扁带捆扎。

4. 销售方式

果蔬产品的销售方式包括直销、外销、零销、订单销售。直销是利用现有已建立的销售网络，扩大销售，培育品牌，在各地设立水果、蔬菜直销处。采摘后的果蔬装箱出口国外，例如俄罗斯、美国等。小商小贩长年累月在市场中，走街串巷进行零星销售。贩卖水果蔬菜已成为一种职业，其零销量约占总销量的 5%。订单销售量大，可以批量处理各类果蔬产品。

5. 合理运输

果蔬产品的合理运输，就是按照客观经济规律，用最小的消耗，组织农产品的调运，达到最大的经济效果。即在有利于农产品购销活动和保障人民供应的前提下，以最快的速度，走最短的里程，经最少的环节，花最省的费用，及时安全地将农产品从产地运往销地。

组织果蔬产品的合理运输工作，涉及面广，影响因素很多，其中起决定作用的有以下五个因素，即运输时间、运输距离、运输环节、运输方式和运输费用。在运输时间上，要求"快"，尽快地组织果蔬产品调运，尽量减少其在运输过程中的损耗。在运输距离上，要求"近"，尽可能地组织果蔬产品就近运输，使其走最短的里程到达目的地。在运输环节上，要强调"少"，尽量减少不必要的中间环节，以减少果蔬产品的意外伤害。在运输方式上，要合理选择运输工具，积极改进农产品包装，提高车船装载量，力争用最小的运力，装运更多的农产品。在运输费用上，要做到"省"，努力减少各项费用开支，降低运输成本，节省果蔬产品流通费用。这五个因素是相互联系的，其核心是运输时间和运输费用，因为它体现了果蔬产品合理运输的综合经济效益。因此，运输时间的快慢和运输费用的高低，是最终评价农产品运输方案是否合理和检查农产品运输工作好坏的重要标志。

参 考 文 献

柴琳，刘斌，王美霞，等.不同预冷风速下蒜薹多孔介质孔隙率的变化研究 [J].冷藏技术，2018，41（04）：21-24.

付强林，莫进双，先诗颂，等.2,4-D对黄瓜主要外观商品性状及食用品质的影响 [J].长江蔬菜，2018（02）：60-66.

韩舒睿.不同采收期对南丰蜜橘贮藏品质的影响 [C].中国园艺学会.中国园艺学会2013年学术年会论文摘要集.中国园艺学会：中国园艺学会，2013：50.

贺红霞，申江，朱宗升.果蔬预冷技术研究现状与发展趋势 [J].食品科技，2019，44（02）：46-52.

胡正月，李民权，胡美蓉，等.脐橙果实涂蜡贮藏保鲜技术研究 [J].江西园艺，2000（05）：17-20.

贾斌广.樱桃压差预冷送风参数的优化研究 [D].山东建筑大学，2019.

贾连文，吕平，王达.果蔬预冷技术现状及发展趋势 [J].中国果菜，2018，38（03）：1-5.

解海卫，张晶，张艳，等.苹果差压预冷均匀性的实验研究 [J].食品研究与开发，2019，40（05）：42-47.

阚超楠，刘善军，陈明，等.不同采收期对'翠冠'梨常温货架期果实色泽和质地的影响 [J].江西农业大学学报，2018，40（01）：49-55.

康方圆，李锋，张川，等.果蔬真空预冷机的使用性能检测研究 [J].冷藏技术，2019，42（03）：56-60.

康效宁，吉建邦，李梁.不同采收期冬瓜在低温贮藏过程中的品质变化研究 [J].食品工业，2015，36（11）：18-21.

李宏祥，马巧利，林雄，等.采收成熟度对桃溪蜜柚贮藏品质及抗氧化性的影响 [J].食品与发酵工业，2019，45（13）：191-198.

李娟，张正周，郑旗，等.关于果蔬采后商品化处理中的机械采收技术探讨 [J].农业与技术，2013，33（07）：31.

李彦.果蔬压差预冷技术优化的数值分析及实验研究 [D].上海海洋大学，2018.

廖小娜.2,4-D对脐橙果实贮藏期间糖酸及总酚总黄酮含量的影响 [D].江西农业大学，2019.

刘霞.不同预冷方法、包装方式及规格对黄瓜预冷效果的影响 [C].上海市制冷学会2017年学术年会论文集.上海市制冷学会，2017：251-256.

刘瑶，左进华，高丽朴，等.流态冰预冷处理对西兰花品质及生理的影响 [J].现代食品科技，2019，35（04）：77-86.

莫冲.2,4-D在柑橘上的使用 [J].农村新技术，2019（05）：16.

宁德鲁，陆斌，杜春花.果蔬"冷链"贮运技术的应用现状及发展趋势 [J].柑桔与亚热带果树信息，2000（11）：3-4+6.

牛锐敏.不同采收期及臭氧处理对红富士苹果贮藏品质和生理生化变化的影响 [D].西北农林科技大学，2006.

钱骅，黄晓德，夏瑾，等.真空预冷对西兰花贮藏品质的影响 [J].中国野生植物资源，2019，38（01）：8-12.

石建新，张立新，梁小娥，等.涂蜡处理对红富士苹果货架期生理的影响 [J].中国果品研究，1996（02）：13-15.

王达，杨相政，贾斌广，等.不同包装结构对蓝莓压差预冷效果的影响 [J].浙江大学学报（农业与生命科学版），2020，46（01）：47-54+63+2.

王娟，马晓艳，王通，等.预冷方式对黄花菜贮藏品质的影响 [J].食品与发酵工业，2020，46（10）：215-221.

王青，陶乐仁，周小辉.真空预冷条件下相同终压不同终温对青椒贮藏品质的影响 [J].食品与发酵科技，2019，55（03）：23-28.

许青莲，王冉冉，王丽，等.不同预冷方式对鲜切紫甘蓝冷链贮运销品质变化的影响 [J].食品与发酵工业，2019，45（07）：135-143.

许茹楠，于晋哲，刘斌，等.不同差压预冷风速对贮藏期蒜薹品质的影响 [J].制冷学报，2018，39（04）：38-41.

杨国华，刘贵珊，何建国，等．预冷后宁夏菜心贮藏期内品质分析及货架期的预测［J］．食品工业科技，2020，41（18）：263-271.

杨俊彬．果蔬真空预冷贮藏特性及细胞变形研究［D］．天津商业大学，2017.

张川，申江．真空预冷结合不同贮藏压力对韭菜品质的影响［J］．食品科技，2017，42（03）：34-37.

张容鹄，林维炎，邓浩，等．不同预冷方式对"储良"龙眼贮藏品质的影响［J］．食品工业，2017，38（11）：161-165.

张文英．不同采收期和贮藏方式对金红苹果贮藏品质的影响［D］．中国农业科学院，2007.

赵星星，周慧霞，王引霞，等．模拟物流运输条件下不同内包装对甜樱桃品质的影响［J］．甘肃农业科技，2018（03）：52-54.

周芳，贾景丽，刘兆财，等．2,4-D防治马铃薯疮痂病的效果［J］．中国马铃薯，2018，32（04）：235-239.

周然，闫丽萍，李云飞，等．不同内包装的黄花梨运输振动分析和损伤检测［J］．武汉理工大学学报，2010，32（18）：133-137.

周然．不同内包装的黄花梨运输振动频谱检测分析［C］．第六届全国食品冷藏链大会论文集．中国制冷学会，2008：147-150.

Arribas A S，Bermejo E，Chicharro M，et al. Application of matrix solid-phase dispersion to the propham and maleic hydrazide determination in potatoes by differential pulse voltammetry and HPLC［J］．Talanta，2007，71，430-436.

Bai J，Wu P，Manthey J，et al. Effect of harvest maturity on quality of fresh-cut pear salad［J］．Postharvest Biology and Technology，2009，51，250-256.

Bueno F S G，Bracht L，Valderrama P A，et al. Kinetics of the metabolic effects，distribution spaces and lipid-bilayer affinities of the organo-chlorinated herbicides 2,4-D and picloram in the liver［J］．Toxicology Letters，2019，313：137-149.

Chávez R A S，Peniche R Á M，Medrano S A，et al. Effect of maturity stage, ripening time, harvest year and fruit characteristics on the susceptibility to Penicillium expansum link of apple genotypes from Queretaro, Mexico［J］．Scientia Horticulturae，2014，180：86-93.

Day E W，Koons J R. 14-2-Aminobutane. In government regulations, pheromone analysis, additional pesticides M［J］．Academic Press，1976，8：251-261.

Elansari A M，Mostafa Y S. Vertical forced air pre-cooling of orange fruits on bin：Effect of fruit size, air direction, and air velocity［J］．Journal of the Saudi Society of Agricultural Sciences，2020，19：92-98.

Fasihnia S H，Peighambardoust S H，Peighambardoust S J，et al. Development of novel active polypropylene based packaging films containing different concentrations of sorbic acid［J］．Food Packaging and Shelf Life，2018，18：87-94.

Gutter Y，Combined treatment with thiabendazole and 2-aminobutane for control of citrus fruit decay［J］．Crop Protection，1985，4：346-350.

Hauser，C，Wunderlich J，Antimicrobial packaging films with a sorbic acid based coating［J］．Procedia Food Science，2011，1：197-202.

Jiang T，Xu N，Luo B，et al. Analysis of an internal structure for refrigerated container：Improving distribution of cooling capacity［J］．International Journal of Refrigeration，2020，113：228-238.

Laborde M R R，Larramendy M L，Soloneski S. Cytotoxic and genotoxic assessments of 2,4-dichlorophenoxyacetic acid (2,4-D) in in vitro mammalian cells［J］．Toxicology in Vitro，2020，65：104783.

Lafuente M T，Ballester A R，González-Candelas L．Involvement of abscisic acid in the resistance of citrus fruit to Penicillium digitatum infection［J］．Postharvest Biology and Technology，2019，154：31-40.

Liu X，Ren J，Zhu Y，et al．The preservation effect of ascorbic acid and calcium chloride modified chitosan coating on fresh-cut apples at room temperature［J］．Colloids and Surfaces A：Physicochemical and Engineering Aspects，2016，502：102-106.

Margaret A C，Peter M A T. Sensory and quality characteristics of "Ambrosia" apples in relation to harvest maturity for fruit stored up to eight months［J］．Postharvest Biology and Technology，2017，132：145-153.

Prasad K，Jacob S，Siddiqui M W. Chapter 2-fruit maturity, harvesting, and quality standards［M］．In Preharvest Modulation of Postharvest Fruit and Vegetable Quality. Academic Press：2018：41-69.

Siebeneichler T J，Crizel R L，Camozatto G H，et al. The postharvest ripening of strawberry fruits induced by abscisic acid and sucrose differs from their in vivo ripening［J］．Food Chemistry，2020，317：126407.

Silva N C Q，de Souza G A，Pimenta T M，et al. Salt stress inhibits germination of Stylosanthes humilis seeds through abscisic acid accumulation and associated changes in ethylene production［J］．Plant Physiology and Biochemistry，2018，

130，399-407.

Sullivan D J，Azlin-Hasim S，Cruz-Romero M，et al. Antimicrobial effect of benzoic and sorbic acid salts and nano-solubilisates against Staphylococcus aureus，Pseudomonas fluorescens and chicken microbiota biofilms ［J］. Food Control，2020，107：106786.

Wang W，Zhao L，Cao X. The microorganism and biochar-augmented bioreactive top-layer soil for degradation removal of 2,4-dichlorophenol from surface runoff ［J］. Science of The Total Environment，2020，733：139244.

Zacarias L，Cronje P J R，Palou L. Chapter 21-Postharvest technology of citrus fruits ［M］. //Talon M，Caruso M，Gmitter F G. Amecria：In The Genus Citrus. Woodhead，2020：421-446.

Zeng W，Tan B，Deng L，et al. Identification and expression analysis of abscisic acid signal transduction genes during peach fruit ripening ［J］. Scientia Horticulturae，2020，270，109402.

第五章　果蔬的贮藏方式

采后果实在离开植株和土壤之后无法继续获取养分，为了保持其优良的品质，解决消费者对不同种类果蔬持续的需求和果蔬生产受季节性和地域性限制之间的矛盾，必须将其在适合的条件下进行贮藏。由于不同地域果蔬的生长环境差异很大，为适应不同条件所发展起来的贮藏方式亦种类繁多。不同方法的基本理论依据大体是相同的，即根据果蔬的不同生物学特性，为其创造适合的贮藏环境，降低细胞内的能量代谢、抑制导致果蔬品质下降的生理生化反应、抑制果蔬表面的水分散失、延缓衰老进程，来达到保持果蔬优良品质、延长货架期，实现其商品化的目的。

温度、相对湿度和气体成分是果蔬在贮藏过程中需要调节和控制的因素。控制温度一般采用自然降温和人工降温的方式。自然降温贮藏包括各种简易贮藏和通风库贮藏，原理是利用自然低温调节贮藏场所中的温度。此方式应用范围广，但是局限大，在高温地区和高温季节应用起来有一定难度。人工降温贮藏包括冰窖贮藏、机械冷藏等，利用冰雪融化吸热和机械制冷来创造贮藏场所需要的低温，一般不会受到自然气温和季节变化的影响，可以广泛应用。由此可见，对于温度的调节控制是任何一种贮藏方式都离不开的基本手段。

在控制温度的基础上调节贮藏场所的气体成分，使气体成分比例适合于相应果蔬的贮藏，被称为气调贮藏。随着食品贮藏技术的发展，高压电场贮藏保鲜技术、涂膜贮藏保鲜技术、化学贮藏保鲜技术、辐射贮藏保鲜技术、天然保鲜剂贮藏保鲜技术等多种贮藏保鲜方式应用于果蔬的贮藏。经过相关从业者的不断努力，已经在果蔬贮藏保鲜领域取得了较大的突破和进展。

第一节　果蔬简易贮藏

简易贮藏利用环境条件中的温度随季节和昼夜不同时间变化的特点，通过人为措施使贮藏场所的贮藏条件达到或接近产品贮藏要求的一种方式，是一种不需要复杂的工艺和设备，因地制宜贮藏水果蔬菜的传统方式，具有简单易行、所需建筑材料少、基本不需要设备、费用较低等优点。

一、简易贮藏的种类

简易贮藏主要包括堆藏、沟藏和窖藏这三种基本方式，以及由此衍生的假植贮藏和冻藏等。

（一）堆藏

堆藏是指将拟贮藏的蔬菜直接堆放在田间地面或在阴棚下堆成圆形或长条形的垛，表面用土壤和席子、秸秆等覆盖，在田间或空地上搭建简易贮藏设施所进行的贮藏保鲜方式。堆藏法一般适用于较温暖（温度一般在 10～25℃）的地区，在寒冷地区只作为秋冬之际蔬菜的临时贮藏。在北方，大白菜、甘蓝、洋葱、马铃薯、板栗等常用此法贮藏。在南方一些产区，亦用此法贮藏柑橘类的果实。

堆藏法将果蔬直接堆积在地上，故受地温影响较小，而主要受气温的影响。当气温过高时，覆盖有隔热的作用，气温过低时，覆盖有保温防冻的作用，从而缓和了不适气温对贮藏产生的不利影响。覆盖能减缓气温急剧变化带来的不利影响，避免贮温的过度波动，还能在某种程度上保持贮藏环境一定的空气湿度，甚至可能积累一定的 CO_2，形成一定的自发气调环境，故堆藏具有一定的贮藏保鲜效果。堆藏效果的好坏在很大程度上取决于覆盖方法、时间及厚度等因素，所以，采用堆藏这种贮藏方式，相比之下往往需要较多的经验。另一方面，由于堆藏受气温的影响很大，故在使用上受到一定限制，尤其在贮藏初期，若气温较高，则堆温难以下降。因此，堆藏不宜在气温较高（温度一般在 25℃ 以上）的地区应用，而适用于比较温暖（温度一般在 10～25℃）地区的晚秋、冬季及早春贮藏。马铃薯的堆藏见图 5-1。

图 5-1　马铃薯的堆藏

（二）沟藏

沟藏又称埋藏，是指将果蔬堆放在沟内，并在其上方覆盖一定厚度土壤、秸秆或者秸秆制作的盖板的贮藏方法。开沟的位置需要选择符合要求的地点，宽度和深浅主要根据当地的气候和地形条件、贮藏数量等确定。适于沟藏的蔬菜主要是根菜类蔬菜，北方地区常采用沟藏法贮藏萝卜、胡萝卜、板栗、核桃、山楂、苹果等果蔬。

气温和土温伴随着季节的更替发生着不同规律、不同特点的变化。从秋季进入冬季的过程中，气温迅速下降，土温的变化则相对较小。因此，在冬季气温较低的环境下，土温高于气温且保持相对稳定，入土越深，温度越高；从冬季进入春季的过程中，气温迅速上升，土温的上升幅度则相对较小。因此，贮藏沟内具有温度稳定且变化缓慢的特点，是果蔬贮藏非常有利的条件。

果蔬入沟覆盖后，贮藏沟内能保持较高而稳定的相对湿度，在减轻新鲜果蔬的萎蔫，减少失重的同时，还能积累一定的 CO_2，形成一定的自发气调环境，有利于延缓果蔬的衰老，减少微生物引起的腐烂。

与堆藏不同，沟藏主要受土温影响，故沟藏的保温、保湿性能比堆藏好，这在冬季和春季是有利的条件。但在秋季，由于土温下降较气温缓慢，贮藏沟内的温度往往过高，若此时正值入贮初期，加上果蔬本身释放的田间热和呼吸热，沟内贮温很难下降。所以，采用沟藏时，入贮初期的通风散热是值得重视的问题。

（三）窖藏

果蔬窖藏多数为地下式或半地下式，主要是利用地下温度、湿度受外界条件影响较小的原理，创造一个比较稳定的贮藏环境。窖藏在我国使用普遍，常见的窖藏形式主要是棚窖、地窖、井窖和窑窖，除此之外，利用现成的地下室和防空洞贮藏蔬菜，也应算作窖藏。常见的贮藏窖有棚窖、井窖、窑窖三类。

1. 棚窖

棚窖是一种临时性的贮藏场所，一般选择地势高燥、地下水位低、空气流通良好的位置进行建造。其建造方式为：在地面挖一长方形窖身，窖顶用木料、秸秆和土壤作棚盖。在较温暖的地区或地下水位稍高的地方，入土可浅些，一般入土深 1.0～1.5m，地上堆土墙高 1.0～1.5m，形成半地下式。在寒冷地区入土深 2.5～3.0m，长宽均为 2.5～3.0m，建成地下式。北方的菜窖，山西、山东的马铃薯窖和地瓜窖以及新疆的葡萄窖等，都属于棚窖。棚窖在我国北方广泛用于贮藏大白菜、萝卜、马铃薯等蔬菜。

2. 井窖

井窖一般选择建造在土质坚实、地势高、干燥而不积水的地方。挖一个直径约 1m，深度约 3～4m 的直井筒，然后在井底扩大挖一个高约 1.5m，长约 3～4m，宽约 1～2m 的窖洞。井窖一般需要用石板或水泥板封盖，窖洞可为一个，也可有数个，井口周围有围护结构，防止雨水进入。井窖适合于在地下水位低、雨水少、土质深厚的地区，如四川南充的甜橙窖和苏北的番茄窖等。窖藏的纵剖图和果蔬的窖藏分别见图 5-2 和图 5-3。

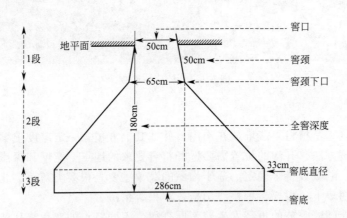

图 5-2　我国南充地区窖藏的纵剖图

图 5-3　果蔬的窖藏

3. 窑窖

使用窑窖对果蔬进行贮藏在我国有着悠久的历史。窑窖是指在土地坚实或地势较高的地方挖掘地窖或窑洞，主要有大平窑、主副窑、侧窑等。目前在生产上以大平窑为主。

窑窖的结构一般由窑身、窑门和通风孔三部分组成。一般的窑身长为 30～50m，宽为 2.5～3.0m，高约 3.0m。窑顶部由窑口向内缓慢降低，窑底和窑顶倾斜平行，顶部呈半圆拱形或尖拱形。这种结构坚固，有利于空气对流，使窑内空气流通良好，有助于对果蔬产品品质的保持。窑门一般有两道，第一道门关闭时能阻止空气对流，防热防冻；第二道门可做成栅栏或铁纱门，在不打开的情况下，就可以通风换气，既方便又安全。必要时二道门还应挂棉门帘以增加窑门的隔热性能。通风孔设在窑身后部，穿过窑顶部土层，砌出地面，内径为 1.0～1.2m，高出地面 5.0～6.0m，过高反而影响空气的排出。通风孔内设置活动窗，用来控制气流，也可在通风孔上安装排风扇进行机械通风，增强通风换气的效果。

在贮藏时需要把果蔬产品堆放或包装后堆放在窑窖内，在堆放的过程中需要留有通风道以达到通风换气和排出热量的效果。也可安装换气扇，进行人为的空气交换，同时要做好防鼠、防虫和防病的工作。

（四）假植贮藏

假植贮藏是指将植株体连根收获，密植在有保护设施的场所内。尽管植株体生长受到抑制，但仍能从土壤中吸收部分养分及水分，可保持正常而微弱的生命活动，达到保持果蔬产品品质、延缓衰老的目的。所以，实质上假植贮藏是一种抑制生长贮藏法。

该贮藏方式适用于在结构和生理上较特殊，易于脱水萎蔫的蔬菜，如芹菜、油菜、花椰菜、水萝卜等。假植贮藏的蔬菜可继续从土壤中吸收一些水分，有的还能进行微弱的光合作用，或使外叶中的营养向食用部分转移，从而保持正常的生理状态，使贮藏期得以延长，甚至改善贮藏产品的品质。

假植贮藏的蔬菜其特点有：连根采收，单株或成簇假植，单层假植，不能堆积；株行间要留适当通风空隙；覆盖物一般不接触蔬菜，与菜面留有一定空隙，窖内假植时在窑顶只做稀疏的覆盖，能透入一些散光；土壤要保持湿润，防止蔬菜萎蔫。图 5-4 展示了蔬菜的假植贮藏。

（五）冻藏

冻藏是指利用自然低温降低果蔬新陈代谢的同时，又不使其致死的一种贮藏方式。此种

图 5-4　假植贮藏

贮藏方式适合于柿子等耐寒型的果蔬产品。原理是低温能够使果蔬的呼吸作用下降，酶活力下降，表面微生物的活力下降，同时脂肪酸、维生素分解等作用在冻藏时也会减缓，有效地保持了果蔬产品的品质，提高了其商品价值。

　　经过冻藏的果蔬产品在销售前需要缓慢解冻，这样才能使产品恢复新鲜品质。冻藏能够有效延缓果蔬产品在贮藏期间的腐败。图 5-5 展示了柿子的冻藏。

图 5-5　柿子的冻藏

二、简易贮藏的特点

（一）温度调节

　　简易贮藏主要依靠自然温度调节，自然温度又包括环境温度和土壤温度。大部分的简易贮藏都是将果蔬贮藏于土壤中，故土壤温度的稳定与否决定了果蔬产品能否拥有好的贮藏效果。贮藏的果蔬产品可以借助土壤的热缓冲性能，使贮藏的环境温度趋于稳定，故窖藏的效果要略优于堆藏和沟藏的效果。采用窖藏对果蔬进行贮藏时，应根据果蔬不同的生物学特性和周围环境条件选择合适的窖形、合适的深度以及合适的通风方式，来稳定窖内的贮藏环境。一般情况下，窖内的日常温度调节是通过调节通风量来完成的。

（二）相对湿度调节

　　简易贮藏一般不需要调节湿度的仪器设备，主要依靠土壤的湿度对贮藏环境进行调节，但可以辅助一些人工手段，例如在干燥的土壤处喷水，来实现更好的贮藏效果。故在贮藏之前，应该设计好建筑参数，使其能基本达到果蔬产品适宜的湿度。

（三）通气调节

一般情况下，由于贮藏果蔬的大量堆积，简易贮藏的通气性较差。对于呼吸跃变型果蔬来说，在采后的贮藏前期，果蔬产品仍然会有旺盛的呼吸活动，会使本身的温度升高并释放出大量的 CO_2，故在贮藏前期必须及时地将呼吸热和积累的 CO_2 排出。然而，有的简易贮藏可能不会建造通风口，即便设置了通风装置，大多数也都在同一水平线上，这就导致无法利用空气温差进行垂直对流通风。短期贮藏对果蔬产品品质的影响还不算很大，但是长期贮藏就会造成果蔬产品的腐烂和病害，造成大量的经济损失。

总之，简易贮藏费用低，需要的劳动力大，不易控制，受自然环境影响大，如果管理不当，可能会造成大量的经济损失。

三、简易贮藏的管理

简易贮藏如果管理不善，非常容易造成果蔬的大量损耗，故应在管理上加大力度。如果有腐烂的产品未被发现，就会感染周围的果实，造成微生物的侵染和贮藏产品大面积的腐烂。一般情况下，简易贮藏主要从温度、湿度、通风量等几个方面进行管理。

（一）温度管理

简易贮藏是利用环境温度的变化，特别是土壤的温度变化来调节贮藏场所的温度。对于温度的管理，主要从两方面考虑。首先在选择贮藏场所时要充分考虑果蔬产品的生理学特性，结合当地的地理条件、土壤状况及气候条件等因素，建造适宜特定果蔬产品贮藏的场所。其次要根据气候变化情况改变覆盖物的厚度，入贮初期由于果蔬带来的田间热及其旺盛的呼吸作用，在贮藏堆或窖顶应少盖或不盖干草、泥土等覆盖物，使其充分通风以迅速排除果蔬产品内部的热量，使温度降下来。此后随气温下降，逐渐加厚覆盖层，以利保温。

（二）湿度管理

简易贮藏方式贮藏果蔬产品时，贮藏场所中的相对湿度同样主要靠土壤的保湿性来维持。然而气候条件的变化，如降水等在一定程度上和阶段性时间内（尤其在降温阶段）也会造成相对湿度偏高，可用加强通风的方法除去。但贮藏环境相对湿度过低则会导致产品发生干耗，这种现象可通过贮藏前在土壤中喷水或贮藏期间在沟坑覆盖物上喷水、空气喷雾等措施进行增湿来改善。

（三）通风量管理

简易贮藏的通风性能相对较差，故此方面的管理应当加强。堆藏及沟藏中覆盖物放置的位置应适当，以利于果蔬产品与外界环境相连通，助于通风换气。窖窖式贮藏果蔬产品时，在入贮期间可把风口全打开，充分利用夜间低温来降温。以后随季节推移，灵活控制通风口的开放数量、开闭程度、日夜通风时间等因素，以维持窖内适宜的温湿度并使窖内换气。

（四）其他管理

由于简易贮藏不易控制，故在长期贮藏中会经常出现果蔬产品腐烂变质的问题，可以采取在贮藏前期或贮藏期间使用防腐剂、被膜剂或植物生长调节物质等处理以降低果蔬产品的腐烂率。以工作人员可以进出贮藏场所的方式贮藏果蔬产品时，工作人员应经常检查贮藏产品的质量，发现腐烂严重时，应及时处理或终止贮藏。简易贮藏期间还应做好病虫和鼠害的预防工作，以免造成经济损失。

第二节　通风库贮藏

通风库是利用良好的隔热保温材料和较好的通风设备建设的永久性的贮藏库。原理是通过机械的通风设备，利用昼夜温差，将库外的低温空气导入库内，再将库内的热空气、C_2H_4等不良气体排出库外，使贮藏库内始终保持果蔬较为适宜的贮藏温度。通风库具有投资少、管理方便等优点，是在我国北方地区广为发展的一种节能贮藏方式，也成为了我国果蔬贮藏的普遍形式之一。但是，由于通风库贮藏仍然是依靠自然温度调节贮藏温度，所以受气温限制较大，在气温过高或过低的地区和季节，不加其他辅助设施，难以维持理想的温度和湿度条件，从而影响其贮藏效果。可以适用于通风库贮藏的果蔬范围很广，例如番茄、黄瓜、甜瓜、大葱、大蒜、甘薯、南瓜等。通风库贮藏的原理见图5-6。

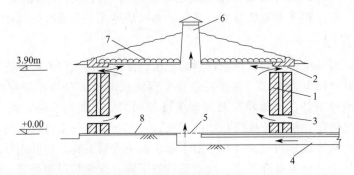

图5-6　通风库贮藏的原理

1—墙体；2—上风窗；3—进风窗；4—进风地道；5—地面进风口；6—抽风口；7—稻草；8—混凝土地

一、通风库的建造

（一）库址的选择

通风库的建造，要选择在地势高、干燥、地下水位低、通风良好、没有污染、交通方便的地方。通风库的地面一般不进行处理，以土地面为好，以便保持库内温度。

1. 地下水位

通风库不宜建造在距离地下水位较近的位置，会使贮藏环境的相对湿度较大，不利于果蔬的贮藏。一般情况下，通风库底距离最高水位应在1m以上，此判断应该以历年的最高水位为准。

2. 通风条件

通风贮藏库是依靠自然作用调节温度和相对湿度的，因此通风库应建立在地势高燥、周围没有高大建筑物的地方，这样会有良好的通风效果，有利于果蔬产品的贮藏。

3. 交通条件

为了满足大宗产品的出入和管理的方便，通风贮藏库应建在交通便利之处；又由于通风库的贮藏量较大，故应建在便于接通水、电的地方，同时此地距离产销地点又不十分远，且便于安全保卫。

4．库址朝向

库址的朝向在不同地区的选择有所不同，例如在北方为了减少冬季寒风的直接袭击，便于保温，通风贮藏库以面朝东，南北延长为宜；而在南方，习惯上建成东西延长，面朝北，因为这种方位可使其利用北面的风口引风降温，同时在南侧采取加厚绝缘层或设置走廊，可减少南侧阳光直射的影响。

（二）库型的选择

通风库有地上式、半地下式和地下式三种，多建在地势较高、通风较好的地方。地下式以山西窑洞为代表，半地下式以辽宁通风储藏库为代表，地上式以四川通风库为代表。

1．地上式通风库

因为地上式通风库的整个库体位于地面之上，所以不能利用土壤的隔热效果来对果蔬进行贮藏。如图 5-7 所示。

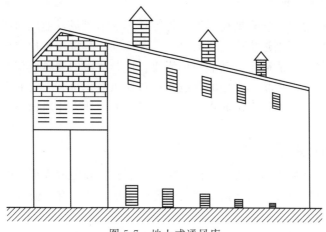

图 5-7　地上式通风库

2．半地下式通风库

由于库体一半位于地上，一半位于地下，所以地下部分可以利用土壤的隔热效果对果蔬进行贮藏。如图 5-8 所示。

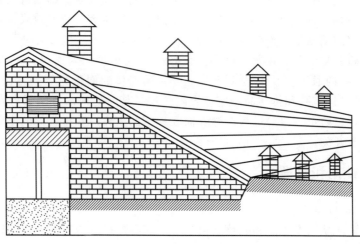

图 5-8　半地下式通风库

3. 地下式通风库

由于地下式通风库一般建造在寒冷地区且整个库体都存在于地下，因而可以很好地利用土壤的隔热效果和稳定的低温对果蔬进行贮藏，但是整体的通风效果不及地上式通风库。

（三）通风系统设置

通风系统是通风贮藏库结构中的核心部分，主要包括进气孔和排气筒。通风库的贮藏效果直接决定于通风系统的效能。通风系统通过进气孔和排气筒获得流速稳定的冷空气，其与库内的热空气进行对流，从而使库内的温度降低，使贮藏中放出的呼吸热、CO_2、C_2H_4 及芳香性气体释放出去，以达到保持果蔬产品良好品质的目的。

制约贮藏库内空气对流的速度和流量的因素有通风设备的通风面积、通风系统的形式及进气和出气设备等因素。

1. 通风设备的通风面积

在设计通风系统之前，应根据通风库的特征计算出通风量及通风面积。首先要确定库内需排出的总热量，而后根据进出库空气的温度、湿度差计算单位体积空气能带走的热量，并计算所需的总通风量，最后确定空气的平均流速、计算所需的通风面积。实际应用中，再结合经验数据得出最终通风面积。当地的环境条件对通风面积也有一定的影响。如气温高的地区较气温低的地区所属的通风系统面积大；环境风速大的地方比风速小的地方所属的通风系统面积小。

2. 通风系统的形式

常见的通风系统有屋顶烟窗式、屋檐小窗式、混合式和地道式等。因为地道内的温度比较稳定，通过地道进气不会引起库内温度大幅度的变化，加上空气通过地道可以起到降温作用，所以特别适合南方高温地区。

3. 进气和出气设备

进气设备和出气设备应根据库容大小、贮藏果蔬种类等因素设计，以便库内冷热空气循环畅通，达到适宜的贮藏温度和相对湿度。进气孔和排气筒的位置及数量对贮藏库内空气对流的速度和流量也有很大影响。如由于通风库的通风机理主要是依靠热空气上升形成的自然对流作用，故提高进气孔和排气筒之间的压差可以提高通风效果。即当进气孔和排气筒的面积确定之后，尽量加大进气口与排气口的垂直距离，距离越大，通风效果越好。因此，一般将进气口设于库底或墙基部，而排气筒应为了提高通风效果，一般设计通气口的原则是面积小、数量多，且将其均匀分布在通风库中，使各处果蔬尽量均匀通风。一般贮藏量在 500t 以下，每 100t 产品的通风面积不应少于 $1.0m^2$。通气口的面积为 25cm×25cm，间隔 5～6m 较适宜。另外，进气孔和排气筒均应设置隔热层，其间的顶部有帽罩，帽罩之下空气的进出口宜设纱窗，以防虫、鼠等进入。导气筒在地下的入库口和排气筒的出库口设活门，作为通风换气的调节开关。

二、通风库的使用和管理

（一）清洁与消毒

通风库在果蔬产品入库之前和贮藏结束之后，都要进行清洁消毒处理，以减少微生物引起的病害。可采用硫黄蒸法，关闭库门和通风系统，每立方米以 10～15g 硫黄的用量，点燃熏蒸 14~28h，然后再密闭 24~48h，最后打开库门和通风系统排出二氧化硫。也可用 1%~2%甲醛、4%漂白粉澄清液、含有效氯 0.1%的次氯酸钠溶液或石灰浆加 2%的硫酸铜喷洒库内用具、架子等设备及墙壁，密闭 24~48h 即可。使用完毕的筐、箱应随即洗净，用漂白粉或 5%硫酸铜液浸泡，晒干备用。

（二）温度管理

果蔬产品入库前半个月消毒处理后，白天密闭库房，夜间通风，尽量保持库内低温。果蔬产品采收后应在阴凉通风处进行 2~3d 的预冷，然后在夜间入库，利用夜间的低温来降低果蔬产品本身高温带来的危害。产品用筐装盛，再在库内堆成垛，或堆放在分层的架或仓柜内，筐在库内堆垛时应留有空隙，垛与四周库壁及垛之间应留有一定空间。贮藏初期，要尽量增大通风量，使库内温度迅速降低。贮藏中期，外界气温和库温逐渐降到较低水平，应注意减少通风量和通风时间，以保持库内温度和湿度稳定，在高寒地区要关闭全部进气窗，并缩短放风时间，防止冷害。贮藏后期，由于外界温度逐步回升，此时通风不宜过多，以尽量延缓库温上升。

（三）湿度管理

一般通风量越大，库内湿度越低。特别是贮藏初期，库内相对湿度较低，入库的果蔬产品容易脱水，这时可采用在库内地面洒水、铺细沙后泼水、将水洒在墙壁上等方法，使库内相对湿度保持在 85%~95%。但对湿度要求不高的洋葱、大蒜等，则不需要专门的加湿措施。寒冷季节，由于通风量减少，库内湿度太高，可适当加大通风量，或辅以吸湿材料来降低库内较高的湿度。

（四）产品品质检查

贮藏初期库温较高，贮藏物腐烂较多，应经常检查腐烂情况，及时清除腐烂物。贮藏后期，库温逐步回升，腐烂也将加重，应加强对品质变化情况的检查，以便及时确定贮藏期限。

第三节　气调贮藏

气调贮藏（controlled atmosphere storage）是指通过调整和控制果蔬贮藏环境的气体成分和比例以及环境的温度和湿度来延长果蔬贮藏寿命和货架期的一种技术。

1916 年英国的凯德和韦斯德两人对苹果进行气调贮藏。开始只调节空气成分，试验失败；以后在冷藏的基础上调节气体成分，试验成功。1929 年，英国建立了第一座气调库，贮藏苹果 30t，库内气体含氧量为 3%~5%，CO_2 为 10%。我国于 20 世纪 70 年代引进了气调贮藏技术，但受到当时历史条件的制约，发展极为缓慢。目前我国统称的气调贮藏也叫 CA 贮藏（controlled atmosphere storage），与 CA 贮藏相近的另一种方法叫作 MA 贮藏（modified atmosphere storage），即自发气调贮藏或限气贮藏。随着我国经济实力的提高和对果蔬产品保鲜技术的需求，气调贮藏在我国得到了迅速的发展。图 5-9 展示了气调贮藏库。

一、气调贮藏的原理及特点

气调贮藏是指在一定的封闭体系内，通过各种调节方式得到不同于正常大气组成的调节

图 5-9　气调贮藏库

气体，以此来抑制果蔬本身引起劣变的生理生化过程或抑制作用于果蔬的微生物活动过程。在气调贮藏的过程中，降低了果蔬产品的呼吸作用、蒸腾作用，削弱了果蔬体内酶的活力，抑制了环境中与果蔬表面微生物和内部激素的不良作用，延缓了果蔬产品的生理代谢过程，推迟其后熟、衰老及腐败，使果蔬在贮藏期间保持良好的品质和商品价值。果蔬的气调贮藏一般具有以下特点。

1. 适用范围广

对于冷藏库难以贮藏的果蔬产品，如猕猴桃、枣等气调贮藏都能达到很好的贮藏效果。

2. 鲜藏效果好

果蔬贮藏保鲜效果好坏的主要表征是能否很好地保持新鲜果蔬的原有品质，即原有的形态、质地、色泽、风味、营养等是否得以很好的保存或改善。气调贮藏由于强烈地抑制了果蔬采后的衰老进程而使上述指标得以很好的保存，不少水果经气调长期贮藏（如 $6 \sim 8$ 个月）之后，仍然色泽艳丽、果柄青绿、风味纯正、外观丰满，与刚采收时相差无几。以陕西苹果为例，气调贮藏之后的果肉硬度明显高于冷藏，充分显示了气调贮藏的优点。在其他果蔬上，如新疆库尔勒香梨、河南的猕猴桃、山东的苹果、河北的白菜等皆表现出了同样的效果。

3. 贮藏时间长

低温气调环境强烈抑制了果蔬采后的新陈代谢，致使贮藏时间得以延长。据陕西苹果气调研究中心观察，一般认为气调贮藏 5 个月的苹果质量，相当于冷藏 3 个月左右的苹果质量。用目前的 CA 贮藏技术处理优质苹果，已完全可以达到周年供应鲜果的目的。

4. 减少贮藏损失

气调贮藏能够有效地抑制果蔬的呼吸作用、蒸腾作用和微生物的危害，因而也就明显地降低了贮藏期间的损耗。据河南生物研究所对猕猴桃的观察证实，在贮藏时间相同的条件下，普通冷藏的损耗高达 $15\% \sim 20\%$，而气调贮藏的总损耗不足 4%。

5. 延长货架期

货架期是指果蔬结束贮藏状态后在商店货架上摆放的时间。对经营者来说是一个很重要的指标，对商家来说，没有足够货架期的商品是一种很危险的商品，也是一种经营难度极大的商品。众所周知，气调贮藏由于长期受到低氧和高 CO_2 的作用，当解除 CA 贮藏状态后，果蔬仍有一段很长时间的"滞后效应"，这就为延长货架期提供了理论依据。据在陕西苹果上的试验表明，一般认为在保持相同质量的前提下，气调贮藏的货架期是冷藏的2～3倍。

6. 有利于开发无污染的绿色食品

在果蔬气调贮藏过程中，不用任何化学药物处理，所采用的措施大多是物理因素，果蔬所能接触到的 O_2、N_2、CO_2、水分和低温等因子都是人们日常生活中所不可缺少的物理因子，因而也就不会造成任何形式的污染，完全符合绿色食品标准。

7. 有利于长途运输和外销

以 CA 贮藏技术处理后的新鲜果蔬，由于贮后质量得到明显改善而为外销和远销创造了条件。气调运输技术的出现又使远距离、大吨位、易腐商品的运价降低至空运的 $1/6～1/4$，无论对商家还是对消费者都极具吸引力。

应当特别指出的是，气调贮藏并非简单地改变贮藏环境的气体成分，而是包括温控、增湿、气密性、通风、脱除有害气体和遥测遥控在内的多项技术的有机体，它们互相配合、互相补充、缺一不可。这样才能达到各种参数的最佳控制指标和最佳贮藏效果。

尽管气调贮藏具有许多明显的优点，然而如果控制的贮藏条件不适当，不仅达不到贮藏保鲜的效果，反而会危害到果蔬产品的感官性质和营养价值。如 O_2 分压低于 1% 时，产生的发酵作用会使果蔬产品失去正常风味；当 CO_2 含量上升至 15% 以上时，香蕉、柑橘、苹果等水果会失去正常的果香味。

二、气调库

果蔬产品气调贮藏所使用的气调库是在冷库的基础上发展起来的，故一方面与冷库有一定的相似之处，另一方面又与冷库存在着一定的区别。

（一）气调库的建设

1. 库址选择

供长期贮藏的商业性果蔬气调库，一般应建造在优质果蔬的主产区，同时还应有较强的技术力量、便利的交通和可靠的水电供应能力，库址必须远离污染源，以避免环境对贮藏的负效应。

2. 建筑组成

气调库一般应是一个小型建筑群体，主要包括气调库主体、包装挑选间、化验室、冷冻机房、气调机房、泵房、循环水池、备用发电机房及卫生间、月台、停车场等。

气调库主体大多数都是单层地面建筑物，较大的气调库建筑高度一般为 7m。根据我国目前的情况，气调库的容积还不足以达到很大的贮藏量，一般以 $30～100t$ 为一个单间。英国的蔬菜气调库的单间容积通常为 $200～500t$。

气调库的库体一般分为砖混结构和板式结构两大类。前者造价低、适用范围广、使用年限长，但施工周期长、占地面积较大，尤其是后期气密保温工作量大、难度高；后者施工周期短、占地面积较小，后期气密保温工作量少、难度低，但造价较高。

由于气调库是一种密闭式冷库，任何环境因素的改变都会对库体产生一定的影响，故气调库的安全性也是一个值得注意的因素。如库内外的温差会导致在围护结构两侧形成气压差，若不将气压差及时消除或控制在一定范围内，将对围护结构产生危害。通过在气调库上设置平衡袋和安全阀可以缓解危害，当库内外压差大于 190Pa 时，库内外的气体将发生交换，以使压力限制在设计的安全范围内，防止库体结构发生破坏。

包装挑选间是果蔬出入库时进行挑选、分级、分装、称重的场所，也可临时用来凉果和散热。此挑选间应采光通风良好、地面便于清洗，它内连贮藏库，外接月台和停车场，是一个重要的缓冲场和操作间。

冷冻机房内装若干台制冷机组，所有贮藏库的制冷、冲霜、通风等皆由该机房控制。

气调机房是整个气调库的控制中心，所有库房的电气、管道、监测等皆设于此室内，主要设备有配电柜、制氮机、CO_2 脱除器、C_2H_4 脱除器、O_2 监测仪、CO_2 监测仪、加湿控制器、温湿度巡检仪、果温测定器等。

3. 建筑结构

(1) 建筑要求

气调库作为一组特殊的建筑物，其结构既不同于一般民用和工业建筑，也不同于一般果品冷藏库，应有严格的气密性、安全性和防腐隔热性。其结构应能承受得住自然界的风、雨、雪以及本身的设备、管道、水果包装、机械、建筑物等自重所产生的静力和动力作用。同时还应能克服由于内外温差和冬夏温差所造成的温度应力和由此而产生的构件变形等，保证整体结构在当地各种气候条件下都能够安全正常运转。

(2) 隐蔽工程

这里所说的隐蔽工程主要是指地基、基础和从外部无法用视觉所能观察到的工程设施。首先在选址时必先弄清有关地基情况，如地耐力、土壤种类、土层分布、地下水位以及暗道、废井、溶洞等隐患，严把地基处理质量关，以保证处理后的地基达到设计要求。气调库的基础应具备良好的抗挤压、弯曲、倾覆、移动能力，保证库体在遇到水害、冰雪、大风等自然灾害时的稳定性和耐久性。除此之外，还必须处理好其他隐蔽设施，如气调管线的墙内加固、地坪的防渗处理等。

(3) 围护结构

气调库对于其围护结构的要求和使用基本与普通冷库一致，主要由墙壁、地坪、天花板组成。但由于气调库控制的因素较普通冷库多出一项气体成分，且此项因素是气调贮藏的主要影响因素，故气调库围护结构因环境因素改变受到的作用力较冷库所受到的作用力更大，即气体成分的波动对围护结构产生的压力差应力，这种作用力容易造成围护结构的膨胀和缩变，因而对气调库的围护结构选材及安全措施方面应当给予足够的重视。此外，气调库的围护结构还应具备一定的气密性和保温防湿功能，以保证库内气体成分的恒定。

(4) 地坪处理

对于地坪气密层，一般在隔热层上下分别设置气密层，也有在地坪表面设置气密层的。由于地坪不可避免地产生沉降，地坪与墙板的交接处需要用有弹性的气密材料进行气密处理。

(5) 门窗处理

除了库体的围护结构及气密层需要具有良好的气密性之外，库门亦要有良好的气密性和压紧装置。普通冷库门已经不能满足气调库的需要，必须选用专门为气调库设计的观察窗、气调门，要求密闭良好，操作方便，气调门宜采用单扇平移门。

(6) 特殊设施

气调库的特殊设施主要由气密门、取样孔、压力平衡器、缓冲囊等部分组成。其中气密门为具有弹性密封材料的推拉门，可以自由开闭，气密性良好。在门的中下部开一取样孔，又称观察窗。窗门之间由手轮式扣紧件连接，弹性材料密封，中间为中空玻璃，用来进行观察或取样，也可供操作人员进出或小批量出货。压力平衡器是一个安全装置，内通气调库，外接大气，中间用水封隔开。当库内压力升高时，气体可通过此装置自动外泄，反之则气体内窜，以平衡内外压力，确保库体安全。缓冲囊是另一个气调库的安全装置，由一个大型塑胶袋通过管道与库体相连，用来平衡库内气体的压力。

（二）气调系统

1. 气调方式

气调库的气体成分调节主要是调节 O_2、CO_2 和 N_2 的比例，并降低 C_2H_4 的浓度。调节方式一般采用充气置换式。气调系统由许多气体成分的控制设备组成，制氮机是气调库进行充氮降氧的最基本设备。通过制氮机制取浓度较高的 N_2，并将其通过管道充入气调库内，在充 N_2 的同时将含 O_2 较多的库内气体通过另一条管道放空，如此反复充放，可以将气调库内的 O_2 含量降低至 5% 左右，然后通过水果的呼吸作用持续降低 O_2 的含量并升高 CO_2 的浓度，以达到调节气调库内气体成分的目的。图 5-10 展示了制氮机。

图 5-10　制氮机

2. 氧分压的控制

根据果蔬的生理特点，一般库内 O_2 分压要求控制在 1%～4% 不等，误差不超过 ±0.3%。为达此目的，可选用快速降 O_2 方式，即通过制氮机快速降低 O_2 含量。开机 2～4d 即可将库内 O_2 降低至预定指标，然后在水果消耗 O_2 和人工补 O_2 之间，建立起一个相对稳定的平衡系统，达到控制库内 O_2 含量的目的。

3. CO_2 的控制

根据贮藏工艺要求，库内 CO_2 含量必须控制在一定范围之内，否则将会影响贮藏效果或导致 CO_2 中毒。库内 CO_2 的调控首先是提高 CO_2 含量，即通过果蔬的呼吸作用将库内的 CO_2 浓度从 0.03% 提高到上限，然后通过 CO_2 脱除器将库内的多余 CO_2 脱除掉，如此循环往复，使 CO_2 浓度维持在所需的范围之内。

在气调贮藏过程中，因果蔬呼吸而释放的 CO_2 将使库内 CO_2 浓度逐渐升高，当 CO_2 浓度提高到一定数值时，将会导致果蔬出现 CO_2 伤害，并产生一系列不良症状，最终使库内的果蔬腐烂变质。因此，CO_2 脱除器（CO_2 洗涤器）在气调贮藏中是不可缺少的。

最初，人们曾试用过多种简易的 CO_2 脱除办法，如水洗、用各种碱液或盐液吸收、消石灰吸收等，其中用得最多的是消石灰吸收法。消石灰又叫熟石灰，其主要化学成分是氢氧化钙，当消石灰与 CO_2 接触时，即发生化学反应，生成碳酸钙（$CaCO_3$）和水（H_2O），把 CO_2 吸收掉。气调贮藏库中的气体检测控制系统如图 5-11 所示。

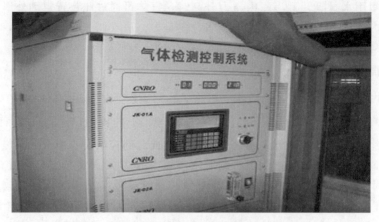

图 5-11　气调贮藏库中的气体检测控制系统

4. 乙烯的控制

众所周知，有些采收之后的鲜果在贮藏期间对乙烯特别敏感，即使有微量乙烯存在，也会严重影响贮藏效果。因此，必须对库内的乙烯进行脱除。根据贮藏工艺要求，对乙烯进行严格的监控和脱除，使环境中的乙烯含量始终保持在阈值以下（即临界值以下），并在必要时采用微压措施，用来避免大气中可能出现的外源乙烯对贮藏构成的威胁。

乙烯是一种能促进果蔬呼吸、加快成熟衰老的植物激素，也被人们称作"催熟激素"。因此，在许多气调库内都必须安装乙烯脱除装置，即乙烯脱除器，可以有效降低库内乙烯气体的含量，延缓果蔬产品的衰老速率。气调库内乙烯的来源有两种途径：一是果蔬本身新陈代谢的产物，即来自果蔬内部；另一种是来源于外部污染，如烟囱排放的烟雾、汽车尾气、某些工厂废气等。因此，控制库内的乙烯含量，对保证果蔬的贮藏质量是十分重要的，特别是对于那些对乙烯非常敏感的果蔬，如猕猴桃，必须把贮藏环境中的乙烯脱除至阈值以下。

5. 湿度的控制

一般情况下，果蔬在贮藏时的湿度在85％～95％的范围内。因为果蔬的失水率达到5％以上就会使果蔬出现品质恶化，所以果蔬在贮藏期间，如果出现相对湿度降低的情况，应当立即对库内湿度进行调节和控制，否则将会引起果蔬产品失重率过高，从而导致食用品质和商品价值降低。实际的相对湿度控制范围以果蔬最适宜的相对湿度为准。

贮藏库内的加湿一般通过加湿器来完成。目前气调库中的加湿器主要包括离心式加湿器和超声波加湿器。离心式加湿器的喷雾水滴均匀，为 $5～10\mu m$，维护简单，但水滴较大，有时会引起果蔬表面沾水，导致果蔬发生腐烂现象；超声波加湿器利用振动子的高频率振动，将水以雾状喷出，水滴更细微，加湿效果更好，但维护较为复杂且对水质的要求更高。

三、气调贮藏的生理生化基础

对气调的生理生化方面的理解有助于对气调贮藏果蔬机理的认识，从而有助于提高和改进气调贮藏技术。主要包括气调对呼吸代谢的影响、对乙烯生成及作用的影响、对酶系的作用等。

（一）气调贮藏对果蔬呼吸代谢的影响

在气调贮藏过程中，很多果蔬产品的呼吸强度减弱，呼吸高峰降低。这是由于在低氧浓度下，对氧亲和力低的氧化酶如多酚氧化酶、抗坏血酸酶等的活性降低，这些酶也参加了呼吸作用总的吸氧过程。故尽管低氧对细胞色素氧化酶的活性基本不受影响，但呼吸作用仍然降低。

低氧对氧化酶的抑制作用有助于果蔬产品保持其良好的品质。如减少抗坏血酸的分解、抑制多酚氧化酶的活性可以避免果实发生褐变。另外，气调对果蔬产品呼吸作用的抑制一方面可以降低碳水化合物及其他营养物质的降解，另一方面可以使合成过程中有效 ATP 减少而延缓呼吸跃变。呼吸作用的削弱也使果蔬产品的呼吸热减少，从而减轻了温度管理的难度。

(二) 气调贮藏对乙烯生成的影响

乙烯是促进果实成熟的一种物质，乙烯的存在及含量会对果蔬产品的贮藏带来不利的影响。故在气调贮藏中要尽量抑制果蔬中乙烯的合成，从而达到延缓衰老、延长贮藏寿命的目的。

乙烯的合成需要 O_2，且 O_2 浓度越小，乙烯的生成量越少。产生乙烯的最大值与 O_2 浓度直接相关，若 O_2 浓度太低或果蔬产品在低氧环境中放置太久，果蔬就不能合成乙烯或丧失了合成乙烯的能力。O_2 浓度不太低时，果蔬产品仅是在贮存环境中不能合成乙烯，但移到空气中合成乙烯的能力就会恢复；但 O_2 浓度太低时，果蔬产品不仅在贮存环境中不能合成乙烯，移到空气中合成乙烯的能力也不能恢复。故气调环境中的低氧浓度有助于延缓果蔬产品的成熟和衰老。

高浓度 CO_2 对抑制乙烯合成也有一定的作用。CO_2 浓度在一定范围内时，随着浓度的增大，对乙烯合成的抑制也逐渐增大，但超过了此范围，抑制能力反而下降。

(三) 气调贮藏对果蔬内酶的影响

气调贮藏过程中，低浓度 O_2 和高浓度 CO_2 抑制了多酚氧化酶的活性，从而抑制了多酚氧化酶参与的催化酚氧化成醌反应，也就阻止了果实的褐变，从而更好地保持了贮藏过程中果蔬产品的品质。

由于琥珀酸积累到一定程度会导致果蔬组织伤害，故在贮藏过程中应尽量抑制琥珀酸的产生。在许多果蔬和离体线粒体上均发现高 CO_2 能够抑制琥珀酸脱氢酶的活性，这样就避免了过多的琥珀酸积累。

在贮藏过程中，为了延缓果蔬产品的成熟过程，也应当抑制与成熟有关的一些酶的活性。气调贮藏可以抑制酶的活性，这样一方面可以保持果蔬产品的品质，但另一方面对需要在贮藏过程中后熟的果蔬产品则可能无法完成此过程，反而影响了果蔬的贮藏效果。另外，长期的气调贮藏也能抑制与糖酵解及三羧酸循环有关的酶系，如己糖激酶等；还可以抑制与有机酸代谢有关的酶系，如苹果酸脱氢酶、抗坏血酸酶等。

四、气调贮藏的管理

在气调贮藏中，气体成分是影响贮藏效果的最主要因素，但如果只是调节好库内的气体成分，并不能完全保证能够保持好库内果蔬产品的品质和商品价值。因此，需要调节控制好许多不同的因素，只有各个因素处于最适当的状态时，气调贮藏的效果才能体现出来。

(一) 果蔬产品入库前

1. 选择适宜气调贮藏的果蔬产品品种

气调贮藏主要是为了调节淡旺季果蔬产品的供应，且气调贮藏的成本较高，因此，气调贮藏只对一定的果蔬品种有适宜性。如一年多收的果蔬、普通冷藏即可达到很好贮藏效果的果蔬、对高浓度 CO_2 和低浓度 O_2 十分敏感的果蔬品种就不适合采用气调贮藏。

2. 入贮前产品的预处理

果蔬产品的感官和营养品质是在生长过程中获得的，通过贮藏只能起到保持这些性质、延缓其衰老过程的作用。因此，果蔬应当在适宜入贮的时候及时采收，采收后为了保证贮藏的质量，需要对果蔬产品进行整理挑选，去除有机械损伤和病虫害的果蔬，而后及时进行贮藏。必要时，需要对果蔬产品进行预冷，降低田间热，使果蔬入贮后不至于因温差太大导致内部压力急剧下降，从而增大库房内外压力差而对库体造成伤害。

3. 入贮前气调贮藏库的清理

果蔬在入贮前，应当对气调库进行充分的清扫，并进行消毒，以彻底杀灭库内隐藏的各种病虫害和微生物，减少贮藏期库内微生物对果蔬品质的不利影响。

（二）果蔬产品贮藏期间

果蔬产品入库之后要尽可能做到分种类、品种、贮藏时间等分库贮藏，并随时控制库内的温度、相对湿度以及气体成分。

1. 温度

温度影响着果蔬贮藏期间的蒸腾作用、呼吸作用，各种生理生化代谢过程以及微生物的生长繁殖，同时与其他影响贮藏效果的因素有着密切的关系。因此，在气调贮藏的过程中选择适当的贮藏温度对于最终的贮藏效果有着重要的意义。果蔬气调贮藏的温度应在不干扰破坏果蔬新陈代谢的前提下，尽可能选择比较低的温度。

气调贮藏过程中对温度的控制是十分重要的，一般而言，为了防止果蔬产品发生冷害，气调库的库温可比冷库的库温稍高 $1 \sim 2℃$。另外，由于温度波动会对贮藏果蔬的品质产生不利影响，故要在贮藏过程中尽量维持温度的稳定。

2. 相对湿度

气调库内相对湿度一方面影响了果蔬产品的蒸腾作用，另一方面也影响了微生物的生长情况。相对湿度高，可以降低果蔬产品的蒸腾作用、防止组织萎蔫，但容易引起库内温度发生波动，使过饱和水汽在果蔬表面结成水珠，容易滋生微生物；反之亦然。故在选择库内相对湿度时必须权衡这两方面的因素，除此之外，还应考虑与温度之间的影响。气调库的相对湿度一般为 $80\% \sim 95\%$。相对湿度的具体数值取决于果蔬本身适宜的相对湿度。在实际操作过程中，相对湿度管理的重点是调节控制好加湿器及其监控系统。贮藏实践表明，加湿器以在果蔬产品入库一周之后打开为宜。开动过早会增加果蔬的霉烂数量，启动过晚则会导致水果失水，影响贮藏效果。开启程度和每天开机时间的长短，则视监测结果而定，一般以保证鲜果没有明显的失水同时又不致引起染菌发霉为宜。

3. 气体成分

果蔬产品贮藏期间品质的变化与贮藏环境中的气体成分关系密切，这个过程不仅受乙烯浓度的影响，与 O_2 和 CO_2 的分压也有极大的关系。低浓度 O_2 和高浓度 CO_2 可以有效抑制果蔬的后熟作用，从而延缓其衰老过程。这是因为低浓度 O_2 不仅抑制了乙烯的生成，而且降低了果蔬组织对乙烯的敏感性，降低了果实的异化作用。高浓度 CO_2 处理可以降低呼吸作用，延缓衰老过程，延长果蔬寿命。此外，低浓度 O_2 和高浓度 CO_2 还能控制气调库内的微生物生长，减少微生物所造成的损失。

气体成分管理的重点是库内 O_2 和 CO_2 含量的控制。当果蔬入库结束、库温基本稳定之后，应迅速降低库内 O_2 的浓度，当库内 O_2 降至一定的浓度时，再利用水果自身的呼吸作用继续降低库内 O_2 含量，同时提高 CO_2 浓度，直到达到适宜的 O_2 和 CO_2 比例，这一过程约需 10d 的时间，而后即靠 CO_2 脱除器和补 O_2 的办法，使库内 O_2 和 CO_2 浓度稳定在适宜范围之内，直到贮藏结束。

4. 果蔬质量监测及出库

果蔬从入库到出库应始终处于人工监控之下，定期对鲜果的外部感官性状、失重、果肉硬度、可溶性固形物含量、染菌霉变等多项指标进行测试，并随时对测定结果进行分析，以指导下一步的贮藏。气调条件解除后，贮藏的果蔬产品应该在尽可能短的时间内一次出库。

（三）贮藏设备管理

在果蔬入库之前必须对所有设备进行一次全面检查，掌握设备运行状况，保证气调库正常运转。

1. 制冷设备

制冷设备包括制冷机、冷却塔、水泵、循环水池、出入库管道等，皆应定期检查和维修，如润滑系统、制冷工质、压力表、感测温元件、压力继电器、电控元件、冷却水系统等皆须经常检查，并使之处于完好状态。

2. 气调设备

气调设备包括气体调节系统、气体监控系统和加湿系统的所有设备、管道、电机、阀门、过滤器、压力表等，这些都应经常检查维修，保证各部件清洁、灵敏、完好。

3. 管道

应对所有设备与库体之间连接的管道和接头的泄漏情况、隔热管道的保温情况、阀门、上下水管、压力平衡管等进行检查，使之外部密封良好、内部畅通无阻、管件开关灵活。

4. 试车

在完成上述检查、检修之后，即应开机进行联动试车，待确认各系统正常运转后，即可将其保持在准运行状态，以便随时开机运行。

（四）库房管理

库房管理的重点是围护结构气密性的检测和补漏。每年鲜果入库之前，皆应对气密性进行全面检测，发现泄漏及时修补。在补漏结束之后应再对气调库进行整体加压试验，直到确认气密性达到工艺要求为止。其他管理如气调机房、泵房、化验室等可按一般冷库的常规管理进行。

（五）安全管理

安全管理包括设备安全管理、水电防火安全管理、库体安全管理和人身安全管理等诸多方面，这里特别强调的是库体安全管理和人身安全管理。

1. 库体安全管理

除防水、防冻、防火之外，重点是防止温变效应。在库体进行降温试运转期间绝对不允许关门封库。因为过早封库，库内气压骤降，必然增大内外压差，当这种压差达到一定限度之后将会导致库体崩裂，使贮藏无法进行。正确的做法是当库温稳定在额定范围之后再封闭库门，进行正常的气调操作。

2. 人身安全管理

这里所说的人身安全管理是指出入气调库的安全操作。为杜绝事故发生，出入库人员必须做到：①入库前戴好 O_2 呼吸器，确认呼吸顺畅后方可入库操作；②入库必须两人同行；③入库前应将库门和观察窗的门锁打开，以便出现事故时开门急救；④库外留人观察库内操作人员的动向，以防万一。果蔬出库操作必须确认库内 O_2 含量达到 18% 以上或打开库门自然通风两天以上（或强制通风两小时以上），方可入库。

五、气调贮藏对贮期果蔬品质的影响

通过气调贮藏，果蔬会在感官品质、营养价值及生理失调方面发生一些变化。

(一) 感官品质

消费者在选购果蔬产品时，首先通过其新鲜程度即感官特性来评价其商品价值。气调贮藏中选用合适的温度、相对湿度及气体成分能保持果蔬产品感官上的特殊品质。

1. 颜色及外观

高浓度 CO_2、低浓度 O_2 可抑制或降低叶绿素的降解及番茄红素、类胡萝卜素和叶黄素的合成，从而可以减缓果蔬产品表面颜色的变化，使其保持采收时的新鲜表观。如青花菜、绿芦笋、甘蓝、大白菜、葱、绿豆等在气调贮藏中能保持原有的颜色和外观。

气调贮藏还能抑制多酚氧化酶活性和酚类物质氧化的减少，从而减少果蔬切口造成损伤表面的褐变或褪色。高浓度 CO_2 会使蘑菇的褐变增多，在有氧的环境中这种褐变受到抑制。

2. 风味

气调贮藏中，气体成分对果蔬产品的风味也有很大影响。如 O_2 浓度太低或 CO_2 浓度太高，有些果蔬产品就有可能失去香味或产生异味。马铃薯在 0.5% O_2 中贮藏会产生一种醋味；在 1% O_2 中贮藏，风味仅略受影响；而在 5% O_2 中根本就没有异味。另外，也有很多种果蔬产品在气调贮藏中风味没有变化，有的甚至有所改善。

3. 质地

果蔬在成熟过程中，会因为原果胶的降解而发生硬度下降。但在气调贮藏过程中，果蔬产品的成熟衰老过程得到了延缓。这主要是因为低浓度 O_2 和高浓度 CO_2 都有利于保持果实硬度。

另外，研究表明气调包装能有效地维持草莓的细胞结构，能有效地抑制草莓（和平菇）的细胞膜通透性的增加，这表明气调处理能在一定程度上维持细胞膜的完整性，从而延缓了果蔬产品的成熟及衰老过程。

(二) 营养价值

果蔬产品在气调贮藏中，其体内的营养物质也会发生变化。由于气调贮藏对呼吸代谢的抑制作用，碳水化合物的变化不大，蔗糖和还原糖的消耗较少；蛋白质合成较少，游离氨基酸消耗减慢。

尽管果蔬产品中氨基酸及蛋白质含量很低，但其能够增加果蔬产品的营养价值，且可影响抗坏血酸和其他风味物质的氧化，游离氨基酸还可以抑制病虫害，故游离氨基酸消耗的减慢对果蔬产品的贮藏产生了有利的影响。

(三) 生理失调

果蔬产品在生长阶段若气温超过 30℃ 时，果实便可产生日灼伤害。气调贮藏中的低氧能够降低果实对灼伤的敏感性。这是由于表面灼伤的果蔬产品上有一种不饱和倍半萜烯类碳氢化合物 α-法呢烯，且其表皮和皮层组织细胞的 α-法呢烯含量很高，而气调条件可以通过抑制 α-法呢烯及其氧化产物的累积来防止灼伤。

苹果和梨的果心和皮层组织周围的褐变或枯死与气调环境有很大的关系。有研究者发现苹果在低温中容易产生褐心，且发现果心的褐变与 CO_2 的浓度过高有关。研究表明，在气调贮藏中保持 CO_2 浓度在 3% 以下可以减少苹果和梨的褐心病。

六、影响气调贮藏的其他因素

除温度、相对湿度和气体成分等几项影响气调贮藏的重要因素外，气调贮藏的效果也会受到一些其他因素的影响。

(一) 入贮果蔬产品的质量

在果蔬栽培品种和地域确定之后，采前管理的好坏将对产品的质量起决定作用。国内外的先进经验都表明，适于气调贮藏的果蔬产品的田间管理早已超出传统农田管理的陈旧模式，而是一个全新的科学管理的"田间操作规范"，犹如现代工业生产的第一道工序，有着严格的管理规程，必须按规办事，杜绝盲目性和随意性。只有把小农经济纳入工厂化管理的模式，才能使我国的果蔬产品在国际市场竞争中立于不败之地。

只有优质的产品才适于长期的气调贮藏，所以除了搞好田间管理之外，还要尽量避免产品的机械损伤和腐烂变质。擦伤和其他机械损伤不仅影响产品的外观，而且也有利于微生物的侵袭。在同样贮藏条件下存放的李子，擦伤果的腐烂率为 25%，而未受伤果的腐烂率只有 1.3%。机械损伤还会加快果蔬的失水进程，如苹果仅仅因严重损伤就可使失水率增 400%，而去皮马铃薯的失水量要比未去皮的马铃薯增多 3~4 倍。

用于气调贮藏的果蔬产品还必须在其适合的采收期进行采收，产品尚未成熟、成熟不足或过熟不仅影响产量，更影响质量，同样会减少贮藏寿命。如新西兰的猕猴桃最低采收成熟度必须是果肉的可溶性固形物达到 6.2% 以上，否则会被视为等外果，公司拒收，市场拒入。其他果蔬也应有相似的指标或标准。

新鲜果蔬在田间早期的微生物侵染，一般不易被察觉，但在贮藏中却容易引起产品腐烂。所以贮藏前对产品的早期侵染要心中有数，只有不受侵染的优质产品，才适于长期气调贮藏。

绝大多数果蔬产品在贮藏之前都要尽快散去田间热，一般会采取预冷的方式。所有产品在采收后都要放置于其适宜的条件下，才能延长贮藏寿命。不同果蔬的贮藏寿命也因品种、气候、土壤条件、栽培措施、成熟度和贮藏前的处理方法而有所不同。凡是那些在不良条件下生长或远距离运输的产品，贮藏期限都会缩短。

最后还要特别提出的一点是所有供贮果蔬都必须慎用各种激素。如很多蔬菜和水果由于大量使用激素，或激素和化肥联合使用，致使产品质量大幅度下降。近年来对猕猴桃大量施用一种叫膨大素（又名吡效隆、KT-30 等）的细胞分裂素，虽暂时可大幅增产，但对果品质量影响甚大，不仅外形发生变异，风味也明显变劣。激素的不当使用，不仅降低了果蔬质量，增加了贮藏难度和腐烂率，也损害了果蔬的商业信誉，对果蔬产业发展极为不利。

(二) 气调库结构及气密性

气调库与冷库最大的区别就在于库内气体成分的不同。贮藏期间，气调库内会长时间保持低 O_2 浓度、高 CO_2 浓度的气体环境。因此，在气调库正常运行的时候，工作人员不允许进入库内工作或佩戴呼吸器短期入库工作，这就要求气调库内的结构安全可靠。对贮藏库的墙和顶一般要求稳定、隔热、气密。对地坪除上述要求外，还需足够的抗压和抗电荷。库体需要有较大的热惰性，以减小温度波动。数据显示，一座可以贮藏 500t 果蔬的气调贮藏库，如果温度出现 1℃ 的波动，就会因为果蔬的品质下降造成每天约 200 美元的损失，可见气调库结构及气密性对于气调贮藏中果蔬的商业价值影响很大。

（三）堆码和气体循环

刚采收的果蔬一般都带有大量田间热，为了提高贮后质量和延长贮藏寿命，迅速排除田间热是非常重要的。例如有些苹果在 21℃ 中存放 1d 与在 −1℃ 中存放 10d 的成熟度相同，也就是若在 21℃ 的果园或包装场堆放 3d，就会缩短贮藏寿命 30d。若有条件，排除田间热最好在单独的预冷间内进行，因为它的制冷量较大，空气循环较好，有利于散热。当田间热去除之后，空气的流速就应降低，不再需要高速气流，因为气调库内的相对湿度（RH）值总要低于 100%，这时空气流速越大，果蔬失水也越多。

果蔬入库后的堆码方式对于其迅速降温来说非常重要。若紧密堆放，则内部的果蔬产品周围没有气流流通，无法散热；若堆码粗放无序，会产生较大的阻力，妨碍气流的循环，形成气流的死角，使温度上升；若风道太宽，气流就会短路，不利于散热降温。最好的堆码方式是使每个包装箱周围都有气流通过，冷却的速度能够达到最快。

一般冷却器应安装在中央通道的上方，效果很好，空气可以从库中心向墙壁、向下和在产品行间循环，再回到库房中心，使之均匀降温。要达到均匀降温的目的，在产品与墙壁和产品与地坪之间必须留出 20～30cm 的空气通道，在产品与库顶之间所留空间一般应在 50mm 以上（视库容大小和结构而定）。此外，在产品的垛与垛之间也应留出一定的间隙，以利于通风降温。一般在空库情况下，每小时的换气量应达到 7.5 次左右，以利于保持库内温度均衡。

（四）安全与卫生

保持气调库的环境卫生是减少腐败微生物繁殖和污染的必要措施。在长达数月的贮藏期间，库体表面及包装物都有可能感染霉菌，进而引起腐烂或出现异味。定期的彻底清洁和良好的通风是阻止霉菌污染的有效措施。

1. 田间卫生

① 严禁使用新鲜人尿或牲畜粪便给果蔬施肥；

② 用生活或工业污水灌溉时，必须先经处理，达到排放标准后方可使用；

③ 病虫害防治应选用高效、低毒、低残毒农药或生物农药，用药必须控制用量和安全间隔期；

④ 不得使用国家未批准使用的农药；

⑤ 不得有其他田间污染源。

2. 贮藏卫生

① 采收、贮运时必须防止各种损伤及雨淋、日晒、冰雹等；

② 及时检查并剔除腐烂果；

③ 贮藏环境应空气清新，远离污染源和乙烯源；

④ 新鲜果蔬避免与农药、化肥及其他物品混放、混运。

3. 食用卫生

① 生食果蔬应去掉外部不洁异物，洗涤干净；

② 去皮后应立即食用，不可在外面暴露过长时间，不得与污染物接触；

③ 注意餐具、食具及个人卫生，严防二次污染。

第四节　果蔬的冷藏

果蔬的冷藏是指在良好的隔热条件下，利用人工制冷的方法使贮藏场所内的温度达到适宜果蔬产品贮藏的低温，从而保证果蔬产品在销售前能够维持良好的食用品质及商品价值。一方面，低温可以降低果蔬产品的呼吸作用，延缓衰老过程；另一方面，低温还可以抑制微生物的生长繁殖，减缓果蔬氧化和腐败进度。冷藏法是我国目前使用最广泛的一类低温贮藏方法。根据冷源的不同，可以将冷藏分为冰冷藏和机械冷藏。果蔬冷藏库的外观如图 5-12 所示。

图 5-12　果蔬冷藏库外观

一、果蔬冷藏的种类

（一）冰冷藏

1. 冰冷藏的原理及特点

冰冷藏是小规模保鲜贮藏的一种方式。以冰为冷源，冰通过吸收果蔬产品的田间热及呼吸作用产生的呼吸热而融化，以维持冷藏库内的低温，可以通过果蔬产品适宜的贮藏温度及冷藏库的总热量平衡来估算出加冰量。

此法操作简单，在寒冷地区冷源的采集廉价易得，成本低。然而此法只能将冷藏库内的温度降到 2～3℃，这样针对那些需要低温贮藏的产品，则需要通过加盐的方式降低冰点以达到更低的温度。另外，在贮藏期间冰的融化对果蔬的品质也有一定影响。若水量较小，既可以维持贮藏库内的湿度，又可以避免果蔬产品发生干耗；但若水量较大，容易滋生微生物，对果蔬产品的贮藏会有不利影响。

2. 冷藏前准备

(1) 冷源的管理

一般而言，在寒冷地区可直接人工采集自然冰作为冷源；还可以人工制备冰，即在地面平整的低温场所不断洒水，待冻结达到所需厚度时再采集，但此法成本较高，且耗费劳动力。

采集后的冰可以贮藏在贮冰场也可直接贮藏在冷藏库中待用。贮冰场一般选在地势高燥的地方建造，挖一个深 2～4m，长度待贮藏量而定的坑，底部倾斜，铺煤渣等材料，而后将采集后的冰放入其中，可高出地面 1m，用隔热材料覆盖，待用。而直接贮存于冷藏库中的冰块可在需要时直接切割成所要求的小块即可。

(2) 冷藏库的建造

为了避免阳光的直接照射，冷藏库应在东西方向延长。一般为长方形坑，但建造时应结合当地的地理环境加以改进。冷藏库的四周一般用砖砌成，库底一般砌以砖或石板，修成倾斜状，低端设排水沟，以便冰融化成水后流出，防止库内积水。

（二）机械冷藏

机械冷藏源于 1851 年，现代制冷之父 James Harrison 在澳大利亚多利维亚州季隆市为世界上第一家制冰厂设计并制造了一台小型制冷压缩机及其辅助设备和冰池。在之后的几年中，此系统得到迅速发展，后来又出现了采用天然物质（如锯屑或软木）隔热而建造的一些机械冷藏库。1879 年，冻牛肉从澳大利亚发运到英国，这是世界上易腐食品第一次成功地进行长距离海上货运。不久，用于苹果和梨的大型机械冷藏库就投产了。这标志着果蔬贮运保鲜进入了现代贮运保鲜的新时代，是果蔬贮运保鲜技术的第一次革命。

我国的机械冷藏技术在中华人员共和国成立前很落后，1968 年在北京建造了第一座果品机械冷库，1978 年全国陆续开始建造冷库，但在很长一段时间内用于果蔬贮藏的冷库所占的比例却很小。随着改革开放的进行，为满足人们对果蔬产品的基本要求，冷库建设重点从 1985 年前以商业部门为主的 39 万吨总贮量猛增到 1985 年后转向以农业部门为主的 540 万吨。随着经济的发展，我国已经进入冷藏大国之列，但与世界先进国家相比差距仍然很大。

1. 机械冷藏的原理及特点

机械冷藏是一种现代化的冷藏法，其原理是利用制冷剂的相变与能量变化之间的关系，同时借助制冷机械的作用，并适当加以通风换气，维持库内的适宜果蔬产品贮藏的温度、相对湿度等条件。具体方法是制冷剂汽化时吸收环境中的热量，使库温下降到果蔬产品适宜的温度，汽化后的制冷剂经过压缩机加压和冷凝器冷却而液化，此时放出热量，被空气或水（冷凝剂）带走。这样循环往复便起到了制冷效果。

机械冷藏可精确控制贮藏温度，受外界环境的影响较小，适用的果蔬产品范围很广，且在很多地区广泛使用，库房可以周年使用，贮藏效果好。但机械冷藏需要良好的管理技术，且运行成本较高。

2. 机械冷藏的结构特点

(1) 冷库

电冷库一般维持温度在 -1～1.5℃，因此其应具有良好的隔热性能，以尽量减少与外界发生热传递。隔热材料的选择、厚度计算及装置方法同通风库。冷库一般建在地形开阔、交通方便的地方，且要求此地水、电较方便。

① 冷库的类型

依据不同的因素可将冷库分为不同的类型。根据控温的高低，可将冷库分为高温型（0℃左右）和低温型（－18℃以下）；根据冷库容量的大小，可将冷库分为大型、大中型、中小型及小型；根据库体构造的不同，可将冷库分为单层库和多层库；根据冷库性质不同，可将冷库分为生产型、分配型及零售型。

根据果蔬产品种类的不同、贮后目的及经营者的经营能力不同，选用适宜的冷库类型。例如，对于鲜食果蔬产品应当选用高温型冷库。

② 冷库的结构

冷库一般包括主体及其附属结构。冷库主体即为果蔬的贮存场所；附属结构主要是指与贮存主体相关的其他辅助建筑、隔热层及防潮层。

a. 冷库主体

冷库的主体结构一般为长方形厂房。要求结构坚固，设计的运输线路不宜过长以提高工作效率，同时为了满足不同果蔬产品的贮存要求，一般将主体结构分为几个隔间。大规模的冷库分为多层多间，较小规模的冷库分为单层多间。

b. 附属结构

为了配合及辅助果蔬产品的冷藏，除了冷库主体，还需要一些其他建筑，例如在果蔬贮存的前处理阶段，需要整理间、制冷机房、变配电间、水泵房、产品检验室和过磅间等，还需要生产管理人员的办公室、员工的更衣室和休息室、卫生间及食堂等。

由于冷库要维持贮藏果蔬产品所需的低温，而冷库是由砖、石或混凝土建成，这些建筑材料无法满足隔热的要求，故需在冷库的外墙、地面等外侧加设隔热材料；又由于隔热材料在受潮的情况下隔热性能会显著下降，故在隔热层两侧还需加设防潮层。

隔热层的设置对冷库工作效率的提高有极大的作用。就冷库的使用效率及成本方面而言，选择合适的隔热材料、加设时采用合适的厚度，不仅提高了冷库的使用效率，并且能够节约其他方面的成本，如耗电量、设备维修费用。对贮藏果蔬产品品质的影响而言，由于冷库四壁、房顶、地面的耗冷量占冷库总耗冷量的 1/3，故隔热性能好的隔热材料，可使冷库的保温性提高，降低冷库耗冷量，减小冷库内的温度波动，这样有利于保持果蔬产品良好的食用品质及商品价值。

由于冷库内外有一定的温差，会使冷库内外形成水蒸气分压差，当外界温度高于冷库内温度时，这种压差会导致外界的水蒸气进入冷库内，引起库内的相对湿度发生变化，对果蔬产品的贮存不利。且这种情况容易使隔热层受潮，隔热性能下降，对冷库的保温也有不利影响。故理想情况是要在隔热层两侧都加设防潮层，至少应在高温面加设，并且要保持防潮层的完整性，即墙壁、地面、天花板的防潮层要保持连接，使整个冷库的相对湿度都不受外界干扰。另外，在隔热层与防潮层之间应再涂抹一层水泥面或其他保护材料，使隔热材料的隔热性能更有保障。

防潮层使用的材料一般有三种。沥青防潮，多用于砌筑式冷库，加热石油沥青成沥青油毡铺设在隔热层外侧。此法黏结性强、塑性好、防潮、耐化学侵蚀、温度敏感性较小、老化慢，但需要加热，施工不方便，并需要考虑其他材料的耐热性能。塑料薄膜防潮，通常采用聚乙烯塑料薄膜，用双面胶带（纸）或其他黏胶粘贴于贮藏库内侧。此法施工简便，费用低，且无须加热，但薄膜容易破损，对果蔬产品的贮藏不利。使用金属夹心板兼作防潮层，对于装配式冷库，所采用的金属夹心板，除具有隔热作用外，还有防潮隔气、机械保护等作用，所以可不必另设防潮层。图 5-13 展示了果蔬机械冷藏库的内部空间。

(2) 制冷系统

机械冷藏库的制冷，实际上是制冷机、制冷剂和冷藏库三者协调配合作用的结果。制冷

图 5-13　果蔬机械冷藏库内部空间

系统包括制冷剂和制冷机。

① 制冷剂

制冷剂需要具备以下特点：吸热性能好、蒸发比容较小；对人体健康、环境无害；对金属管件无腐蚀作用；无燃烧和爆炸危险；不发生化学反应；廉价易得等。最常用的制冷剂是氨和氟利昂，但因为含氟制冷剂对大气臭氧层有破坏作用，所以目前提倡使用无氟制冷剂。部分制冷剂如图 5-14 所示。

② 制冷机

人工制冷的方法很多，目前常用的有液体汽化制冷法或蒸汽制冷法。蒸汽制冷又可分为蒸汽压缩式、吸收式、蒸汽喷射式三种制冷方式，其中以蒸汽压缩式制冷最为广泛。压缩式制冷机主要由压缩机、冷凝器、调节阀和贮液器四部分组成。它是一种闭合循环系统。此制冷机的工作流程可以分为两个阶段。第一阶段，即低压阶段，此阶段制冷剂汽化吸热，压缩机工作，对空气进行抽气降压，这时贮液器中的液态制冷剂经调节阀进入蒸发器中，由于压力骤减，制冷剂便由液态变为气态，在此过程中吸收热量，降低了冷藏库中的温度。第二阶段，即高压阶段，汽化后的制冷剂再被压缩机抽回，压缩成高压状态而进入冷凝器里，经过冷却，除去热量而重新液化，流入贮液器。贮液器内的液态制冷剂再经过膨胀阀又进入蒸发器汽化吸热，就这样循环往复实现冷藏。制冷机械的内部结构如图 5-15 所示。

(3) 净化库内空气系统

果蔬产品在贮藏一定时间后由于呼吸作用及其他作用的发生会导致一些气体的积累，如

图 5-14　制冷剂

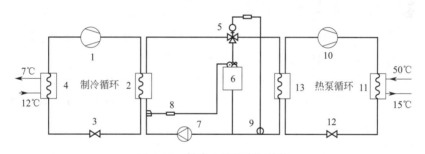

图 5-15　制冷机械的内部结构

1—制冷压缩机；2—制冷冷凝器；3—制冷膨胀阀；4—制冷蒸发器；5—电动三通阀；
6—冷却塔；7—水泵；8—温度控制器；9—温度传感器；10—热泵压缩机；
11—热泵冷凝器；12—热泵膨胀阀；13—热泵蒸发器

积累的 CO_2 气体浓度过高会引起果蔬产品的生理失调及品质劣变，积累的乙烯气体会促进果蔬产品的衰老。故需要采取一定的设备或系统来保持贮藏库内的气体交换，可以在冷库内安装良好的抽气系统，使库内不利于果蔬产品贮藏的气体与外界新鲜空气进行交换；也可以在冷库内安装内置洗涤剂的气体洗涤器，用于达到净化库内空气的目的，常用的洗涤 CO_2 的洗涤剂有活性炭、氨基乙醇、NaOH、Ca（OH）$_2$ 等。

二、冷藏的方式

1. 直接冷却

冰冷藏的直接冷却是指将冰块直接装在贮藏库内，使其吸热融化而使果蔬产品降温。冰块放置的位置有上方、下方、侧面及四周等。从冷却适用及温度分布情况来看，以装在上方及侧上方为好，但装在上方在建筑结构上比较复杂，成本高。直接冷却法的制冷效率较高，贮藏成本低，但是贮藏环境中的相对湿度不易控制。

机械冷藏的直接冷却方式是指将制冷系统的蒸发器安装在冷藏库房内直接冷却库房中的空气而达到降温的目的。这一冷却方式又分为直接蒸发和鼓风冷却。直接蒸发虽然降温速度快，然而温度波动大、分布不均匀且不易控制。鼓风冷却是现代新鲜果蔬产品贮藏库普遍采用的方式，是将蒸发器安装在空气冷却器内，借助鼓风机的吸力将库内的热空气抽吸进入空气冷却器而降温，冷却的空气由鼓风机直接或通过送风管道（沿冷库长边设置于天花板下）输送至冷库的各部位，形成空气的对流循环。此法冷却速度快，可使库内各部位的温度保持一致，并且通过在冷却器内增设加湿装置而调节空气相对湿度。但此方式由于空气流速较快，如不注意相对湿度的调节，会加重果蔬产品的水分损失，导致产品新鲜程度和品质的下降。

2. 间接冷却

间接冷却是将制冷系统的蒸发器安装在冷藏库外的盐水（多为 $NaCl$ 或 $CaCl_2$）槽中，先冷却盐水而后再将已降温的盐水泵入库房中吸取热量以降低库温，温度升高后的盐水流回盐水槽再被冷却，继续输至盘管进行下一循环过程，不断吸热降温。随盐水浓度的提高其冻结温度逐渐降低，因而可根据冷藏库内果蔬产品实际需要的低温来配制不同浓度的盐水。此法的温度调节较为方便，但热效率低、投资高、维持费用也较高，现已很少采用。

三、冷藏对果蔬品质的影响及防治

尽管果蔬采后生理作用较弱，但其仍是一个有生命的生物体，如果在冷藏过程中某个环节出现问题，果蔬产品就容易遭受病害及微生物的侵袭。如不加防治，将会给广大农户造成一定的经济损失。因此，防治果蔬产品在冷藏保鲜过程中的病害，已成为减少经济损失、增加农民收入不可忽视的问题。冷藏过程中对果蔬产品的不利影响主要有冷害、果蔬产品蒸发失水及其他一些贮藏生理病害等。

1. 蒸发失水

果蔬产品的失水程度受库内相对湿度、温度及空气流动速度的影响，其中最重要的影响因素为相对湿度，而温度与空气流速间接影响湿度。

当冷库内相对湿度较小时，果蔬产品容易蒸发失水，且其蒸发程度与相对湿度的大小成反比，即湿度越大，蒸发失水越小，反之亦然。相对湿度又受温度的影响，贮藏库温度越高，相对湿度就越低，果蔬产品蒸发失水也越快。另外，库中空气流动速度的快慢也对果蔬产品的蒸发失水有显著影响。

2. 贮后生理病害

由于在贮藏期间，果蔬产品的呼吸基质如糖、酸等经历了长时间的不可逆消耗，致使果蔬产品的"体质"下降。在出库时由于环境条件（温度、气体成分等）改变太突然，果蔬产品容易出现一些生理质变现象。

（1）贮后生理病害对果蔬产品的影响

贮后生理病害会对果蔬产品的品质产生很大的影响，如使果蔬产品风味降低，氧化作用加速，酚类、酮类的氧化、褐变出现，并产生异味；叶绿素大量分解使果蔬产品表面变黄；果胶分解使果肉硬度下降；甚至会出现由于温差，果蔬表面很快形成结露，从而大量腐烂变质。

（2）防治措施

针对后期出库的果蔬产品，应使库内温度逐步缓慢升高，防止酶对温度的剧变不适应。采用保鲜袋贮藏的果蔬产品，将袋口每 2～3d 打开 3～4 次，使贮藏环境的 O_2 逐渐提高，CO_2 逐渐下降，再把口扎紧，反复 2～3 次后，再出库或上市销售。

四、机械冷藏的管理

（1）入库前管理

在果蔬产品入库之前，要将库房清扫干净，并进行消毒，彻底杀除库内隐藏的各种病虫害和微生物。例如：用于贮藏的容器和用具也要用 0.05%～0.1% 的漂白粉溶液浸泡消毒。为了在贮藏期间达到更好的效果，果蔬产品在贮藏之前应当经过预冷环节，此环节可以降低田间热，降低呼吸强度，这样不仅可以减少生理病害发生，还可以减轻制冷系统热负荷，降低制冷设备的运转成本。

果蔬产品在预冷后要及时入库，但每日入库应保持一定量。因为如果入库量过大，会使库温降低速度慢，对贮藏效果会产生不利影响，不仅会使冷库负荷加大，而且容易造成果蔬产品品质下降。果蔬的堆放要合理，以充分利用冷库空间、便于产品间空气流通为原则。另外，为防止果蔬产品受到冷害或冻害，一般在蒸发器或冷风吹出口处的 2m 之内不宜堆放果蔬产品。

（2）贮藏期间管理

① 温度管理

在贮藏期间，库内温度对果蔬产品的品质有很大的影响。入库前期，应尽快降低库内温度，以减少田间热对果蔬产品品质的影响。但有些果蔬不适宜尽快降温，如为了避免冷害发生，鸭梨在贮藏时应逐步降温。

贮藏中期，要保持库内的温度适宜且稳定。库内温度要适宜果蔬产品的贮藏，过低容易引起果蔬产品的冷害，过高则使其呼吸作用增大，贮藏效果不理想。库内温度要尽量保持恒定，波动过大会造成果蔬产品失水加重，导致库内相对湿度增大，这样容易引起微生物侵染果蔬产品，也为库内相对湿度管理带来不便。另外，库内各部位的温度要分布均匀，防止出现过冷或过热的死角，造成贮藏后果蔬产品品质不一的不良现象。

② 相对湿度管理

库内相对湿度也对果蔬产品的品质有重要影响。对于大多数果蔬产品而言，在冷藏期间库内的相对湿度宜控制在 80%～90%，若相对湿度过小，会造成果蔬产品失重或失鲜，可以通过地面洒水、喷雾、撒湿锯末、覆盖湿蒲包等方法增加库内相对湿度。而相对湿度过大会造成微生物的滋生速度加快，可采用各种吸湿器或撒石灰等方法降低库内相对湿度。

③ 通风管理

通风换气也是果蔬产品冷藏管理中的一个重要环节。通过通风换气可以排除过多的 CO_2 和其他有害气体物质。通风换气时间一般在气温较低的早晨进行，雨天、雾天等外界湿度过高时不宜进行通风换气，通风换气的同时应开动制冷机械，以减缓库内温、湿度的变化。另外，果蔬产品在冷藏期间还应定期抽样检查，测定其呼吸强度、硬度、可溶性固形物含量等常规项目，及时了解果蔬产品在贮藏期间的动态变化，发现问题及时处理。

（3）产品出库管理

果蔬产品贮藏到出库时间应及时出库，按照先入先出的原则进行。果蔬产品出库之前应先行缓慢升温，以每 2～3h 上升 1℃ 的速度为宜，防止升温过快而出现果实表面结露现象。

待库温升至与外界气温相差 2～3℃时即可出库。

（4）自动化管理

随着经济的不断发展，科学技术的发展日新月异。果蔬产品冷藏的自动化控制技术也在大量应用，构建现代自动化冷库已是当务之急。其中，冷库自动化管理就是提高冷库技术含量的一个重要方面。冷库自动化管理包括制冷系统的自动化管理和业务流程的自动化管理。制冷系统的自动化管理系统可以自动检测冷库内温度变化并定时打印报表，可以根据库内温度变化自动控制压缩机、蒸发式冷凝器、空气冷却器等设备的启动和停止，来调节库内的温度，使其达到最适的贮藏温度。还可以自动检测制冷系统中各设备电机的运行电流及各压力信号并自动报警。而业务流程的自动化管理包括租仓签订合同、出入库、质检、调仓、计件、结算、收款等。

在冷库的管理中，结合计算机控制技术、变频控制技术及网络技术，融合冷库信息技术与仓库管理系统的应用，使冷库的管理实现自动化、精确化，提高了冷库管理水平。这是提高冷库竞争优势的重要措施。

第五节　减压贮藏

减压贮藏又称低压保鲜、真空保鲜，是利用减小密闭贮藏空间大气压力达到水果、蔬菜等产品贮藏保鲜的目的，可迅速达到低氧或超低氧的效果，起到气调贮藏相同或增强的效果，它是贮藏保鲜技术比较新的研究和发展领域。1967 年，美国科学家 Stanley P. Burg 创立了减压贮藏理论并发明了该技术，对其进行研究与推动商业化应用至今。中国科学家认为减压贮藏是继冷藏和气调贮藏之后果蔬保鲜史上的第三次革命。

一、减压贮藏的原理

减压贮藏是将物品放在密闭冷却的耐压容器内，用真空泵抽气，使之保持低于大气压力的一种贮藏方法，属于不冻结真空保鲜技术。广泛应用于生鲜水果、食用菌、肉禽产品、水产品等农产品的贮藏保鲜。

在实际应用中，新鲜空气可通过压力调节器、加湿器，带着近似饱和的湿度进入密闭容器内。真空泵不断工作，维持容器内的低压状态，使得密闭容器压力减小同时，也带出了贮藏产品的田间热、呼吸热以及乙烯、乙醛、二氧化碳等次生代谢物，使果蔬产品在此密闭空间内长期保持良好商品性状。果蔬产品不仅贮藏期比一般冷库延长数倍，保鲜指数大大提高，而且出库后货架期也明显延长。

减压贮藏集成了真空速冷、气调贮藏、低温保存和减压技术于一体。一般认为减压贮藏分为 2 个步骤：首先为减压、冷却，即冷藏产品首先在减压低温环境中充分降温，果蔬等贮藏品与环境充分进行热量、湿度、水分等交换，温度迅速降低；其次为负压保持过程，此过程中贮藏品温度、环境温湿度等与密闭空间交换后基本恒定，贮藏品在此低温、负压环境下进行贮藏保鲜。在此密闭环境中，由于进行了充分的交换，其气体成分如氧气、二氧化碳等相对含量相应大幅降低，贮藏产品呼吸强度大大降低，抑制了乙烯代谢强度，减少胡萝卜素、番茄红素合成和糖分增加与酸的消耗，大大延长了果蔬产品的贮藏保鲜时间。

二、减压贮藏的特点

减压贮藏保鲜是在常规低温冷藏基础上加气压调节发展而来的，与气调贮藏技术有相似的效果。即它是由常压冷藏下与密闭空间内气体成分（即抽气降压）结合而成，能够通过调节压力来精确调节密闭空间内气体成分含量。

1. 达到低氧气和超低氧气效果

贮藏产品放置到密闭空间即冷藏舱内，机器运转容器内压力降低。环境中各种气体组分的比例不变，但绝对含量都相应降低。不仅抑制了果蔬产品的有氧呼吸，而且加大了贮藏产品组织内部产生、积存的有害气体成分与外界交换的能力。促进果蔬组织内有害气体向外扩散，减少其浓度积聚对组织所造成的伤害。与常规贮藏技术相比，可显著地延缓果蔬产品的成熟衰老，保持优质的商品品质，延长贮藏时间和货架期。在实际操作中如把压力降至正常气压的10%，空间内各气体组成成分的比例保持相对不变，O_2 的绝对量只有正常大气压的1.1%。减压贮藏保鲜能迅速营造一个低 O_2 或超低 O_2 的贮藏环境，更好地保持贮藏产品商品性。

2. 降低组织内挥发性气体浓度

减压贮藏不断地将环境中的气体与外界气体进行气体交换，可以降低乙烯等挥发性气体的浓度，这是减压贮藏与气调贮藏相比的优势。乙烯作为一种促进果蔬成熟衰老的激素，降低环境中乙烯浓度可以有效地延长其贮藏保鲜时间。对于桃和冬枣的研究结果表明，减压贮藏大大降低了乙烯的释放，提高了贮藏效果。

3. 减小 CO_2 中毒的概率，抑制病原微生物的滋生

减压贮藏创造的密闭环境中 O_2 和 CO_2 的浓度很低，这就避免了果蔬因 CO_2 浓度过高而造成的 CO_2 中毒，减少了不必要的损失。低浓度的 O_2 抑制了微生物的活动，降低了微生物侵染性病害的发生概率。负压也使得某些无残毒杀菌气体快速、准确、高效地进入果蔬产品组织中，有效克服了高湿与腐烂的问题。

三、减压贮藏的系统构成

减压贮藏由密闭的耐压空间、真空低压系统、制冷低温系统、湿度调节系统、测量控制系统等5个部分构成。

1. 密闭的耐压空间

密闭的耐压空间指的是减压贮藏罐中的密闭空间，对贮藏罐制作材料的强度和密闭性有一定的要求。

2. 真空低压系统

真空低压系统是维持减压贮藏保鲜效果最重要的组成成分，其工作时维持密闭的耐压空间内的压力低于大气压的状态。在减压冷却阶段，减压贮藏所需的低压条件必须由真空系统及其装置来完成；另外在负压贮藏保鲜阶段，密闭的耐压空间会由于贮藏产品挥发、装备密封性差等因素造成压力变化，使得压力超出设定范围，为及时恢复到设定压力范围内也需要真空装置及时抽空排气。减压保鲜装置的真空低压系统装置连通在耐压的密闭空间上，主要包含真空泵、压力检测仪表、压力阀门、管道等。

3. 制冷低温系统

制冷装置是果蔬贮藏中的关键条件，也是减压贮藏的必要条件。制冷低温系统是由制冷

机组、蒸发器及管道等相互连通的循环系统。当密闭空间内温度高于设定温度范围时，制冷机组工作，蒸发器将冷量交换到密闭空间内，同时将密闭空间内热量带出，当密闭空间内温度下降到设定范围内，停止工作。空间内热量来自果蔬产品田间热、呼吸热及交换的空气的热量，以及空间外热量通过墙体、管道的热传递到空间内部。制冷低温系统主要是减少空间内热量，维持空间内温度在设定的范围。

4. 湿度调节系统

由于减压贮藏罐内的环境为负压环境，贮藏的果蔬产品会发生失水失重的现象，风味品质变差，导致商品价值的降低。外观形状的变化会导致生理上产生应激机制，促使果蔬的加速衰老，严重影响货架期。因此，在减压贮藏的保鲜装置中，必须安装湿度调节系统以维持罐内合适的湿度，保证贮藏果蔬可以保持良好的商品品质。

5. 测量控制系统

在减压贮藏时，整个贮藏系统需要保持在一个稳定的贮藏环境下，保证压力、温度、湿度维持在合适的范围内，使贮藏产品不会因为环境因素的变动而对贮藏效果产生影响。测量模块主要是实时监测密闭空间的温度、果温、压力、湿度以及各种电器元件的电流、电压等；控制模块进行设定各因素的范围与监测数据对比，控制相应元件的开启或关闭。

第六节　1-MCP 贮藏

1-甲基环丙烯（1-MCP）是一种结构相对简单，化学性质稳定且无毒的化合物，分子式是 C_4H_6。同时，1-MCP 也是一种很好的乙烯抑制剂，不可逆地作用于乙烯受体，能够较为显著地抑制内源乙烯的合成，且可以起到减缓外源乙烯诱导果蔬衰老的作用。乙烯作为一种极为重要的植物激素，在采后的果蔬中，它不仅能提高果蔬的呼吸强度，同时也是果蔬成熟软化过程中重要的启动因子。有相关研究表明，抑制乙烯合成对采后果蔬的贮藏保鲜起到重要作用。近年来，1-MCP 在果蔬的贮藏保鲜领域得到了广泛的应用。

一、 1-MCP 的化学性质和保鲜作用机理

1. 1-MCP 的化学性质

1-MCP 在常温下处于气态，无生理毒性、无气味、稳定性好、使用浓度极低、残留气味较小、抑制效应较强，是一种小型的丙烯类化合物。它结构上的一个氢原子被一个甲基所取代，整个分子呈平面结构，和氢原子相比，其甲基较大，在分子平面上更可以造成相当大的空间连接效果。因此，1-MCP 有强于乙烯的双键张力和较高的化合能。

2. 1-MCP 的作用机制

Sisler 和 Serek 首次提出了 1-MCP 的作用模式，即受体竞争学说。研究指出，1-MCP 与乙烯竞争乙烯受体，同时利用其所螯合的金属原子和乙烯受体结合，从而阻断乙烯与受体的常规结合，1-MCP 很难从受体中剥离脱落，可长时间使受体保持钝化，因而隔断乙烯正常代谢的进行，并且抑制乙烯诱导果实成熟后的相关反应。另外，ACC 合成酶（ACS）和

ACC 氧化酶（ACO）是乙烯合成过程中的两个关键酶，1-MCP 可抑制柿、李、桃、榴梿、梨等乙烯生物合成酶 ACS、ACO 基因的表达或相关 mRNA 的积累，从而抑制乙烯的生成。因此，1-MCP 至少可以通过上述两种机制来延缓果蔬的衰老过程，使得果蔬能够贮藏更长的时间。

二、 1-MCP 对果蔬生理活动的影响

1. 1-MCP 对乙烯的影响

众多调查研究表明，乙烯能够让果蔬更快成熟，加速组织衰老。但是其作用机制以及加速组织衰老的原因至今仍未明确。近几年来，部分新型乙烯受体抑制成分被发现，这为果蔬内乙烯作用机制的探索提供了重要的辅助工作。在果蔬组织中，乙烯一般先与其体内的乙烯受体结合，随之诱发果实成熟衰老。1-MCP 拥有与乙烯结构相似的位置，能够与乙烯受体进行结合，但是不易从乙烯受体中剥落，从而阻碍了果蔬组织对乙烯的反应，实现延缓其完熟与衰老的过程。从目前的研究来看，1-MCP 可以推迟乙烯高峰的出现时间，从而可以推迟果蔬完熟与衰老。

2. 1-MCP 对呼吸作用的影响

1-MCP 能够显著阻碍果蔬组织的呼吸作用，对果蔬的完熟与衰老起到延缓作用。1-MCP 不仅仅能够显著缓解果蔬的呼吸强度，同时还可以延迟果蔬呼吸高峰的出现，降低其呼吸速率峰值，但对不同种类和品种果蔬的影响不同。香蕉、苹果、梨、李、番茄和西葫芦等果蔬经过 1-MCP 的处理，均推迟了呼吸高峰的出现，导致呼吸速率的下降。一般来说，1-MCP 对于呼吸跃变型果实的处理效果比较明显且呼吸高峰前处理比较有效。在香蕉呼吸跃变前使用 1-MCP 进行处理，能够有效延缓香蕉的呼吸高峰。在非跃变型的果实中，1-MCP 能够抑制草莓果实呼吸强度的增加。1-MCP 可以有效地抑制呼吸高峰的出现，可能是由于抑制了果蔬中乙烯与其受体的结合，进而隔断了其所诱导的呼吸反应的结果。

3. 1-MCP 对果实营养成分的影响

1-MCP 对果实营养成分的影响主要包括对氨基酸、可滴定酸、可溶性固形物含量的影响。在苹果、梨、香蕉、板栗、猕猴桃和西葫芦等的研究表明，1-MCP 能够延缓可滴定酸和可溶性固形物的降低，抑制淀粉的转化和分解，从而显著提高果实贮藏品质。

4. 1-MCP 对果实病害的影响

1-MCP 对果实病害的影响因果蔬种类的不同而不同。1-MCP 可以减轻菠萝、油梨、香蕉、桃子和甜柿果实的冷害程度，显著降低苹果灰霉病、苹果虎皮病、库尔勒香梨萼端黑斑病、黄冠梨褐心病、菠萝黑心病等的发病率。有学者研究表明，1-MCP 处理推迟了冷害主要症状的出现，有效降低甜柿果实的冷害指数，但不能完全防止冷害发生。同时也有相关研究指出，与未使用 1-MCP 处理的果蔬相比，甚至还会加剧冷害与腐烂状态的形成。有研究者用 $1\mu L/L$ 的 1-MCP 处理苹果，较对照可显著降低损伤接种苹果灰霉病的发病率，抑制病斑的扩展。1-MCP 处理能够诱导果实中苯丙氨酸解氨酶、多酚氧化酶、过氧化物酶、β-1,3-葡聚糖酶、几丁质酶活性的提高，促进总酚、类黄酮和木质素的积累，降低膜脂过氧化程度，减少丙二醛的产生，从而提高果实的抗病性。

三、影响 1-MCP 贮藏保鲜效果的因素

1. 果蔬种类

跃变型果蔬与非跃变型果蔬对于 1-MCP 处理有着截然不同的反应。如苹果、梨、香蕉、猕猴桃和西葫芦等呼吸跃变型果蔬的采后衰老程度和贮藏品质都可以通过 1-MCP 的处理得到明显的改善。然而，对于非呼吸跃变型果蔬来说，1-MCP 的处理效果远没有呼吸跃变型果蔬明显。差异的原因是 1-MCP 主要抑制果蔬乙烯的合成系统，也就是通过与乙烯受体不可逆的结合，切断乙烯反馈调节的生物合成，而非跃变型果蔬没有乙烯合成系统。即便如此，1-MCP 也有可能使乙烯的释放量得到增长。1-MCP 对不同的果蔬品种有着不同的作用效果，如"红富士"苹果和"臻味"苹果经 1-MCP 处理后，可溶性糖含量增高，而"嘎啦"苹果经 1-MCP 处理后，果实中可溶性固形物的含量并没有明显的变化。

对于跃变型果实，1-MCP 在果实成熟度不同的时期进行处理，处理效果有明显的差异。应在跃变前进行处理，果实进入跃变期再处理，作用很小或者无效。研究发现，香蕉用乙烯处理后再用 1-MCP 处理，果实的后熟仅部分受到抑制，而当果实用乙烯处理 2~3d 后再用 1-MCP 处理，果实后熟的进程不受影响，说明果实的后熟已经进入到不可逆阶段。内源乙烯催化的后熟一旦进行到一定程度，1-MCP 处理便会失去抑制效果。因此实际应用中要注意果实的采收成熟度。另外，采后不同时期进行 1-MCP 处理效果也不同。

2. 处理时间、浓度和温度

1-MCP 对乙烯的处理效应与处理时间、浓度和温度息息相关，适宜处理时间为 12~24h，适宜处理体积分数为 25~1000nL/L，适宜处理温度为 20~25℃。研究表明，采用适宜浓度的 1-MCP 处理果蔬能有效地延缓衰老过程，过高或过低的浓度其作用效果都不明显，这可能与 1-MCP 达到一定浓度时使受体结合位点达到饱和有关。一般情况下，1-MCP 作用时间与浓度成反比，即浓度越低，所需时间越长；反之，高浓度处理花费的时间短。且在适当的浓度范围内，1-MCP 的处理浓度与效果成正比关系，浓度太高或许致使果实腐烂程度的加重，草莓经 $0.2~0.7\mu mol/L$ 浓度 1-MCP 处理后的贮藏时间要比经 $2.2\mu mol/L$ 浓度的 1-MCP 处理后的贮藏时间长，原因或许是高浓度的 1-MCP 刺激了某些不良代谢系统发挥作用或者刺激了某些有益的代谢系统作用降低，从而影响组织本身的自然防御系统。一定浓度处理下，温度高些则处理时间可以短些，这可能是因为低温下乙烯受体蛋白构象发生了改变，或者是低温导致 1-MCP 气体与受体的结合能力降低或渗入植物组织的能力下降，所以当增加 1-MCP 的处理浓度时，可以弥补低温处理的不足。但是三者的最适对应关系在应用时需要进行反复的试验，以获取最可靠的数据。

3. 处理和包装方式

1-MCP 的物理状态和处理方式影响其作用的效果。当 1-MCP 处于气体或液体形态时使用不是十分方便，因此人们总是使用被固化的 1-MCP 片剂或者粉末，当其与水接触后即会释放出 1-MCP 气体。目前使用最广泛的两种形式是直接喷施和密封条件下熏蒸。直接喷施的作用效果不如密闭条件下熏蒸，因为 1-MCP 的易挥发性，无法使 1-MCP 的药效全部发挥。密闭熏蒸法在采后贮藏保鲜方面广泛运用。适宜浓度的 1-MCP 熏蒸苹果、桃、青花菜、香蕉等，都可以达到显著提高果蔬贮藏品质的作用。但是密闭熏蒸操作繁琐，需要在操作前将果蔬搬运至密闭空间或密封性较好的帐、袋或其他容器内，工作量大，而且搬运过程易造成果蔬机械损伤。另外，1-MCP 结合其他方式进行处理能达到更好效果，例如结合 PE 包

装、低温和打蜡处理等。研究表明，1-MCP 结合 PE 包装在贵长猕猴桃、黄金梨和富士苹果的采后贮藏中能有效抑制果实的呼吸速率，延缓衰老，保持果实的商品性并延长贮藏时间。

参 考 文 献

曹森，马超，黄亚欣，等 .1-MCP 对猕猴桃后熟品质的影响 [J] . 食品与发酵工业，2019，45（14）：184-190.

陈群莺 . 苹果贮藏期的病害防治 [N] . 陕西科技报，2016-11-15（006）.

丁树东，李艳杰，孔瑞琪 . 现代果蔬气调贮藏库及其应用现状 [J] . 中国果菜，2019，39（12）：12-17.

范新光，梁畅畅，郭凤军，等 . 近冰温冷藏过程中果蔬采后生理品质变化的研究现状 [J] . 食品与发酵工业，2019，45（18）：270-276.

何永梅，贾世宏 . 通风贮藏库入库后的管理 [J] . 湖南农业，2010，8：21.

胡筱，潘浪，丁胜华，等 .1-MCP 作用机理及其在果蔬贮藏保鲜中的应用研究进展 [J] . 食品工业科技，2019，40（8）：304-309+316.

黄海英，李晓娟，李正英 . 富士苹果在减压贮藏过程中相关品质指标与硬度的相关性分析 [J] . 农产品加工，2020（4）：59-62，68.

黄宇斐，乔勇进，刘晨霞，等 . 减压贮藏对西兰花保鲜效果的研究 [J] . 上海农业学报，2018，34（2）：109-114.

吉宁，龙晓波，李江阔，等 .1-MCP 结合臭氧处理对蓝莓低温保鲜效果的影响 [J] . 食品工业科技，2019，40（11）：302-307.

蒋小平，汉中果蔬冷藏产业发展现状、存在问题及对策探讨 [J]，陕西农业科学，2017，63（06）：76-79.

李宝宁 . 苹果贮藏期常见病害的发生规律与防控措施 [J] . 果树医院，2018，4：31-32.

李宝宁 . 苹果贮藏期常见病害的发生与防控 [N]，河北科技报，2019.09-24（B06）.

李亚宁，郑立新 . 自然通风水果贮藏库管理 [J] . 云南农业，2004，11：21.

刘欢，董丽，冯叙桥，等 . 不同贮藏方式对果蔬营养品质影响的研究进展 [J] . 食品工业科技，2016，20：360-365.

刘颖，邬志敏，李云飞等，果蔬气调贮藏国内外研究进展 [J]，食品与发酵工业，2006，32（4）：94-97.

乔宏宇，蔬菜简易贮藏方法 [J]，吉林农村报，2014，3：1.

青珊，我国果蔬冷藏保鲜技术发生根本性变化 [J] . 福建轻纺，2013（5）：6-8.

桑煜，张憨，肖卫民 . 真空处理对蔬菜减压贮藏保鲜效果的影响 [J] . 食品与生物技术学报，2018，37（1）：70-75.

宋春华，郑学超，刘亚琼，等 . 富士苹果硅窗气调贮藏保鲜研究 [J] . 河北农业大学学报，2018，41（1）：64-69.

宋卤哲，胡文忠，王雨全，等 .1-MCP 处理在果蔬保鲜中的应用进展 [J] . 中国食品科学技术学会第十五届年会论文摘要集，2018：506-507.

孙志栋，田雪冰，倪穗，等 .1-MCP 对采后果实贮藏品质影响的研究进展 [J] . 现代食品科技，2017，33（7）：336-341.

汤伯森，郝喜海，江南副 . 防护包装原理 [M] . 北京：化学工业出版社，2011.

王传增，董飞，张雪丹，等 . 果蔬减压保鲜贮藏研究进展 [J] . 农学学报，2016，6（3）：68-71.

谢季云，赵晓敏，汪永琴，等 .1-MCP 处理对不同采收期阿克苏红富士苹果贮藏品质的影响 [J] . 食品工业科技，2017，38（24）：292-296+307.

徐敏全，徐敏山，胡家全等，地下通风库贮藏苹果技术总结 [J] . 落叶果树，1995（4）：43.

薛友林，张敏，张鹏，等 .1-MCP 对不同地域寒富苹果质地的相应 [J] . 包装工程，2019，40（11）：33-41.

姚尧，张爱琳，钱卉苹，等 . 不同气调贮藏条件对早酥梨采后生理品质的影响 [J] . 食品工业科技，2018，39（11）：291-296.

应铁进 . 果蔬贮运学 [M] . 浙江：浙江大学出版社，2001.

张红，王兴华，葛玉全 . 不同贮藏方式对苹果生理特性的影响 [J] . 中国果菜，2019，39（10）：25-31.

张鹏，赵桂青，张富，等 . 苹果特性及其贮藏方法浅析 [J] . 农产品加工，2017，7：65-66+71.

张瑞娥，果蔬气调贮藏与冷藏的对比 [J] . 内蒙古农业科技，2015，43（4）：131-132.

张微思，桂明英，李建英，等 . 减压贮藏对松茸保鲜效果的影响 [J] . 食品工业，2017，38（6）：16-19.

张伟，刘传德，鹿泽启 . 苹果贮藏期可产毒素的常见病害研究 [J] . 烟台果树，2018，1：34-36.

张艺馨，尚玉臣，张晓丽，等 .1-MCP 在果蔬应用上的研究进展 [J] . 中国瓜菜，2016，29（11）：1-6.

赵猛，阎根柱，施俊凤，等 .1-甲基环丙烯与乙烯吸收剂对黄金梨防褐保鲜效果的研究 [J] . 保鲜与加工，2019，19（4）：42-48.

郑先章 . 关于减压贮藏技术及理论主流观点的商榷 ［J］. 农业工程学报，2017，33（14）：1-10.

钟伟平 . 第五讲 通风库 ［J］. 云南农业，2013（5）：73-74.

Lv J Y，Zhang J H，Han X Z，et al. Genome wide identification of superoxide dismutase（SOD）genes and their expression profiles under 1-methylcyclopropene（1-MCP）treatment during ripening of apple fruit ［J］. Scientia Horticulturae，2020（271）：1-8.

Zhao Q X，Jin M J，Guo L Y，et al. Modified atmosphere packaging and 1-methylcyclopropene alleviate chilling injury of 'Youhou' sweet persimmon during cold storage ［J］. Food Packaging and Shelf Life，2020（24）：1-9.

第六章 果蔬贮藏技术

第一节 苹果贮藏

苹果是蔷薇科苹果亚科苹果属植物，其树为落叶乔木，是我国北方重要的果实种类，是仁果类果实的代表，辽宁、山东、河北、山西、河南的主要果树树种。苹果品种多、产量大、耐贮藏，在保证市场的周年供应和对外贸易方面起着重要作用。苹果营养价值很高，富含矿物质和维生素，含钙量丰富，有助于代谢掉体内多余盐分，苹果酸可代谢热量，防止下半身肥胖。苹果中还含有丰富的天然抗氧化剂和纤维物质，能够有效清除自由基，预防癌症和降低心脏病发病率。

一、品种贮藏特性

苹果是较耐贮藏的水果之一，但不同的品种其耐贮性也有着明显的区别。一般早熟品种的耐贮性较差，晚熟品种的耐贮性较好。

早熟品种中的早捷、丹顶、祝光、藤木一号、嘎啦等生育期短，果实内积累的养分少，果肉质地软，果皮蜡质少，不适合长期贮藏，采后应立即上市。新红星、首红、金帅、红玉、乔纳金、北斗等中熟品种，比较耐贮，在严格的贮藏条件和适宜的温度下，可以贮藏到次年的3～5月。晚熟品种中以国光、青香蕉、印度、北海道9号和富士着色系最耐贮藏，在适宜的条件下，可以贮藏到次年的5～7月，适合长期贮藏。

苹果属于呼吸跃变型果实，采收期对苹果果实的贮藏品质与贮藏时间影响很大，必须适时采收。维持其最低的生命活动、控制呼吸强度、延缓呼吸高峰的到来，是延长苹果贮藏寿命的理论依据。贮藏温度、CO_2浓度、O_2浓度和乙烯含量是影响呼吸强度和贮藏寿命的重要因素。采收过晚，贮藏期腐烂率明显增加，有些品种还会发生采前落果；采收过早，其外观、色泽、风味都欠佳，商品价值不高且不耐贮藏。

二、贮藏中常见的病害

1. 青霉病

青霉病（如图6-1所示）通常发生在贮藏末期，由青霉菌寄生所致。病菌多从伤口处侵入，发病部位先局部腐烂，呈湿软状，发病初期病部表面黄白色，成圆锥状深入果肉，病部中间有蓝绿色霉状物，发病后十几天全果腐烂。贮藏前注意消毒灭菌，操作中减少机械损伤，单果包装可减少发病并防止病情蔓延。

图 6-1　苹果的青霉病

2. 炭疽病

炭疽病（如图 6-2 所示）发病初期果面呈褐色小斑点，其后病斑扩大稍带湿性，并向下凹陷。病部有黑色孢子，呈黏滑状。成熟度高而果皮薄的品种易发生此病。控制贮藏温度3℃以下可减少此病发生。

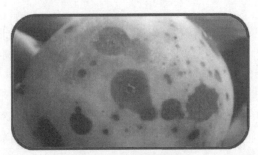

图 6-2　苹果的炭疽病

3. 轮纹病

轮纹病（如图 6-3 所示）发病初期以皮孔为中心在果皮上发生褐斑，以后逐渐扩大，有同心轮纹，果肉腐烂，表面呈暗红褐色，但果皮不凹陷。贮藏时挑选无病伤果，贮藏中保持恒定低温可防止此病。

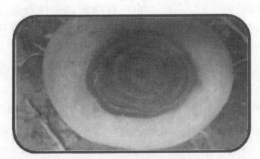

图 6-3　苹果的轮纹病

4. 褐腐病

褐腐病病菌多由伤口侵入，可接触传染。初期果面呈褐色软腐状小斑，随后迅速扩散，经过 8～10d，病果果肉松软，致使全果腐烂。果面上有同心圆状排列的灰白色绒球状分生孢子，果肉松软呈海绵状，略有弹性。在采后贮运过程中防止机械损伤。剔除病、伤果，单果包装等方法可减少此病发生。果实一般在接近成熟时染病，初期在果面上出现淡褐色小斑点，逐渐扩大，呈圆形、长圆形或不规则凹陷，直径 1cm 左右。病斑黑褐色，有光泽，边缘清晰。表面有突起的黑色小斑点，病斑下数层细胞疏松干腐，变褐色呈海绵状，易撕裂（图 6-4）。防治方法：加强果园管理，尽量减少和消灭病原体，在采收、分级、包装、运输过程中防止各种机械损伤。

图 6-4　苹果的褐腐病

5. 虎皮病

虎皮病是在贮藏后期发生的一种生理性病害，多数品种均易染此病。初期果皮黄褐色，表面呈现不规则微凹陷的斑块，皮下细胞变色，但不深入果肉，以后颜色加深，呈深褐色微凹陷，严重时病斑连成片如烫伤状，表皮可成片撕下。病变只发生在靠近果皮的 6～7 层细胞，病果肉发绵，有时带有酒糟味，略干缩，较坚实，果皮不易剥离。病部多发生在果实阴面未着色部位，严重时扩展至全果。防治方法有：①适当晚采，气调贮藏；②用含二苯胺 1.5～2mg 的纸单果包装；③用 25℃，0.25％～0.35％乙氧基喹溶液浸泡片刻干燥装箱。

6. 红玉斑点病

病斑为圆形、暗褐或黑褐色，直径 1～9mm，边缘清晰，微凹陷，不深入果肉，着色深的果实发病较多。果实要适时采收，采后及时预冷贮藏。当贮藏在 0～2℃，2％ O_2，2.5％～5％CO_2 的条件下，可减轻发病。此病与果实缺钙有关，在树上喷波尔多液、氯化钙或硝酸钙溶液，可减轻病害。

7. 苦痘病

病斑多发生在果顶近萼洼处，果肩处发生少，病部皮下果肉先病变，而后以皮孔为中心出现微凹陷圆斑，红色品种上为暗红色，黄色、绿色品种上为暗绿色，周围有深红色或黄绿色晕圈。后期病斑凹陷、褐色，直径一般为 2～4mm，最大可达 10mm。病部皮下果肉褐变，干缩成海绵状、味苦。这也是种缺钙性生理病害。

防治措施是减少氮肥的施用量，增施有机肥，注意果园的排灌，保持适度的水分供应，使苹果在生长发育期吸收足够的钙，提高果实中的含钙量，才有可能提高贮藏品质和延长贮藏期。如在生长期喷洒钙液或采收后用钙液浸泡，也有一定的防治效果。一般使用 0.8％硝酸钙溶液或 0.5％氯化钙溶液，每 20 天一次，共 4～7 次。贮藏初期注意通风，防止湿度过高。

三、贮藏的适宜环境条件

1. 温度

苹果贮藏过程中，其生理活动、水分蒸发、病害发生都与温度有关。在一定范围内，温度越高，呼吸强度越大，养分消耗越多，成熟衰老越快，贮藏寿命也越短。相反，温度越低，呼吸强度越小，贮藏寿命越长。如国光苹果在 0℃下贮藏呼吸强度为 10.47J/（kg·h），在 4℃时为 29.31J/（kg·h）。若温度升高到 18℃时，呼吸强度增至 108.86J/（kg·h）。因此，在贮藏期间保持一定的低温是十分重要的。

苹果汁液的结冰点在 -2.78～-1.4℃，对于多数苹果品种来说，贮藏的适温为 0～1℃；气调贮藏的适温，可以比一般贮藏高 0.5～1℃。如果用箱或筐贮藏，库温可降到 -2～-1.5℃。不同的品种对温度要求不同。在不适宜的低温贮藏条件下，常发生褐心病。因此，要根据品种贮藏特性来决定该品种的贮藏温度。

2. 相对湿度

苹果贮藏的相对湿度应保持在 85%～90%。湿度高可以降低果实水分的蒸发，减轻自然损耗，保持新鲜饱满状态；若环境湿度过小会引起果实失水，导致果实皱缩，影响口感和外观。沈阳农业大学食品系在苹果贮藏实验中发现，到贮藏后期，湿度大的贮藏窖和塑料薄膜小包装袋内的苹果较多发生裂果，尤以果型大的国光比较严重。此外，贮藏时湿度大，会增加真菌病害的发生，腐烂损失加重。

3. 气体成分

适当地调节气体成分，可延长苹果的贮藏寿命，保持其鲜度及品质。美国在 20 世纪 40 年代已将苹果气调贮藏用于商业生产上。近些年来我国用气调库及简易（小包装、大帐、加硅窗等）气调贮藏苹果，也已获得良好效果。气调贮藏适宜条件，必须针对不同的地区和品种，通过实验和生产实践来确定合适的气调条件。

四、预冷

刚采收的苹果呼吸作用十分旺盛，放出热量较多，果实带有田间热，果温高于气温，立即放入温差较大的环境中会造成果实的冷害，所以必须采取措施去除田间热，使果实冷却，降低果温。通常是通过将果实放置阴凉处过夜的方式，去除田间热后再入冷库进行库藏。我国果蔬采后的损耗，因不进行预冷造成的损失占总损耗的 40% 以上。若利用自然通风降温的各种贮藏窖，此时气温、窖温都较高，不能直接入窖，需进行预冷。方法是把采收的果实放在阴凉地方过夜，利用夜间低温来降低果温。预冷时要防止日晒和雨淋。一般 2～3d 预冷，就可以挑选入库。苹果采用沟藏，直接放在阴凉处，白天用草席覆盖遮阳，夜间揭开散热，遇雨时覆盖。当气温降到有受冻危险时，再进行选果入库贮藏。

五、贮藏方法

1. 装袋沟藏法

此方法是北方苹果产区的主要贮藏方法之一，一般适用于耐贮的晚熟品种，损耗少，保鲜效果良好。一般的做法是：在阴凉处挖宽 1m，深 0.8～1m，长度不限的沟，在沟口盖上厚 10cm 的草帘。选用 0.07mm 厚聚乙烯薄膜制成包装袋，每袋容量 15～25kg，边采收边装袋，装好后放在阴凉处，经过 1～2 个冷凉夜晚，于早晨封袋入沟贮藏。如果是早晨采收，可随采、随装袋、随贮藏。贮藏前 7～10d，将挖好的沟进行预冷，方法是夜间揭帘，白天盖帘，使沟内温度降低。入贮后至封冻前继续利用夜间自然低温，使地沟和入贮果实降温。沟内温度低于 -3℃时，将地沟完全盖严，直至第二年夜间气温高于沟温时，再恢复入贮初期的管理办法。当沟温高于 15℃ 以上时，停止贮藏。

入贮一个月内，要随时注意果实的质量变化。用此法贮藏效果明显，到第二年4～5月，红星、金冠的硬度保持在 $4.0kg/cm^2$ 左右，而且味道好、质地脆、色泽艳、病腐率低。气温回升后，贮藏苹果需迅速出沟，避免腐烂变质。苹果的沟藏见图6-5。

2. 纸箱或木箱贮藏法

箱子要清洁无味，箱底和四周铺两层纸，每个苹果用柔软的白纸包好，整齐地摆在箱子里。苹果贮存的最适宜温度为0～2℃。每隔一个月检查一次，及时取出腐烂的果子，防止传染。

3. 窑窖贮藏法

窑窖贮藏法是我国黄土高原地区的一种传统贮藏方式，可以为苹果提供较理想的温度和湿度条件。窑洞要选在地势干燥、土层深厚、不易塌方的崖子边上，窑洞以上应有4m厚的土

图6-5 苹果的沟藏

层，年均温度不超过10℃，最高月均温度不超过15℃。先挖主洞，主洞规格是：拱顶高1.8m，宽1.5m，长度随贮果多少而定。一般贮50t苹果，主洞长60m即可。当主洞挖至30m长时，向左或向右拐，向斜上方挖成台阶式主洞。待挖至高于原主洞地面1.2m时，再按原主洞平行方向往回挖，至挖通为止，挖成后，先开的洞口为窑门，后挖通的洞口为通气孔。在距离窑门、通气孔1～1.5m远处开始，沿主洞两侧每隔5～6m挖一个贮果室。贮果室门高1m，宽1.5m，顶高2m。主洞60m长的窑两侧可挖18～20个贮果室，每个贮果室可贮苹果3000kg，共贮果60t左右。

11月下旬，当日最低气温为0～3℃时，将10月上旬收获并经室外预贮的苹果，剔除有病虫和碰伤的果，用带有衬布的果筐运至贮果室，散积堆放。果堆边缘距贮果室门不少于300mm，距窑壁不少于200mm，堆高不超过600mm。

入窑半个月左右进行第一次倒果。倒果时拣除伤病果。第二年3月份，再挑选一次，可贮藏至5～6月份，质地良好。

4. 室内沙藏法

在摘苹果前，把备好的沙土晒成半干半湿状，以手捏成团，落地便碎为宜。要保持沙子的纯净，不要混入杂草。根据贮藏苹果的数量，选择贮藏室的大小，通常 $10m^2$ 的地方可以贮藏500kg。贮藏室内应通风透光。贮藏的苹果，应是外表皮无挤压、无破裂、无虫蛀的好果。贮藏时先将备好的沙土铺成30mm厚，再把苹果逐个摆在沙土上，堆成梯形。一般梯形底宽不超过1.2m，长度和高度不限，但要注意四周不要靠墙。然后，将沙土从梯形苹果堆顶部慢慢撒入，直到顶部的苹果露出一半为宜，沙土过多会影响苹果堆内部的通风。通常情况下，室内温度应保持在25℃左右。高于此温度时，应通风慢慢降低温度，降温速度不宜过快，以免损坏苹果表皮；低于此温时，应密闭门窗，增加光照时间，提高室内温度。此法贮藏苹果半年以内，果实色泽鲜艳，香气扑鼻，好果率在95％以上。

5. 通风库贮藏法

通风库是指没有制冷设备的贮藏库。这种库隔热保温条件较好，以通风换气的方式保持库内稳定和适宜的贮藏温度，是商业上应用最广泛的苹果贮藏方法。在我国大量应用于苹果的贮藏，是一种投资少、见效快、效果好的节能贮藏方法。

苹果入库前，库房要清扫、晾晒和保温消毒。库房消毒常用硫黄熏蒸，每立方米库容用

硫黄 2～10g。方法是：把硫黄与锯末混合后点燃，使其产生二氧化硫，密闭两天，再打开通风。或用福尔马林（含甲醛 40%）与水按 1：40 的比例配成消毒溶液，喷布地面及墙壁，密闭 24h 后通风。

适时采收，经产地分级、挑选的苹果用纸箱、木箱、条筐等包装。入库时一般不再进行加工挑选，防止因倒动造成新的机械损伤。码垛时，不同种类、品种、等级、产地的苹果分别码放。垛要码成花垛，码放牢固，排列整齐。码垛时要充分利用库内容积，垛顶距顶须留有 60～70cm 的空隙，垛与四周墙壁、垛与垛之间都要留适当空间，还要留出通道，便于通风散热和管理。库内可采用硅窗气调大帐和小包装等简易气调贮藏技术，能够进一步提高苹果的贮藏品质。

通风库的管理工作主要是调节库内的温度、湿度，因此须在库内选有代表性的部位设置温度计和湿度计，以便根据库内外温、湿度的变化，灵活掌握通风换气的时间、次数和通风量。苹果贮藏要求较高的相对湿度。入库前库内湿度低时，可开启加湿器，也可多次洒水，入库后地面放置湿锯木屑以及放置冰、雪等，都有提高湿度的作用。苹果贮藏库使用期间应保持清洁，废弃物及时清扫干净。

6. 机械冷库贮藏

苹果冷藏的适宜温度因品种不同而不同，大多数晚熟品种以 −1～1℃ 为宜。冷库的适宜相对湿度应控制在 90%～95% 左右。

苹果采收后，必须尽快冷却，预冷至 0℃ 左右。采收后 1～2d 入冷库。因为采下的果实在气温 21℃ 条件下延迟一天，在 0℃ 下就会减少 10～20d 的贮藏期。因此采收后经过分级挑选的果实，入冷库后 3～5d 内应迅速冷却到 −1～1℃。

在贮藏期间，应控制冷却剂蒸发速度以控制库内温度，冷库的管道系统结霜会影响导热能力，应在一定时间内进行升温除霜。

冷库内一般比较干燥，可以用淋湿吹风、库内喷雾提高湿度，也可在设计时增大蒸发管面积，使蒸发器温度与库温的差别缩小，一般不超过 2～3℃。冷库通风宜在夜间湿度低时

图 6-6 苹果的机械冷库贮藏

进行，如库内乙烯和 CO_2 积累过多，可装置空气净化器，保持库内每隔一段时间就通风换气。冷库贮藏的苹果出库时，应使果温逐渐上升到室温，否则果实表面产生许多水珠，呼吸作用大大加强，容易发生腐烂，影响贮藏效果。图 6-6 展示了苹果的机械冷库贮藏。

7. 气调贮藏

(1) 气调贮藏库

气调贮藏库即密闭条件很好的冷藏库，同时还附有调节及测定气体成分的设备，以及控制温、湿度的设备。

气调贮藏的苹果比普通冷藏的可适当早采收几天。经气调贮藏的红星、元帅、金冠、国光、富士等品种，都有延长贮藏期的效果。

气调库贮藏入贮时，仍需进一步挑选。苹果用大木箱盛装。码垛时，层间有隔板，用叉车码放和取货。采收后的苹果，最好在 24h 之内入库冷却并开始贮藏（有预冷室的气调库，

果实先行预冷再移入气调室）。尽快将库装满，及时调节气体成分达到设计水平，贮藏期间需经常检测气体水平及抽查样品。

对于大多数品种而言，控制 O_2 体积分数为 $2\%\sim5\%$ 和 CO_2 体积分数为 $3\%\sim5\%$ 比较合适。富士系苹果对 CO_2 比较敏感，目前认为该品系贮藏的气体成分为 O_2 体积分数 $2\%\sim3\%$，CO_2 体积分数在 2% 以下。苹果气调贮藏的温度可比一般冷藏高 $0.5\sim1.0℃$。对 CO_2 敏感的品种，贮温还可再高些，因为提高温度既可减轻 CO_2 伤害，又可减轻对易受低温伤害苹果品种的冷害。

（2）塑料薄膜帐

在窖、通风贮藏库及冷藏库内，利用塑料薄膜帐把苹果垛封闭起来，薄膜一般选用 $0.20\sim0.28mm$ 厚的高压聚乙烯膜制帐，每帐装果可从几千千克到几万千克，有的可达 2.5×10^4 kg 左右。封垛时在帐底先铺整块塑料薄膜，在薄膜上面放垫筐（箱）用的砖或枕木，在上面将经过预冷的果筐码成通风垛，码完后用帐罩上果垛，最后将帐底接近地面的边，紧紧卷合在一起，并埋入预先挖好的小沟内，然后用土压实或用沙袋压住，要求不漏气。

按照不同的降氧方法，气调塑料帐可分为自然降氧帐、快速降氧帐和硅窗扩散降氧帐三种类型。自然降氧帐是利用果实的呼吸作用，吸收帐内的 O_2，提高帐内的 CO_2 浓度，抑制果实的呼吸作用，达到延长贮藏保鲜的目的。但这种自然降氧法，降氧速度较慢，影响气调效果。当帐内 O_2 的浓度过低或 CO_2 浓度过高时，每隔一定时间要适当进行通风，然后再进行封闭。快速降氧（或称人工降氧），与自然降氧的贮藏方法大致相同。其不同点是果实扣帐密封后，立即用抽气机将密封帐内的气体从帐内抽出一部分，使塑料薄膜帐四壁紧贴在果堆上，然后通过帐子上部的充气袖口充入 N_2，使帐恢复原状，如此反复几次，使帐内气体含氧量降至 3% 左右。这种方法可以调节气体成分达到适宜的比例，降氧快，贮藏效果好，但要有充氮机，而且需要进行反复抽气，耗费 N_2 多、成本高。

（3）硅窗大帐气调

硅窗大帐气调是在塑料大帐上，开一个一定面积硅橡胶薄膜窗，利用硅橡胶薄膜自动调节帐内气体成分。要使这种方法获得好的效果，关键在于确定适宜的硅窗面积，如硅窗面积小，帐内 CO_2 浓度过高，不利于贮藏。所以，贮藏一定数量的苹果，要结合贮藏温度、帐子的大小，计算出适宜的硅窗面积。据试验，贮藏 1000kg 苹果，在 $5\sim10℃$ 的条件下使 O_2 保持在 $2\%\sim4\%$，CO_2 保持在 $3\%\sim5\%$，硅窗面积应为 $0.3\sim0.6m^2$。硅窗大帐贮果，可延长贮藏期达 $1\sim2$ 个月，解决春季果品不足、质量差的问题，使广大消费者吃到果色艳丽、肉脆汁多、酸甜可口的苹果。

（4）塑料小包装

采用 0.07mm 厚的聚乙烯薄膜制成，选择弹性强度好、具有抗拉力的塑料薄膜，可利用本身的伸缩性起到一定的调节作用。小包装每袋装果为 $40\sim50kg$，并应有较好的外包装，确保袋膜不易破损。

采用塑料小包装果实最好是随采收、随包装，但不要封口，装后可在树荫下露天存放，经过一个冷凉的夜晚，使袋内果实充分降温，于第二天一早封口，运往贮藏库。切忌放在日光下曝晒。

小包装气体成分指标一般要求 O_2 为 $2\%\sim4\%$，CO_2 为 $3\%\sim5\%$，在常温下小包装或大帐气调的气体指标高于这两个指标，一般 O_2 和 CO_2 都在 $5\%\sim7\%$，风味正常。如果塑料小包装利用通风库贮藏或冷藏库贮藏效果更好。

在常温下运用小包装贮藏苹果，应随时注意病害发生，尤其在气温较高的地区和贮藏前期，由于袋内结露严重，湿度大，会使某些品种果实发生程度不同的斑点和苦痘病。图 6-7 为苹果的气调贮藏示意图。

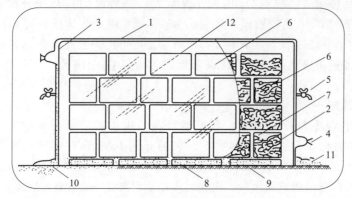

图 6-7　苹果的气调贮藏示意图

1—顶罩；2—帐底；3—充气袖口；4—抽气袖口；5—取样气嘴；6—果筐箱；
7—消石灰；8—垫砖木；9—地面；10—覆土；11—顶罩与帐底的卷边；12—木杆

8. 冻藏

冻藏是利用自然低温，使果实在轻微冻结状态下进行短期贮藏。因苹果的品种不同，耐低温的程度有很大差异。辽宁省营口市果品公司，把国光等不同品种果实分别存放在 −8℃ 和 −5℃ 的环境中，冻结两个月，经缓慢化冻后，果实外观饱满，色泽鲜艳。具体做法是：准备冻藏的国光苹果宜在 10 月下旬采收，果实着色好，成熟度适宜，质量高；冻藏可在通风库内进行，苹果入库前要预冷使果温降到 0℃ 左右，库温也要降到 0℃ 左右，以防止果实入库后温度升高，11 月中旬入库，不同品种分库贮藏；果筐或果箱堆成花垛，以利通风，从入库至 12 月中旬，主要做好通风工作，持续降温并维持在 −2℃ 以上；自 12 月下旬至第二年 1 月上旬逐步开窗降温，每 2 天降 1℃，使果实缓慢冻结，冻结时库温一般可保持在 −6～−5℃，有时短时间内低达 −8～−6℃；果实冻结后，即保持在冻结状态下贮藏，不能反复冻融，果实冻结后，不宜搬运，以免发生机械损伤。对多数苹果品种而言，其长期冻结温度宜在 −3℃ 左右较为适宜。

9. 碳分子筛气调贮藏法

碳分子筛气调机是用焦炭分子筛作吸附剂，降低空气中的 O_2 含量，提高 N_2 含量，使对水果有保鲜作用的 N_2 含量达到 98％ 以上。

用碳分子筛气调机贮藏苹果，既可延长苹果的贮藏保鲜时间，又能减少腐烂损失。实践证明，在制冷条件下，红元帅和黄元帅苹果在密封箱内贮藏 186d，腐烂率为 2.5％。在非制冷条件下的地窖内使用，也可获得同样的效果。

10. 棚窖贮藏法

要选择地势高燥、地下水位较低和空气流通的地段挖窖。窖以南北向为好，以减少冬季北风的侵袭。辽宁地区一般挖 2m 深的沟，地上筑土 1m 高，宽 3～6m，长 10～60m 不等，根据贮藏量而定。

苹果入窖时，窖底先垫砖或石头，使之离地面 100～200mm，果筐码在其上，并与墙壁保持一定距离，距窖顶 0.5～1m。

棚窖管理的方法大体分 3 期。前期是秋天和初冬，这时气温比窖温低，要把所有的通风孔和门窗打开，日夜大量通风降低窖温。中期是整个冬季，窖温达到贮藏要求，这个时期主要是防寒，此时把通风设备全部关闭，按时适当地打开调节温、湿度。后期是在气温上升的春季，外界气温逐渐高于窖温，白天不要打开通风设备，以免热空气进入窖中，夜晚根据窖内的温、湿度情况进行适当的通风，保持窖内要求的温度。采用棚窖贮藏苹果，可从 11 月贮至次年 3 月，果实仍保持皮色鲜艳，果实饱满，腐烂损失很少。

第二节　梨　贮　藏

梨，通常品种是一种落叶乔木或灌木，极少数品种为常绿，属于被子植物门双子叶植物纲蔷薇科苹果亚科。梨是我国北方的主产水果之一，历史悠久，产量仅次于苹果，较耐贮藏。梨不仅味美汁多，酸中带甜，而且营养丰富，含有多种维生素和纤维素，能维持细胞组织的健康状态，帮助器官排毒、净化，还能软化血管，促使血液将更多的钙质运送到骨骼。

一、品种、采收及贮藏条件

和苹果一样，梨的不同品种，耐贮性不同。梨有四个品系，分别为秋子梨、白梨、沙梨和洋梨。每个品系的特点、代表品种和主要产地如表 6-1 所示。

表 6-1　梨的品种、特点和主要产地

品系	特点	代表品种	主要产地
秋子梨	果圆形、个小、皮绿色、味酸涩	京白梨、南果梨、大香水梨	吉林、辽宁、河北、京津、西北
白梨	卵圆形、个大、皮黄色、味道佳、较耐贮	鸭梨、莱梨、长把梨、秋白梨、油梨、夏梨、库尔勒香梨	辽南、河北、山东、山西、新疆、陕西、甘肃
沙梨	果中等或特大、圆球或卵形，皮绿色或淡黄色，不耐贮	三花梨、黄樟梨、花溪梨、日本梨	华中、华东、长江流域各地区
洋梨	果瓢形，皮黄绿色，肉质甘甜，细软多汁，香味浓，不耐贮	巴梨、茄梨、三季梨	烟台、威海、青岛、大连、北京、河北、陕西、甘肃、四川

不同的品种又有不同的贮藏特性，要求不同的贮藏条件，如表 6-2 所示。

表 6-2　不同品种梨的贮藏条件

品种	贮藏性	适宜贮温/℃	贮藏期/月	特点
南果梨	较耐贮	0~2	1~3	不需后熟，果肉易变软
鸭梨	耐贮	0~1	5~8	后熟期 7~10d，需缓慢降温，对 CO_2 和低 O_2 敏感，不宜进行气调贮藏
酥梨	较耐贮	0~5	3~5	相对湿度小于 95% 为宜
莱梨	较耐贮	−2	3~5	对低温和 CO_2 敏感
雪花梨	耐贮	−1	5~7	对 CO_2 敏感，可直接入冷库贮藏
秋白梨	耐贮	0~2	6~9	可进行气调贮藏
库尔勒香梨	耐贮	0~2	6~8	相对湿度 90%，可进行气调贮藏
栖霞大香水梨	耐贮	−1~0	6~8	相对湿度 90%~95%

作为长期贮藏的梨，应当适时采收。适宜的采收期，主要由品种、贮藏期的长短和该品种在贮藏期间发生的主要病害来决定。如早熟品不断满足供应市场的需要，应按贮藏期的长短来决定采收期，如果预定贮藏期较长或进行气调贮藏可提早采收，预定贮藏期较短或进行冷藏可延缓几天采收。

采收太早，其外观色泽和风味都较差，还容易发生某些生理病害，如黑心病、CO_2 伤害和失水萎蔫等。

梨贮藏时间越长，对于采收成熟度的要求也越严格。

梨采收后应尽快预冷，才能使果品贮藏期限延长。对鸭梨预冷温度，则要采取缓慢降温的措施，预冷过快，易产生生理病害，引起鸭梨"黑心"。

大多数梨的适宜贮藏温度为0℃左右，大多数洋梨品种适宜贮温－1℃；相对湿度为85%～90%，在较高湿度下可阻止水分蒸发，从而降低自然损耗。梨若失水5%～7%，则会出现皱缩而影响外观，降低食用品质。

当果实采收时，带有大量的田间热，在短期内不易降温。此时，若立即入窖（库）贮藏，易造成果实腐烂。贮藏前必须进行预贮，在短期内迅速降低果温。

河北省昌黎地区，把采摘的梨装入筐中加盖，置于树下阴凉处，每隔数日于清晨或夜间揭盖降温。预贮过程中选果一次，当气温降到对梨有受冻危险时，再次选果，装筐入窖（库）贮藏。

北京地区，梨的预贮方法是选择高燥、通风、背阴之处。每隔300mm挖一深约300mm的沟，沟宽180～240mm，沟与沟平行，挖成几道，上铺秸帘，四周每隔1m钉上高约1.3m的一根木桩，将秸秆与木桩扎紧，围成长方形囤子。将采收后的梨放入，堆放厚度不宜过高，预贮一个月，约11月上旬入窖（库）。

山东省莱阳县对莱阳梨的预贮方法是先将梨果贮藏在深约160mm的小沟内，白天盖席防雨、防晒，晚上揭开，直至11月气温降低后，再入窖（库）贮藏。

二、梨在贮藏中发生的主要病害

梨在贮藏的过程中主要发生的侵染性病害包括青霉病、炭疽病、轮纹病和黑斑病。其中，青霉病、炭疽病和轮纹病的症状和致病菌与苹果相同，这里就不再次赘述了。图6-8展示了梨的青霉病、炭疽病和轮纹病。

图6-8 梨的青霉病、炭疽病和轮纹病

1. 黑斑病

病菌多从伤口侵入，在果实表面形成大小不等的黑色、褐色斑点，同心圆排列灰白色菌丝和黑色孢子，病斑扩大直至腐烂。可选抗性强、无病伤的果实进行贮藏，并保持低温来预防此病。如图6-9所示。

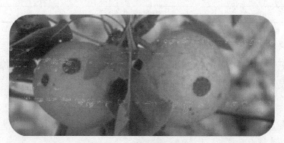

图6-9 梨的黑斑病

2. 黑心病

黑心病是一种生理性病害，在鸭梨中危害严重，在其他梨中也会发生。梨冷藏后，果心会发生不同程度的褐变，果皮色泽暗淡，果肉组织疏松，与果实的成熟度和贮藏中的冷害有关。可通过逐渐降温贮藏、适时采收等来防治。

3. 长把梨红心病

长把梨红心病作为生理性病害，发病初期在果心线以内，心室间的果肉发生红褐色并逐渐扩展到果心线以外的果肉部分，果肉发生褐变，呈水浸状，皮色暗淡，直至整个果实腐烂变质。防治此病一是要加强田间管理，使树健壮；二是要适时采收，在贮运中防止高温伤害。

4. 鸭梨黑皮病

鸭梨黑皮病是鸭梨贮藏期极其严重的生理病害，病部果皮呈黑褐色斑块，对果肉一般无影响。

库温过高或过低、采摘过早、CO_2 过高都会加重黑皮病的发生。

适期采摘，控制贮藏环境中 CO_2，增大通风量，维持适宜的贮藏温度、湿度，或用含乙氧基喹的药纸包果，可防治此病。

5. CO_2 伤害

鸭梨、雪花梨、莱阳梨等对 CO_2 极敏感，库房内 CO_2 含量高于 2％便易引起果心、果肉褐变等病害，因此要加强库房通风换气。也可以将消石灰放在透气较好的袋中，放置于库内冷风机下，通过库内气体循环，吸收 CO_2，这种方法操作简单，经济有效，并可减少通风换气带来的自然损耗。

6. 锈皮病

锈皮病指梨的果皮外表发黑，呈一片片不规则形状。鸭梨和京白梨容易出现这种现象，因为这两种梨果皮又薄又嫩，受到外界摩擦、碰撞或风吹，就会产生锈皮。这是梨中单宁氧化褐变所致。预防办法从"轻"字上着手，"装卸时轻搬轻放，挑选时轻拿轻选"。注意不要满把抓梨，包装应采取单果包装。尽量减少翻动和加工次数，以防摩擦损伤。

三、贮藏方法

1. 筑畦堆藏法

在秋分前梨果尚未采收时，先选择背风阴凉、排水良好、未施过土粪和氨水的地方。在梨树行间，沿南北方向筑畦，畦宽 2m 左右，畦长视地形和贮果量而定。畦面要高出地面，表面铺层麦粒大小的洁净干沙。畦埂四角及两个长边上，每隔 750mm 钉一根木柱，柱高 750mm。在木柱内侧沿畦埂四边竖立用高粱、玉米秸秆或荆条编成的帘子，帘内紧贴两层完整无洞的牛皮纸，纸间接头处要相互压边搭接。

贮藏梨果前，先在畦面的干沙土上喷一次水，以使贮藏期间保持一定的湿度。梨果入贮时，先放除去碰压、刺伤、病虫危害的果实，然后把个小、枝重的梨果摆在沙面上。压柱竖立于畦边的牛皮纸下端，压住底边的宽度约 30mm，再将梨果逐层摆放。摆放时，要轻拿轻放，果柄朝下斜放，以免碰压、刺伤果造成贮藏中腐烂。梨堆顶部摆成小圆弧形，四周与畦穴同高，堆顶垂直高度 1m 左右。梨果摆好后，先在梨堆顶部盖两层牛皮纸，再横盖一层苇席和草帘，最后用草绳横过梨堆，绑缚牢固。

贮藏过程中应根据天气情况，随时放风，调节温度。一般入贮前期每隔 7d，在无大风的傍晚至次日日出前，揭盖放风一次。随气温下降，逐渐延长放风时间。秋分至霜降期间遇雨，要将梨堆上的牛皮纸和苇席揭开，让雨水淋入梨果堆内，增加湿度，防止果皮皱缩和果柄干枯。但要切实做好排水工作，不能使堆内积水太多，以免梨果腐烂。若此阶段久旱无雨，可进行人工喷水，增加堆内湿度。小雪前后，气温下降至 $-5 \sim -3℃$ 时，堆顶要加盖两层牛皮纸，其上覆盖苇席和草帘，并将席、帘逐一绑在木柱上，以防梨果"涨堆"倒塌。大雪到冬至期间，当气温下降到 $-10 \sim -8℃$ 时，要在梨堆四周覆以杂草、树叶或培土 $250 \sim 300mm$，堆顶的牛皮纸上加厚约 150mm 的树叶、碎草，最后用苇席、草帘和玉米秸秆等盖严防寒。这段时间，要经常检查堆内温度，以维持在 $1 \sim 2℃$ 为宜。第二年春天，在立春至春分期间，当气温回升至 $3 \sim 5℃$ 时，要及时撤出树叶、碎草，除去培土，加强梨堆通风，防止梨果变质、腐烂。

2. 窖藏法

窖的建筑方法是由北向南，挖一斜道，最下端离地平面的距离 $0.5 \sim 2m$，在斜道的底部与地平面垂直的壁上挖掘窖洞，窖门高 $1.5 \sim 1.7m$，宽 $0.8 \sim 0.9m$；门道的顶端为三角形作通气用，窖门装有一扇木栅栏门，窖门以内为贮藏窖，成长方形，下方上圆，两侧为弧形。窖深 $9 \sim 12m$，高 $2 \sim 2.5m$，宽 $2 \sim 2.5m$。窖的内底壁上，挖一长、宽均为 0.3m 左右正方形通气孔，通气孔要打通到地面。地窖内两侧的下端及中间，沿长度方向筑有土墩三道，土墩高 $400 \sim 500mm$，宽 $300 \sim 350mm$。土墩上面搭木棒架作为梨床。

贮藏前，在梨床上铺一层高粱秆草帘，将选好的梨排放在草帘上，梨堆的高度 $1 \sim 1.5m$。梨床下面能通风透气，冬季管理方便。立冬以后天气变冷，可用厚纸裱糊门窗，再冷时，门的外边也可用秸草堵塞，只留门顶三角通气孔。如果天气过于严寒，门顶三角通气孔也可暂时堵紧，至第二年春分天气变暖后，逐渐取出堵门的秸草。

3. 自然通风库贮藏

（1）贮前准备

在果实贮藏前，应进行清扫、通风设备检修和消毒等工作。库内消毒，按每立方米容积用硫黄 $2 \sim 10g$ 加锯末拌匀，点燃发烟后密闭 2d，然后打开通风。也可用福尔马林（含甲醛 40%）与水按 1：40 的比例配成消毒液，喷布墙面及地面，密闭 24h 后通风。通风 $2 \sim 3d$，果实才能入库。

（2）入贮和管理

自然通风库贮藏梨，既可装箱、装筐堆码，也可散堆沙藏，还可设架存放。散堆沙藏时，先在库内地上铺一层厚 5cm 的干净湿润细沙，将果实一层层摆上去。摆果高度，一般以 $60 \sim 80cm$ 为宜。果堆内每隔 $3 \sim 5m$ 竖一个通气把。筐箱装放，先在地面垫砖块，砖高 20cm，砖上再铺木板或笆子，其上堆码筐或箱。常用的堆码方式，箱垛有直立式、井式、梅花式三种。

垛高 25m，码 5 层箱高，箱距 10cm，堆距及堆与墙的间隔距离 60cm。筐垛有卧垛式、立垛式和立卧混垛式三种（垛高 $5 \sim 7$ 层）。为便于控制通风库内的温度、湿度，须设置温、湿度计，并安放在有代表性的部位，以便随时了解和掌握库内温、湿度的变化情况。以维持库内 0℃ 左右的温度，相对湿度 $85\% \sim 90\%$ 为宜。

在春秋季节，利用夜间进行通风，以降低库内温度。当库温降到一定程度时，将通风设备全部关闭。在寒冷季节，以保温为主。如需要进行换气和排湿时，要选择晴天的中午气温较高时将排气筒打开，进行短时间的通风换气。

通风库内湿度不够时，可在地面喷水、挂湿麻袋或湿草帘、地面放潮湿锯末等，以提高库内湿度。

4. 机械冷库贮藏

机械冷库贮藏果实的方法，主要是筐、箱装放，堆垛排列要求牢固，留有通道，利于通风和管理。堆垛一般距离应 10cm 以上，距天花板应 50cm 以上，垛高不能高于出风口。冷藏库的管理工作主要是调节控制库内温度、湿度和进行通风换气。如图 6-10 所示。

(1) 温度管理

冷库温度，一般品种贮藏的适温多在 0℃ 左右。果实入库初期，要采用逐步降温的办法，以避免某些果实的生理病害（如鸭梨的黑心病）。在有条件的情况下，特别是易发生生理病害的品种，果实最好先进行预贮，使之逐渐降温后再转入正常贮藏，这样可以提高贮藏质量。为便于掌握库内温度，每个库房中应设置 5 个测温点测量温度。

图 6-10 梨的机械冷库贮藏

春夏季从冷库中取出的果实，果面上易凝结水珠，造成腐烂，而且果实骤遇高温，色泽发暗，果肉变软。因此，在出库前应采用逐步升温的办法，使果实温度逐步升高后再出库，有利于保证果品质量。

(2) 湿度管理

果实贮藏的适宜相对湿度为 85%～90%。若湿度不够时，可在地面洒水，增加空气中的相对湿度。也可在冷却系统的鼓风机前，安装自动喷雾器，随着冷风将水汽送入库房。

(3) 冷库的通风换气

果实在贮藏过程中不断释放二氧化碳和乙烯气体，当积累到一定浓度后，会促进果实衰老，品质变劣，不能长期贮藏，因此，必须通风换气。方法是库内与库外进行交换式通风，以排出库内的浑浊空气。时间最好选择在库外温度与库内温度相近时进行，这样可以防止因通风造成的库温波动。一般情况是使库内空气流通，使整个贮藏库温、湿度均匀。通风速度不要过大，一般每天保持库中风机运转 6～8h 即可。

5. 鸭梨气调贮藏法

鸭梨的气调贮藏在操作方法上与苹果气调贮藏法相似，不同之处在于鸭梨气调贮藏时，必须严格控制 CO_2 浓度。CO_2 浓度在 1% 以下时，贮藏 84d，黑心率为 5%。随着 CO_2 浓度的增加，果皮颜色由绿逐渐变黄，果肉由白变褐，当 CO_2 浓度超过 2% 时，黑心率达 100%。

6. 小帐气调贮藏法

利用 0.07mm 厚的聚乙烯薄膜小帐贮藏梨，只要严格控制好帐内的气体成分，即可获得较好的贮藏效果。入贮的果实，必须进行预冷，经过严格挑选，以免因帐内湿度较高而腐烂。贮藏过程中，要随时测定帐内气体成分，注意调整帐内气体浓度，防止 O_2 含量过高而使果实衰老加快，避免 CO_2 含量过高而造成果实中毒变质。

7. 硅窗气调贮藏法

上海地区利用硅橡胶窗气调帐，库温 0～2℃，气调贮藏梨 500kg，经 200d，梨的外观仍新鲜饱满，皮色青绿，果柄新鲜。出库时，好果率 92.6%，小果、残次果 4.7%，烂果 2.7%。在该气调中，用 $2.5m×1.1m×1.2m$ 的帐，在其一侧镶嵌 $0.15m^2$ 的 $D_{45}M2-1$ 型硅橡胶窗，按 50kg 果实撒 0.5kg 消石灰于帐内以灭菌并吸收 CO_2。

8. 秋梨缸藏法

秋梨贮藏分深秋和冬季两个阶段。深秋阶段主要是使梨发酵，这是影响梨的风味、甜酸度、颜色好坏的关键时期。霜降后摘下的梨，挑出破皮、有伤的，把好梨轻轻装进缸内。装满后，缸口用透风的物品（如纱布）盖好，放在通风的棚子里，根据天气冷热情况，3~5d 检查一次，检查时将手伸进里层，如手能感到梨有温度，应立即把梨倒入另备好的空缸内。在倒缸时要挑出变质、破损的梨。这样倒 3~5 次缸后，梨由绿色变成了黄色，发酵完成，这时室外已基本上冻了，深秋贮藏阶段也就结束了。冬季贮藏是把发酵好的秋梨装在透风的筐里，每筐装 40kg 左右，一层一层地垒起来，放在冷棚里。筐与筐之间要架起来，以免压梨，最下层筐要垫上木料等，使之不直接接触地面。这样，到春节前后秋梨就由黄变黑，果肉由粗变细，风味变佳。

9. 油梨减压贮藏法

油梨又名鳄梨，在树上不能自然成熟，需要进行后熟。油梨在贮藏中最易发生冷害，其表现为果实出库后果肉变为褐色，果皮发生焦斑，不能正常成熟。其适宜贮藏温度为 4.4~12.8℃，相对湿度 85%~90%。油梨在 6℃，减压条件下其后熟被显著抑制，在 100mmHg（1mmHg≈133.3Pa）以下果实贮藏 70d 仍保持未熟状态。这是由于低压抑制乙烯生成，促使组织内乙烯向外扩散，降低内部乙烯含量，从而抑制果实后熟。

10. 香梨贮藏法

新疆库尔勒香梨采用冷库贮藏，效果明显，库温 0~1℃，空气相对湿度保持在 85%~90%。用木板条箱和聚乙烯袋贮藏香梨，不仅好果率高达 98.2%，而且香梨非常新鲜饱满，果皮浅绿色，贮藏 8 个月，果柄的一半还是新鲜的。梨在贮藏期间，不用翻倒，省工，完全保持了果实原有的品质。

11. 梨冻藏

冻藏一般用于北方果品。南方的果品由于在高温季节生长成熟，耐低温能力很弱，如采用低温，正常的新陈代谢受到破坏，就会发生生理病害或者腐烂。

北方一般冻藏晚熟梨。准备用来冻藏的果实，要适当晚采，分级后将果实包纸装箱或筐，入窖前预冷（果温降到 0℃）。将装箱或筐的果实堆码在普通果实贮藏场所，随严寒季节的到来，敞开门窗，大量引入外界空气降温，使库内温度下降到 -8℃ 左右。到春季外界气温升高时，将门窗紧闭，或在堆垛上加塑料薄膜帐并盖上棉被，减少果实受外界温度的影响，仍可以维持一段冻结时期。果实冻结后，即维持在冻结状态下贮藏，不能反复冻融，否则果实不能复原，并变褐变软。次年春季，用塑料薄膜覆盖，直到出窖。

第三节　桃　贮　藏

桃是蔷薇科的桃属植物，是一种果实作为水果的落叶小乔木，花可以观赏，果实多汁味美，芳香诱人，色泽艳丽，营养丰富，可以生食或制桃脯、罐头等，核仁也可以食用。原产中国，各省区广泛栽培。

一、品种选择和采收

桃多数是在夏季高温条件下成熟，它的可采成熟度与食用成熟度几乎同时达到。果实柔软多汁，在适宜的贮藏条件下（温度-0.5~1℃，相对湿度85%~90%），也只能贮藏2~8周。但桃的品种间耐藏性差异很大，如水蜜桃耐藏性最差，只能贮藏1周左右；而山东青州蜜桃成熟期晚，"寒露"以后采收，可贮存3个月以上。因此，要选择晚熟耐贮藏的品种进行贮藏。市场上桃的主要品种及特点见表6-3。

表6-3　市场上桃的主要品种及特点

名称	果实主要特点	口感及风味
桔早生	圆形平顶，果梗洼处较大而圆缝合线浅，有绒毛，果实底色黄绿，色红，鲜艳美观，黏核	果实软甜有香味，酸度极小
岗山500号	长圆形平圆顶，缝合线深，有毛，初期底色青白，果顶阳面彩色偏红，缝合线上有一道红线，后期底色绿、黄、彩色、粉红，易剥皮，黏核	肉绵软甜度大，稍有酸味及芳香味
大久保	果顶缝合线凹凸不平，梗洼处微深有棱，果实底色青白，有红条纹，后期变白色、彩色、粉红	肉脆甜，有芳香味
上海水蜜	果顶圆，果尖稍凹，梗圆，平梗洼较深，果皮底色绿白，阳面微红，果面绒毛较长	肉嫩纤维较多，味浓甜汁多，有芳香气
早生黄金	果实短椭圆形，果尖深凹，缝合线明显，绒毛较多，果皮底色橙黄，阳面有暗红色点状红晕和较明显的斑点	肉细且韧，酸甜多汁
蟠桃	扁圆形，缝合线两旁凹凸不平，有绒毛和白梗，果实底色黄绿，阳面彩色带红，易剥皮，黏核	软甜可口
岗山白	椭圆形，缝合线有绒毛，果实底色淡绿，阳面彩色淡红色，缝合线上有一道粉红线，后期底色白里透黄	果肉坚韧，汁较少，味甜
黄金桃	椭圆形，尖略秃，缝合线浅，有绒毛，果实底色黄金色，阳面彩色微红，易剥皮，黏核	肉绵软，汁足味甜适中
五月鲜	椭圆形，果尖明显，缝合线浅，有绒毛，皮青白色，尖端处鲜红，形状美观，绒毛短细，离核	七八成熟时甜脆可口，成熟时肉质绵软味更甜

桃属于呼吸跃变型果实，但是采后一般不能在后熟过程中增进其品质。拟作贮藏的桃，不能在完全成熟度时采收，也不宜过早采收，应达到贮运成熟度时采收。

由于桃果在树上生长成熟先后不一致，应适时分次采摘，一般选择晴天早上或者傍晚进行。在采收时用手轻握，托住全果采摘。要轻摘轻放，防止碰伤，切勿用手捏住果实旋转。采摘时要带果柄，勿使果柄脱落，防止病菌侵入，引起腐烂。采后应严格挑选，凡病虫果、有青色疙瘩和机械损伤的果实不宜用于贮藏。

果实采下后要立即进行预冷，5~10℃预冷2~3d。用于鲜食的桃宜在八九成熟时采收，即桃绿色基本上褪去，白肉品种底色呈绿白色，黄肉桃呈黄绿色，果面已平展，无坑洼，绒毛稍稀，果实仍比较硬，稍有弹性；用于远销的桃，可以稍早一些进行采摘，一般在七八成熟时进行采收；加工用的桃，可在七成熟时进行采收；完全成熟的桃，只能就近销售，不能用于远销。装桃用的箱子以扁箱为好，可避免压伤下层果。桃的冰点为-15℃，适宜的贮藏温度为0℃，相对湿度为85%~90%，气体成分O_2为1%，CO_2为5%。

二、桃在贮藏中易出现的问题及防治措施

1. 冷害

在高温下采摘的桃，立即降温至1~2℃进行冷藏时易发生冷害，表现为桃表面褐变，

呈水浸状，导致肉质发生絮化。防止冷害的方法是贮藏时降温不易过快，应事先在5～10℃下预冷2～3d后再冷藏。桃的冷害如图6-11所示。

2. 褐腐病

褐腐病是由微生物侵染引起的。病菌多于田间侵入果实，在贮藏中发展，在果实间传染。初发病时出现褐色小斑点，以后斑点逐渐扩大，果肉软腐，致全果腐烂。预防此病应从田间入手，喷布药剂，果实套袋，加强果园管理。贮藏前严格选果，消毒；贮藏中保持适宜的温、湿度。用51～53℃热水浸果2～2.5min，或用46℃，105μg/L的苯菌灵浸果2min，可减少桃采后腐坏。贮藏中另一常见的病害是根霉菌，可于采后用0.1％的二氯硝苯胺悬浮液浸果。桃的褐腐病如图6-12所示。

图6-11　桃的冷害

图6-12　桃的褐腐病

3. 烂心病

桃在贮藏中发生的生理病害，一般是低温伤害引起的。烂心通常从外表看不出来，只有在上货架之后甚至切开时才能发现。

国外现采用间隔加温法防止桃子烂心病，方法是果实每在0℃贮藏1～4周，便升温至室温放1～3d，之后仍恢复到0℃贮藏。如果加上气调处理（1％O_2，5％CO_2），效果会更好。

三、贮藏方法

1. 普通贮藏法

桃在常温下不易贮藏，属易腐烂品种。用于短期贮藏的果实，应在果实八成熟时采收。采收时要带果柄，落蒂果的落蒂部分容易感染病菌，从而腐烂。桃的成熟度不一致，应分批进行采收。因桃果肉柔软，宜用浅容器贮藏，每容器装5～10kg为宜。运输温度要求为0～7℃。桃贮藏适宜温度为0.5～1℃，相对湿度85％～90％，贮藏寿命为2～8周。如图6-13所示。

图6-13　桃的普通贮藏

2. 冰窖贮藏法

采收时间最好选择晴天无露时进行，采后避免雨淋。采收时要轻拿轻放，尽量保留果面上的果粉和蜡质，严防掉柄、刺伤或落地。装箱前要对果实进行逐一检查，剔除病虫果、畸形果、肉质松软果和机械损伤果。

桃采收后尽快预冷，一般用0.5～1℃凉水进行冷却，预冷后及时运往冰窖贮藏。贮藏时，先将窖内冰块移开，在窖底和四周墙壁留下厚约500mm的冰块，而后将装有桃的果筐（箱）放在冰上码垛，堆垛与包装之间填满碎冰，每堆码完一层，就在其上放一层冰块，重复交错，堆好后再在顶层上覆盖稻草等保温隔热材料，厚约1m。桃的冰窖贮藏见图6-14。

图6-14　桃的冰窖贮藏

第四节　蓝莓贮藏

蓝莓是杜鹃花科越橘属多年生低灌木，又名笃斯、黑豆树（大兴安岭）、甸果、地果、龙果、蛤塘果（吉林）、讷日苏（蒙古族语）等。原生于北美洲与东亚，分布于朝鲜、日本、蒙古、俄罗斯、欧洲、北美洲以及中国的黑龙江、内蒙古、吉林长白山等国家和地区，生长于海拔900～2300m的地区。

蓝莓果实中含有丰富的营养成分，尤其富含花青素，不仅具有良好的营养保健作用，还具有防止脑神经老化、强心、抗癌、软化血管、增强人体免疫等功能。蓝莓栽培最早的国家是美国，但至今也不到百年的栽培史。因为

图6-15　采后的蓝莓果实

其具有较高的保健价值所以风靡世界，是联合国粮食及农业组织推荐的五大健康水果之一。采后蓝莓如图6-15所示。

一、蓝莓的采收

1. 采收方法

蓝莓采收方法有机械采收和人工采收，鲜食蓝莓宜用人工采收。采收人员在采果时应戴

上手套（指套），以免损伤果实和抹去果粉，影响果实外观。用于鲜食的要采摘无损伤果，采摘时要轻拿、轻放。采果篮要柔软光洁，每个采果篮盛果量不得超过 1kg。病果、腐烂果要带出园外深埋或药剂消毒后销毁，严禁用于加工和上市销售。

2. 采收时间和采收期

蓝莓成熟季节为 6～8 月份。蓝莓果实表面为蓝黑色时即成熟，由于蓝莓果实成熟不一致，要分批采收。一般盛果期 2～3d 采收 1 次，始果期和末果期 3～4d 采收 1 次。采摘应在早晨露水干后至中午高温以前，或在傍晚气温下降以后进行；雨天、高温或果实表面有水时不宜采收。供鲜食的在九成以上成熟时采收；供加工的在充分成熟后采收。

二、贮藏方法

1. 低温冷藏

温度是影响蓝莓品质的最重要环境因素。低温冷藏，一方面通过抑制果实呼吸减少物质消耗，延缓衰老；另一方面也不利于微生物的生长繁殖，降低病害。

低温的环境下，蓝莓产生二氧化碳的速率非常低，同时在这个环境内氧气也会变少，蓝莓就会由有氧呼吸调整为无氧呼吸，这种环境下，乙烯的产量也会变得很少。而低温贮藏也是有范围的，温度也不能太低，因为过低的温度会使蓝莓失去它内部所含的水分。而这个温度大概在 4～6℃，此时不仅不会滋生细菌，蓝莓保存的时间也会较长。蓝莓进行短时间的有氧呼吸也有一定的好处，因此在一开始不需要制造无氧环境，有氧呼吸消耗一定氧气，当氧气消耗完全时，自然就会进行无氧呼吸，从而形成贮藏蓝莓的良好环境。

2. 气调贮藏

蓝莓气调包装气体由氧气、二氧化碳和氮气组成。将蓝莓采用透膜包装，填充低浓度氧气、高浓度二氧化碳混合物后密封，有利于保持蓝莓弱氧呼吸的空气平衡。蓝莓是浆果，非常适合存放在小型气调罐中。注入 5％的氧气和 30％的二氧化碳，是蓝莓的最佳贮藏环境。

3. 高压静电场贮藏

高压静电场贮藏的危害非常小。使用平行板电容器产生高压静电场，板间电压的变化进而导致了电流的变化，从而使蓝莓达到保鲜效果。孙宝贵将蓝莓果实冷藏起来，长期用高压静电场处理。结果表明，在高压静电场作用下，蓝莓果实的贮藏保鲜度显著提高，呼吸速率降低，表面颜色明暗度（L）、红绿色（A）、黄蓝色（B）值变化及鲜重下降明显受到抑制。糖含量、酸度、果实硬度等品质的降低也受到抑制。理化性质的变化低于对照区。

4. 化学生物试剂保鲜贮藏

化学防腐剂主要抑制或杀死果蔬表面的微生物，起到保藏作用。常用的安全防腐剂是1-甲基环丙烷（1-MCP）和水杨酸（SA）。有学者利用 1-MCP 来保存蓝莓，结果表明，1-MCP 能够有效地保持蓝莓的维生素 C 含量和含水量，抑制可溶性固形物含量和可滴定酸下降，延长蓝莓的贮藏时间。在生物领域中，哈茨木霉是一种微生物杀菌剂，可作为蓝莓防腐剂。研究哈茨木霉对采后蓝莓果实贮藏品质、生理生化和生物活性的影响。结果表明，在收获前，以 3.0×10^6 CFU/mL 的浓度喷洒哈茨木霉能够显著抑制蓝莓果实腐烂率的增加，较好地保持果实的紧实度，较低的乙烯释放率和呼吸强度，有效地保持蓝莓在贮藏过程中的品质和生物活性。

5. 辐射保鲜

辐射防护是一种安全、简单、有效的储存技术，能够较好地杀灭致病菌，延缓果实的衰老，具有低温、杀菌彻底、无任何残留的优点。用电子束照射蓝莓，结果表明，4.5mW/cm^2 的辐照剂量照射 90s 对蓝莓的贮藏效果最为显著，可有效延长贮藏时间。该方法对控制病害，延长贮藏期，保证蓝莓质量有较好的效果。

第五节　蓝靛果贮藏

　　蓝靛果是忍冬科忍冬属蓝果忍冬的变种。落叶灌木，幼枝被毛，老枝棕色，冬芽叉开，叶稀卵形，两面疏生短硬毛，花冠外面有柔毛，花柱无毛，果蓝黑色，稍被白粉，5～6 月开花，8～9 月结果。椭圆形蓝紫色浆果像玛瑙石，味道酸甜可口。浆果含 7 种氨基酸和维生素 C，可生食，又可提供色素，亦可酿酒、做饮料和果酱。花蕾、果、花又是蜜源，具有极高的食用价值。嫩枝可入药，清热解毒。

　　蓝靛果分布很广，分布于欧洲、亚洲和美洲的北部。比利牛斯山到北美的纽芬兰岛均有分布，主要集中在北纬 45°～60°之间，俄罗斯的新西伯利亚、远东地区，中国的东北与新疆和日本的北海道均有分布。

　　我国东北、华北、西北及西南各地均有分布如河北、山西、宁夏、青海、甘肃南部、四川北部至云南西北部等地区。其中东北的大、小兴安岭和长白山地区的野生资源储量最大。吉林省长白、敦化，黑龙江省伊春、尚志，内蒙古赤峰、呼伦贝尔等地均有分布。不同品种的蓝靛果果实见图 6-16。

图 6-16　蓝靛果果实

一、贮藏特性

　　蓝靛果表皮非常脆弱，采后易发生腐烂、失水、软化和品质下降，因此果实在贮运期间也比其他含水量低的果实更易遭受机械损伤，导致果实衰老加剧，同时也为微生物污染提供有利的入侵途径。避免机械损伤和采用保鲜处理是减少蓝靛果采后腐烂的有效途径。

二、贮藏方法

1. 低温冷藏

　　蓝靛果的成熟期在每年的 8～9 月，可进行短期的低温贮藏。一方面通过抑制蓝靛果呼吸减少物质消耗，延缓衰老；同时抑制了微生物的生长繁殖，降低病害。

　　在低温的环境中，乙烯的产量会降低。对于蓝靛果来说，低温贮藏是有范围的，温度不能太低，因为过低的温度会使蓝靛果果实失去它内部所含的水分。普通冷库的温度大概在4～6℃，这个温度不会滋生细菌，贮藏时间一般在2周左右；在2～4℃的贮藏条件下，贮藏时间可以达到4～5周。低温冷藏下的蓝靛果见图6-17。

2. 冷冻贮藏

采收后的蓝靛果，如果准备用于加工，可以在−20℃条件下进行冷冻。

冷冻前进行1min的蒸汽处理使组织木质化和杀死果实表面的微生物，可有效达到防腐的目的，而果实的香气一般都能很好保留，贮藏时间可延长至24个月。图6-18展示了蓝靛果的冷冻贮藏。

图6-17 蓝靛果的低温冷藏　　　　　　　图6-18 蓝靛果的冷冻贮藏

3. 涂膜贮藏

涂膜贮藏的材料和浓度是影响蓝靛果贮藏效果的重要因素。保鲜条件可以采用保鲜助剂添加量为4%，保鲜涂膜剂添加量为1.5%，涂膜后贮藏温度为4℃。有学者研究表明，采用涂膜方式贮藏蓝靛果的最佳材料是壳聚糖，涂膜方式是浸泡涂膜；其最佳保鲜工艺为将蓝靛果浸泡于2%的壳聚糖保鲜制剂中，成膜后置于4℃环境中进行贮藏，贮藏时间可以延长至18d。

4. 气调贮藏

蓝靛果作为浆果，非常适合存放在小型气调罐中。可以将蓝靛果透膜包装，填充低O_2、高CO_2混合物后密封，有利于保持蓝靛果弱氧呼吸的空气平衡，延长其贮藏时间。

第六节　葡萄贮藏

葡萄在我国栽培面积很广，主要分布在黄河以北及黑龙江部分地区。葡萄是世界产量最大的果品。经济价值高，酸甜适口。目前，我国葡萄产量的80%左右用于酿酒等加工品，大约20%用于鲜食，贮藏的鲜食葡萄仍不多，鲜食葡萄的数量和质量远远满足不了日益增长的市场需求。葡萄富含糖分10%～30%、有机酸0.5%～1.4%、矿物质0.3%～0.5%，是酿酒、制汁的理想原料，也是深受消费者喜爱的鲜食浆果。葡萄产区采用普通窖贮藏葡萄，可贮藏到春节或次年五月份左右。

葡萄多汁，含水量高，易干柄、皱皮、脱粒和腐烂，给长期贮藏带来困难，为保证葡萄的质量和提高贮藏要求，必须采取综合措施。

一、选择耐贮藏的葡萄品种

贮藏用的葡萄应具备以下条件。

① 葡萄串上应没有可见真菌侵蚀病斑，洁净无水痕。

② 葡萄粒在穗轴上尽可能具有相同间距，蜡粉均匀分布，穗轴呈绿色饱满状。

③ 果粒饱满，外有白霜，颜色较深且鲜艳。

用于贮藏的品种必须同时具备商品性状好、耐贮运两大特征。品种的耐贮性是其多种性状的综合表现。晚熟、果皮厚韧、果肉致密、果面和穗轴上富集蜡质、糖酸含量高等都是耐贮运品种具有的特点。

目前较耐贮藏的葡萄品种有龙眼、牛奶、意大利、紫玫瑰香、巨峰等。一般是有色品种比白葡萄耐贮藏。白葡萄较有色品种皮薄、脆，在搬运和贮藏过程中容易擦伤产生褐色斑块，尤其无核白葡萄，果粒易脱落或果柄易断裂，所以，一般不作长期贮藏。

二、采收

葡萄果实不像苹果和梨采收后继续成熟，葡萄是无呼吸跃变期的果实，在树上糖分的积累可以不断地进行，含糖量逐渐增加。但采收后，果实中糖不再增加，而是不断地消耗减少。因此，拟作贮藏的葡萄应尽量适当晚采，晚采的葡萄，含糖量高，果皮较厚，韧性大，着色好，果粉多。品质越好，冰点越低，耐低温的能力越强，一般以果粒外观、颜色和风味作为判断标志。较为准确的指标是：含糖 $16\%\sim19\%$，含酸 $0.6\%\sim0.8\%$，糖酸比 $24\sim29$，果胶质与果胶之比 $2.7\sim2.8$。这时的葡萄达到充分成熟，采摘后可供长期贮藏。试验表明：在北纬 $39°\sim41°$ 的地带，将贮藏的葡萄推迟到 10 月底或 11 月初采收，贮藏中可忍耐 $-3℃$ 的低温。贮藏质量提高，贮藏期延长。在北纬 $38°\sim39°$ 地区，可利用葡萄的二次果，采收期可推迟到 11 月上旬或中旬。

用于长期贮藏的葡萄，采收前一周不能灌水，否则将会降低糖的含量，影响贮藏质量，增加腐烂率。

采收应在每天上午露水干了之后进行，此时的气温是一天中最低的，而果温也是最低的，避免了大量的田间热带入到果库而造成库温增高。如采收数量大时，需整天进行，采后的葡萄须放在库外预冷一个晚上，再在早晨入库为宜。

采收前，先将果穗上的腐烂粒、小青粒剪掉，以减少采后的搬运次数，造成损失。采收时，果穗最好带 $3\sim5cm$ 果枝，防止失水过多造成果梗干缩及变褐。

采收后就地分级包装，挑选穗大、紧密适度、颗粒大小均匀、成熟度一致的果穗进行贮藏，装好后放在阴凉通风处待贮。

三、选择适宜贮存的环境

葡萄的冰点一般在 $-3℃$ 左右，因果实含糖量不同而有所不同，一般含糖量越高，冰点越低。因此，葡萄贮藏温度以 $-1\sim0℃$ 为宜，在极轻微结冰后，葡萄仍能恢复新鲜状态。葡萄需要较高的相对湿度，适宜相对湿度为 $90\%\sim95\%$。相对湿度偏低时，会引起果梗脱水，造成干枝脱粒。降低环境中 O_2 含量，提高 CO_2 含量，对葡萄贮藏有利。一般认为 $2\%\sim4\%$ O_2、$3\%\sim5\%$ CO_2 的组合适合于大多数葡萄品种。

四、贮藏中易出现的问题及防治措施

1. 灰霉病

灰霉病病菌在果园中感染未熟的果实，潮湿的季节发病严重，往往果枝先发病，再蔓延到果实。初期染病部位润湿变褐，接着长出灰白色菌丝，最后变灰色。烂果通过接触传染，密集短梗的果穗尤其严重，在贮藏期，甚至整穗腐烂，造成"烂窝"。如图 6-19 所示。

图 6-19　葡萄的灰霉病

2. 青霉病

青霉病病菌常在败坏的枝梗或果粒的伤口侵入，最后长出蓝绿色孢子并发出霉臭味。

防止上述两种病害可在果园喷多菌灵、噻菌灵、苯菌灵。采后操作中避免机械损伤。贮前清除病枝、破烂果。采后用 $10^6\,\mu g/L$ 杀菌剂浸果或用二氧化硫熏蒸（$1m^2$ 熏蒸 $2\sim10g$ 硫黄）。

3. 葡萄脱粒

造成葡萄脱粒的原因很多，包括生理脱粒（如巨峰葡萄由于生理结构极易脱粒）、机械损伤引起的脱粒、病害引起的脱粒、失水引起的脱粒等。防止脱粒可采取以下措施：

① 采收及贮藏中防止机械损伤。

② 控制环境的相对湿度在 $90\%\sim95\%$。

③ 应用防脱粒剂处理。如巨峰葡萄采前 $3\sim5d$，喷施一定剂量的对氯苯氧乙酸钠（PCPA）、2,4-D、NAA，并混配一定量的杀菌剂，对果实采后有明显的防脱粒作用。尤其是用 α-萘乙酸 $40mg/L$ 混合 600 倍多菌灵处理，对采后防止脱粒和腐烂有明显的效果。图 6-20 展示了葡萄的脱粒。

4. 果梗、穗梗干缩

果梗、穗梗干缩的原因主要是贮藏场所的相对湿度太小，从而使果梗、穗梗迅速失水、萎缩、褐变，同时果实变软，缩短贮藏和货架期，主要通过调整相对湿度来解决。果梗、穗梗干缩如图 6-21 所示。

图 6-20　葡萄的脱粒

图 6-21　葡萄的果梗、穗梗干缩

5. 果实腐烂

（1）产生原因

① 温度过高，湿度过大，容易造成侵染性病害的大量发生，导致果梗、穗梗和果实的腐烂。

② 栽培过程中产生的霜霉病、灰霉病、白粉病等病害，从而导致果实腐烂。

③ 贮藏过程中产生的灰霉病、青霉病，导致果实腐烂。

（2）防治方法

置于适宜的贮藏温、湿度。

① 二氧化硫熏蒸：在成筐（箱）的葡萄垛罩上塑料薄膜帐，按每立方米 2~10g 硫黄，放在铁碗内，用白酒或酒精帮助点燃熏蒸；也可直接从钢瓶中放出二氧化硫气体入帐中，用量按空间容积的 0.3％充入气体，每次熏蒸 30~40min，随后除去薄膜帐通风。

入贮的葡萄处在 5℃以上的库温时，每半月熏蒸一次；当贮温在 0~2℃时，每月熏蒸一次。

② 亚硫酸氢钠加硅胶防腐法：按 3：1 的比例称取亚硫酸氢钠或焦亚硫酸钠与无水硅胶，研碎、充分混合后分装成若干小纸袋，每袋 5~10g，按葡萄质量的 0.2％~0.3％的药量混装入筐（箱），亚硫酸氢钠吸水后，释放出二氧化硫。

③ 仲丁胺防腐法：仲丁胺是一种高效、低毒、广谱性杀菌剂，于 1986 年经国家批准，列入食品添加剂，试验表明，仲丁胺对根霉、曲霉、青霉等真菌有较好的杀菌效果。使用剂量为 0.2mL/kg。

使用方法有两种：一是洗果，将采收的葡萄连同果穗在 300 倍液的仲丁胺药液中浸泡 2min，或在保果灵 200 倍液中浸泡 2min，晾干后即可入贮；二是熏蒸，在较密闭的库房内或塑料大帐、塑料小包装内，如用缸藏可用塑料薄膜封缸口，每千克葡萄使用 0.2~0.25mL 仲丁胺原液，如用克霉灵（主要成分为仲丁胺），用药量加倍。使用仲丁胺的固体剂，应视其含仲丁胺有效成分而定。使用时，药剂不能与果穗直接接触，否则接触部位将发生药害。药剂一般装在青霉素小瓶内，并用脱脂棉将药液全部吸附，瓶口打开释放。仲丁胺挥发较快，因此贮藏期间应多次施药。

五、主要贮藏方法及管理

1. 缸藏

选择未盛过酸、碱、盐、油的缸，用清水冲洗干净，再用酒精或白酒擦拭缸内消毒。放在无油烟的室内，或埋在背阴处的地下，缸沿高出冻土层 20~30cm。葡萄采收后，单层摆放在缸内，每层葡萄之间用竹竿或秫秸编的帘子隔开，以防葡萄层与层之间压伤，又利于通风。也可在缸内搭成木架，将葡萄分层挂在架杆上。装满缸后，上面放一小盘，盘中放药液熏蒸，上层覆盖一层白菜叶，然后将缸口用塑料薄膜封住，上盖一硬盖；白天用苇席或草帘覆盖，晚上揭开苇席或草帘，进行预冷。待缸内温度降至 0℃左右时，将缸口盖严，并加厚覆盖物，防止果实受冻。用此法贮藏的葡萄，贮藏期 3~4 个月，保鲜效果良好。

2. 挂藏

在窖窖或自然通风库内搭设木架，将葡萄果穗吊挂在木架上。具体方法要根据窖窖及库的空间大小，搭纵形木架，架上放 4~5 层挂葡萄的横杆或用 8 号铅丝牵引。横杆可由竹竿或向日葵系在一起制造而成，将采收后的葡萄果穗挂在横杆上，穗距保持 5~10cm，以利通风。

3. 窖藏法

在贮藏窖内用木板或砖头搭成离地面 600～700mm 高的垫架,将果筐摆放在垫架上,再在果筐或果箱上放板条或秸秆,上面再放一层果筐,依此摆放 2～3 层,呈花垛形式。每窖摆放 3～4 行,中间留出空间便于检查。入窖后每立方米用 2～10g 硫黄熏蒸消毒 2～3h,然后通风降温。贮藏前期可采用晚上开门窗,白天将门和气孔关闭来降温。温度过高时用通风方法加以调节,湿度不够时采用洒水的办法来增加湿度。随着外界气温的下降,当窖温下降到 0℃以下时,气孔及门窗要全部关闭。贮藏过程中窖温保持在 −2～0℃,相对湿度在90% 左右。为了防止干枝、掉粒和腐烂,贮藏期间应每隔 1～2 个月用二氧化硫熏蒸一次,每立方米用硫黄 2～10g,使之充分燃烧生成二氧化硫,熏蒸 20～30min。也可按贮量的0.3% 称取亚硫酸氢钠和按贮量的 0.6% 称取无水硅胶,充分混合后分装在小袋内,然后放在果筐或果箱中,这样也能杀灭霉菌,防止葡萄腐烂。葡萄的窖藏如图 6-22 所示。

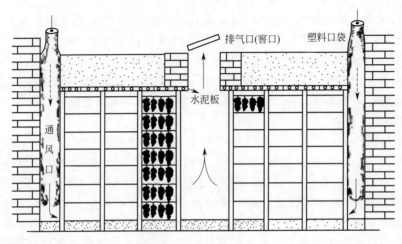

图 6-22　葡萄的窖藏

4. 塑料袋小包装贮藏

塑料薄膜袋包装贮藏,袋的大小以盛 5～10kg 为宜。果实采收后,严格挑选,将选好的果穗及时装袋,扎紧,然后单层放置在库中的木架搁板上;也可将塑料薄膜袋存放在果筐或箱中,装入果实后随即缚紧或密封,然后移置于冷库或窖窖中。

5. 保鲜剂贮藏法

S-M 和 S-P-M 防腐保鲜剂在一定温、湿度条件下能缓慢释放二氧化硫气体,起到防腐作用。

将准备贮藏的葡萄适时采收,装箱或塑料袋后,预冷 24h,然后进入冷库贮藏。将防腐保鲜剂放在透气的塑料袋内,将这些小袋分散放在葡萄各部位(用时将小袋刺几个小孔),然后在葡萄上面盖上纸或塑料薄膜,再将箱子堆码成垛,外罩塑料薄膜帐。每箱装葡萄7.5～10kg 为宜。

贮藏库内温度控制在 0～1℃,相对湿度为 85%～92%。

6. 防腐片剂贮藏法

美国研制出了一种片剂,由 97% 的焦亚硫酸钾、1% 的淀粉或明胶、1% 的硬脂酸钙和

1%的硬脂酸混合制成。在贮藏 8kg 葡萄的箱内，将 10 片 0.5g 的药片置于葡萄上，在 0～1℃，相对湿度 87%～93% 的条件下贮藏 7 个月，腐烂率仅为 0.6%；而只用焦亚硫酸钾的葡萄全部腐烂。

7. 室内贮藏法

室内贮藏的葡萄最好在霜降后 1～3d 采收，这时葡萄已经完全成熟，含糖量增加，水分减少，有利于贮藏。选择果型紧凑、色泽正常和无病虫害的果穗，在采摘以前套纸袋，到采收期再轻轻剪下来，可以防止虫害和冷害。将葡萄放在室内的架子或炕上，堆码两层，前期注意通风，防止伤、热，室内温度不要超过 5℃，要保持湿度在 80%～90%，门窗都要用纸糊严实。室内干燥时，要在地上洒些水。15d 后，在葡萄上面盖一层报纸。温度下降到 0℃ 时，再盖一层报纸。温度继续下降，要特别注意防寒，可以盖一层棉被。必要时也可以用火炉在室内短时间升温。同时在炕面上加铺一层稻草保温，四周门窗墙壁也要进一步加强防寒保温措施，使室内温度始终保持在 -4～0℃ 之间。此法可使葡萄贮藏到翌年春天。

第七节　芒果贮藏

芒果是一种热带、亚热带水果，在我国，芒果的主产区仅局限于广西、广东、海南、云南、台湾等地，盛产于每年 3～9 月份。芒果果实营养价值极高，维生素 A 含量高达 3.8%，比杏还要多出一倍。维生素 C 的含量也超过橘子、草莓。芒果含有糖、蛋白质及钙、磷、铁等营养成分。芒果可溶性固形物含量为 14%～24.8%，含糖量为 11%～19%，蛋白质含量为 0.65%～1.31%，每 100g 果肉含胡萝卜素 2281～6304μg，而且人体必需的矿物元素（硒、钙、磷、钾等）含量也很高。

一、贮藏特性

芒果对低温敏感，属呼吸跃变型果实，采后需后熟，不耐贮藏。用于贮藏的芒果宜在果实充分长成、果肩稍高于果蒂、果皮转浅绿色时采收。贮藏适宜温度为 12.8℃，相对湿度为 85%～90%，气调贮藏的气体成分为氧气 5%、二氧化碳 5%。不同芒果品种耐贮性差异较大，其中海南吕宋、云南象牙、象牙 22 号、黄象牙、秋芒、桂香等品种较耐贮藏，泰国芒果不耐贮藏。耐贮藏的果实经防腐处理在冷藏条件下贮期一般为 2～4 周。

二、贮藏病害及其防治措施

1. 炭疽病

芒果炭疽病发病后果实表面出现黑色或棕黑色斑点，空气湿度大时病害迅速蔓延，造成果实皱皮、黑斑、软化、腐烂。果实多在果园感病。可在采前向树上喷 $10^5 μg/L$ 代森锌，或采后用 $10^6 μg/L$ 苯菌灵或噻菌灵浸果，或用 50～55℃ 热水浸果 5～15min，可有效防治此病。芒果的炭疽病见图 6-23。

2. 蒂腐病

芒果蒂腐病发病适宜温度为 30℃，故在采后保持相对低的温度对于芒果的贮藏保鲜极为重要。当采后把果实由 30℃ 气温直接放到 10℃ 下进行贮藏时，30d 左右芒果即会发生冷害，颜色、风味变淡。可采用逐步降温的方法来防止冷害的发生。芒果的蒂腐病见图 6-24。

图 6-23　芒果的炭疽病　　　　　　　　　　　图 6-24　芒果的蒂腐病

三、贮藏方法

1. 聚乙烯塑料薄膜袋贮藏法

通常，芒果在 28～32℃ 下只需 3～8d 即可成熟。用聚乙烯塑料薄膜袋单果包装，并用 3％ 的鲜蜡液处理果实，可延长贮藏期至 15d；在 14℃ 下，单独用聚乙烯塑料薄膜袋，可延长贮藏期 2～15d，而单用 3％ 鲜蜡液处理只能延长贮藏期 1～2d。

芒果贮藏后，要转入室温下进行后熟，二氧化碳浓度过高时，容易引起芒果中毒，造成质量变坏。

2. 通风库贮藏法

在晴天的早晨或傍晚采收八成熟的芒果，剔除伤病虫果后放在阴凉通风处，让其散发田间热。将芒果装入垫有松毛、山草的竹筐内，在 10℃ 左右的通风库内贮藏可延长芒果后熟过程。贮藏期间要经常通风换气，并使库内湿度保持在 85％～90％。

贮藏结束后，将芒果移到室温下进行后熟。经过后熟的芒果果皮转黄，果肉变软，香甜无涩味，但容易腐烂，要及时进行销售。

3. 减压贮藏法

美国将芒果贮藏在 19.613kPa 的减压条件下，相对湿度为 98％～100％，温度为 13℃，贮藏 3 周，果实硬，色鲜绿，好果率较高。

4. 热药贮藏法

将 $0.5×10^6 \mu g/L$ 苯菌灵加热到 51.5℃，然后将芒果在此药液中浸泡 5min，可有效延长芒果贮藏期。

在芒果刚达到生理成熟，果色由青绿色转变为浅绿色时采收，采收应在晴天进行。采后 24h 内用 35℃ 的药液浸果 5min。药液中含有 $10^6 \mu g/L$ 的多菌灵、$10^6 \mu g/L$ 的甲基硫菌灵和 $(1～2)×10^6 \mu g/L$ 的抑丹芽。将芒果包装在开孔的聚乙烯塑料薄膜袋中，装箱贮藏在温度 13℃，相对湿度 90％ 的条件下，20d 后仍保持原有的色泽和硬度。

第八节　青椒贮藏

青椒是双子叶植物纲菊亚纲茄科植物，原产热带（非洲）。果实内含有丰富的维生素 C，是我国人民所喜爱的蔬菜，适合高血压、高血脂人群食用。

青椒是尖椒和甜椒的总称。前者果实细长形，辣味较强；后者短圆形，果实较甜。青椒是我国各地普遍种植的果菜品种之一，也是全国各地消费量较大的果菜。夏秋季节产量高，供过于求，价格低廉，进入冬季，供应锐减，价格猛涨，淡旺季差价可达 3～10 倍。因此贮藏青椒是各地菜农增加收入的一种手段。传统青椒产地有山东寿光、河北保定、成都、湖南邵阳、重庆，还有云南丘北、甘肃民勤、河南唐河、新疆焉耆等地。图 6-25 展示了尖椒和甜椒。

图 6-25　尖椒和甜椒

一、贮藏特性

青椒品种之间的耐贮性区别很大，通常以鲜嫩绿果供食用。皮厚肉多、含水量少、色泽深绿的晚熟品种用于贮藏，不宜选择红熟椒及幼嫩椒。

贮藏过程中易萎蔫、腐烂及伤热转红。青椒贮藏的温度因果实的品种属性、栽培季节、栽培地区而不同。以黑龙江省为例，九月份采收景尖椒一号、龙椒 4 号等晚熟品种进行贮藏，前期贮温不高于 12℃为佳，逐渐往下降，最低不低于 5℃。越往南的地区，最低温度越高，如北京地区最低贮温不低于 9℃，海南地区最低贮温不低于 13℃，否则果实会出现冷害症状，导致腐烂。另外，大棚种植的果实耐低温性较差，贮温应稍高些。相对湿度以 80% 左右为宜。湿度过小，会产生自然损耗；湿度过大，微生物容易生长繁殖，加速腐烂，对贮藏不利。

二、青椒贮藏技术关键

1. 正确选择贮藏用果实

用于贮藏的果实的质量好坏对于贮藏至关重要，主要包括以下几个方面。

（1）贮藏用果实应来源于健康地块

如果植株在田间感染了病菌，或有严重的虫害，这样的地块产出的果实即使采收时表面看起来没病没斑，也不能用于贮藏，因为果实表面或内部很可能已经潜伏有病菌，采后果实抵抗力降低，便会发病。果实选择不当，往往是贮藏失败的主要原因。虫害虽然不能直接导致腐烂，但腐烂病害往往通过蚜虫进行传播，因此虫害严重的地块产出的果实亦不能用于贮藏。

（2）应尽量选择耐贮品种进行贮藏

不同品种的青椒贮藏性能不同，甚至有很大的差异，应选择耐贮品种进行贮藏。

用于贮藏的辣椒应选皮坚肉厚、果大色绿的中、晚熟品种，如三道筋、茄门椒、世界冠军、吉林三号、大牛角辣椒、景尖椒一号、龙椒 4 号、龙椒 161、851 甜椒、西北的猪大肠辣椒、牟农一号、万农 16 号、美人椒（508）、雄美天下、超霸 29 等。耐贮品种一般具有良好的抗病性能，皮厚、肉厚，表面光亮有蜡质。

栽培中注意施肥适当。青椒栽培过程中应避免过多施用氮肥，用氮肥培育出的果实干物质含量低，水分含量高，不耐贮藏。施用有机肥培育出的果实耐贮藏，还应适当施用磷、钾肥。

2. 注意采收质量和采后处理

（1）采收时间

贮藏用青椒不论地区均应在晚秋果实停止生长、还未转红、早霜之前采收。果实如在田间已遭霜打，采后不耐贮藏，根据贮温的高低，采后 10～20d 或 1 个月左右便出现冷害症状，因此不能选择这样的果实进行贮藏。

（2）采收方法

采收时应注意保护果柄，要握住果柄将其一起摘下，防止机械损伤。最好用剪刀带果柄一起剪下，轻轻放入袋或者垫有纸片、席片的筐里。

贮藏用青椒不能冒雨采收，应等天晴 3～4d 后再采收，采收之前 5～7d 不能灌水。含水量大的果实不耐贮藏。

应选择充分膨大、厚而坚硬、果面有光泽的绿熟果采收，已变棕色的果实或嫩果不宜用于贮藏。试验表明，过熟果和未熟果贮藏时的好果率明显低于适熟果。采摘果实的方式为手托果实往上掰，或用剪刀剪断果柄，不能用手拽或扭摘，以免损伤果实。果实应用筐装，不能用麻袋或编织袋装，尽量避免机械损伤，菜筐使用之前应刷洗干净，再用 5% 的过氧乙酸或漂白粉溶液消毒，防止病菌感染。

（3）挑选整理、预冷

果实采摘后如果气温较高，应先运入库或在库外阴凉通风处进行短期预贮，同时进行挑选整理，去掉不宜贮藏的病果、虫果、伤果、嫩果和老果。另外，还应特别注意对青椒果柄进行处理。

三、选择适当的贮藏方法

青椒的贮藏方法很多，主要有以下几种。

1. 沟藏法

选择地势较高，地下水位较低的地方，挖宽 1m，深 1m 左右的沟，长度视贮藏量而定。采收后可以直接入沟，散堆或装筐。如果散堆，在沟底铺上 100mm 厚的沙子或高粱秆，上面放 300～500mm 厚的青椒，青椒上面撒一层湿沙。如装筐，筐内需衬有湿蒲包等物，每筐装 20～25kg 青椒即可，盖上筐盖或覆一层湿蒲包。

贮藏前期注意通风换气，避免高温，每隔10~15d检查、倒动一次。筐装青椒可随时拿出来通风，并防止雨水浇淋。后期注意防寒，视气温变化及时覆盖，检查出不宜继续贮藏的青椒进行上市，以减少损失。此方法可以从寒露贮至春节，损耗在10%~30%。

2. 埋藏法

埋藏法可分为窖内埋藏和窖外贮藏沟埋藏。窖内埋藏可用木箱，再用沙、稻壳等层积贮藏青椒。窖外贮藏沟埋藏，根据各地气候条件的不同，埋藏沟的深浅也不同。黑龙江省南部地区贮藏沟深在2m左右，北部地区适当加深，沟宽不超过1m，沟长依贮藏量而定。青椒直接放入沟内，厚30~40cm，上面覆盖稻壳、草帘等防寒物，覆盖物为80cm以上，贮藏期为45~60d，损失率在15%~20%。

3. 窖内筐或箱贮藏

可以用半地下窖或者普通菜窖贮藏青椒。

于霜前采收充分成熟的青绿果实，要注意轻拿轻放，避免机械损伤。采收后放入筐或箱内进行预冷，筐和箱内衬纸，然后成层放在菜架上，如无菜架，果箱或筐可码成垛。

北京等地也有用衬蒲包进行贮藏青椒的。蒲包先用水浸湿，再用0.5%的漂白粉消毒，沥去水分，衬筐内，装入青椒，堆码成垛，每隔7~10d检查一次，同时改换蒲包，贮藏效果较好，可贮40~50d。也可将青椒装入筐内，使用外罩塑料薄膜进行贮藏，效果较好。图6-26和图6-27分别展示了青椒的箱贮和贮藏窖。

图6-26　青椒的箱贮

图6-27　青椒的贮藏窖

4. 青椒的草木灰贮藏

霜降前，将成熟的青椒采摘下来，选择未受霜冻、虫害、病害且无外伤的青椒（不能太嫩），晾干外表水分供贮。装筐前先在筐底面铺一层7cm厚的新鲜草木灰（除去杂质），此后在灰上摆一层青椒，青椒之间要留有空隙；其四周用灰隔开，青椒上面再覆灰7cm厚，依此反复装筐，上面一层为7cm厚的干草木灰。将筐置于室内阴凉处寄存，贮藏期间不需翻动检查，通常可贮至立春前后。

5. 青椒的气调贮藏

青椒的气调贮藏原理是在适当的低温条件下，在贮藏环境中适当降低O_2的浓度，提高CO_2的浓度，有利于抑制青椒的新陈代谢活动和呼吸作用，延续后熟衰老，并能抑制病原微生物的活动，延长贮藏期，降低损耗。

在秋季冷凉条件下，在窖内采用塑料薄膜气调贮藏，为了防止密封帐（或袋内）相对湿度过大，可采用吸湿剂和防腐剂处理相结合。也可先用筐贮藏一段时间，然后再改用塑料薄膜气调贮藏效果可能更好一些。

根据沈阳农业大学等单位试验表明，气调贮藏可以抑制青椒果实的后熟转红过程，适宜的气体组成一般是 O_2 和 CO_2 含量均在 $2\%\sim5\%$。

根据哈尔滨北方保鲜研究所的经验，以北方保鲜研究所自行研制生产的气调保鲜袋贮藏青椒，该袋是以聚乙烯为基材，添加多种无毒透性材料和助剂，混配加工制成。通过调整配方，调节袋的透气性，满足青椒的

图 6-28　青椒的气调贮藏

保鲜特点，保持绿色，抑制果实转红。在适宜条件下可以防止袋壁产生大量水珠，抑制病菌繁殖，保持果蔬原有营养成分、色泽和风味，管理和操作简便，成本低，效果好。条件适宜时，可保鲜青椒 $50\sim110d$（视品种的耐贮性而异）。青椒的气调贮藏见图 6-28。

第九节　蒜薹贮藏

蒜薹（蒜苔），又称蒜毫，是在我国很受欢迎的蔬菜。蒜薹在中国分布广泛，南北各地均有种植，是蔬菜贮藏保鲜业中贮量最大、贮期最长、经济效益颇佳的蔬菜品种之一。

蒜薹含有糖类、粗纤维、胡萝卜素、维生素 A、维生素 B_2、维生素 C、尼克酸、钙、磷等成分，其中含有的粗纤维，可预防便秘。蒜薹中含有丰富的维生素 C，具有明显地降血脂及预防冠心病和动脉硬化的作用，并可防止血栓的形成。它能保护肝脏，诱导肝细胞脱毒酶的活性，可以阻断亚硝胺致癌物质的合成，从而预防癌症的发生。蒜薹含有辣素，其杀菌能力可达到青霉素的 $1/10$，对病原菌和寄生虫都有良好的杀灭作用，可以起到预防流感、防止伤口感染和驱虫的功效。

一、贮藏特性

蒜薹是我国北方冬季人们所喜爱的蔬菜之一。我国华北、东北地区利用冰窖贮藏蒜薹已有数百年历史，效果较好。河北的永年、黑龙江的阿城、陕西的岐山、甘肃的泾川等地均产蒜薹，其中山东苍山等地的蒜薹品质最佳，薹条粗而长，适于作长期贮藏。近年来由于机械冷库的发展，沈阳、北京、哈尔滨等地在机械冷库内采用塑料薄膜帐或袋进行气调贮藏蒜薹均取得了良好的效果。

蒜薹是大蒜的幼嫩花茎，采收后新陈代谢十分旺盛，薹条表面缺少保护组织，采收时正值高温季节，故幼嫩花茎容易脱水老化和腐烂。老化后的蒜薹表现为黄化，纤维多，花茎变软、变糠，蒜薹薹苞膨大开裂，长出气生鳞茎，丧失食用品质。因此，蒜薹采收后应立即进行低温贮藏，蒜薹的适宜贮藏温度为 $0℃\pm0.5℃$，相对湿度 $85\%\sim95\%$，气体成分 O_2 含量为 $2\%\sim5\%$、CO_2 含量为 $5\%\sim12\%$。

蒜薹在 $0℃$ 低温条件下，进行气调贮藏可长达 $6\sim10$ 个月，最长可贮藏一年；而在常温

条件下，采用一般方法贮藏只能贮藏 15～20d。

二、蒜薹贮藏技术关键

1. 入贮蒜薹本身的质量

贮藏保鲜是蔬菜等农产品田间生长的继续，蒜薹田间生长的好坏将直接影响贮藏效果。用于贮藏的蒜薹应选成熟适宜、条长、粗壮、色泽鲜绿、薹苞发育良好、梢长、薹苞"挂霜"、无病虫害的蒜薹。

2. 采收质量要求

采收时气候条件会影响蒜薹品质。一是采前 1 个月左右雨水充足，气温正常，蒜薹田间生长好；若遇到春旱或早春低温寡照生长可能较差。二是采前几天，早晨雾天少，蒜薹质量就比较好；如果雾多、雾大生长可能较差。三是采收期无雨最好，适时采收，蒜薹的质量正常；若此时遇雨，推迟了采收期，可能使薹苞膨大，过老成熟，会明显影响贮藏的质量和效果。因此，当蒜薹露出叶梢出口，叶长 7～10cm，苞色发白，蒜薹甩尾后生长第二道时采收为宜。采收过早、过晚均不利于贮藏。

3. 收购

收购时应注意，划薹和刀割的普遍带叶鞘的蒜薹，薹条基部受伤不好贮藏，均不能收购。采后堆码时间过长，不进行遮阳，直接在阳光下曝晒，已开始萎蔫、褪色、堆内发热，或堆放期间遇大雨，明显过水，甚至被水泡过的蒜薹均不能收购。

4. 装运

蒜薹采后应尽快组织发运，当天运走最好，最多停一天运走。近年来越来越多的贮藏库采用汽车装运，这样随采随运，运输时间不超过 48h，基本可以保证入贮蒜薹的质量变化不大。汽车运薹最好早晚装车，封车时上面覆盖不可太严，四周应适当通风，不能用塑料膜覆盖，装量大的汽车堆内设置通风道最好。总之，异地贮藏者，不论采用火车或汽车装运，都应注意通风散热、防晒、防雨、防热捂包，尽量缩短在途时间。

5. 挑选整理

异地贮藏者，蒜薹到货后应立即放在已降温的库房内或在阴棚下开包尽快整理、挑选、修剪，不能货到后先入冷库再拿出来挑选，否则会引起结露。整理时要求剔除机械损伤、病虫、老化、褪色、开苞、软条等不适合贮藏的蒜薹，理顺薹条，对齐薹苞，解开辫梢，除去残余的叶鞘，然后用塑料绳按 1kg 左右在薹苞下 3～5cm 处扎把，松紧要适度。薹条基部伤口大、老化变色、干缩、呈鼠尾状的均应剪掉，剪口要整齐，不要剪成斜面。若断口平整，已愈合成一圈干膜的薹条可不剪，整理后即入库上架。

6. 预冷、防霉处理

（1）预冷

预冷的目的是尽快散除田间热，抑制蒜薹呼吸，减少呼吸热，降低消耗，保持鲜度。因此收购后要及时预冷，迅速降温。目前最佳方式是将经过挑选处理的蒜薹上架摊开均匀摆放，不能在库内地面堆成大堆预冷，这样预冷不透。每层架摆放的蒜薹数量与装袋数量相近即可，不同产地、不同收购时间的蒜薹，应分别上架、装袋，以利贮期管理和销售。预冷时间以冷透为准，堆内温度达到 -0.3℃，一定要散尽田间带来的湿热才能装袋。

（2）防霉处理

蒜薹贮藏期间，薹梢易发生霉变腐烂，可在入库预冷后、装袋前，用防霉烟雾剂处理蒜薹。方法是将库房密闭，按 $5\sim8g/m^3$ 的用量将烟雾剂点燃（应尽量多设施药点），密闭库房 4h 以上。长期贮藏时可在 9 月底、10 月初进行二次处理。最新研制生产的 949 防霉剂对防止蒜薹灰霉病产生效果显著，稀释 $150\sim200$ 倍喷洒薹梢即可。贮藏期间可喷洒 $2\sim3$ 次（入贮时、贮藏中期、贮藏后期各喷一次）。

三、贮藏方法

1. 冰窖贮藏法

收购或采购来的蒜薹，在常温窖内进行加工挑选，剔除腐烂、斑点、大薹苞、病伤条，剪除老根，扒去叶鞘，一捆 1kg 装入蒲包内，每包定量 15kg，外用绳子捆好，及时入窖。

在冬季寒冷天起好冰，放入窖内七层冰，每层冰厚 0.5m，靠墙周围的冰放至两层，大约 1m，窖底设通水沟，直接通到外边井沿，然后将装运捆好的蒜薹及时入窖。入窖时将窖内中间的冰起出，地面摆两层冰，约 1m 厚，码放蒜薹包，一层蒜薹一层冰，共摆 $3\sim5$ 层蒜薹，最好顶层摆两层冰。在摆蒜薹时，包与包之间用碎冰填满，一层冰踩一次，上面用 1.5m 厚的稻壳封严，以防冰化影响贮藏质量。

贮藏期间应保持冰块缓慢融化，冰水流经蒲包浸润蒜薹，从窖底排水沟排至窖外。窖内温度在 $0\sim1$℃，相对湿度接近 100%。

冰贮蒜薹从外观不易发现蒜薹的质量变化，必须注意观察，发现窖底水流得过多，而且有异味，说明蒜薹质量有变化，应及早加工处理。一般贮至新年，损耗率低于 20%。

2. 小包装放风法

收获后的蒜薹，经严格挑选加工，将适合贮藏的蒜薹捆成定量小把，然后送入冷库内进行快速充分预冷，目的在于散发蒜薹的田间热。

经预冷后的蒜薹，可及时装入厚 $0.06\sim0.08mm$，长 $100\sim110cm$，宽 $70\sim80cm$ 的聚乙烯塑料薄膜袋内，每袋 $15\sim20kg$，袋内留有适当空隙，扎紧袋口，置于菜架上，进行长期贮藏。蒜薹贮藏期间主要是管理好温度、湿度和气体成分。

贮藏蒜薹要求冷库库温控制在 0℃左右。贮藏中可用奥氏气体分析仪抽样检查，如果袋内 O_2 降至 $1\%\sim2\%$、CO_2 超过 10% 就应松开袋口放风透气。如无气体分析仪器，也可采用定期换气的办法来调节袋内气体成分，即每 $7\sim10d$ 开袋换气一次。对呼吸强度大的蒜薹，也可 $5\sim6d$ 放风一次。

贮藏期间，要经常检查质量，通过观察、闻味等办法，来判断蒜薹的质量变化，采用相应的技术管理，对不宜贮藏的蒜薹应及时上市销售。

3. 塑料薄膜大帐贮藏法

先将长 6m，宽 1.5m，厚 0.23mm 的塑料薄膜铺在地面，摆上贮菜架。将加工挑选好的蒜薹入库上架预冷 $3\sim4d$，扣帐前一天加消石灰（大多为贮量的 5%），当蒜薹温度和库温平衡时即可扣帐封严。贮菜架高 $2\sim3m$，长 5.7m，宽 1.2m，分 7 层，每层间距 500mm，可贮蒜薹 3000kg。然后将帐内气体抽出一部分，使塑料薄膜紧贴菜架，充入 $3\sim4$ 瓶 N_2，反复几次，使帐内 O_2 降低至 8%，以后靠自然降氧，也可完全采用自然降氧方法。

帐贮蒜薹库温可以低些，在 -1℃左右，帐内稍结冰霜而不化。帐内蒜薹温度在 0℃左右不冻为宜。

在贮期帐内的气体指标应控制 $1\%\sim6\%$ 的 O_2，$2\%\sim5\%$ 的 CO_2，帐内过多的 CO_2 靠消石灰吸收。在 11 月份结合加工挑选，更换一次消石灰，使 CO_2 不超过 5%。

日常气体管理：前期当 O_2 降至 $1\%\sim2\%$ 时，用鼓风机从袖口送气，使帐内 O_2 上升至 $6\%\sim7\%$，大约需通风 2min；中后期，当帐内 O_2 降至 3% 时，送气 3min 使帐内 O_2 上升至 $6\%\sim7\%$。

贮藏蒜薹在 11 月份揭帐第一次加工，剔除病条、冻条、烂条，剪去薹毛，加消石灰（大约为贮量的 5%），当天处理封好，第二次在春节前后加工可贮藏到翌年 4 月份。

4. 保鲜膜小包装法

用蒜薹贮藏保鲜专用膜制成 $(50\sim60)cm\times(100\sim110)cm$ 小袋，每袋装量 $15\sim20kg$，封口后架藏或筐藏，全贮藏期内不再开袋管理，或一个月左右放风一次，贮温 $0℃\pm0.5℃$，贮期 $8\sim10$ 个月，效果较好。

5. 硅窗气调贮藏法

(1) 硅窗小包装法

在 $70cm\times100cm$ 的 $0.08\sim0.1mm$ 厚聚乙烯塑料薄膜袋上预先热合上一块 $8cm\times12cm$ 或 $8cm\times8cm$ 的硅橡胶薄膜，每袋装 20kg 蒜薹，自然降氧至 10% 时除去硅窗外的薄膜，使其通过硅窗自行交换气体，贮藏过程中不再进行人工管理。

(2) 硅窗大帐法

帐的规格为 $3.7m\times1.4m\times4.1m$，硅窗面积为 $1.28m^2$，贮藏蒜薹 2140kg，贮藏期间气体成分为 $13\%O_2$，$5\%CO_2$ 左右。此法贮藏效果优于一般大帐贮藏，但袋壁（或帐壁）易结露。

6. 气调库贮藏法

利用密封性能良好的气调库内架藏或箱藏，设定好气体指标，并采用适当地加湿和脱除乙烯措施，密封冷藏。

7. 碳分子筛气调贮藏法

利用前述规格的塑料大帐与分子筛气调系统配合，装帐密封后立即开机降氧调气，以后每 7d 更换一次配比合理的空气（一般 $1\%\sim5\%O_2$，$1\%\sim9\%CO_2$）。

四、蒜薹贮藏易出现病害及防治方法

1. 薹梢褐变

高温、高 CO_2 使薹梢由黄绿色变为深褐色，脱水皱缩成薄片状，失去韧性，易受霉菌为害。

防治方法：适时采收，防止收运过程中捂包伤热；保持贮藏环境适宜的低温；贮藏初期，维持足够高的 CO_2 浓度。

2. 薹梢霉烂

霉菌侵染使薹梢变褐、潮湿，表面有不规则长形的黑绒状斑点和白色棉丝状物，随着时间的推移，扩展连片，薹梢腐烂。

防治方法：入库前剪掉薹梢严重褐变、腐烂部分；贮藏中保持适宜低温、低 O_2 和一定浓度的 CO_2；注意消毒灭菌。

3. 薹苞锈斑

在田间染病，苞片表皮上有红褐色不规则小凸斑，有中心疖点，比正常苞片厚而硬。

防治方法：防止带病蒜薹入库；贮藏中防止库温波动和避免高氧环境的形成，可抑制其蔓延。

4. 薹苞膨大

高温、高氧加快生理生化反应，使薹梗营养物质和水分向薹苞转移，气生鳞茎生长肥大，苞片由厚、鲜绿色变为黄白色，整体膨大成蒜头状，严重时苞片破裂，气生鳞茎散开，易成水烂薹苞。如图6-29所示。

图 6-29　薹苞膨大

防治方法：适时采收，及时入库，保持库内适宜低温、适当浓度的 CO_2、低 O_2 条件。

5. 薹苞黄萎

气生鳞茎停止生长，苞片呈黄色或黄褐色，表皮由上向下逐渐形成脱水皱缩的片斑。

防治方法：适时采收，尽快入库，防止蒜薹早期老化；入库前，剔除老化蒜薹，剪掉老化部分；保持恒定低温，避免高氧环境。

6. 薹苞灰死

高温、缺氧或在适温下长期高 CO_2，使蒜薹气生鳞茎停止发育或生长点死亡。苞片呈灰绿色或灰白色并有从薹梢发展过来的有纵向纹的片状死斑。

防治方法：严防捂包伤热的蒜薹入库，塑料袋装量要适当，掌握好通风换气时间，避免 CO_2 过高。

7. 薹苞霉烂

霉菌侵染使得薹苞局部或大部分长有白色棉状物，严重时各薹苞之间连接成白棉絮团，苞片腐烂，易从茎盘处脱离薹梗。

防治方法：严格挑选加工，禁止薹苞死亡和薹梢腐烂的蒜薹入库；贮藏环境中保持适宜的低温，一定浓度的 CO_2 并采取灭菌措施。

8. 薹苞水烂

霉菌侵染后分泌毒素加上大量气流水而使薹苞苞片呈褐色或棕褐色半透明状，严重时苞片破裂或从茎盘处烂掉，气生鳞茎变浅褐色水润状，病变部有黏液物质。

防治方法：加强挑选工作和贮藏前期的技术管理，防止出现各种病、死薹苞；贮藏中、后期缩短通风换气间隔时间，保持适宜而稳定的低温，减少气流水，防止高氧环境的形成。

9. 薹梗花斑

薹梗表皮下显出黄、白、绿色的不规则花斑，是田间生长期色素分解造成的。

防治方法：加强田间管理，防止带花斑的蒜薹入库，保持贮藏中适宜低温。

10. 薹梗伤害

用划条方式采收造成薹梗纵向伤口，汁液流失，蒸腾作用加强，很快褪绿变黄白色、干缩，随后伤口边缘呈红褐色，并有霉菌危害症状。

防治方法：不采用"划条"方式采收；不让"划条"蒜薹入库。

11. 薹梗糠心

一种是库温波动频繁，薹梗水分蒸发加强，造成绿色糠心条；另一种是高温、高氧环境中，蒜薹呼吸加强，物质、水分转移，叶绿素分解，造成黄化糠心条。糠心后蒜薹表面失去光泽，有不同程度的褪绿或黄化现象。梗心组织明显脱水，呈白色绵状，手感体轻，手指按压蒜薹，易纵向裂开，折而不断。

防治方法：在挑选加工期间避免风吹日晒，尽量缩短挑选加工和预冷时间；入库前剪掉老化部分；贮藏期间保持低而恒定的库温，避免高氧环境。

12. 蒜薹椭圆斑

田间大蒜叶枯腐，蒜薹带有灰白色或浅黄色小圆坑，光滑无皱纹，边缘突出，界线分明；贮藏期间环境条件不适宜，灰白色斑坑发展为较大的凹陷坑，甚至引起断条。

防治方法：加强田间管理，防治大蒜叶枯病；不贮藏感病蒜薹；贮藏中保持低而稳定的温度；防止长期高 CO_2 危害。

13. 蒜薹灰凹斑

CO_2 中毒使蒜薹表皮一侧有略褪绿的不规则凹陷片斑，继而发展成长形灰绿色凹陷片斑，组织脱水坏死，有纵向条纹，凹陷加深，引起断条。

防治方法：贮藏期间通风换气应做到及时、充分，避免 CO_2 积累过高。

14. 蒜薹干缩

贮藏中，后期由于长期高 CO_2 作用，蒜薹外层组织脱水，同时向梗心皱缩，病变部位由灰绿色变为灰褐色，形成干缩断条。长度在 $30\sim50\text{mm}$，多条蒜薹同一位置，一起发生干缩断条现象。常被白色棉絮状物（霉菌）包围。

防治方法：适时采收，避免捂包伤热；贮藏中、后期掌握好给氧时间，防止 CO_2 积累；蒜薹装量要适宜；保持库内低而稳定的温度。

15. 蒜薹水煮条

灰绿色水煮条是在库温适宜的情况下，长期高浓度 CO_2 和缺氧的作用，使蒜薹条变软，呈灰绿色，病变部位为深绿色半透明水烫状。严重时表皮离层，汁液拉丝长而难断，有酸臭味。黄化水煮条是在高温或变温情况下形成的，症状与前者相似。

防治方法：严防捂包伤热蒜薹入库；袋内装量要适当，以准确的测气结果来指导气体管理工作，给氧要及时、充分；保持库内低而稳定的温度。

16. 蒜薹冻害

蒜薹受冻后，蒜薹整条变深绿色，硬度增加，受害部位呈墨绿色半透明的水渍状，严重者表皮附有细小冰花。受冻轻的解冻后，呈灰绿色条，脱水糠心老化；受冻严重的解冻后，呈灰绿色小煮条，然后水烂。如图 6-30 所示。

防治方法：掌握好贮藏温度，加强库内空气循环，避免出现低温死角。

图 6-30　蒜薹的冻害

17. 蒜薹水烂

蒜薹整条呈灰绿色变软，病变部位失去正常形态呈鼠尾状，深绿色，水烂，多条并发时出现黏稠状物，散发酸臭味。此症多是捂包伤热条、水煮条病变部位继续恶化形成的。

防治方法：防止捂包伤热条入库；贮藏中经常检查，发现水煮条和鼠尾条及时挑出；贮藏中保持低而稳定温度，注意通风换气及时、充分；避免高浓度 CO_2 危害。

18. 基部老化

蒜薹基部由下向上褪绿变黄白色并纤维化，梗心组织明显脱水变糠，严重时形成锥形空洞。随着时间的延长，老化部位由下向上萎缩，如吸附气流水，则成水渍状。

防治方法：适时采收，切勿用水浸泡，剪掉老化部分，及时入库，保持低而稳定的库温，避免高氧环境。

19. 鼠尾条

蒜薹基部轻微脱水变成灰绿色，严重时变软条。薹梗下部逐渐变细，继续恶化变成水烂条。

防治方法：防止捂包伤热条入库，保持库温低而稳定。

20. 基部长霉

蒜薹基部有明显的各种变异症状。受霉菌侵染，其周围有白絮团状物，有时附着青绿色小绒球物，严重时腐烂。

防治方法：加强管理，防止蒜薹基部变异；保持低而恒定的库温，减少气流水，避免高氧环境；注意消毒灭菌，减少霉菌传播。

第十节　番茄贮藏

番茄，即西红柿，是管状花目、茄科、番茄属的一种一年生或多年生草本植物。原产于南美洲，中国南北方均广泛栽培。番茄的果实营养丰富，具特殊风味，可以生食，煮食，加工成番茄酱、汁或整果罐藏。受自然条件的影响，中国番茄产地主要集中在西北、东北、新疆、内蒙古、甘肃、宁夏、黑龙江等地区，其中新疆是主要生产地。番茄含有丰富的碳水化合物、维生素、钙、磷、胡萝卜素、柠檬酸、苹果酸、尼克酸、精氨酸、谷胱甘肽等成分。

一、贮藏特性

番茄性喜温暖，不耐 0℃ 以下的低温，不同的成熟度对温度的要求也不一样。成熟果（红色番茄）可贮藏于 0～2℃、相对湿度 90%～95% 的条件下，但绿熟果的贮藏适温为 10～13℃，低于 8℃ 易出现冷害，不仅影响质量，而且缩短贮藏期限。遇冷害的番茄果实呈现局部或全部水浸状软烂或蒂部开裂，表面呈现褐色小圆斑，易感染病害而引起腐烂，同时绿熟期番茄在低温条件贮藏不能正常成熟。但在 10～13℃ 的温度条件下贮藏，绿熟果约经半个月的时间即可达到完全成熟。适宜的温度和气体条件，可使绿熟番茄的贮藏延长 2～3 个月。

二、贮藏用品种

番茄是有呼吸高峰的果实，含水量高，抗病力弱，后熟衰老迅速，不耐贮藏。品种间耐贮性差异很大。一般果皮厚、种腔小、子室少、种子数量少、果肉紧密、干物质含量高、中等大小的果较耐贮藏。黄果品种比红果品种耐贮藏，粉红果品种最不耐贮藏。中、晚熟品种比早熟品种耐藏。适合于贮藏的品种有桔黄佳辰、大黄一号、满丝、苹果青、台湾红、强力米寿、农大 23、红杂 25、以色列 AL-146/红光 352、秀光 304、美国新世纪 F1 等。

加工品种中较耐贮藏的品种有东农 706、罗城 1 号、渝红 2 号、满天星等。

三、番茄的成熟度与耐贮性的关系

番茄果实成熟过程分四个时期，即绿熟期、转色期、成熟期和完熟期。绿熟期的果实耐贮性较好。另外，生长前期和中期的果实发育充足，耐贮抗病性强。作为长期贮藏的番茄最好在绿熟期至转色期采收，经过一段时间贮藏可转为红色，达到食用成熟度。用于短期贮藏或近距离运输的，可选表面开始变色、顶部微红的番茄在成熟期进行采收。

四、贮藏中的常见病害

1. 晚疫病

晚疫病又名疫病（如图 6-31），主要发生在番茄绿熟期，在贮藏和后熟时期引起损失较大。病菌一般发生在近蒂处，界线不明显，病斑表面先为灰绿褐色的云状斑纹，而后呈深绿色硬斑，逐渐发展到果肉，水浸状腐败，呈淡褐色，使果实腐烂。

2. 早疫病

早疫病又名夏疫病或轮纹病（如图 6-32），多在夏季高温季节发病，尤以绿色果或成熟果为多，病斑多发生在近蒂处或从裂缝部位侵入，病斑凹陷，呈褐色或黑色，上有绒状黑色的分生孢子梗丝。

图 6-31　番茄的晚疫病　　　　　　　　　图 6-32　番茄的早疫病

3. 黑斑病

黑斑病又名黑霉斑病，是在果实发生病害后长出黑斑，可以扩展到半个果实以上。患病部位组织凹陷，生有绒毛状暗褐色的霉，未成熟的果实易感此病。

4. 软腐病

软腐病病菌由伤口侵入，初期果面湿润，迅速扩大蔓延，呈褐色，有臭味。受病部位果肉腐烂溶化与果皮脱落，并呈柔软黏滑状态，数日后果皮破裂，浆汁流出。

5. 实腐病

病菌由蒂部和伤口侵入，此病在成熟度较高的果实上易发生。患病部位呈褐色或黑褐色，在周围水浸状的病斑中部出现凹陷，微呈同心轮纹，有密生小黑点，腐坏可达果实深处，发病部分较坚实。

6. 黑枯病

黑枯病与早疫病有些相似，多发生在果实的蒂端和顶部，生成赤褐色凹陷斑，类似黑斑病。发病部位常有浓稠的黑霉，有时可看到轮纹，并凹陷裂开，在长期气调贮藏中易患此病。

7. 细菌性斑点病

番茄表面有暗褐色小圆斑点，开始在病斑周围呈水浸状，而后表皮破裂，形成疮痂状，在绿熟果上易发生此病。

8. 细菌性溃疡病

在绿色果上斑点很小，呈浅白色后变为褐色。在成熟果实上，有褐色较大圆形斑点。斑点周围有白色的光轮，果实内部受害不多。

9. 炭疽病

炭疽病主要发生在成熟果上，最初果面呈现细小的半透明斑点，逐渐扩大成黑褐色凹陷。大的病斑表面出现轮纹，有红色黏质物侵入果肉内部。此病产生后又能引起其他病菌的侵入，导致果实腐败，损失较大。

为预防番茄贮藏中发生的病害，应采取以下几种措施。

① 在选择抗病贮藏品种的基础上，栽培中搞好田间卫生，及时喷药防治病害，适时采收。采收时严防机械损伤，摘果时应轻放（采摘时即去掉果柄和萼片），采收运输过程中盛装番茄的菜筐必须彻底消毒。

② 贮藏用具、容器、库房等使用之前应严格消毒，按 $10g/m^2$ 的用量燃烧硫黄，密闭熏蒸 24h 以上。

③ 贮藏时可配合使用化学防腐剂处理果蔬。

五、贮藏方法

1. 缸藏法

将缸冲洗干净，然后把选好的番茄装入缸内。码放高度 3～4 个果为一层，层间设立支架，以防挤压损伤。装满后用塑料薄膜密封缸口，每隔 15d 检查一次，及时剔除腐烂果实。

2. 窖藏法

将选好的绿熟番茄轻轻地放在衬有蒲包的筐内，并迅速运至窖内，经挑选后重新装入垫有一层泡沫塑料碎块的筐内，码垛贮藏，或将果实直接摆放在贮藏架上。垛底垫砖或木板，以利通风。贮藏期间每隔 7d 左右翻动一次，挑出腐烂和过熟的果实。窖内温度控制在 11～13℃，相对湿度为 80％～90％，可贮藏番茄 1 个月左右。

3. 气调贮藏法

选种子腔小、皮厚、肉质紧密、含干物质和糖分高、果型小的番茄品种。在晴天的早上采收无病虫害的果实，采收后及时运到菜库，运输过程中要防止任何机械损伤。到菜库后，经挑选，剔除机械损伤果，装入经 0.5％漂白粉液刷洗或用 0.5％过氧乙酸喷洗消毒的筐内。每筐装 25kg，于阴凉通风处预冷 8～12h。

在贮藏室内地上铺 0.23mm 厚，约 4m 长，2m 宽的聚乙烯塑料薄膜，上放砖头并撒放 30kg 消石灰，将筐码放在砖上，高度以 4 个筐为宜，然后罩上塑料薄膜帐。帐上事先安装袖口和取气嘴，帐边与铺底塑料薄膜卷在一起，密封。每帐贮量一般为 500～2000kg。向帐

内充入 N_2，使帐内 O_2 快速降到 $4\%\sim5\%$。为防止番茄后熟，可在帐内加入适量的高锰酸钾载体。以后定期测定帐内气体成分，当 O_2 含量低于要求值时，进行人工放风，提高帐内的 O_2 含量，降低 CO_2 含量。贮藏期间每隔 10d 左右检查一次，以减少腐烂危害。采用塑料薄膜密封贮藏番茄，帐内湿度较高，再加上贮藏温度较高，因此番茄易感病，为此需要设法降低密封帐内的湿度。降低帐内湿度的方法：可将定量的吸湿剂如氯化钙、硅胶或生石灰等放入帐内，有一定的吸湿效果。也可施用防腐剂抑制病菌的活动，包装材料使用前进行彻底消毒。贮藏期间向帐内通入氯气，每隔 $2\sim3d$ 施用一次，每次用量为帐内空气体积的 0.2%。也可用 0.5% 的过氧乙酸防腐，把过氧乙酸置于盘中放在帐内。也可用漂白粉，在 1000kg 的帐内施用 0.5kg，有效期约 10d，10d 后再重新施用。贮期一般为 $45\sim60d$。

也可采用小包装袋，此种袋适用于小量贮藏，可选绿熟期至转色期的番茄，装入厚度为 $0.04\sim0.07mm$ 的聚乙烯薄膜袋子，每袋 $3\sim5kg$，随即扎紧袋口，放在阴凉处，初期每隔 3d 松袋通气一次，贮藏两周之后可减少换气次数。如果继续贮藏，每袋要减少番茄数量，由 $3\sim5kg$ 减为 $2\sim3kg$，一般可贮藏 $30\sim50d$。

4. 石灰水-二氧化硫贮藏

将 6% 的亚硫酸配成 0.3% 的水溶液，再用饱和石灰水的澄清液调至 pH $4.5\sim5$，将全红番茄浸至该溶液中，用清洁木板等物压住果实，防止露出液面，使浸出液高出果实 $2\sim3cm$，然后密封容器，置于低温处。

5. 薄膜袋贮藏法

将青番茄轻轻装入厚度为 0.04mm 的聚乙烯薄膜袋（食品袋）中，一般每袋装 5kg，装后随即扎紧袋口，放在阴凉处。贮藏初期，每隔 $2\sim3d$，在清晨或傍晚，将袋口打开 15min，排出番茄呼吸产生的二氧化碳，补入新鲜空气，同时将袋壁上的小水珠擦干，然后再扎好密封。贮藏 $1\sim2$ 周后，番茄逐渐转红。如需继续贮藏，则应减少袋内番茄的数量，只平放 $1\sim2$ 层，以免相互压伤。番茄红熟后，将袋口散开。采用此法时，还可用嘴向袋内吹气，以增加二氧化碳的浓度，抑制果实的呼吸。另外，在袋口插入一根两端开通的竹管，固定扎紧后，可使袋口气体与外界空气自动调节，不需经常打开袋口进行通风透气。

第十一节　黄瓜贮藏

黄瓜是葫芦科一年生蔓生或攀援草本植物。中国各地普遍栽培，且许多地区均用温室或塑料大棚栽培，现广泛种植于温带和热带地区。黄瓜为中国各地夏季主要蔬菜之一，肉质脆嫩、汁多味甘、芳香可口，含有蛋白质、脂肪、糖类、多种维生素、纤维素以及钙、磷、铁、钾、钠、镁等丰富的成分。尤其是黄瓜中含有的细纤维素，可以降低血液中胆固醇、甘油三酯的含量，促进肠道蠕动，加速废物排泄，改善人体新陈代谢。新鲜黄瓜中含有的丙醇二酸，还能有效地抑制糖类物质转化为脂肪，因此，常吃黄瓜可以减肥和预防冠心病的发生。

一、贮藏特性

黄瓜组织脆嫩，含水量高达 98% 以上，生理代谢活跃。黄瓜不耐贮藏，在采后容易后熟变质，受精胚在嫩瓜中继续发育生长，种子长大，瓜形变为棒槌状，绿色减褪，酸度增高，果肉绵软，食用品质下降。黄瓜对乙烯也极为敏感，自身也有一定量的乙烯释放，在采后尽量避免与苹果、香蕉、梨等水果混放。

供贮藏的黄瓜应选果皮较厚、果肉丰满、颜色深绿、表皮刺少、较抗病的中晚熟品种，如津研4号、津研7号、白涛冬黄瓜、漳州早黄瓜、佐耕七号等。北京小刺瓜和长春密刺，瓜条小，皮薄刺多，不耐贮藏。图6-33展示了适合贮藏的晚熟品种津研7号和宁阳大刺。

黄瓜适宜的贮藏温度为10～13℃，低于8℃易受冷害。受冷害的黄瓜表皮变为深绿色，细胞液外渗，很快感染腐烂。贮藏适宜的相对湿度为90%～95%，气调贮藏的适宜气体成分 O_2 和 CO_2 均为2%～5%。

黄瓜脆嫩易受机械损伤，瓜刺易碰脱造成伤口流出汁液，从而感染病菌，导致腐烂。故黄瓜在贮藏中要注意防止后熟变质和腐烂。

图6-33　适合贮藏的晚熟品种津研7号和宁阳大刺

二、采收

贮藏用黄瓜应在下霜之前采收，最好在清晨露水干后或傍晚气温和菜温较低时采收。选择植株中部不老不嫩、直条壮实的腰瓜采摘，并戴手套采摘，手托瓜条，用剪刀将瓜柄小心剪下，瘤刺多的品种可用软纸包好，轻轻放入洗净消毒或垫有干净报纸或塑料薄膜的菜筐内，注意不要碰伤瘤刺，尽量避免机械损伤，并小心摘除瓜尖上的花瓣。

三、黄瓜贮藏中容易发生的病害及防治

1. 灰霉病

灰霉病是黄瓜贮藏中容易发生的病害之一，病原菌多在田间开始侵染。从开败的雌花处侵入，致使花瓣腐烂，进而向瓜条扩展，导致腐烂。或染病组织先变黄变软，并生有白霉，随后霉层变为灰褐色。防治方法如下：

① 加强田间病害防治，选择健康地块采收无伤贮藏用果实。

② 采后配合仲丁胺等药剂进行防腐处理。

2. 炭疽病

病斑近圆形，初呈暗绿色，后为黄褐色或暗褐色，病部稍凹陷，表面有粉红色黏稠物，后期常开裂，瓜条上有时出现琥珀色流胶。该病菌寄生性很强，可直接从表皮侵入，并能形成潜伏侵染。防治方法如下：

① 先选择抗病性强的品种栽培，如津研4号。田间加强病虫害防治，不从病害严重的瓜田中挑选好瓜贮藏，采收贮运过程中要特别注意避免机械损伤。

② 贮藏中贮温要适宜，既要避免贮温过低造成冷害，又要避免贮温过高加速黄瓜老化。

③ 发病初期用甲基硫菌灵、多菌灵等药剂喷洒黄瓜表面，隔 7~10d 一次，连续防治 2~3 次。

3. 绵腐病

瓜条初始为水浸状暗绿色斑，后逐渐扩大使组织腐烂，在表面生出纤细而茂密的白霉。

四、贮藏方法

1. 缸藏法

黄瓜缸藏在我国北方大连和天津等地均有，应选抗病力强、果皮厚、果皮颜色浓绿的黄瓜品种。播种期应适当延迟，黄瓜收获时气温已有明显下降的趋势。

具体方法是：在预先刷洗干净的缸内盛入 10~20cm 清水，上入木制的箅子，隔水面 7~10cm，然后码放黄瓜，达一定高度后，再加隔板，然后再码黄瓜，如此重复操作一直到距缸口 10~13cm 为止。然后用牛皮纸封住缸口，把缸放在冷凉处，在 10~16℃的温度条件下贮藏 30d 效果较好，质量损耗仅为 5%~10%。而未经处理的黄瓜，7d 后就会变黄变软，严重影响黄瓜的质量。缸贮藏法能够保证黄瓜得到充分的水分，缸中积累一定浓度的 CO_2，抑制了微生物的繁殖。

2. 简易贮藏法

将黄瓜放入水中煮热消毒，然后捞出凉透，把纯细沙用水均匀喷湿，在缸内放一层细沙摆一层黄瓜，摆至接近缸口，再用塑料薄膜把缸口密封。秋季可将缸放入室内阴凉处，冬季使缸内温度保持在 0℃以上为宜。

3. 窖藏法

贮藏黄瓜的窖比一般土窖小，一般长 6.5m，宽 2m，深 1.5~2m。利用挖的土培成高 0.7m 的窖帮，窖的底部都要衬上脱叶的秸秆，然后码放黄瓜，一般不高于 0.7m。也可以摆一层黄瓜，摆一层秸秆，如此摆放 5~6 层。在贮藏期间，要保持密闭，同时要注意检查，剔除腐烂果。此法贮藏 30~50d，损耗率为 10%左右。

图 6-34　塑料薄膜袋贮藏法

4. 塑料薄膜袋贮藏法

把黄瓜摘下之后，装在规格为 400mm× 500mm 的塑料薄膜袋内，每袋装 2.5~3kg。塑料薄膜厚度为 0.08mm，然后把袋装入筐中，垛起来，也可码在架上。置于冷库中，控制 O_2 浓度为 3%~5%，CO_2 浓度为 8%~10%，自然降氧。黄瓜贮藏一个月后没有腐烂和脱水现象。如图 6-34 所示。

5. 气调贮藏法

黄瓜幼嫩的果实为食用部分，含水量高，采收后组织易脱水变糠。而且黄瓜脆嫩易受到机械损伤，特别是刺瓜类型，瓜刺易被碰脱，造成伤口流出汁液，从而感染病菌腐烂。

贮藏温度 11~13℃，O_2 和 CO_2 浓度均为 2%~5%，采用快速降氧。黄瓜用 1：5 虫胶水液加（2～4）×10^6μg/kg 苯菌灵、甲基硫菌灵或多菌灵涂被后，在封闭的垛内放入 1/40～1/20 浸高锰酸钾的泡沫砖，用以消除乙烯；每隔 2～3d 充入 N_2 一次，每次用量约为垛内空气体积的 0.2％。黄瓜贮藏 45～60d，好瓜率约为 85％。

6. 盐水贮藏法

将黄瓜浸泡在食盐水里，在 10～25℃条件下，可保鲜 20d 左右。

7. 高压静电场贮藏法

随着技术的发展，有关高压静电场处理对果蔬的保鲜备受关注。有学者研究了 −100kV/m 高压静电场短时处理对黄瓜采后呼吸强度、失重率、细胞膜透性的影响。结果表明：短时高压静电场处理能够显著抑制黄瓜果实在采后贮藏过程中的质量损失，抑制黄瓜果皮相对电导率的上升，但是对黄瓜呼吸强度没有显著影响。经短时处理 0.5h、1.0h、1.5h，各组腐烂率高于对照组，说明短时高压静电场处理降低了黄瓜的采后抗病性，在高压静电保鲜操作中应当避免采用短时处理。

8. 涂膜贮藏

涂膜技术的应用是当今食品领域的热点之一，主要通过控制果蔬的呼吸作用以及水分蒸发来延长货架期。有研究者以钙制剂对黄瓜进行涂膜处理，于室温下贮藏，测定了在贮藏过程中黄瓜的失重率、叶绿素含量、抗坏血酸含量、呼吸强度以及硬度的变化。试验结果表明，以 6 倍稀释液浓度涂膜黄瓜，其保鲜效果较好，可以有效延长黄瓜的货架期。也有学者以魔芋精粉、虫胶、乳球菌肽等作为涂膜原料，对黄瓜保鲜适宜浓度进行研究，结果表明：浓度为 0.3％的复合涂膜液对黄瓜保鲜效果最好。

第十二节　茄子贮藏

茄子是我国南北方主要的蔬菜种类之一，在生产中占有重要地位，在我国各地栽培普遍，尤其是在广大农村，茄子的栽培面积远比番茄大。东北、华东、华南地区以栽培长茄为主，华北、西北地区以栽培圆茄为主。茄子适应范围广泛，容易栽培，生长期长，产量较高，是夏秋季的主要蔬菜之一。茄子营养较丰富，含有蛋白质、脂肪、碳水化合物、维生素以及钙、磷、铁等多种营养成分。茄子含有维生素 E，有防止出血和抗衰老功能。常吃茄子，可使血液中胆固醇水平保持稳定，对延缓人体衰老具有积极的意义。主要抗病性强耐贮的品种有民田茄子、太郎早生等。

一、贮藏特性

茄子是生产上市较集中的品种之一，耐热，不耐寒，对低温很敏感，在 7℃以下贮藏会出现冷害。不同种类茄子的贮藏特性不同，一般果皮较厚、种子较少、肉质致密的深紫色或深绿色晚熟品种较耐贮藏。圆茄类多为中晚熟品种，耐贮性好。长茄类品质佳，但皮薄肉质疏松，一般不耐贮藏。茄子淡旺季差价较大，贮藏经济效益高，但采取普通方法比较难贮藏。茄子在贮藏中的主要问题如下：

①　果梗连同萼片湿腐或干腐，蔓延到果实，或与果实脱落。

②　果面出现各种病斑，不断扩大，甚至全果腐烂，主要有褐纹病、绵疫病等。

③ 5～7℃以下会出现水浸或脱色的凹陷斑块,内部种子和胎座薄壁组织变褐。采用低氧和二氧化碳气调贮藏,对防止果梗脱落和保鲜有一定的效果。用（50～100）×10^{-6}的2,4-D浸渍果梗,也有防止梗萼脱落的作用。

用于贮藏的茄子应在果实大小接近长成、种子尚未发育的时候采收,贮藏温度在7～10℃。

二、栽培中注意防治绵疫病和褐纹病

1. 茄子绵疫病

茄子绵疫病亦称疫病、晚疫病,全国各地普通发生,造成茄果大量腐烂（如图6-35）。其病原菌不但危害果实,也波及叶片、花器、嫩枝等。往往近地面的果实先发病,大小果皆可发生病害。最初在果实腰部或脐部呈现水浸状圆形斑,扩大呈黄褐色至暗褐色,稍凹陷,湿度大时病部产生白色棉絮状物,病部扩大,最后全果腐烂。防治方法如下:

① 实行轮作。避免与茄科蔬菜连作,重病地与非茄科蔬菜实行3年以上轮作。

② 加强栽培管理。选择地势高燥、排水良好的肥沃地栽茄子,合理密植,改善行间通风透光条件,增施磷肥,避免偏施氮肥,要随时摘除病烂果,清除地面落果,集中烧毁或深埋。

图6-35 茄子的绵疫病

③ 喷药保护。发病前或发病初期开始喷药,重点保护植株中下部茄果,并主要喷洒地面。每隔7～10d喷药一次,连续喷3～4次。药剂有1:（200～240）波尔多液、50%甲基硫菌灵1000～1500倍液或75%百菌清600倍液。

2. 茄子褐纹病

茄子褐纹病又称褐腐病、干腐病,主要危害茄果,也侵染幼苗、叶片和茎秆（如图6-36）。果实受害时,在果面上产生浅褐色、圆形或椭圆形稍凹陷的病斑,扩大后变为暗褐色,呈半软腐状,有时呈现明显的同心轮纹,其上散生许多黑色小粒点。常与许多病斑联合,使整个茄果腐烂、脱落软腐或挂在枝上干缩成僵果。防治方法如下:

① 进行2～3年以上轮作。

② 选用抗病品种如北京线茄、成都竹丝茄、天津二根、吉林羊角茄等。

③ 从无病茄子上采种。播种前种子用55℃温水浸15min,或52℃温水浸30min,再放入冷水中冷却,晾干后播种。

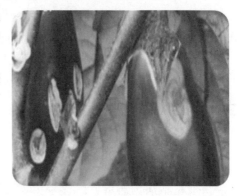

④ 加强栽培管理,培养壮菌,施足基肥,促进早长早发,把茄子的采收盛期提前在病害流行季节之前均可有效防治此病。

三、贮藏方法

1. 窖藏法

选择深紫色、圆形、含水量低的晚熟茄子品

图6-36 茄子的褐纹病

种，在下霜前采收，入窖散放，并用席子或纸等覆盖，或逐个保持在 7℃，低氧和低二氧化碳条件下有利于茄子贮藏。

2. 沟埋藏法

挖深 1.5m，宽 1m 的沟，长度视贮藏量而定。将经挑选的茄子直接放在沟内，厚度不超过 400mm，也可装筐后排放在沟内，顶上盖湿草包。当气温降到 0℃ 以下时开始盖土，盖土厚度不超过 100mm，以防果实受压过大，其上盖草帘子。保持沟内 8℃ 左右，每 15d 检查一次。冬季冻土层接近或超过 1m 的地区不适合此法贮藏茄子。

3. 气调小包装贮藏

选取规格为 400mm×600mm 的限制性气调保鲜袋贮藏，贮期 50～70d。

4. 化学贮藏法

为减少茄子发生腐烂或萎蔫，北京市农林科学院蔬菜研究中心曾用苯甲酸清洗果实，单果包装，温度控制在 10～12℃，贮藏 30d 好果率可达 80％ 以上。

5. 涂膜贮藏法

用涂料涂在果柄上，可达到控制呼吸强度、防腐保鲜、延缓衰老的目的。涂料的配制方法如下：

① 10 份蜜蜡、2 份酪蛋白、1 份蔗糖脂肪酸酯，混合均匀呈乳状液。

② 70 份蜜蜡、20 份阿拉伯胶、1 份蔗糖脂肪酸酯，混合均匀加热至 40℃，即成糊状保鲜涂料。

第十三节　南瓜贮藏

南瓜是葫芦科南瓜属的一个种，一年生蔓生草本植物，原产墨西哥到中美洲一带，世界各地普遍栽培。全株各部分可供药用，种子含南瓜子氨酸，有清热除湿、驱虫的功效，对血吸虫有控制和杀灭的作用；藤有清热的作用；瓜蒂有安胎的功效，可防治牙痛。图 6-37 展示了不同的南瓜品种。

一、贮藏特性

用于贮藏的南瓜应在果皮坚硬、显现固有色泽、果面有蜡粉时采收。采收时谨防机械损伤，应保留一段果梗，特别要禁止滚动、抛掷，以免内瓤振动受伤导致腐烂。采收后宜在 24～27℃ 下放置 2 周，使果皮硬化，有利于贮藏，特别对成熟度较差的南瓜尤为重要。用于贮藏的南瓜不宜遭霜打，在生长期间可以在瓜下垫砖或者吊空，并防止日光暴晒。

二、贮藏中的常见病害

1. 蔓枯病

(1) 病害特点

南瓜蔓枯病为害叶片、茎蔓和果实。叶片染病，病斑初褐色，圆形或近圆形，大小 10～20mm，其上微具轮纹。蔓枯病病斑呈椭圆形至长梭形，灰褐色，边缘褐色，有时溢出

图 6-37　不同的南瓜品种

（a）金香栗南瓜；（b）皇冠小南瓜；（c）蜜冠南瓜；（d）京红栗

琥珀色的树脂状胶质物，严重时形成蔓枯，致果实朽住不长。果实染病，轻则形成近圆形灰白色斑，大小 5～10mm，具褐色边缘，发病重的开始时形成不规则褪绿或黄色圆斑，后变灰色至褐色或黑色，最后病菌进入果皮引起干腐，一些腐生菌趁机侵入引致湿腐，为害整个果实。

（2）防治方法

① 与非瓜类作物实行 2～3 年的轮作。

② 高畦栽培，地膜覆盖，雨季加强排出积水。

③ 预防蔓枯病可用 25％嘧菌酯悬浮剂 1500 倍液。

④ 生长期防治重点是抓好发病的始发病期用药，应选用内吸治疗性杀菌剂。

2. 美洲斑潜蝇

（1）病害特点

美洲斑潜蝇是一种危险性检疫害虫，适应性强，繁殖快，寄主广泛，多达 33 科，170 多种植物。其对菜豆、黄瓜、番茄、甜菜、辣椒、芹菜等蔬菜作物造成较大危害，一般减产达 25％左右，严重的可减产 80％，甚至绝收。

（2）防治方法

① 彻底清除采收后的植株残体，集中烧毁、深埋或堆沤。

② 适当疏枝、疏叶，摘除中下部虫道多的叶片，以降低虫口基数。

③ 田间设置"黏蝇纸"。

④ 药剂防治：在幼虫高峰期喷药，可喷施 1.8％阿维菌素乳油 3000 倍液，或 1.8％阿维菌素乳油 1000 倍液、40.7％毒死蜱乳油 1000 倍液、90％杀螟丹可湿性粉剂 1200～1500 倍液、90％杀虫单可湿性粉剂 800 倍液，交替使用，每隔 7～10d 一次，

连续 2～3 次。

3. 白粉病

白粉病病原为子囊菌亚门，瓜白粉菌和瓜单囊壳菌。6 月上旬开始发生，该病以菌丝或分生孢子在寄主上越冬或越夏，成为翌年初侵染源。分生孢子借气流或雨水传播落在寄主叶片上，分生孢子端产生芽管和吸器从叶片表皮侵入，菌丝体附着在叶表面，从萌发到侵入需形成白色菌丝丛状病斑，经 7d 成熟形成分生孢子，进行再侵染。白粉病能否流行取决于湿度和寄主的长势，一般湿度大有利于其流行。

防治方法：发病初期，喷洒 15％三唑酮可湿性粉剂 1500 倍液或多硫悬浮剂 500～600 倍液。

三、贮藏方法

1. 堆藏法

室内堆藏是把种子已成熟、瓜皮老化、表皮有白粉的南瓜直接堆放在空屋子里，堆放前地面上先铺一层草片或麦秸，上面放瓜果。摆瓜的方向一般要求与田间生长时的状态相同，原来是卧地生长的要平放，原来是搭棚直立生长的，要瓜蒂向上直立放，不论哪种摆放形式，都要适当留出通道，以便检查。摆瓜时可将瓜蒂朝里、瓜顶向外一个一个地依次堆码成圆堆，每堆 15～25 个，高度以 5～6 个瓜高为宜，大型瓜不超过三层。也可装筐堆藏，每筐不得装得太满，离筐口应留有一个瓜的距离，以利于通风和避免挤压。瓜筐堆放可采用骑马式，以 3～4 个筐高为宜。贮藏前期，外界气温较高，要在晚上打

图 6-38　南瓜的堆藏

开窗户通风换气，白天关闭遮阳，避免日光直接照射，室内空气要新鲜干燥，并保持凉爽。外界气温较低时特别是到了严寒冬季，要关闭门窗，注意防寒，温度应保持在 0℃以上。图 6-38 展示了南瓜的堆藏。

2. 架藏法

架藏的仓位选择、质量检验、消毒措施、降温、防寒和通风等要求与堆藏相同。所不同的是在仓库内用木、竹或角铁搭成分层贮藏架，铺上草包，将瓜堆放在架上，或用板条箱垫一层麦秸作为容器，瓜放入后叠成一定的形式进行贮藏。此方法通风散热效果优于堆藏，仓位容量也大，检查也方便。

3. 窖藏法

贮藏的南瓜应取老熟瓜，采收时留一段果梗，贮藏的瓜应适当早播，以保证霜前采收，生长期间最好不使瓜直接着地，可在瓜下垫砖或吊空，并防阳光曝晒及机械损伤。

贮藏适温 7～10℃，相对湿度 70％～80％。贮藏时地面铺细沙、麦秸或稻草，其上堆放 2～3 层瓜，也可将瓜摆在菜架上，贮期达 3～7 个月，品质较好。

第十四节 菜豆贮藏

菜豆属豆科一年生、缠绕或近直立草本植物。原产于美洲，中国各地均有栽培，已广植于各热带至温带地区。主产区为云南、贵州、陕西、河北、黑龙江、山西、吉林及台湾等省，每公顷产量为 1100～1500kg，中国黑龙江省已育成新品种"龙云 1 号"，并推广利用。菜豆是高蛋白、低脂肪、中等含量淀粉作物，菜豆嫩荚、嫩豆和干籽粒中均含有丰富的营养成分，籽粒含蛋白质 17%～23%、脂肪 1.3%～2.6%、碳水化合物 56%～61%，还含有钙、磷、铁及各种维生素。籽粒用作主食，也用来制豆沙和糕点。嫩豆可作蔬菜，制罐头。干籽粒含有植物血细胞凝集素，具有医用价值。秸秆是家畜的良好饲料。

一、贮藏特性

在我国北方，菜豆生产主要集中在 7～8 月份，如果能把旺季生产的菜豆经过一段时间的短期贮藏，对于调节市场供应有一定的作用。菜豆较难贮藏，货架期短，常温下不采取贮藏保鲜措施的话可以保存 5～7d。主要原因是在贮藏中表皮易出现褐斑，俗称"锈斑"；老化时豆荚外皮变黄、纤维化程度高、种子长大等。此外，常温下果荚严重失水，失水率高达 30.77%，质地由较硬变为干瘪。菜豆失水、变色、皱缩与贮藏环境的相对湿度有密切关系。相对湿度低，加速失水，容易加速菜豆的失绿黄化；相对湿度大，微生物活动旺盛，腐烂率随之升高。

菜豆呼吸强度较高，贮藏中容易发热和造成 CO_2 伤害，应特别注意菜堆或菜筐内部的通风散热，以免造成老化和锈斑增多。菜豆堆或菜筐中必须设有通气孔，在筐内或塑料袋内还可放入适量的消石灰，以吸收 CO_2。豆荚会因温度过低而造成冷害，虽然不同品种间存在一定差异，但一般在 0～1℃下超过 2d，2～4℃下超过 4d，4～7℃下超过 12d，都会发生严重的冷害。受了冷害的菜豆在高温下 1～2d，表面就会产生凹陷和锈斑。因此，菜豆在贮藏中要避免较长时间放置在 8℃ 以下的低温中。

贮藏菜豆时，应选择肉厚、色绿、抗病性强及生长期较长、适合秋茬栽培的品种，如江户川、八月绿、青岛架豆、丰收一号等。

菜豆多在秋季贮藏，在早霜到来之前要及时收获。选择植株生长健壮、基本无病虫害的地块采收贮藏用菜豆。采收时豆荚上应带小柄，避免碰伤折断。采收过早，不仅会影响产量，而且果荚未完全发育成熟，组织幼嫩，呼吸旺盛，不耐贮藏，且品质不佳，经济效益低；采收过晚，组织老化，纤维增加，种子长大，鲜嫩程度低，影响口感，市场竞争力低。运输时应用菜筐或塑料箱装，严禁用麻袋或编织袋包装，所用容器均应清洗消毒。

小油豆和三叶油豆是比较耐贮的品种，果荚颜色较深；而紫花油豆、花生米油豆、五常大油豆和八月绿等品种的耐贮性较差，仅适合短期贮藏。

二、贮期容易发生的病害及防治方法

1. 菜豆灰霉病

茎、叶、花及豆荚均可染病。豆荚染病先侵染败落的花，后扩展到荚果，病斑初呈淡褐色后软腐，表面生灰霉。此病菌在田间存活期较长，遇到高温和 20℃ 以上的温度，即长出菌丝直接侵入或产生孢子，借雨水溅射传播为害。此菌可随病残体、水流、气流、农具及衣物传播。腐烂的病果、病叶、败落的病花落在健康部位即可发病。防治方法如下：

① 生态防治：提高棚室夜间温度，增加白天通风时间，从而降低棚内湿度和结露持续时间，达到控病的目的。

② 及时摘除病叶、病果。为避免摘除时传播病菌，用塑料小袋套上再摘掉袋子集中销毁。

③ 定植后发现零星病叶即开始喷洒 50％腐霉剂可湿性粉剂 1500～2000 倍液，或 50％异菌脲可湿性粉剂等药剂进行防治。

2. 菜豆炭疽病

叶、茎及豆荚均可受害，叶片发病始于叶背，叶脉初呈红褐色条斑，后变黑褐色或黑色，并扩展为多角形网状斑；豆荚初现褐色小点，扩大后呈褐色至黑褐色圆形或椭圆形斑，周缘稍隆起，四周常具红褐或紫色晕环，中间凹陷，湿度大时，溢出粉红色黏稠物，内含大量分生孢子；种子染病，出现黄褐色大小不等的凹陷斑。该病在多雨、多露、多雾或冷凉多湿的地区发生，或种植过密、土壤黏重的湿地发病较重。防治方法如下：

① 用抗病品种，如芸丰等。

② 进行种子处理。注意从无病荚上采种。或用种子质量 0.4％的 50％多菌灵或福美双可湿性粉剂拌种，或 60％防霉宝超微粉 600 倍液浸种 30min，洗净晾干播种。

③ 执行 2 年以上轮作，使用旧架材要用 50％代森铵水剂 800 倍液消毒。

④ 开花后、发病初开始喷洒 75％百菌清可湿性粉剂 600 倍液，或 70％甲基硫菌灵可湿性粉剂 500 倍液等，每隔 7～10d 喷洒一次，连续防治 2～3 次即可。

三、贮藏方法

1. 冷冻贮藏法

选取豆荚脆嫩时采收，把清洗好的豆荚投入 100℃沸水中，烫漂 2min 左右，捞出后立即放入凉水中冷却到室温。沥干水分，装入塑料薄膜袋，可分为 0.5kg、1kg、5kg 等，封袋时尽量排空袋内空气。

装包好的扁豆送入－25℃速冻库，充分冻结后存放于－18℃库内，可长期贮藏。食用前先在室温下缓慢解冻，品质与刚烫漂时基本相同。菜豆一经化冻要及时食用。

2. 大白菜包藏法

吉林一带用早熟矮生品种（萨克萨）进行秋播，先种大白菜，然后在两棵菜的株间种菜豆，于霜前收获，装筐入窖贮藏。可贮藏近两个月，贮藏中每隔 7～10d 倒筐挑选一次，陆续供应上市。

3. 小包装贮藏法

将菜豆装入 0.1mm 厚聚乙烯塑料薄膜袋内，每袋 5kg，密封袋口，袋内加消石灰 0.5～1kg，每升容积施用 0.01mm 仲丁胺熏蒸防腐，贮藏温度为 8～10℃，每 10～14d 开袋检查一次。此法贮藏 30d，好荚率为 80％～90％。菜豆的小包装贮藏见图 6-39。

图 6-39　菜豆的小包装贮藏

4. 气调贮藏

控制贮藏环境的气体条件可延长菜豆的贮藏期限。菜豆可以采用自发气调和可控气调贮藏两种方法，贮藏的适宜条件是 O_2 体积分数为 2%～5% 和 CO_2 为 2%～9%。菜豆对 CO_2 极其敏感，所以在气调贮藏的过程中一定要注意 CO_2 和 O_2 的分压，超过 2% 的分压就会诱发菜豆锈斑的发生，加快细胞膜脂过氧化的速度，积累大量的自由基和有毒物质。因此在采用聚乙烯薄膜包装贮藏时，可用消石灰吸收菜豆呼吸产生的过量 CO_2，并采用小包装，防止过量 CO_2 积累。

5. 涂膜贮藏

涂膜材料和浓度是影响菜豆贮藏效果的重要因素。10g/L 壳聚糖涂膜处理可显著延缓纤维化进程。研究表明 2% 壳聚糖，体积分数为 0.2×10^{-6} 的脱氢醋酸钠和体积分数为 30×10^{-6} 的 6-苄氨基嘌呤（6-BA）混合配制而成的保鲜剂在 12℃ 的环境下贮藏菜豆具有良好的效果。有学者的实验结果表明，壳聚糖涂膜无纺布包装具有延长菜豆贮藏寿命的效果，无纺布具有纤维状结构，易与壳聚糖结合，无纺布解决了壳聚糖载体的问题，壳聚糖的成膜性克服了无纺布透气透水的问题，比 PE 袋具有更好的调气调水性。也有学者研究确定最佳保鲜剂配方为 2.0% 羧甲基壳聚糖、0.2g/kg 脱氢醋酸钠、20μg/mL 6-BA，并且经过 N,O-羧甲基涂膜保鲜的菜豆，在温度 25℃，相对湿度 75%～80% 的环境下，可贮藏 14d。研究结果表明采用涂膜与臭氧杀菌相结合可有效地降低菜豆在贮藏过程中的失水率、褐斑率和腐烂率。

第十五节　大白菜贮藏

大白菜在我国南北方均有栽培，特别是在北方，栽培面积大，贮藏时间长，是重要的蔬菜贮藏品种之一。其栽培面积占整个秋菜栽培面积的 60% 以上。而贮藏量占整个秋菜贮藏量的 70% 以上。因此，做好大白菜的贮藏工作，对于保证漫长的冬春供应是十分重要的。

一、贮藏特性

大白菜性喜冷凉湿润，作为营养贮存器官的叶球部分是在冷凉湿润的气候条件下形成的，因此在贮藏期间要求低温冷凉湿润的条件。

大白菜在贮藏期间的损耗量很大，一般在 30%～50%。大白菜贮藏期间的损耗主要是由贮藏期脱帮、失水和腐烂造成的。大白菜贮藏时期的不同，其损耗的种类也是不同的。入窖初期以脱帮为主，后期以腐烂为主。脱帮是生理现象，是大白菜叶帮基部离层活动溶解所致。贮藏过程中，比较高的贮藏温度或相对湿度及晾晒过度，均会引起大白菜脱帮。大白菜贮藏期间的腐烂，是大白菜在田间感病或入窖后遇到高温引起的，腐烂一般发生在贮藏后期。大白菜腐烂会引起脱帮，但脱帮不一定引起腐烂。大白菜贮藏期间的失水，是贮温过高或相对湿度过小造成的。贮藏期间大白菜进行的呼吸作用以及贮藏期间的失水均可造成自然损耗。

针对大白菜在贮藏中易脱帮及腐烂的问题，可在收获前 2～7d 用 $(2～5) \times 10^4 \mu$g/L 的 2,4-D 水溶液进行田间喷洒，也可采收后喷洒或浸根；还可用 $(2～5) \times 10^5 \mu$g/L 的萘乙酸处理，均有明显地抑制脱帮效果。

二、解决大白菜贮藏期间存在问题的主要措施

要解决大白菜贮藏期间上述各种损耗问题，必须采取综合措施。

1. 选择耐贮、抗病的品种

各地要根据当地气候条件的特点，选择耐贮藏、抗病的品种。不同品种的大白菜耐贮性不同。中、晚熟品种比早熟品种耐贮，青帮类比白帮类耐贮，青白帮类介于两者之间。如沈阳地区的河头早、六十天还家，长春地区的翻心黄等早熟品种不宜长期贮藏。青帮河头、大青帮、通园一号、天津地区的青麻叶较耐贮藏。目前黑龙江省栽培比较普遍的耐贮抗病品种有牡丹江一号、通化菜等，耐贮但抗病力差的品种如二牛心等。高抗 85 抗逆性强，高抗病毒病、霜霉病、软腐病，品质较佳，口感好。选好品种之后，要适时播种。

大白菜的耐贮性与叶球成熟度有关，以八成熟最好，充分成熟的不利于贮藏。

栽培时在氮肥充足的基础上增施磷、钾肥能增强抗性，有利于贮藏。采收前一周停止灌水，采收后经适度晾晒，使外叶失去一部分水，组织变软，提高白菜的抗寒能力。

2. 收获后要适度晾晒

由于各地气候条件不同，收获时期也不同，生长季节气温越高则收获越晚。黑龙江省一般在霜降前采收（10月中下旬），收获过早影响产量和质量，收获过晚易使白菜受冻，影响及时入窖。大白菜收获最好选在晴天露水干了之后，以便于晾晒。收获方法可以连根拔起或用刀砍留半根。收获后应立即横放在垄台上，根部朝向太阳晾晒 3～5d，使根部外叶变软，减少贮运过程中的机械损伤，增高细胞液的浓度，提高蔬菜的抗寒力，同时还可缩小体积，提高库容量。

关于大白菜是否进行晾晒，说法不一，这主要取决于当地的气候条件、窖的结构和性能。如果当地气候较干燥，大白菜含水量较少，菜窖的结构和性能又比较好，便于通风和散热，就可以轻晒或不进行晾晒。如吉林省白城地区就不进行晒菜，大白菜收获后直接进行贮藏，效果也很好。大白菜过度晾晒，会使蔬菜组织萎蔫，破坏蔬菜正常代谢机能，使菜体的水解作用加强，降低耐贮性和抗病性，促使菜体离层形成而引起脱帮。一般有经验的菜农还是主张大白菜适当晾晒，以利于安全贮藏。

3. 做好预贮

经过晾晒后的大白菜要运至窖旁，摘除黄帮烂叶后，及时入窖。如果当时的气温和窖温较高，要将晒好的菜在窖的附近进行临时预贮。具体做法是将大白菜根朝里、叶朝外，码成不超过 1m 高的空心垛，如果夜间气温低于零下温度，可在菜垛上加以覆盖，以防菜体受冻，而后视温度变化情况及时入窖。

4. 及时入窖

在入窖前 10～15d，要把菜窖维修好，同时要进行窖内消毒。消毒的方法是每立方米窖容用 2～10g 硫黄（硫黄比空气重，因此应放在比较高的位置），先将菜窖封好，点燃硫黄熏24h，然后打开窖门及通风设备进行通风。

由于各地气候不同，入窖的时间也不同。黑龙江省一般在霜降后（10月底或11月初）入窖贮藏。在外界温度条件允许的情况下，尽量晚下窖。大白菜入窖过早，窖温高，引起菜体伤热，使大白菜易产生脱帮或腐烂。入窖晚，容易引起菜体受冻。如果大白菜已在窖外受冻，要坚持"窖外冻，窖外缓冻"的原则，绝不能把已受冻的大白菜马上入窖，这样会引起大白菜大量腐烂。入窖前要严格选菜，要选无病优质的菜作为贮藏的对象。

大白菜入窖后可采用多种方法进行贮藏。但当前生产上主要是采用架式贮藏。架式贮藏可分为架式单层摆或架式多层摆。架式单层摆比架式多层摆效果好，因为架式单层摆便于菜体通风散热。如果缺少搭架材料，也可以采用地码式大白菜贮藏方法，一般码两棵菜宽，垛高 1m 左右。地码式贮藏通风不好，容易引起伤热脱帮，甚至引起腐烂，因此大白菜入窖后需勤倒菜，以防伤热而引起脱帮和腐烂。倒菜次数及倒菜时间的确定，主要是根据窖温的高低和菜体情况而定，入窖初期窖温高，要多倒几次，一般每隔 7～10d 就倒一次；贮藏中期窖温低可少倒几次。也可采用吊藏的方法对大白菜进行贮藏，便于通风散热，不需进行倒菜，贮藏效果好。也可用竹筐和木箱装大白菜来进行贮藏，可获得比较好的贮藏效果。

贮藏期间的管理工作，主要是创设适宜的贮藏温、湿度，大白菜贮藏期间要求的温度为 0℃±1℃，相对湿度为 85%～90%。为了便于管理，可把贮藏期间大致分成三个阶段：

(1) 入窖初期（入窖至小雪，时间从 10 月底或 11 月初至 11 月中旬）

此期外界温度较高，因此窖内温度也较高，大白菜最易伤热，而引起脱帮和腐烂。若采用地码式贮菜方法，必须加强倒菜，以便加强通风和散热。特别是加强夜间通风，以保证窖内维持较低温度，白天要把门窗、通气孔关闭，以防窖外的高温对窖内产生影响。

(2) 入窖中期（小雪至立春，11 月底至翌年 1 月底）

此期外界温度急剧下降，要注意大白菜不要受冻，特别是立春前后，更要注意防冻。因为立春前后，虽然气温有开始回升的趋势，但地温还在继续降低，因此窖温也在降低。此时窖门、窗也要适当关闭，要利用中午进行通风。如果窖温过低，有下降到 -10℃ 以下的低温情况，可以考虑用火炉加温，这是在不得已的情况下所采取的措施。因为采取火炉升温，会引起窖温忽高忽低，影响蔬菜的贮藏期限。架式贮藏一般要在春节前后倒菜一次；地码式贮藏，此期要倒菜 2～3 次。

(3) 入窖后期（立春之后，3 月中下旬）

此期外温逐渐回升，因此窖温也开始逐渐回升。通风贮藏从 10 月至次年 5 月库内温度的变化情况，除入库初期和 4 月之后，基本可以维持在 0℃ 左右。从 4 月之后库内温度才开始回升到 2℃ 左右，若采取一定的措施，如采取夜间通风降温（因此时夜间温度还在 0℃ 以下），到 5 月 10 日库内温度还可以维持在 0℃ 左右。但要注意刮南风时不通风，并要防止暖风吹入，要防止化冻水滴在菜上而引起腐烂。此期腐烂和脱帮都较严重，要加强此期的管理工作。为了防止库温回升，在库门加盖棉被，减少开门次数，控制库内温度的回升。

三、贮藏方法

1. 家庭贮藏法

将刚买回的大白菜先在室外晾晒 2～3d，待外帮晒蔫至不易折断为宜。天气不太冷时，把大白菜放在室外，温度低于 -5℃ 时，要加盖防寒物品。堆放时，先在地上铺垫一些木板，如果在室外或阳台上贮存大白菜，堆码时菜叶朝外堆紧，贮藏初期每周倒动一次。

2. 垛藏法

在 11 月底开始收购、码垛，码垛时根对根，中间有 300mm 的通风道，每层菜间设纵向和横向沟放高粱秆，越向上码两棵菜越靠近，最后在两列中间排一单列压顶。垛高大约 1.5m，垛长 10m，垛与垛之间距离宽 500mm，以便检查管理，一直码到成为联方垛。周围围上草帘子，上面也用草帘子盖上，草帘子的厚度视天气情况而定，以菜不受冻为准。定期倒垛检查，贮藏期可到翌年 3 月底，损耗率 25%～30%，贮藏期间应揭帘通风。

3. 筐藏法

把白菜装入筐内，每筐 20kg，菜筐在窖内码成 7～9 层的垛，筐间和垛间留适当的通风道。用冷库与常温库交替贮藏，可以降低损耗，延长贮藏期。刚采收的白菜整理好后装入筐里，放在冷库里，保持 0℃，当常温库温度也达到 0℃时，把菜筐搬入常温库。到翌年 2 月中下旬，气温升高时，再把白菜从常温库搬入冷库。

4. 假植贮藏法

将菜根拔起，假植在沟内。中原地区沟深以高出菜 200mm 为宜，东北地区沟深要高出菜 500mm。贮藏前将沟内一次浇足水，等水渗下后，将白菜立放于沟内，气温下降时再覆盖一层草帘。

5. 坑藏法

在院内向阳背风处挖坑，坑的大小视白菜多少而定，坑深以白菜品种高矮而定，一般坑深比白菜高出 150mm。挖坑后，将白菜的黄叶老帮、病烂帮、破碎帮剥掉，用草绳将白菜腰部捆好，根向下，青叶向上，直立排列于坑内，每放一排，将根部埋些湿土，排列完毕，坑上盖一席片或草帘子，以防畜禽啄食。等天气渐冷后，上面逐渐加盖 300mm 厚的树叶、柴草。下雪后及时扫除积雪，随食随取，取后盖严。贮藏到翌年春节后，仍保持鲜绿，脆嫩不脱帮。

6. 地沟贮藏法

在朝阳、干燥、排水良好、运输方便的地方，沿南北方向挖宽为 1.3m，深为 1m 的沟，沟壁垂直，挖出的土放在沟的两旁，作成土埂防风。沟的长度要视菜的多少而定，为使沟内干燥，要提前挖好晾晒。

立冬后，适时将白菜拔起，晾晒 3～5d。天气变冷时，把菜根向里堆起来。要防止损坏菜帮，菜堆不要太大，防止发热造成烂菜。

白菜入沟，一般在小雪前后，当温度下降到 0℃即可入沟。入沟前除去黄叶，根朝下排放稍紧些，上面放些高粱秆（或玉米秸）、菜叶。天气变冷时，加盖 30mm 厚的碎土，然后根据气温下降情况逐渐加土至 300mm。加土时要注意将土弄碎，防止透风冻菜。在沟南头留有 1m 长的空位（用乱草、玉米秸加土封好），便于取菜。取菜后要用土把沟口封好，到翌年 3 月初地面温度上升时，将菜全部取出，放在室内。

7. 埋藏法

埋藏法要选择地势平坦干燥、土地较黏实、地下水位低、排水良好、交通方便的地方挖沟，沟东西向。在地上挖贮藏沟，深度依当地土层厚度及是否贮藏越冬而定。白菜下沟时间因地区不同，如大连地区在小雪前后，而沈阳是立冬前后。覆土厚度为 0.5～0.7m。

沿南北方向挖沟，宽 1.7m，深 150～200mm。挖出的土在沟四周做成土埂，埂高 0.7m，沟深与土埂高度相加等于白菜高度，沟长不限。沟底铺一层稻草或菜叶。将晾晒过的白菜一棵棵紧密地挤码在沟内。菜上面覆盖一些稻草或菜叶，再盖 500～700mm 厚的土。

沟深以菜长为准，沟宽 1～2m，长度不限，白菜带根刨出，选外叶无病和衰老不重的菜，将整理好的白菜根向下立放于沟中。叶球不紧实的菜，可将沟底刨松，把根埋入土中。天冷时菜顶覆盖一层薄土或白菜叶，春节时上市，贮藏期 40d。

将三条菜地垄铲平，土堆在周围。中间码菜，沟宽约 1.5m，小雪前将白菜根向下摆放于沟内，白菜露出地面约 2/3，随温度降低，随时加盖草帘。

8. 堆藏法

白菜采收后，经过整理晾晒后，在露天地或室内堆成倾斜的两列，底部相距 1m，逐层向上堆叠时，逐渐缩小距离，最后使两列合在一起成尖顶。

菜堆高约 1.5m，堆外覆盖苇席，堆的两头挂上席帘，并通过席帘的启闭来调节堆内温、湿度。堆菜时每层菜间要交叉斜放一些细架杆，以便支撑菜体，使两列菜能牢固地呈倾斜状。

9. 气调贮藏法

在 0℃、相对湿度 85%～90% 和氧气含量 1% 的条件下贮藏大白菜，贮藏 3 个月后，白菜损失率低，质量好，无异味，比在空气中贮藏的维生素 C、总糖含量高 2 倍。

第十六节　马铃薯贮藏

马铃薯的食用部分是地下块茎，是我国北方菜粮兼用作物。中国马铃薯年产量已突破 7000 万吨，马铃薯种植面积和总产量均居世界首位。黑龙江省马铃薯贮量约为 150 万吨，其中食用和加工用薯约为 110 万吨，留种用的马铃薯约 40 万吨。马铃薯的营养价值很高，含有丰富的维生素 A 和维生素 C 以及矿物质，优质淀粉含量约为 16.5%，还含有大量木质素等，被誉为人类的"第二面包"。目前普遍采用的窖为地下式永久性的砖窖，广大农村以临时性棚窖为主，也有的地方采用草苫永久性砖结构的窖进行贮藏。夏播留种用马铃薯多采用小型闷窖。

一、贮藏特性

马铃薯贮藏存在的主要问题是：贮藏期间窖内温度高而引起伤热发芽，发芽后的马铃薯块茎品质大大降低，淀粉含量下降，在马铃薯的芽眼部位形成大量的茄碱苷，茄碱苷的含量超过 0.2% 会使人中毒；其次是马铃薯在贮藏期间的腐烂和受冻，以及长形薯基部腐烂。因此，在采收和贮藏中避免机械损伤是关键。在贮藏中保持适宜的低温和良好的通风可减少发病，还可用仲丁胺熏蒸、辐射等方法减少腐烂，特别是环腐病和晚疫病造成的腐烂。

马铃薯收获后有明显的生理休眠期，一般为 2～4 个月。休眠期与品种、薯块大小以及成熟度有关。薯块小的比大的休眠期长，未成熟的比成熟的休眠期长。如控制好温度，可以按需要促进其迅速通过休眠期，也可延长休眠期，进行被迫休眠。

栽培条件对马铃薯的耐贮性也有很大影响。春薯适时早收有利于贮藏，晚收遇有高温和大雨，薯块易腐烂。秋季生产的马铃薯一般耐贮藏性较好。用于贮藏的马铃薯宜选沙壤土栽培，增施有机肥控制氮肥用量，收获前 10～15d 控制浇水。

马铃薯富含淀粉和糖，在贮藏中两者能相互转化。贮藏的适宜温度为 3～5℃，在 0℃ 则不利于贮藏。因为在 0℃ 时，淀粉水解酶活性增强，薯块内单糖积累，薯块变甜，食用品质不佳，加工品褐变，而且容易发生冻害。如果贮温提高，单糖又合成淀粉，但温度过高淀粉水解成糖的量也会增加。当温度高于 30℃ 或低于 0℃ 时，薯心容易变黑。适宜的相对湿度为 80%～85%，湿度过高容易腐烂和发芽，湿度过低失水多，损耗大。光能促使萌芽，增高薯块内茄碱苷含量。正常薯块的茄碱苷含量不超过 0.02%，对人畜无害；但薯块光照后或萌芽时，茄碱苷急剧增高，能引起不同程度的中毒。

二、贮藏中常见的病害

1. 早疫病

通常下部老叶先发病，产生褐色、凹陷的小斑点，周围有细窄的黄色圈，后扩大成椭圆形病斑，表面有清晰的同心轮纹，病斑边缘界线明显，严重时茎、叶枯死。块茎受害，产生暗褐色，稍凹陷，圆形或近圆形病斑，边缘明显，皮下呈浅褐色海绵状干腐。贮藏时注意病薯不入窖，贮藏温度以4℃为宜，不可高于10℃，并且通风换气，发病初期，可喷洒杀菌剂。

2. 疮痂病

该病发生的时候，马铃薯块茎表面先产生褐色小点，扩大后形成褐色圆形或不规则形大斑块，因产生大量木栓化细胞致表面粗糙，后期中央稍凹陷或凸起呈疮痂状硬斑块。病斑仅限于皮部不深入薯内。

防治方法：选用无病种薯，加强栽培管理，可选用药剂喷洒。

3. 干腐病

发病初期局部变褐稍凹陷，扩大后病部出现很多皱褶，常现同心轮纹，其上有时长出灰白色绒状颗粒，即病菌子实体。剖开病薯常见空心，空腔内长满菌丝。后期薯肉变为灰褐色或深褐色、僵缩、干腐、变轻、变硬，不能食用，也不能作种用。生长后期和收获前抓好水分管理，选择晴天进行收获，收获后摊晒数天，贮运时轻拿轻运，尽量减少伤口，并剔除可疑块茎后才装运或入窖。入窖前做好窖内清洁消毒工作。

4. 环腐病

环腐病属细菌性维管束病害，地上部分染病分枯斑和萎蔫两种类型。枯斑型多在植株基部复叶的顶上先发病，叶尖和叶缘及叶脉呈绿色，叶肉为黄绿或灰绿色，具明显斑驳，且叶尖干枯或向内纵卷，病情向上扩展，致全株枯死。萎蔫型初期则从顶端复叶开始萎蔫，叶缘稍内卷，似缺水状，病情向下扩展，全株叶片开始褪绿，内卷下垂，终致植株倒伏枯死，块茎发病，切开可见维管束变为乳黄色以至黑褐色，皮层内现环形或弧形坏死部。见图6-40。

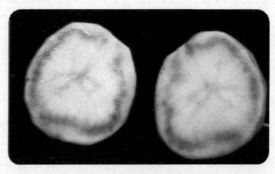

图6-40 马铃薯的环腐病

防治方法：种植选用抗病品种，建立无病留种田，尽可能采用整薯播种，严格选种，播种前彻底淘汰病薯，结合中耕培土，及时拔除病株，携出田外集中处理。

5. 青枯病

马铃薯幼苗和成株期均能发生。植株染病典型症状是病株稍矮缩，下部叶片先萎蔫后全株下垂，开始早晚恢复，持续4～5d后全株茎叶全部萎蔫死亡，但仍保持青绿色，也有时一个主茎或一个分枝萎蔫，其他茎叶生长正常，植株基部横剖可见维管束变褐。薯块染病后，芽眼呈灰褐色水浸状，并有脓液，切开薯块，切面可自动溢出乳白色菌脓。见图6-41。

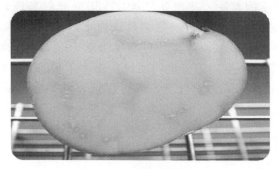

图6-41 马铃薯的青枯病

防治方法：加强栽培管理，采用配方施肥技术，定植时用防治青枯病的定植方式浸根。

6. 软腐病

发病初期薯块表面出现水浸状病斑，很快颜色变深、变暗，薯块内部逐渐腐烂。条件适宜时，病薯很快腐烂，湿度大时，薯块组织崩解，发出恶臭，干燥后薯块呈灰白色粉渣状。

种植无病种薯、无病小薯整播是最好的防治方法。

三、贮藏方法

1. 埋藏法

马铃薯怕热，热了易发芽，怕冻、怕碰。挖出的马铃薯应在阴凉处放置20d左右，待表皮干燥后再进行埋藏。

一般挖宽1～2m，深1.5～2m的坑（长度不限），底部垫一层干沙，将马铃薯分层埋藏，每层厚300～400mm的马铃薯覆50～100mm干沙，埋三层。表面盖上稻草，再盖土200mm，中间竖一小把秸秆通风，严冬时增加盖土厚度。

2. 沟藏法

东北地区在7月中下旬采收马铃薯，采收后预贮在阴棚或空屋内，直到10月份下沟贮藏。沟深1m，宽1～1.5m，长度不限。薯块堆积厚度不超过600mm，堆放过厚，内层薯块易发生"伤热"。温度低时，可在上面覆土保温，覆土总厚度800mm左右，要随气温下降分次覆盖，总厚度不能低于当地冻土层。沟内堆薯不能过高，否则沟底及中部温度会偏高。

3. 堆藏法

北方春薯一般3月下旬至4月初播种，7月初采收。采收应选晴天进行。采收、运输各环节都不可碰伤马铃薯，以免造成伤口感染病菌。

马铃薯采收后，首先摊放在阴凉通风的室内或凉棚下，堆厚不超过400mm，经2～3周后，马铃薯皮充分老化和干爽，水分蒸发量已降低，愈伤组织完全形成，病腐薯块基本挑净，即可堆藏。

夏季马铃薯还处于休眠中，不需制冷降温，只需将马铃薯块堆放在通风良好的室内或通风贮藏库内，堆高不要超过 500mm。为了使堆内散热，每隔 1～2m 设一通风筒。装筐堆码成垛，有利于通风降温。如能安装机械通风设施，进行强制通风，可以大大提高贮藏效果。贮藏期间要定期翻倒检查，及时剔除染病薯块，防止病菌蔓延。

4. 窖藏法

在进行采收、搬运入窖等工作时，要尽量注意避免损伤薯皮。入窖前，要堆晒薯块，剔除病薯、烂薯和损伤重的薯块。摊晾要尽量减少阳光照射薯块，以免薯块产生对人体有害的茄碱苷，降低马铃薯食用价值。贮前要清理窖内的杂物，除去窖内的一层表土，使窖内露出新土，或进行消毒灭菌，这样可除掉大部分侵染源，减少腐烂。在入窖前，要晾窖 7～8d，以降低窖内温度，贮藏期间要加强通风管理，注意窖内温湿度。窖内应经常保持 2～4℃的温度和 90％的相对湿度，既可保证薯块不发生冻害，又可使薯块不生芽，还不易引起其他的窖藏病害。注意窖内不宜装得过多，马铃薯装到窖内容积的 50％即可，最多不超过 2/3。贮藏期间要进行检查，及时剔除窖内的病薯、烂薯，防止病害蔓延造成大面积腐烂。

5. 通风库贮藏法

贮藏库应冷凉、干燥、通风良好。库内应事先消毒，用福尔马林的高锰酸钾混合液进行熏蒸消毒，然后入库堆放。

通风库贮藏马铃薯一般是散堆于库内，堆高 0.8～1.5m，宽 2m。在马铃薯堆中，每 2～3m 垂直放一个通风筒，每天向薯堆鼓风 3～4 次，可降低贮藏温度，保持适宜湿度。整个贮藏期间检查 1～2 次。也有的贮藏库采用筐装马铃薯当围墙，中间散放，或者不用筐而用木栏杆围起来中间散放的方法。每 10m² 可堆放 7500kg 左右，四周用板条箱、箩筐或木板围好，高度约 1.5m，中间放若干竹制通风筒，以利通风散热。

入库后的约两个月，用萘乙酸甲酯或萘乙酸乙酯处理马铃薯，防止发芽。按每 5000kg 薯块，取 98％的萘乙酸甲酯或萘乙酸乙酯 150g 溶于 300g 丙酮或酒精中，再缓慢拌入 10～12.5kg 细泥粉中，将药物均匀撒在薯块上，撒后在薯块上封一层纸或麻布，使药物在一个相对密封的环境中挥发。经处理后的薯块能较长时间堆藏而饱满、新鲜、损耗少。

6. 抑丹芽贮藏法

抑丹芽可使马铃薯在贮藏期间不抽芽，并保持新鲜，其使用方法是在采收前 2～3 周，用抑丹芽与水配成溶液喷在蔬菜上即可。用抑丹芽处理时可在采收前、茎叶发育末期、叶子仍为绿色时用 0.25％水溶液，进行叶面喷洒。在此期间内遇雨，药效明显下降，应当重喷。

7. 药物贮藏法

在马铃薯生理休眠中期，按 1∶100 将萘乙酸甲酯或萘乙酸乙酯与细土掺匀，再均匀撒到薯堆中，每 100kg 薯块用 4～5g 药。常温贮藏可比不处理的延长贮期 20～30d。在薯块肥大期，用 0.2％青鲜素（MH）田间喷洒薯叶，可抑制发芽，喷药后 72h 内遇雨需重喷。

8. 辐射贮藏法

在国外对于食用马铃薯在采收前后的茎块，采用 (8～15) $\times 10^3$R❶ 的 γ 射线辐照马铃薯，会有明显地抑制发芽的作用，对人体食用无影响。

---

❶　1R＝2.58×10⁻⁴C/kg。

第十七节　胡萝卜贮藏

胡萝卜原产地中海沿岸，在我国栽培甚为普遍，以山东、河南、浙江、云南等省种植最多，品质亦佳，秋冬季节上市，是北方广大居民冬春主要食用的蔬菜品种之一，也是食品加工的重要原料。胡萝卜营养价值高，富含胡萝卜素及碳水化合物。胡萝卜的品种有多种，以皮色鲜艳、肉质根细长、心柱细的品种较耐贮藏，如鞭杆红、小顶金红等。

一、贮藏特性

胡萝卜与大萝卜同属于根菜类，因此，胡萝卜对贮藏条件的要求与大萝卜相似。胡萝卜适于在低温高湿的条件下贮藏，要求贮藏的适宜温度为 $0 \sim 1 ℃$，相对湿度为 $90\% \sim 95\%$。胡萝卜皮薄，肥大肉质根是由次生木质部和次生韧皮部薄壁细胞组成，贮藏期间失水和营养转移很易造成糠心。胡萝卜没有生理休眠期，具有适应性强、耐贮运的特点。贮藏中遇有适宜条件就萌芽抽薹，消耗大量的水分和营养，也易引起胡萝卜糠心，所以发芽和糠心是贮藏胡萝卜时要注意的问题。当胡萝卜在收获和运输过程中受到机械损伤后，呼吸作用加强，不仅消耗大量的营养和水分，也易遭受病菌的侵染而引起糠心和腐烂。另外，胡萝卜在贮藏期间受冻，也易引起腐烂。贮藏用胡萝卜宜选心柱小、次生韧皮部厚、含水量较多、根直、色艳的品种，如黑田五寸、红心五寸、大禹特级三红、小顶金红、鞭杆红等。胡萝卜一般应在霜降前采收，收获太晚，易受冻造成糠心。收获时应避免损伤，收获后应立即用刀削去缨叶、茎盘，暂不能入贮的，应成堆覆盖防晒，或在阴凉处挖浅坑薄埋预贮。

二、适时采收和预贮

作为贮藏用的胡萝卜要适时收获，一般哈尔滨地区在 10 月上旬收获，收获过早或过迟对胡萝卜的贮藏不利。收获过早，受当时较高气温的影响，易引起胡萝卜强烈的生理活动，呼吸加强，促进贮藏期间的糠心；收获过晚，生育期延长，导致肉质根组织衰老，在贮藏期间易糠心。收获后的胡萝卜，如外温较高，不能及时入窖贮藏，可进行临时预贮。方法是将削顶无病虫害危害的胡萝卜，呈小堆埋藏在菜地里或菜窖附近，每堆 $300 \sim 500 kg$，根据气温的变化情况，适当覆土，上冻之前将预贮的胡萝卜起回入窖。

三、贮藏期间的病害及防治

贮藏中的主要病害是白腐病（即菌核病）和褐斑病。做好田间病害防治，避免机械损伤和受冻可防治白腐病。另外，将二氧化碳浓度提高到 7% 可抑制白腐病扩展，按产品质量喷洒 $1\% \sim 1.5\%$ 的白垩粉可有效地防止胡萝卜的病害。

四、贮藏方法

1. 沟藏法

选择地势较高、地下水位较低、保水力强的黏土地带挖沟。沟深一般应超过当地冻土层，长度不限，沟以东西向为好，挖出的上层土要推到南侧，以备遮阳；下层土推到北侧，以备覆土用。一般等气温下降后不再回暖又没有上冻时入沟。

胡萝卜在沟内倾斜码放，头朝下，根朝上，一层胡萝卜一层土，也可码 3～4 层胡萝卜再覆土。随天气变化分层覆土，覆土总厚度为 0.7～1m。湿度偏低时也可浇一定的清水，使土壤含水量达 18%～20%，但沟内不能积水。一般是一次出沟上市。

2. 窖内堆藏法

挑选适贮胡萝卜，在窖内堆成方形或圆形垛。前期窖温高，可以码成空心垛，一般垛高 1～1.5m，最好是入库前削顶，如果劳动力不足也可入库后边倒边削。在窖内可用湿土或细沙层积贮藏胡萝卜。

3. 气调贮藏法

东北地区在库内采用聚乙烯薄膜半封闭的贮藏方法贮藏胡萝卜，抑制脱水和萌芽效果良好。选小顶、直根、色艳的品种于 10 月下旬采收，经挑选后适贮的胡萝卜堆成宽 1～1.2m，高 1.2～1.5m，长 4～5m 的长方形堆，到初春萌芽前用聚乙烯薄膜帐子扣上，堆底不铺薄膜，预贮一段时间后，当库温和胡萝卜垛内温度降至 0℃时即可封闭。适当降低氧浓度，增加二氧化碳浓度，保持高湿，可延长贮藏期到 6～7 月份，保鲜效果良好。贮藏过程中可定期揭帐进行通风换气。必要时进行检查挑选，除去感病的个体，其余继续贮藏。也可以采用保鲜袋进行小包装，进行自然降氧贮藏，贮温在 0℃左右，相对湿度为 90%～95%。当帐或袋内气体成分氧达 6%～8%、二氧化碳达 10% 左右时开帐或袋通气，同时进行质量检查和挑选。

第十八节　洋葱贮藏

洋葱是百合科葱属中以肉质鳞片和鳞芽构成鳞茎的草本植物。原产于中亚和地中海，传入我国有近百年的历史。在我国南北方均能栽培，它具有适应性强、栽培简单、耐贮运、高产、供应期长等特点，对调节市场需求、解决淡季市场供应具有十分重要的意义。洋葱有独特的辛香风味，营养价值高，富含蛋白质、碳水化合物、维生素及微量的铜、铁、锌、锰等矿物元素。常食用洋葱，能减少血栓、降血脂血压、减少动脉硬化、防止心脑血管等疾病，还能预防痢疾、创伤、皮肤溃疡等疾病。

一、贮藏特性

洋葱又名元葱，属二年生蔬菜，具有明显的休眠期，洋葱在夏季收获后，即进入休眠期，一般休眠期为 1.5～2.5 个月，食用部分是肥大的鳞茎。普通洋葱按皮色可分为黄、红（紫）及白皮，一般来说，黄皮品种较耐贮藏。通过休眠期的洋葱，遇高温、高湿的条件就会发芽。为了防止洋葱在贮藏期间发芽，一般在收获前 10～15d 用 0.25% 的 MH 制剂田间喷施，每亩[1]用药液 50kg，有抑芽效果，喷后 3～5d 不要灌水，喷后一天内降雨，应重新喷药。

洋葱收获后用 γ 射线照射洋葱，抑芽效果也很明显。适宜的照射剂量是（3～15）× 10^3R。照射时间以休眠期结束前进行处理最适宜。

洋葱原产伊朗、阿富汗等冷凉干旱地区，因此洋葱在贮藏期间喜冷凉干燥的环境条件，

---

[1] 1 亩　666.67m²。

洋葱贮藏期间要求 0℃，相对湿度 80％左右，也就是说洋葱贮藏要求低温偏干的贮藏条件。洋葱收获后遇雨或收获后没有充分晾晒或贮藏环境温湿度过高，都会引起洋葱腐烂损耗。

二、贮藏中容易发生的病害及防治

1. 洋葱霜霉病

病斑呈苍白绿色，长椭圆形。严重时波及上半叶，植株发黄或枯死，病叶呈倒"V"形。湿度大时，病部长出白色至紫灰色霉层。鳞茎染病后变软，植株矮化，叶片扭曲畸形。

防治方法：发病初期喷洒 90％三乙磷酸铝粉剂 400～500 倍液，或 75％百菌清粉剂 600 倍液，72.2％的霜霉威盐酸盐水剂 800 倍液等药剂，隔 7～10d 一次，连续防治 2～3 次。

2. 洋葱灰霉病

初在叶上着生白色椭圆或近圆形斑点，多由叶尖向下发展，逐渐连成片，使葱叶卷曲枯死。湿度大时，在枯叶上生出大量灰霉。

防治方法：发病初期轮换喷淋 500％多菌灵或 70％甲基硫菌灵 500 倍液，必要时还可选用 50％腐霉·百菌清或 50％烯酰·异菌脲喷雾效果较好。

3. 葱地种蝇

幼虫蛀入鳞茎，引起腐烂，叶片枯黄，萎蔫甚至成片死亡。

防治方法：在发生虫害地块，要禁止使用生粪作肥料。即使用腐熟的有机肥，也要均匀、深施（最好作底肥），种子与肥料隔开，可在粪肥上覆层薄土。地蛆严重地块，尽可能使用化肥。在种蝇发生地块，要勤灌溉，必要时可大水漫灌，能阻止种蝇产卵，抑制地蛆活动及淹死部分幼虫。

三、贮藏方法

1. 编辫垛藏法

选择地势高燥、地下水位低的地方，先在地面垫上枕木，上面铺秸秆，秸秆上放葱辫，纵横交错摆齐，码成长方形垛。长 5～6m，宽 1.5m，每垛 5t 左右。垛顶覆盖 3～4 层苇席，四周围两层苇席，用绳子横竖绑紧。要求封垛要严密，防止漏雨。封垛初期视天气情况倒垛 1～2 次，以排出堆内的湿热空气，有利于安全贮藏。雨后要仔细检查垛的情况，如有漏水处应开垛晾晒。

贮至 10 月份时，加盖草帘保温。寒冷地区应转入窖内继续贮藏，以防洋葱受冻。实践证明，洋葱在贮藏期间可微冻。

2. 筐贮或用编织袋贮藏

将收获后的洋葱充分晾晒之后，装入筐（竹筐、条筐或塑料筐均可）内，或装入编织袋内，在凉棚内贮藏到 9 月份，以后会大量发芽。如有机械冷藏库，筐或编织袋装的洋葱可以较长期贮藏，在冷藏库内贮藏有时会生长一部分短芽，但不损害洋葱的食用品质。由于一般冷藏库湿度较高，鳞茎常长出不定根，并有一定的腐烂率。

3. 气调贮藏法

收获的洋葱经过充分晾晒在发芽之前半个月封闭入塑料薄膜帐中，每垛 100～200kg，利用自然降氧法，使氧维持在 3％～6％，二氧化碳 8％～12％。这种贮藏方法抑制发芽效果好，沈阳农业大学的试验结果显示，到 10 月底发芽率可控制在 5％～10％。进入冬季之后，可从库外移入库内薄膜封闭贮藏，也可利用库内的低温条件抑制发芽，不必继续进行封闭。利用这种塑料薄膜气调贮藏洋葱，封闭垛内的湿度一般都较高，可在封闭垛内放入吸湿剂以排出湿气。为了防止封闭垛内湿度大而引起洋葱腐烂，可向垛内通入一定的氯气，施药量约为垛内空气体积的 0.2%，每隔 5～7d 施药一次。

参 考 文 献

曹赞丽，张振海，孟世峰 . 菜豆病虫害防治措施 [J]. 河南农业，2008，10：17.

陈文煊 . 翠冠梨品质劣变及减压贮藏保鲜技术研究 [J]. 南京农业大学，2007：13.

陈文煊，郜海燕，毛金林 . 黄花梨减压贮藏保鲜技术研究 [J]. 食品科学，2004，25 (11)：326-330.

陈玉成，张锐，崔旭东，等 . 茄子贮藏保鲜技术研究概述 [J]. 农业科技与装备，2015，7：9-10.

段丹萍，鲁丽莎，王海宏，等 . 果蔬涂膜保鲜技术研究现状与应用前景 [J]. 保鲜与加工，2009 (6)：2-6.

段玉权，佟世生，冯双庆，等 . 油豆角保鲜试验研究 [J]. 保鲜与加工，2001，02：13-16.

郜海燕，陈杭君，陈文煊，等 . 采收成熟度对冷藏水蜜桃果实品质和冷害的影响 [J]. 中国农业科学，2009，42 (02)：612-618.

郭良师 . 青椒贮藏保鲜方法 [J]. 当代蔬菜，2004，04：44.

韩玉珠，薛艳杰，宋述尧 . 菜豆采后生理及贮藏技术的研究进展 [J]. 食品科学，2013，34 (13)：345-349.

何永梅 . 南瓜采收和贮藏技术 [J]. 农村新技术，2009，17：36.

黄海 . 苹果贮藏与保鲜技术 [J]. 河北果树，2018，1：11-12.

黄亚萍，郭建明，王沛 . 影响花牛苹果贮存品质的三种病害 [J]. 西北园艺，2018，12：38-39.

姬亚茹，胡文忠，廖嘉，等 . 蓝莓采后生理病理与保鲜技术的研究进展 [J]. 食品与发酵工业，2019，45 (18)：263-269.

姜文利，王世清，孟娟 . 减压贮藏对黄瓜保鲜效果的影响 [J]. 保鲜与加工，2009，(4)：16-18.

姜云斌，王志华，杜绝民 . 晋陕红香酥梨贮藏技术现状调研 [J]. 包装工程，2019，40 (13)：46-51.

焦文英 . 苹果冷藏和自发气调相结合的贮藏技术 [J]. 中国果菜，2008，02：51-52.

李灿婴，葛永红 . 蒜薹采收贮藏保鲜及病害控制研究进展 [J]. 北方园艺，2017 (16)：174-179.

李次力 . 蓝靛果的壳聚糖涂膜保鲜研究 [J]. 食品科学，2008，29 (7)：457-461.

李德志 . 青椒的贮藏与保鲜技术 [J]. 农村实用技术，2017，06：54.

李东游，李伟敏 . 冬种茄子主要病害及防控技术 [J]. 园艺特产，2019，14：82.

李丽萍，黄万荣，韩涛，等 . 间歇升温对冷藏桃果实品质的影响 [J]. 食品科学，1995，16 (05)：55-59.

李强 . 青椒的贮藏与保鲜 [J]. 农村·农业·农民，2014，10B：59.

李全忠，王发禄 . 茄果类蔬菜的贮藏保鲜技术 [J]. 青海农林科技，2007，01：57.

李忠，常雪花，郭铁群 . 青椒长久贮藏的技术研究 [J]. 食品工业，2015，36 (9)：140-142.

连丽娜，张平，纪淑娟，等 . 果蔬可食性涂膜保鲜研究现状与展望 [J]. 保鲜与加工，2003 (4)：14-16.

刘二冬 . 番茄的贮藏特性与贮藏方法探究 [J]. 中国林副特产，2019，1：46-47.

刘子记，杜公福，牛玉，等 . 番茄主要病害的发生与防治技术 [J]. 长江蔬菜，2019.19：59-62.

孙情，杨炎，罗冬兰，等 . 黄瓜采后贮藏保鲜技术研究进展 [J]. 南方农业，2018，12 (34)：54-55＋61.

孙书静 . 南瓜贮藏与加工 [J]. 农村实用技术，2014，8：42-43.

孙书静 . 蒜苔的贮藏保鲜 [J]. 农村实用技术，2015，07：48-49.

王春良 . 贮藏条件对苹果贮藏性能影响 [J]. 北方园艺，1998，01：36-37.

王大平 . 壳聚糖涂膜对番茄贮藏品质的影响 [J]. 安徽农业科学，2008，36 (32)：14290-14291＋14294.

王大平 . 壳聚糖涂膜对黄花梨常温贮藏效果的影响 [J]. 西南师范大学学报：自然科学版，2010，35 (1)：82-85.

王军罗 . 苹果和梨的贮藏管理技术 [J]. 现代农村科技，2010，06：59.

王昕，李建桥，马中苏 . 淀粉基可食膜在番茄常温保藏中的应用 [J]. 贮运保鲜，2004，25 (10)：129-130.

王昕，李建桥，任露泉 . 果蔬可食涂膜保鲜的应用和发展 [J]. 农业工程学报，2004，20 (2)：284-287.

王修俊 . 蒜苔采收后生理变化和贮藏保鲜的研究 [J]. 贵州工业大学学报（自然科学版）2000，29 (05)：28-31.

雪梅 . 桃的采收与保鲜方法 [J]. 福建农业，2000 (6)：11.

杨美平 . 蓝莓的贮藏技术种类、现有问题和改进 [J]. 河北果树，2020 (1)：49.

杨鑫，柳志强，王静 . 油豆角的涂膜保鲜研究 [J]. 食品科学，2003，24 (05)：147-151.

于生成. 黄瓜主要病害及综合防治技术 [J]. 科学技术创新，2020，1：151-152.

张慧，朱薇，韩腾，等. 桃树病害发生特点及防治技术 [J]. 山西果树，2019（2）：81-82.

张微，赵迎丽，王亮. 玉露香梨贮藏保鲜技术研究进展 [J]. 山西农业科学，2019，47（9）：1673-1676.

张亚晶. 番茄常见病害的防治措施 [J]. 中国果菜，2019，39（10）：94-97.

张有林，张润光. 蒜苔低温、限气、保鲜剂联用贮藏技术研究 [J]. 农业工程学报，2005，21（04）：167-171.

张赭莳，刘艺军. 蓝靛果的繁殖技术及病虫害防治 [J]. 内蒙古林业调查设计，2016，39（2）：40-41.

赵英. 浅议梨病害的特征与防治技术 [J]. 农业开发与装备，2017，7：127.

祝美云. 苹果贮藏保鲜技术 [J]. 河南农业，2004，03：22.

第七章　典型药食同源植物
——紫苏的有效成分、功效及其贮藏加工技术

　　紫苏别名桂荏、白苏、赤苏等，具有特异的芳香气味，为一年生草本植物，属双子叶植物纲，合瓣花亚纲，唇形科，紫苏属，主要分布于中国、印度、日本和韩国等东亚和南亚国家和地区。近年来，由于紫苏商业用途广泛，在美国和加拿大也多有种植。作为多用途的经济作物，紫苏在我国已有 2000 多年的栽培历史，并被《中华人民共和国药典》作为传统中药收录在册。现阶段，紫苏主要用于药物、油料、香料、食品、工业等方面。它是我国传统的药食两用植物的瑰宝，亦是原卫生部首批颁布的既是食品又是药品的 60 种中药之一。

　　由于紫苏具有适应性强、对土壤要求不高、繁殖简单、田间易管理等优势，在我国各地均有种植，主要分布于中西部的二十多个省、自治区和直辖市。紫苏的梗、叶片、籽中富含多种营养成分及活性成分，如黄酮、矿物质、维生素、迷迭香酸等，具有抑菌、降血脂、改善记忆力、抗氧化、预防细胞衰老癌变等作用。紫苏叶片常用来治疗风寒感冒、哮喘，预防和治疗心血管疾病，同时因其具有独特清香风味在饮料行业也有广泛的应用。紫苏梗有安胎止痛、理气宽中的功效，可以被用来开发孕妇的保健品。紫苏籽中富含脂肪酸，尤其是不饱和脂肪酸，不仅可以用来生产保健食用油，还可以用来生产化妆品中的精油，具有良好的抗菌特性。可见，紫苏各种提取物已广泛应用于食品、药品、化妆品、香料生产等领域。

　　紫苏中特有的活性成分和营养物质，已引起世界范围内的广泛关注。目前，紫苏在中国、韩国、日本、美国等多个国家已成为规模化种植和开发的经济型作物之一，并且已开发出多种紫苏产品，如紫苏油、紫苏风味食品和紫苏功能饮品等。当前，国内外学者将研究重点集中于紫苏活性成分的功效及提取、研究现状及目前存在的问题、种植栽培技术、贮藏加工技术等方面。本章就以上几方面的研究进展进行概述，为紫苏的深入研究和进一步开发应用提供参考，有利于促进紫苏产业的发展。不同品种的紫苏形态如图 7-1 所示。

图 7-1　不同品种的紫苏形态

第一节　紫苏的有效成分及功效

一、紫苏中的营养成分

1. 紫苏叶的营养成分

紫苏叶具有特异芳香，并含有丰富的营养物质。目前，对紫苏茎叶营养成分及其含量的研究已有很多报道，其具体营养成分见表 7-1 和表 7-2。

表 7-1　紫苏不同器官及不同生育期营养成分及其含量

样品	粗脂肪/%	粗蛋白质/%	粗纤维/%	灰分/%	无氮浸出物/%
紫苏幼叶	5.20	28.14	23.72	18.26	24.68
紫苏幼茎	6.32	9.12	34.41	16.52	32.41
紫苏成熟叶	10.12	17.68	35.05	8.09	28.40
白苏成熟叶	8.66	15.21	36.42	10.64	27.52
紫苏花穗	15.50	31.22	13.25	6.80	30.31
紫苏小坚果	40.16	22.48	15.08	3.92	17.35
白苏小坚果	44.52	20.40	14.62	5.62	14.50

表 7-2　紫苏叶片中的氨基酸含量

氨基酸名称	含量/%	氨基酸名称	含量/%
天冬氨酸(Asp)	0.830	甲硫氨酸(Met)	0.112
苏氨酸(Thr)	0.403	异亮氨酸(Ile)	0.357
丝氨酸(Ser)	0.215	亮氨酸(Leu)	0.629
谷氨酸(Glu)	1.071	酪氨酸(Tyr)	0.293
甘氨酸(Gly)	0.472	苯丙氨酸(Phe)	0.384
脯氨酸(Pro)	0.401	赖氨酸(Lys)	0.411
丙氨酸(Ala)	0.483	组氨酸(His)	0.170
半胱氨酸(Cys)	0.325	精氨酸(Arg)	0.581
缬氨酸(Val)	0.172	色氨酸(Trp)	0.080

由表 7-1 和表 7-2 可以看出，紫苏叶片各种常量营养成分中，粗蛋白质含量高达 28%，远远超过一般蔬菜叶片粗蛋白质含量。氨基酸种类达 18 种，既含有成人必需的 8 种氨基酸，又含有对儿童必需的 9 种氨基酸，属于完全蛋白质，并且各种氨基酸含量比例相对比较均衡。大量研究显示，紫苏蛋白质含量高于平常用于补充蛋白质的食物，必需氨基酸含量高于牛奶。还有研究显示，紫苏氨基酸评分要高于联合国粮食及农业组织的推荐值，例如玉米的粗蛋白质通常在 7.8%～8.5%，黄豆粗蛋白质 6.1%，远远低于紫苏。证实其不仅是营养丰富的野生蔬菜，而且可以开发成高蛋白质食品。不仅如此，紫苏叶片含有多种人体所需的微量矿物元素和维生素，其中 Zn、Fe、Cu、Co、Mn 的含量分别为 38.25mg/kg、230mg/kg、18.59mg/kg、1.08mg/kg、30.3mg/kg，β-胡萝卜素含量高达 24.7mg/kg。这些元素在调节人体内环境、支持和参与人体化学反应，调节体温和构造硬组织等方面均有重要作用。

2. 紫苏籽及粕中的营养成分

紫苏籽营养丰富，油脂含量较高，是具有较大潜力的植物优质蛋白质来源，其具体营养成分如表 7-3 和表 7-4 所示。

表 7-3　紫苏籽的氨基酸含量

氨基酸名称	含量/%	氨基酸名称	含量/%
天冬氨酸(Asp)	1.964	甲硫氨酸(Met)	0.511
苏氨酸(Thr)	0.771	异亮氨酸(Ile)	0.830
丝氨酸(Ser)	1.139	亮氨酸(Leu)	1.563
谷氨酸(Glu)	4.531	酪氨酸(Tyr)	0.775
甘氨酸(Gly)	0.922	苯丙氨酸(Phe)	1.229
脯氨酸(Pro)	1.042	赖氨酸(Lys)	1.039
丙氨酸(Ala)	0.994	组氨酸(His)	0.518
半胱氨酸(Cys)	0.392	精氨酸(Arg)	0.271
缬氨酸(Val)	1.090	色氨酸(Trp)	2.548

表 7-4　紫苏籽油的脂肪酸组成

样品	亚麻酸/%	亚油酸/%	油酸/%	棕榈酸/%	花生酸/%	硬脂酸/%
紫苏籽油	62.90	10.20	19.20	4.21	1.61	1.01
白苏籽油	61.34	8.73	17.34	8.00	—	2.58
野生紫苏油	62.42	14.91	12.38	6.71	0.32	2.01

紫苏籽中含有粗脂肪 40.2%、粗蛋白质 22.5%、粗纤维 16.0%、粗灰分 3.9%、无氮

浸出物 17.4％。紫苏籽蛋白质中含有 18 种氨基酸，其中动物必需氨基酸含量较高，尤其是赖氨酸和含硫氨基酸高于玉米、小麦等常见能量作物。脂肪酸作为生物体体内重要的储能物质，也是构成有机体的重要组成。紫苏籽油中的脂肪酸含量最高的是亚麻酸，其次是油酸、亚油酸、棕榈酸等。紫苏籽中的油脂含量较高，故紫苏脂肪酸的性质在一定程度上决定了其性质和营养功能。亚麻酸是人体中必需的功能性脂肪酸，具有一定的抗癌、降血脂、降血压等作用，又在紫苏中含量丰富，故日本、韩国已将紫苏油作为功能性食品大力开发。此外紫苏籽中还含有多种矿物质元素、维生素、黄酮、甾醇以及酚类物质，对于生物的生长和代谢有着重要的作用。

二、紫苏中的活性成分

紫苏全株均有很高的营养价值，新鲜的紫苏叶中含有丰富维生素 C、维生素 D 以及 Ca、Zn、Fe、Cu、Co、Mn 等元素，其蛋白质含量为 27％左右，包括人体所需 8 种必需氨基酸。研究表明，紫苏挥发油中含紫苏醛、紫苏醇、薄荷酮、薄荷醇、丁香油酚、白苏烯酮等，抗衰老素超氧化物歧化酶（SOD）在紫苏叶中含量高达 $106.2\mu g/mg$；紫苏籽中含油量一般为 30％～45％，主要是多不饱和脂肪酸系列，其中以 α-亚麻酸含量最高，达 50％～70％左右，其余为亚油酸、油酸、棕榈酸、硬脂酸等。

1. 紫苏茎叶中的活性成分

紫苏茎叶具特异芳香，并含有丰富的营养物质。这些营养成分在调节人体内环境、支持和参加人体化学反应、调节体温和构造硬组织等方面均有重要作用。目前，对其茎叶营养成分的研究已有很多报道，Bae 等人研究了紫苏叶提取物（PLE）对紫外线辐射诱导的人真皮成纤维细胞和无毛小鼠皮肤细胞外基质损伤的影响，结果证明 PLE 对紫外线诱导的真皮基质损伤有保护作用，因此认为 PLE 可以作为一种潜在的防止皮肤老化的药物。紫苏叶如图 7-2 所示。

图 7-2　紫苏叶

现代医学研究表明，紫苏的叶片中含：维生素 A 48mg/g、维生素 B_1 0.0002mg/g、维生素 B_2 0.0035mg/g、维生素 C 0.55mg/g、维生素 D 0.031mg/g、蛋白质 0.038mg/g、钾 4.7mg/g、钙 26.7mg/g、铁 0.216mg/g、硒 1.1mg/g、磷 2.74mg/g、钠 0.14mg/g，同时含有人体必需的多种不饱和脂肪酸。此外，紫苏叶还富含紫苏醛、紫苏醇、薄荷酮、薄荷醇、丁香油酚、白苏烯酮等多种有机成分。当前，对紫苏叶的研究主要集中在分离纯化活性物质，主要有酚类、酸类、花青素类和精油。不同地区、不同品种的紫苏叶内酚类、皂苷类、黄酮类和原花青素含量有一定的差异，如茎叶为绿色的白苏品系的总酚含量低于茎叶为紫色的紫苏品系等。

（1）迷迭香酸

人们对于迷迭香酸的研究和鉴定始于 19 世纪 60 年代。1958 年，意大利的两位化学家 Scarpati 和 Oriente 首次从迷迭香（唇形科）中分离出一种物质，并根据其植物名称，将其命名为迷迭香酸。迷迭香酸是咖啡酸酯化后的一种产物，含有多个酚羟基，易溶于水和乙醇水溶液，不溶于油脂，广泛存在于多种植物中，特别在唇形科和紫草科中含量最高，如迷迭香、紫苏等植物。比较发现，紫苏叶中发现的酚酸种类较其他部位最多，而且大部分酚酸酯类衍生物存在于叶中，紫苏果的酚酸种类次之。迷迭香酸是紫苏中高含量的酚酸成分。姚慧通过酶提取法从紫苏叶获得提取物，经过树脂纯化后得到纯度为 90％ 的迷迭香酸纯品。Takano 等通过高效液相色谱-质谱联用法分析了从鲜紫苏叶中提取的多酚类化合物，发现其中迷迭香酸含量为 $18.2\mu g/mg$。李荣贵等从紫苏叶外植体的愈伤组织分离出纯度为 95％ 的迷迭香酸，证实了迷迭香酸对金黄色葡萄球菌、大肠杆菌和立枯丝核菌的生长有显著抑制作用。

（2）花色苷

花色苷是一种水溶性色素，属于黄酮类化合物，主要存在于果实、花卉以及有色叶片中。大量研究表明，花色苷类化合物具有良好的生物活性，包括抗自由基、抗突变、抗肿瘤、改善视力、提高认知能力、预防心血管疾病等。目前，人们越来越关注食品安全问题，花色苷作为天然食用色素，其安全性高、色彩艳丽以及资源可再生等特点在食品、药品以及化妆品等行业都有广泛的应用前景。特别是在 20 世纪末，国际粮农组织和世界卫生组织联合禁止合成染料作食用色素后，花青素的应用范围不断扩大，成为国内外公认的替代人工合成食用色素的理想资源。

紫苏中含有大量的花色苷，这类物质是紫苏色素的主要成分。国内有关报道表明，紫苏色素除了具有花色苷类物质的共同特点水溶性好外，比一般的花青素稳定，例如对光和热等都更稳定。19 世纪 30 年代，Kuroda 和 Wada 就从紫苏叶中分离出了一种花青素，命名为 shisonin 结构，后来，Watanabe 给出了 shisonin 确定的结构，但 Kundo 等研究发现如 shisonin 并非天然存在，其真正的天然形式应为 malnylashisonin。Gülçin 等以 1％醋酸为提取剂从紫苏叶片中提取花青素，通过对 DPPH、超氧阴离子和羟基自由基的清除能力来反应紫苏叶花青素的抗氧化性，结果表明，紫苏叶花青素有很强地清除自由基的能力，其抗氧化性强于天然抗氧化剂 α-生育酚和水溶性类似物，说明紫苏叶花青素可作为一种天然抗氧化剂应用到食品工业和制药工业中。此外，据报道花青素还具有抗癌、抑制肿瘤细胞、抗突变、抑制血小板聚集等多种生物活性，在食品、医药、化妆等多个领域有着巨大的应用潜力。然而紫苏花青素当前面临的主要问题是如何提高其纯度和其稳定性，以便于开发出新的功能性食品或药品。

（3）黄酮及苷类化合物

紫苏中含有多种黄酮类成分及苷类化合物，可从紫苏成熟叶片、种子中分离出来，其种子中含有芹黄素和木犀草素等黄酮类成分，而叶子中则含有紫苏苷、芦丁和木犀草素等黄酮类成分。不同生长阶段的紫苏中总黄酮的含量也有所不同，江安娜通过实验得出：紫苏开花期和落叶期为总黄酮含量最高的阶段。Aritomi 等从紫苏中分离得到了黄芩素黄酮类物质。Yamanoto 从脱脂紫苏籽中分离出木犀草素、柯厄醇（chrysoerio），并证明它们具有很强地抑制花生四烯酸脂氧合酶活性。之后 Makino 等提取了紫苏的丙酮-水浸提物，并证明其具有明显抗肾小球膜细胞扩散活性。目前，从紫苏属植物中分离提取的黄酮类物质多达 16 种，主要是木犀草素和芦丁，其水解后的成分主要是槲皮素。其中芦丁有降低血管脆性的作用，可用于防治高血压；木犀草素有抗菌消炎的功效；槲皮素对缺血性脑损伤有一定的疗效。

（4）紫苏精油

植物精油，又称植物挥发油，是植物体内的次生代谢物质，在常温下能挥发的油状液体，有香味。紫苏具有的特异芳香味道来源于紫苏精油，其主要存在于紫苏茎叶中，紫苏籽中含量较少，且不易被提取。紫苏茎叶精油具有抗氧化、抗癌、消炎、抑菌、镇静、抗抑郁、止呕、解热、舒张血管等功效。据研究报道，紫苏精油对口腔中致龋链球菌有明显的抑制作用，可用于牙科感染药物的开发，并且紫苏精油中的紫苏醛和柠檬烯有协同作用，能有效地抑制细菌生长。紫苏精油含有多种组分，邵平等采用水蒸气蒸馏法从紫苏叶中提取紫苏精油，并运用毛细管气相色谱-质谱联用法分析其化学成分，结果表明，紫苏精油得率在 0.5% 左右，其主要化学成分包括紫苏醛、石竹烯、柠檬烯、葎草烯和法呢烯等，还可能存在其他微量的化学成分。且紫苏叶精油中含量最多的主要是紫苏醛，为 89.4%，属于紫苏醛型精油。林梦南等采用微波辅助溶剂萃取法从紫苏叶中萃取紫苏叶精油，并用气相色谱-质谱联用仪分析鉴定出 17 种化学成分，占所提取出紫苏叶精油总量的 80.61%，主要是紫苏醛和 D-柠檬烯，含量分别为 44.54% 和 15.7%。不论紫苏来源、提取方法或分析方法的差异，综上可知，紫苏中主要含有烯醛类化合物，其中含量最高的是紫苏醛，除此以外紫苏醛也是香气质量评价的关键指标。

近年来随着对紫苏精油的深入研究，紫苏精油被广泛应用到多个领域中，紫苏精油产品相继而出。在食品工业中，紫苏醛可以用来制造甜味剂，其甜度是蔗糖的 2000 倍；在医药行业中，紫苏精油是已经获得 FDA 认可的安全无害的食品原料，开发出紫苏肿瘤药物、紫苏安胎糖浆等多种紫苏药物，被广泛应用到临床上多种疾病的治疗。在抗菌防腐方面，有研究者采用水蒸气蒸馏法分别提取了紫苏叶和花中的紫苏精油，并利用抑菌贴片法、最低抑菌浓度（MIC）法和光电浊度法分别对枯草芽孢杆菌和大肠杆菌进行了抑菌性研究，结果表明：紫苏精油对两种细菌均有很强的抑制作用，但对枯草芽孢杆菌的抑制能力要明显强于对大肠杆菌的抑制能力。该结果证明了紫苏精油有望作为天然抑菌剂或食品包装材料而广泛应用于食品包装领域。

（5）萜类化合物

萜类化合物主要存在于紫苏属植物的精油中。目前已从紫苏精油中分离得到的萜类成分中绝大多数为单萜，极少数为倍半萜。含量较高的单萜类成分有左旋紫苏醛（40%～50%）、左旋柠檬烯（20%）、二氢紫苏醇、紫苏酮、丁香油酚、沉香醇及薄荷醇等。重要的倍半萜有 β-丁香烯和 α-葎草烯等。胡浩斌等以甘肃子午岭东紫苏为原料，用微波辅助提取三萜成分，显示东紫苏中三萜类化合物集中在根部（1.89mg/g）和茎部（1.42mg/g），主要成分为齐墩果酸，提取最佳工艺为微波功率 600W，以甲醇为萃取溶剂，流速 6mL/min，萃取管内径 10mm。

（6）类胡萝卜素

类胡萝卜素是单线态氧强有力的猝灭剂和自由基清除剂，同时它也是动物所需的维生素 A 的重要来源，但果蔬中的胡萝卜素含量非常少。多摄入类胡萝卜素含量较高的食物，将大大降低罹患癌、心脑血管等病的概率。除此之外，随着人们对健康生活的追求，特别是对天然胡萝卜素一些功能认识的深入，类胡萝卜素作为天然着色剂的市场容量越来越大。与其他植物相比，紫苏叶中类胡萝卜素含量较高，尤其是 β-胡萝卜素。β-胡萝卜素具有防癌、抗癌作用，能降低血浆中的胆固醇物质，治疗心血管疾病，而且能够清除香烟和汽车废气中的有毒物质，活化免疫细胞。目前我国已经有用紫苏叶提取的紫苏胡萝卜素作为保健品方面的研究，这利于提高紫苏植物的利用率，使其具有更广阔的市场前景和更高的附加值。据悉，2001 年我国就成功提取紫苏叶中类胡萝卜素，并以 β-环糊精为壁材制成了紫苏胡萝卜素微胶囊，这也开创了我国紫苏提取类胡萝卜素作为保健食品的先例。

2. 紫苏籽中的活性成分

紫苏籽粒颜色为灰褐色或灰色，呈扁圆或圆形，含油量高达 45%～55%，且油质优良，色泽浅似淡茶透明，味道芳香。油中不饱和脂肪酸含量高达 90% 以上，其中 α-亚麻酸含量高达 50%～70%。研究表明，紫苏籽中蛋白质含量占 25% 左右，内含 18 种氨基酸，其中赖氨酸、甲硫氨酸氨酸的含量均高于高蛋白质植物籽粒，此外还含有谷维素、维生素 E、维生素 B_1、甾醇、磷脂等。紫苏籽如图 7-3 所示。

图 7-3　紫苏籽

(1) α-亚麻酸

α-亚麻酸（α-linolenic acid，ALA）属 ω-3 系多不饱和脂肪酸，经体内代谢可以生成二十二碳六烯酸（DHA）和二十碳五烯酸（EPA）（这两种物质被称为"植物脑黄金"）。α-亚麻酸是人体不能合成的必需脂肪酸，为了保证人体的正常生理机能，人体平均每日需摄取 α-亚麻酸约 1.5g。α-亚麻酸是构成人体脑细胞和组织细胞的重要物质，也是人体每日必需的一种营养素，对于人类的健康有着极其重要的作用。人体若缺乏 α-亚麻酸会导致各种功能性障碍和代谢性疾病，特别是婴幼儿和儿童，会对大脑发育造成不良影响。紫苏油是目前公认的 α-亚麻酸含量最高的植物油，具有极高的营养价值，其中高纯度的 α-亚麻酸产品可弥补人们饮食中不饱和脂肪酸不足等问题，有调节血脂、调节免疫力、降低胆固醇、抗癌等功效。α-亚麻酸多存在于海洋生物中，陆地生物中存在很少，因此，紫苏油被医学界认为是深海鱼油的更换替代品。

(2) 紫苏蛋白质

紫苏籽内的蛋白质含量可高达 20%～25%，蛋白质氨基酸比例合理，含有人体所需的 8 种必需氨基酸。有学者研究发现，紫苏籽蛋白质中氨基酸种类齐全，不含有对人体有毒有害的成分，而且必需氨基酸含量高于 FAO/WHO（2007）推荐的成年人必需氨基酸每日摄取量，因此，食用紫苏蛋白质可以补充正常人体日常所需的各种氨基酸。李鹏等通过碱溶酸沉法提取的紫苏分离蛋白质纯度为 86.2%，蛋白质消化率为 94.2%。

紫苏蛋白质主要存在于紫苏籽中，紫苏籽含油量特别高，是一种油料作物。来源于油料作物的紫苏蛋白质和油具有天然的融合性，因此从紫苏籽中提取的蛋白质具有很高的持油性。在点心制作过程中添加一定量的紫苏蛋白质不但可以提高产品的蛋白质含量，而且能够改善点心的品质，有利于储存和运输，同时也会赋予点心紫苏特有的风味。与大豆蛋白质相比，紫苏蛋白质具有消炎止痛的功效，经常食用含有紫苏蛋白质的食品，可以提高有机体的抗氧化能力和免疫力，能够起到增强体质延缓衰老的功效。基于这些品质和营养价值，以及对食品的加工特性，紫苏蛋白质作为一种食品添加剂已在食品工业中大量使用。

三、紫苏的功能作用

紫苏为我国传统中药，且被列入原卫生部发布的《药食同源物品目录》。近年来，随着植物提纯技术的日益成熟，国内外学者对紫苏化学成分、药理作用进行了深入研究，结果表明：紫苏活性成分可用于治疗心血管疾病，并且对于癌症、恶性肿瘤的生长具有明显的抑制作用，此外可减轻患者心慌、胸闷、急性肠胃炎、咽炎、便秘等症状，对脓毒症有一定的辅助治疗功效，有利于患者的康复。

1. 解热作用

紫苏叶具有解热作用。癌症病人发烧是由于肿瘤坏死因子（TNF）的作用使得人体的免疫机能与侵入人体内的有害物质抗争。如果稍微发烧就用药，就等于自动放弃了身体自身与"外敌"抗争的战斗力。紫苏叶中的有效成分可以控制 TNF 的分泌量到一定的水平，它既可以保证不降低身体自身具备的抵抗能力，也不会给健康的细胞带来打击，而且可以平缓退烧，逐渐使身体康复。紫苏叶煎剂及浸剂经口给药，对由伤寒混合菌苗引起发热的家兔有微弱的解热作用。有研究者用静脉注射伤寒以及副伤寒甲、乙三联菌苗 0.5mL/kg 后，立即灌胃给药，结果显示紫苏水浸提膏 12.5g/kg、25g/kg 及挥发油 3.56g/kg 均有比较明显的降温作用，且解热效果略优于阿司匹林，给药后 1h 及 2h，给药组体温与生理盐水组对照比较有极显著差异。

2. 镇静、镇痛作用

现今，植物精油由于其纯天然、副作用小、效用明显等优点已被广泛用于对人体生理和心理的调节，尤其以芳香疗法常见。芳香疗法主要是通过嗅闻精油的浓郁香气而达到缓解焦虑及紧张情绪的目的。日本学者发现，紫苏叶中含有具镇静、镇痛活性作用的化合物紫苏醛，且与豆甾醇具有协同作用，可有效改善患者抑郁情绪。有学者做了紫苏延长睡眠作用的有效成分筛选试验，结果发现从紫苏中分离出的莳萝芹菜脑可使环己烯巴比妥诱导的睡眠时间延长，且在一定范围内呈剂量依赖关系。在小于 10mg/kg 的剂量下，莳萝芹菜脑的活性与盐酸氯丙嗪几乎相当，然而大剂量（718mg/kg）时可见睡眠小鼠发生持续惊厥。潘晓岚研究了薰衣草和紫苏精油对缓解小鼠焦虑情绪的影响，结果表明，嗅闻精油香气能明显缓解焦虑大鼠的情绪，并有效减少大鼠攻击行为，同时有助于大鼠体重的增长。

3. 止血作用

鲜紫苏叶外用具有止血作用。李时珍在《本草纲目》中阐述紫苏茎叶的作用及主治功效时称："金疮出血不止，以嫩紫苏叶、桑叶同捣贴之。""伤损出血不止，以陈紫苏叶蘸所出血接烂傅之，血不作脓，且愈后无瘢，甚妙也。"可见古人早已认识到紫苏茎叶内服或外敷均有止血之功。现代医学显示：紫苏注射液（生药）2g/mL 对动物局部创面有收敛止血作用，使结痂加快，并能缩短凝血酶原时间，其止血的主要成分是缩合类鞣质。有关临床研究表明，紫苏制剂对宫颈糜烂出血、息肉活检出血均有明显止血作用。其止血原理是：能直接作用于血管，有短暂的收缩作用；有较弱地促进血小板凝集作用；可促进血小板血栓的形成；可缩短血凝时间、血浆复钙时间和凝血活酶时间。

4. 降血脂作用

紫苏中富含的 α-亚麻酸对血清中甘油三酯（TG）含量的降低以及对内源性胆固醇（TC）合成的抑制效果显著。王雨等研究了紫苏籽对高脂血症模型大鼠的降血脂作用，试验分别用 $0.8g/kg$、$4.2g/kg$、$25.0g/kg$ 剂量的紫苏籽连续喂饲大鼠30d，取血清分别测定甘油三酯、内源性胆固醇的含量，试验结果显示紫苏籽能明显降低甘油三酯和内源性胆固醇含量，说明紫苏籽具有降血脂的作用。有研究者用紫苏籽油喂食高血脂大鼠，发现其能够显著降低 SD 大鼠血清甘油三酯和内源性胆固醇的含量，并且拟合了 TG、TC 的变化曲线，研究证实了紫苏籽油对大鼠降血脂的量效和实效关系。徐在品等人通过建立家兔高脂血症的饮食，测定紫苏叶提取物对其影响，发现紫苏叶提取物的高中低含量（$1.5g/kg$、$0.5g/kg$、$0.17g/kg$）均能降低血清中的总胆固醇、甘油三脂、低密度脂蛋白胆固醇（LDL-C）的含量，并能提高血清中高密度脂蛋白胆固醇（HDL-C）的含量和 SOD 的活性。

5. 抑菌、抗病毒作用

紫苏叶的水煎剂对金黄色葡萄球菌、大肠杆菌、伤寒杆菌、宋氏痢疾杆菌及弗氏痢疾杆菌、炭疽杆菌等均有抑制作用；紫苏叶浸膏对真菌有抑菌作用，其作用机理是当紫苏抗菌剂作用于细菌和真菌的细胞膜时，使得细胞膜的通透性增加，细胞内的离子发生泄漏，细胞液电导率增加；随着浓度的增加，细胞膜上麦角固醇的合成受到抑制，从而导致细胞膜破损，甚至导致细胞死亡。紫苏中的紫苏醛和柠檬烯是抑制细菌的主要物质，两者对细菌生长起协同抑制作用，这是因为两种化合物均是单萜系醛类物质，其作用部位也类似。紫苏醛、柠檬烯、α-蒎烯、桉叶素等混合可制成抗真菌剂，对于脚癣的治疗特别有效。

郭群群等将分离得到的 $3,3'$-二乙氧基迷迭香酸、木犀草素、咖啡酸、迷迭香酸进行抗菌试验，结果显示它们均具有抑制金黄色葡萄球菌和大肠杆菌生长的活性，其中迷迭香酸和 $3,3'$-二乙氧基迷迭香酸的抑菌活性较强；他们还发现紫苏叶挥发油对革兰氏阳性菌中金黄色葡萄球菌和革兰氏阴性菌中大肠杆菌具有较强的抗菌作用，特别是对金黄色葡萄球菌。另有研究表明，紫苏中的紫苏醛、柠檬醛具有抑菌作用，当两者质量浓度分别为 $100\sim200\mu g/mL$ 和 $25\sim100\mu g/mL$ 时有阻止丝状菌生长的作用，且两者作用部位类似，具有协同作用。此外，紫苏醛还具有抗绿脓杆菌的活性，紫苏的水提物具有抗乙型肝炎病毒的作用等。

6. 抗炎、抗过敏作用

现代医学表明：紫苏叶可用于治疗过敏，紫苏籽同样具有抗过敏活性。Sanbongi 等用患过敏性哮喘的老鼠为实验对象，实验结果表明：紫苏提取物中的迷迭香酸对过敏性哮喘有良好的治愈效果，促进了小鼠体内的细胞因子和抗过敏抗体的生成。王钦富研究了小鼠主动皮肤过敏反应（耳肿胀试验）和小鼠主动全身过敏反应试验，结果显示炒紫苏籽醇提取物可明显降低小鼠血清总 IgE（免疫球蛋白）和特异 IgE 水平而发挥抗过敏作用；炒紫苏籽醇提取物中，以木犀草素为代表的4种酚类化合物，对白三烯（LTs）分泌途径中的酶有较强的抑制作用，并且醇提取物还能明显降低 IgE 所致的 I 型过敏反应中肥大细胞脱颗粒的比例，降低组胺释放，从而发挥抗过敏作用，同时表现出明显的剂量依赖关系。另有报道，紫苏叶提取液可以减轻炎症、过敏、支气管哮喘和自由基引起的全身疾病，Jeon 等使用高效液相色谱（HPLC）分析了紫苏叶中的活性成分，证实了木犀草素的抗炎和止痒作用，结果表明，木犀草素作为一种治疗剂在对抗炎症和瘙痒相关的皮肤病方面具有极大潜力。

7. 对肝脏的保护作用

紫苏对动物的肝脏也具有一定的保护作用。王雨等研究了紫苏籽对由 CCl_4 引起的化学性肝损伤的保护作用，试验分别用 $4.2g/kg$、$8.3g/kg$、$25.0g/kg$ 剂量的紫苏籽连续饲喂小鼠 30d，结果显示，各剂量组均能明显改善和恢复组织形态学上的肝细胞变性、坏死；并且对小鼠肝脏损伤病理组织学影响的量化评分低于模型对照组，差异具有显著意义（$P < 0.05$，$P < 0.01$）；$25.0g/kg$ 剂量组的天冬氨酸氨基转移酶（AST）明显降低，与模型对照组比较差异具有统计学意义（$P < 0.05$）。由此表明紫苏籽对 CCl_4 所致小鼠化学性肝损伤具有辅助保护作用，其机制可能是与其有效成分的抗自由基损伤和抑制脂质过氧化反应有关。

8. 抑癌作用

日本秋田大学医学院 Tomio 教授发现，紫苏油具有抗癌作用。他通过小白鼠实验得出结论，紫苏油对结肠癌具有拮抗作用，紫苏油降低了结肠膜对肿瘤诱发物的敏感性，作用机理在于紫苏油改变了结肠膜表皮细胞中磷脂膜的脂肪酸成分。另有报道紫苏叶抽提物具有一定的抗细胞膜氧化能力，紫苏醇对许多癌症具有显著的抑制作用，如肺癌、乳癌、皮肤癌等；紫苏醇和柠檬烯可以抑制乳房瘤生长和大鼠肝肿瘤细胞生长。也有学者发现紫苏醇在较高温度时对乳腺癌细胞的作用会加强，乳腺癌细胞在 37℃，1mL 紫苏醇溶液中 60min 后，其存活率为 40%，但是升温到 43℃后，其存活率下降至 0.2%，因此紫苏醇与热疗法在治疗肿瘤上有协同作用。另外 Pintha 等人通过试验评估了泰国紫苏叶提取物（PLE）对人类乳腺癌细胞的抗侵袭和抗迁移活性，结果表明提取液中的迷迭香酸，可以通过降低基质金属蛋白酶-9（MMP-9）的活性和有效性，来抑制乳腺癌细胞的侵袭和迁移。

9. 抗氧化作用

紫苏含有多种具有生理活性的化学成分，如花青素、苷类、迷迭香酸、黄酮类化合物等，且紫苏的抗氧化性是草本植物中的佼佼者，其中的迷迭香酸是其抗氧化活性的代表。

吕晓玲等研究了紫苏提取物迷迭香酸清除超氧阴离子自由基和羟自由基的作用，并与抗坏血酸的抗氧化性进行了比较。结果显示迷迭香酸和抗坏血酸清除羟自由基的能力随浓度的增大而增大，且迷迭香酸在 $5g/L$ 时对羟自由基的清除能力达到 90% 以上，而抗坏血酸需要 $10g/L$ 时才能达到同一效果；在清除超氧阴离子能力实验中，抗坏血酸随浓度变化快，在 $0.6g/L$ 时就达到 90% 以上，而迷迭香酸的变化趋势不如抗坏血酸明显，其 IC_{50} 为 $9g/L$。因此，紫苏不仅具有清除羟自由基的作用，而且比目前公认的人体内的抗氧化性物质抗坏血酸的抑制率还高。除迷迭香酸外，紫苏中的黄酮类物质具有显著的抗氧化能力。胡煌通过微波辅助提取紫苏叶中黄酮类物质，并采用响应面法优化提取工艺，以大豆油为研究对象，考察了紫苏叶黄酮对高温下油脂的抗氧化作用。实验结果显示，在 180℃下紫苏叶黄酮对大豆油的过氧化值、p-茴香胺值和全氧化值的增加具有较好的抑制作用，但对抑制大豆油酸价增加无显著影响。

10. 提高记忆和视觉功能

紫苏籽中含油量高，主要成分为 α-亚麻酸，含量高达 50%～70%。研究表明，α-亚麻酸是维持大脑神经系统功能所必需的因子，它对增强智力和记忆力、保护视力有明显作用。

紫苏中的α-亚麻酸在人体内以EPA和DHA的形式存在。其中，DHA大量富集于大脑皮层和视网膜中，在大脑神经细胞内起着传递信号的作用，人们相关的记忆、思维功能都依赖于DHA的维持和提高。紫苏油饲喂小鼠的结果发现，紫苏油能促进小鼠脑内核酸及蛋白质的合成，调节小鼠脑内单胺类神经递质水平，小鼠跳台错误次数明显减少，小鼠水迷路测试正确率明显提高，达到终点时间明显缩短。动物实验也证明，在食物中加入富含α-亚麻酸饲料进行子鼠二代培养，可提高子代小鼠的学习记忆能力，使子代小鼠视网膜中的DHA增加，视网膜反射能力增强。以上研究表明，紫苏能提高记忆和视觉功能的机制可能是与其富含的α-亚麻酸有关。

11. 改善肠道菌群

据报道，紫苏醛能有效抑制黄曲霉菌的生长及其毒素的产生，减少霉菌毒素对动物肠道正常菌群结构的影响。同时，紫苏籽提取物能促进有益菌的生长，抑制有害菌的增殖。刘树兴等试验证明紫苏油比菜籽油更能促进嗜酸乳杆菌增殖，当添加3%紫苏油时，嗜酸乳杆菌的增殖数达到峰值。紫苏油与菜籽油对双歧杆菌的增殖均有促进作用，但与菜籽油添加量（1%～10%）的增加可持续促进双歧杆菌增殖不同，双歧杆菌的增殖随紫苏油的添加比例（1%～10%）增大呈下降趋势，1%的紫苏油对双歧杆菌的增殖效果与5%的菜籽油相当，因此在需要少量添加油脂时可优先考虑使用紫苏油。有研究者通过试验证实，紫苏籽油缓解了高脂喂养小鼠肠道中的普雷沃菌属（*Prevotella*）和埃希菌属（*Escherichia*）的过度生长，可以调节肠道菌群平衡。

第二节 紫苏研究现状、存在问题及其发展趋势

一、紫苏研究现状

1. 紫苏药用研究进展

紫苏籽、叶、苞和梗都可作为中药材，治疗多种疾病。如籽可用于主治下气、消痰、润肺、宽肠和治疗肿瘤等；叶可主治散寒、理气、抗菌、升血糖、咳喘、安胎等；苞可治血虚感冒；梗可理气、舒郁、止痛、安胎和治食滞等。有学者用从紫苏中提取的不同浓度的α-亚麻酸作用于人白血病U937细胞24h后，用MTT法测定细胞增殖率，发现α-亚麻酸对人白血病U937细胞增殖有明显抑制作用，且与α-亚麻酸剂量浓度成正相关。紫苏挥发油的种类较多，包括酮类、醛类、烯类、酯类、醇类和烷烃类，临床还发现其挥发油有着广泛的作用。据文献报道，迷迭香酸具有清除·OH、抗氧化、抑制金黄色葡萄球菌和大肠杆菌生长的作用。研究发现，迷迭香酸还具有抗过敏、抗病毒和提高免疫的作用，可用于预防和治疗心血管疾病、抗癌及增加免疫力及多功能医药中间体等。此外紫苏籽中不饱和脂肪酸含量较高的α-亚麻酸属不饱和脂肪酸，是大脑中产生DHA的重要成分，其在紫苏中含量较为丰富。研究发现它具有抗过敏活性、提高学习记忆力、抗癌和抗衰老等生理功效，还具有降血脂的作用，可达到减肥效果。目前，紫苏在医药行业用途极为广泛，它不仅是中成药杏苏感冒冲剂、散风宁嗽糖浆、解肌宁嗽片、藿香正气片、藿香正气水的主要成分之一，在临床上还可用于牙科止痛和治疗小儿肺炎和扁桃体炎等。

2. 紫苏食用研究进展

近些年来，紫苏因其特有的活性物质及营养成分，成为一种备受世界关注的多用途植物，经济价值很高，俄罗斯、日本、韩国、美国、越南等国对紫苏属植物进行了大量的商业性栽种。在我国，因紫苏籽口感酥脆，具香味，多用于一些传统甜点的制作。在贵州地区将其与白糖混合，配合糯食食用，并将其制作成汤圆及包子的馅料。我国东北的朝鲜族生活地区，喜爱将紫苏籽碾碎作为烤肉蘸料。在广州地区，紫苏籽主要作为煲汤和熬粥的原料。紫苏幼苗及嫩叶香味独特，主要作为蔬菜及调味料食用，在我国湖南、四川等地常用其来煮鱼、虾、蟹、泥螺等食物，不但去腥、增鲜、提味，还可以解鱼蟹的凉毒。在韩国、日本及南亚各国的料理中，通常喜爱用紫苏作为香料及蔬菜。

目前，我国用紫苏叶开发出了很多特色产品，如用紫苏叶制成的调味品、紫苏啤酒、紫苏茶、悬浮型芦荟紫苏叶复合保健饮料、杨梅紫苏姜汁混合饮料、紫苏叶麦饭石功能饮料、紫苏枸杞酒等产品。刘西亮等通过将紫苏叶与水混合打浆，加入果胶酶、维生素C、甲壳质后高速匀浆得到紫苏汁，与食醋、蜂蜜、水等混合，经均质、脱气、灭菌等工艺，制作成爽口的紫苏醋饮品。于海鑫等以紫苏为原料研制出一款紫苏粉食品，其中紫苏粉10g、红豆粉3g、燕麦粉9g、红枣粉9g。该紫苏粉食品达到理想效果，质地均匀，黏度适中，粗糙感较小，没有杂质，且溶解速度也较快，没有明显结块和分层现象。张传智等通过将紫苏籽脱脂、超微粉碎、挤压改性等工艺制得高品质紫苏粉，利用该粉制成的紫苏风味面包营养、保健价值高，同时拥有紫苏籽特有清香气味。近年来，紫苏酱及各种调味料也相继问世，开发工艺更加多元化，使得紫苏种植和产品发展前景十分乐观。

3. 紫苏油用研究进展

紫苏籽含有较高的油脂含量，其出油率可达50%以上，远高于棉籽、油菜籽、蓖麻籽等。油中含有α-亚麻酸、亚油酸、硬脂酸、花生四烯酸和花生酸等，含量最高的是α-亚麻酸。有研究表明，紫苏是目前富含α-亚麻酸的重要植物资源之一，所以研究人员经常把紫苏油定义为功能性油脂。一些发达国家如日本、美国等已经注意到紫苏油及α-亚麻酸对人体保健及药用功效，并对α-亚麻酸的生理、药理作用进行了比较全面的探讨。紫苏油油色浅淡似茶油，透明，味道芳香宜口，为我国首批颁布的食用药品之一。王丽梅等通过检测体能、学习记忆能力、抗氧化和脂质过氧化等指标，研究紫苏油对D-半乳糖亚急性衰老模型大鼠的抗衰老作用。结果表明，紫苏油对衰老大鼠的体能和学习记忆能力有促进作用，并提高有机体SOD活力，降低丙二醛（MDA）含量，显示紫苏油确有抗衰老功效。我国主要的食用油中亚油酸含量高而α-亚麻酸含量偏低，适当增加ω-3脂肪酸（α-亚麻酸）的摄入，对维持人体健康，预防和治疗动脉粥样硬化，降低血清胆固醇，减少冠心病、心律不齐等心血管疾病的发生，提高机体免疫力、降低癌变概率具有积极意义。

4. 紫苏在保健领域方面的研究进展

紫苏是药食两用植物，具有祛寒除湿、温经通络、祛风止痛、抗肿瘤、防癌以及抗抑郁等多种作用。我国对紫苏的开发应用已取得一定进展，如1997年研制的具有保健功能的紫苏油，1999年成功研制出的预防心血管病的保健品紫苏油胶囊，之后两年时间内，我国研制出世界上最早应用的紫苏汁饮料和紫苏胡萝卜素微胶囊，为我国外销市场增添了新的产品。早在20世纪60年代日本开始研究紫苏，并从中开发出了具有药用价值的保健食用油、保健品、药品，其价值是一般食用油、保健品、药品的数倍乃至几十倍。有学者采用超临界CO_2流体萃取技术分别提取沙棘籽油和紫苏籽油，然后进行复配，制备出具有降血脂功能的沙棘紫苏油软胶囊保健食品。目前，一些企业也已经开始进行紫苏的生产开发，如把紫苏籽油适量加入儿童食品（饼干和小点心等）中出售，或者研发出有较好预防心脑血管疾病的紫苏油胶囊、高浓度紫苏籽油缓释片剂、紫苏营养保健油滴剂、紫苏枸杞酒等保健产品等，皆已获得了很好的收益。

5. 紫苏在食品添加剂领域的研究进展

随着人们生活水平的提高及对纯天然食品的青睐，食品安全与健康已成为当今社会的重要主题。据调查，化学合成防腐剂、香精色素等都具有潜在毒性，存在较大的安全隐患。80%的消费者对添加到食品中的化学合成产品较为关注，50%的消费者尤为介意化学合成产品在食品工业中的应用。因此，寻找具有良好的抗氧化性和抑菌性的安全健康材料，尤其是从天然植物资源中筛选出的具有天然抗氧化成分和抑菌成分的活性材料已经成为当今研究的热点。

我国紫苏资源丰富，研究显示，紫苏抑菌、防腐能力较明显，且兼具成分天然和安全性高的优点。例如，紫苏精油具有抗氧化性和特异清香，可以用作食品及药品的防腐剂和香料等；紫苏的提取物也可用作调理剂、抗氧化剂、保湿剂等药剂的生产；紫苏所含的紫苏苷加工后得到的黄色素和红色花青素，可用作商业色素等。李娜等将紫苏精油微胶囊应用到草莓保鲜防腐研究中，与未包覆精油的微胶囊相比，紫苏精油微胶囊可以显著延缓草莓果实的腐烂，降低其营养成分的损失，并保留草莓的风味和商品的价值。姚慧等将从紫苏中提取的迷迭香酸添加到猪油中，与柠檬酸、维生素E、特丁基对苯二酚（TBHQ）相比较，考察其抗氧化效果。发现添加量为0.005%～0.01%迷迭香酸的猪油的过氧化值和酸价都比较低，对猪油的酸败起到很好的减缓作用。Kong等采用水蒸气蒸馏法提取紫苏叶挥发油，并将其（0.01%和0.03%）添加到鱼糜食品中，观察紫苏挥发油对鱼糜食品质量变化的影响，结果发现紫苏挥发油可以抑制大肠杆菌、沙门菌和金黄色葡萄球菌的生长，明显延缓了鱼糜制品脂质氧化和蛋白质羰基化作用。

6. 紫苏在畜牧领域的研究进展

长期以来，畜禽饲料中存在抗生素滥用的状况，由此导致的负面作用也日益突出。近年来我国开始限制抗生素在畜牧养殖中的应用并不断加强管理。紫苏是具有天然、无毒、无抗药性、无化学物质残留、富含动物需要的多种营养物质及增强免疫、抗菌消炎等药物作用的活性化合物，能促进动物健康生长繁殖、改善肉质等，是目前新开发的比较理想的饲用促生长绿色饲料添加剂，在畜禽、水产饲料工业中具有广阔的应用前景。

紫苏饼粕是紫苏籽脱脂后的副产品，具有芳香味，口感绝佳，蛋白质含量高，杂质很少。与菜籽粕和其他籽粕不同，紫苏饼粕中硫苷及降解物和棉酚有毒成分的含量极少，且没有其他对动物健康有害的物质。紫苏饼粕中还含有丰富的必需氨基酸，比例均衡，功效比值、净蛋白比值和真消化率都很高，是非常好的植物蛋白质资源，也是非常好的饲料资源。已有的研究表明，日粮中添加一定量的紫苏籽提取物不但能提高肉鸡的生产性能，改善鸡肉品质，还能促进肉仔鸡生长，增强免疫力，起到与抗生素同样的效果。

7. 紫苏种质资源调查及遗传多样性的研究

我国是紫苏资源大国，种植分布广泛，栽培历史2000多年，因药用和多种食用用途，栽培类型也极为丰富。紫苏种质资源的收集、保存、评价及利用是我国农业可持续发展事业重要的组成部分，因此对紫苏优质种质资源的收集及遗传多样性研究，对生物资源的开发和利用具有深远的影响和价值。在紫苏资源的起源、分布及分类方面，Nitta等调研发现亚洲紫苏主要分布在中国、韩国、日本、尼泊尔和越南等国，有紫苏和回回苏种或近缘种两类。前者在中国和韩国当作油料广泛栽培，叶子在韩国还用于鲜食及泡菜制作；后者在亚洲许多地方已经消失，但日本和越南仍有栽植，中国和韩国主要用于药材和蔬菜，日本用于腌制品。此外，在遗传多样性分析上，Nitta等还对130多份紫苏叶的气味、花青素、种子硬度及种子直径等特征进行测定及聚类分析，将这些紫苏分成五个类群，绝大多数油用品种聚为一类，药用型紫苏分属于另外三个类群，野生/杂草型组成最后一个类群。魏长玲等根据紫苏挥发油主成分的不同将紫苏划分为不同的化学型，如PA型紫苏以紫苏醛、柠檬烯为主，PK型紫苏以紫苏酮为主，PL型紫苏以紫苏烯为主，PP型紫苏以芳香类成分为主，以及其他几个稀有类型。研究表明，回回苏以PA型居多，全国各地均有种植；甘肃庆阳、黑龙江桦南、吉林、重庆彭水及云南的紫苏，均为紫苏变种，并均为PK化学型；浙江湖州、江苏连云港和山东烟台等地的紫苏，为出口日本鲜叶食用，2份为紫苏变种，1份为回回苏变种，均为PA型。国内的紫苏资源中以PK型为主，占60.5%，其次为PA型，占30.2%，PL型仅有1份，为稀有化学型，未发现PA和PL化学型共存在一个种质类型的情况。

二、目前存在的问题

1. 紫苏种质资源及遗传多样性研究不足

紫苏种质资源的早期研究集中于优良种植性状和品质性状的鉴定分析，挖掘筛选综合性状良好的优异种质。长期以来我国学者虽然也对紫苏综合利用方面做了大量研究，但是对紫苏的种质资源收集和遗传多样性还缺乏系统性的研究，不同种质间存在显著的性状及基因水平上的差异，很少有对我国紫苏属植物进行深入到分子水平的研究，紫苏的许多优良基因未能得到充分利用，大量的野生资源长期处在无人开发的状态。目前，国外已搜集到大量的紫苏野生资源，并加强了对紫苏种质资源的保存和评价工作。日、韩、美等多国学者在紫苏资源的收集、分类、化学成分鉴定、分子标记等方面已做了大量工作，而且很多是使用中国紫苏种质资源。因此，需要尽快开展对我国紫苏种质资源的收集、鉴定及分类工作，这对紫苏资源的开发利用、新品种培育和资源保护均具有重要意义。

2. 提取纯化方法存在缺陷

紫苏富含黄酮、类胡萝卜素及迷迭香酸等多种重要活性成分，在医疗、食品和保健方面都具有重要价值，这些活性成分的提取工艺和检测方法成为研究热点之一。目前，对于紫苏功能物质的提取方法较多，常见的有热水浸提法、溶剂提取法、超声波辅助提取法、超临界流体萃取法、酶提取法等。尽管关于紫苏活性成分提取检测分析的方法较多，但仍有不完善的地方，还需进一步提高提取效率和稳定性。如溶剂提取法虽然简单易行、成本低，但较为费时；超临界提取技术则存在如何提高溶剂功能、增强对极性成分的提取能力及提高提取的选择性等问题，且所需设备价格昂贵，生产成本高；超声波辅助提取可缩短提取时间，降低成本、增大提取率，是一种较为优良的提取方法，但用于大规模提取则有待于进一步研究；酶法提取虽是一种具有反应时间短、提取率高、环保的方法，但是否会生成新的杂质物质，这点还需要再研究。

3. 选育和育种研究不足

目前，关于紫苏的科学研究主要集中在高效的压榨技术及特有成分、有效成分含量的提取方面，或作为保健食品的应用。对于特色品种的变种收集和优良性状的提纯复壮及栽培新技术等方面的集成研究相对比较欠缺。尤其是新品种的缺乏，给紫苏高产目标形成压力，也给企业高效、优质生产增加了难题。系统选育、杂交选育、诱变育种及分子辅助育种是目前植物品种选育主要方法。紫苏作为自花授粉作物，目前品种选育主要以系统选育为主，杂交育种及杂种优势利用尚处于探索阶段。必须在保证紫苏稳定高产的同时，加强开发营养全面丰富的紫苏品种。通过培育手段对现有紫苏进行育种改良，新品种能适应市场需求和发展。

我国是紫苏主要产地及出口国。随着紫苏产业发展，国际需求不断增加，但我国多为农村散户种植，缺乏优质品种及规模效应，产值较低。因此，优良品种的选育与应用推广已成为限制紫苏产业发展的主要瓶颈。目前在我国甘肃、吉林、山西、贵州及四川等地均有紫苏新品种选育的报道，但选育品种的区域性、适应性仍有待加强。

4. 紫苏副产品利用率不高

紫苏作为一种用途十分广泛的经济植物，在我国已有两千多年的栽培种植历史，并已形成了西北、东北 2 个传统油用紫苏产地。但近年来，人们对紫苏研究的热点主要集中在有效成分分析及药用价值的开发利用上，对紫苏的副产品——紫苏粕、秸秆等缺少关注，且以往的研究表明，紫苏粕中粗蛋白质含量达 40.1%，粗纤维为 17.3%，其中的不溶性膳食纤维对葡萄球菌、大肠杆菌及痢疾杆菌具有抑制作用，可降低消化道中细菌排出的毒素，预防便秘，亦可降低罹患肠癌的风险，长期食用对"三高"人群及心脑血管疾病人群也有明显疗效功能；紫苏秸秆中纤维素和半纤维素含量可达 62.7%，营养丰富且具有多种活性成分，亦具有明显的优势和开发应用价值。因此，应进一步开展紫苏秸秆、紫苏粕的相关试验研究，重视紫苏深加工科研项目，利用其营养特点开发不同种类食品。紫苏深加工的食品前景非常广阔，但我国对于紫苏粕、紫苏秸秆的利用较国外相比还处于初级阶段，因此加大投入力度，尤其是在饲料化利用方面，引进先进技术，扩大紫苏粕深加工领域刻不容缓。

5. 紫苏深加工不足

部分地区经济不发达，农民缺乏商品意识，加之分散的经营管理，实用技术等得不到及时推广应用。我国紫苏的出口基本是原料出口，市场上缺乏改善膳食结构需要的大众加工食品。同时由于人们生活节奏的加快、经济快速发展，居民对食品的安全营养、风味和食用的便捷性等提出了更高的要求。紫苏制品加工开始向食品工业延伸，发展紫苏产业深加工已成为一种必然的趋势。紫苏的深加工能使紫苏的价值得到巨大提升，在加强紫苏研究的同时，需开发出符合人们需求的食品和保健品，并进一步研发出相关的化妆品甚至药品等，从而为紫苏产业的规模化提供理论基础和依据。

目前，我国紫苏制品深加工还存在许多问题，例如我国的紫苏加工水平与技术装备等方面发展仍处于起步阶段，与国外相差很大；另外紫苏籽为油料杂粮作物，对加工条件要求较高。紫苏作为杂粮中的一员，虽然其营养丰富，也是重要的营养、保健食品源，但其开发并未受到政府的足够重视，长期缺乏政府支持导致研究力量基础薄弱、小而分散，品种得不到改良致使其无法带动深加工产业，严重影响其产业发展与国际市场竞争能力等。因此，国内当地政府及企业需要对紫苏的产业现状加以调整，需要对紫苏进行更深层次的应用探索，开发出紫苏相关的健康产品。同时也要充分利用紫苏中含量丰富的功能成分，包括对紫苏副产物的综合利用，提高紫苏利用率，创造更高的经济价值。

6. 紫苏功能因子代谢途径及基因研究不足

目前，紫苏的化学成分和药理作用研究都取得了一定进展，并发现了紫苏中的一些活性成分。但对紫苏中功能物质分子机制的研究，如对种子中 α-亚麻酸、叶片中萜类、花青素类及酚酸类物质的合成及调控的研究还缺乏理论依据和实践论证。

油料作物种子中普遍含有 α-亚麻酸，但在主要油料作物如大豆、花生、油菜等作物中，α-亚麻酸含量均不足 10%，因此，α-亚麻酸合成及调控机制已成为油料作物品质育种中重要课题，通过对紫苏种子发育的研究，找到其合成及调控机制，对油料作物改良有重要意义。紫苏苗期很容易受到低温和干旱等逆境胁迫，植物体内不饱和脂肪酸含量与植物抗逆性密切相关，紫苏植株中含有最多的不饱和脂肪酸为 α-亚麻酸，而脂肪酸去饱和酶菌素腺嘌呤二核苷酸（FAD）可以有效调控 α-亚麻酸的合成代谢过程。深入了解紫苏的抗逆机制，并加以人为调控，对于开发利用紫苏这一新型油料作物具有重要的研究价值。但紫苏种植普遍粗放，产量低，对于如何采用分子生物学和功能基因组学技术，克隆控制紫苏籽 α-亚麻酸合成及积累的关键酶基因等功能因子的代谢途径及基因研究不足，因此须加大对紫苏名方面的深入研究。

7. 企业带动性和政府支持力度不足

制约地方特色产业化进程的重要因素在于政府的支持性和企业的带动性。因存在当地政府缺乏支持特色农业发展的政策措施以及信贷额度小、利率高、贷款条件繁多等问题，影响了紫苏加工业的扩大再生产和加工产业链的延伸，无法深度挖掘产业的经济效益，导致了生产加工企业带动作用不强，生产效益不显著，阻碍了紫苏产业发展。当前，国家出台了一些特色产业扶持政策，也给当地紫苏产业发展给予了一定支持，但是这些扶持资金多用于生产规模扩大和仪器设备更新升级的建设性投入，市场发展宣传等运行方面投入不足，未能强力带动企业的积极性，缺少市场服务平台，形成销售困境。

8. 紫苏保鲜技术研究不足

紫苏因特殊的活性物质和营养成分受到了国内外的广泛关注，但由于地理环境及气候原因，部分地区难以供应，尤其是日本、韩国等地，对紫苏的需求量很大，而我国种植紫苏历史悠久且栽培量大，因此从中国出口紫苏至日本、韩国等地具有广阔的发展前景。但紫苏鲜叶的保鲜期很短，容易枯萎发黑，而且鲜紫苏叶非常容易破损，破损后极易脱绿黄化并腐烂变质，远距离运输存在困难。现在紫苏保鲜使用最多的方法是冰袋泡沫箱或纸箱保鲜等简易保鲜方法，无法大幅延长紫苏叶的保鲜期，因此在顺应市场对紫苏需求的前提下，着重延长鲜叶的货架期，探寻适宜紫苏的保鲜方式已刻不容缓。

三、发展趋势

紫苏作为我国传统的药食两用作物，在医药、食品和化工领域有着巨大的开发潜力和市场需求。随着人们对其药食两用价值不断开发和医药工业的迅猛发展，紫苏的需求量也在逐年增大，目前紫苏的市场行情较好。紫苏是经济效益较高的作物，如何合理地开发利用紫苏已成为我国生物科学研究者们所日益关注的课题。

我国是紫苏物种起源地及主要分布区域，紫苏种质资源广泛，遗传多样性丰富。但我国紫苏研究工作起步较晚，重视程度不足，导致紫苏基础研究及产业开发均较为滞后，出现深加工不足等问题。目前，关于紫苏的科学研究主要集中在高效的压榨技术及对特有成分、有效成分含量的提取方面，或作为保健食品的应用方面，存在研究方向单一、行业之间转化率低的问题，缺乏对有效药用、食用成分的提取及药用保健品的开发研究，致使第一、二产业转入第三产业困难，效益提高幅度不大。产业链短，产业附加值低，紫苏产品还是较低的初级产品，主要是紫苏籽、紫苏压榨油，没有形成连续产业链，产品效益低，利润空间小，且市场空间狭小，容易满足，导致产业发展十分缓慢。因此要不断地扩大市场空间，需要对其进行深层次开发研究，如鲜食应用、有效药用成分的提取及应用、开发保健食品等。只有大力挖掘产业潜力，不断延伸产业链，才能取得较高的生产效益，促进产业发展。

随着现代高通量的测序技术及化学分析技术在药用植物上的广泛应用，可有效对紫苏的药食价值及物种特色进行高效深入的研究。关于紫苏产业发展，要加强对紫苏种质资源的鉴定评价及优异资源的挖掘与筛选，对紫苏重要表型性状及化学成分的遗传机理及分子机制进行深入研究，不仅要选育高产稳产、品质优、抗性强的紫苏新品种，配套高效、高产的栽培技术，还要不断对加工业进行升级，以便提高生产效率。同时，还要对其特性、功能进行研究，挖掘其在医药保健方面的潜力，将整个产业链延伸到服务领域，深化产业研发，扩大产业面，以此来提高产业效益。

第三节　紫苏的种植技术

一、紫苏的植物学分类及分布

紫苏原产于东亚地区，分布于中国、印度、尼泊尔、韩国及日本等国，中国是分布中心和多样化中心，野生资源十分丰富。紫苏在中国种植已有2000多年历史，并形成了十分丰富的栽培品系，根据其用途及食用部位的不同分为籽用品系、鲜食品系和药用品系，不同栽培品系也传入日本和韩国。但在植物分类学中，对于紫苏属植物的界定一直都存在不同的争议，目前国内也尚未对紫苏栽培品种命名，以及系统梳理和研究。

根据《中国植物志》记载，紫苏属植物包括1个原变种和3个变种，即原变种紫苏（紫苏和白苏）、回回苏、野生紫苏以及耳齿变种紫苏。该分类方法认为紫苏（叶片青紫或者两面均为紫色）和白苏（叶片颜色两面均为绿色）应共同归入紫苏原变种，其差异不过是因栽培等环境条件引起的，不应分类为两变种，但此说法目前还存在争议。原变种紫苏适应能力强，在全国范围内广泛种植；回回苏的特点在于叶具狭而深的锯齿，常为紫色，果萼较小，各地也均有栽培；野生紫苏果萼小、种子小，茎、叶两面及果萼下部被短毛（区别于原变种为长毛），除东北和西北广布于各地；耳齿变种紫苏则叶基部具耳状齿缺，雄蕊稍伸出于花冠，为1974年发表的新变种，分布于浙江、安徽、江西、湖北和贵州等地。

据国外学者报道，紫苏属植物根据染色体的不同将其分为1个原变种 [*P. frutescens* (L.) *Britt*] 和 3 个变种 [*P. citriodora* (*Makino*) *Nakai*、*P. hirtella Nakai* 和 *P. setoyensis G Honda*]，其中，原变种紫苏为异源四倍体（$2n = 40$），而其他三个野生变种则为二倍体（$2n = 20$）。但 Nitta 等根据扩增片段长度多态性（AFLP）和随机扩增多态性 DNA 标记（RAPD）分子标记结果，将紫苏属植物分为5个类群，即油用1个类群、药用3个类群、野生和杂草型1个类群。可见，国内外学者对紫苏的分类均尚未达成共识，存在争议。

二、紫苏种植技术要点和具体操作

紫苏具有耐阴、喜光、喜肥的特性，在房前屋后、水沟边、地头地脚、树荫下、大株作物行间均可种植。但其抗旱性较差，喜湿怕涝，不宜在盐碱地及排水不良地种植，而腐殖质含量高、疏松肥沃、排水良好的微酸性土壤上，则利于其优质高产。紫苏作为我国广泛种植的油料作物和鲜食类蔬菜，其栽培技术也引起了专家学者的广泛关注，其种植技术要点和具体操作如下。

1. 种植技术要点

(1) 紫苏种植的土壤及大棚选择

紫苏生长离不开它最适宜的生长环境及温度。因此，紫苏的最佳的种植地点一般选择远离工业区的农业区及其他地带，土壤一般选择质地为壤土的黑土地，以及草甸土，最好是选择平原或者排水性好的洼地。在种植时，需要工作人员采取合理的工作方式，防止重茬。在寒冷的季节时，一般需要利用日光温室以及使用塑料大棚对其进行保暖种植，搭建大棚时应选择向阳避风、排水良好、土壤肥沃的地方，并根据季节和风向选留上下或者左右的通风口。

(2) 种植紫苏时施肥作用

紫苏在种植期间施肥主要有基肥和叶面肥两种。基肥就是在整地过程中将发酵好的动物粪便肥料和一定量的复合肥均匀地混合于土壤；叶面肥则主要是微生物菌群肥料和微量元素肥料，这种微生物菌群以及微量元素肥料以液体状为主，需要在紫苏的生长中，如在苗期前，对紫苏的叶面进行喷雾，进而保证紫苏的正常发育和生长。又因紫苏生长时间比较短，定植后两个半月即可收获全草，故施肥时常以氮肥为主，最好遵循少量多次的原则。

(3) 品种以及播种方式的选择

紫苏种植一般选择高产、优质、成熟期适宜，并且要抗倒伏的紫苏种子进行种植，但同时也要考虑不同生产目的、生产环境等来选择不同的紫苏品种类型。例如在黑龙江等北方寒冷地区，要选择耐寒的品种加以种植；选用叶用紫苏时，最好是选择生育期相对较晚的紫苏品种，来增加紫苏的产叶量。

(4) 紫苏种植期间的大棚管理

温室环境内的通风条件、温度、湿度及光照对紫苏的发育有着很大的影响。在利用大棚技术种植紫苏时，要合理密植，为了充分利用空间可采取前期密植，中期疏株，后期以枝叶不拥挤为准，并且要确保温室的温度要保持在适宜生长温度范围，每天要保证日光照射以满足紫苏生长，合理通风等。

(5) 紫苏的收获

色素品种的紫苏收获期在开花的末尾期，在茎叶收割完成后应及时阴干并运回，进而进行后期的处理，以有效防止发霉，腐烂褪色。茎叶的收获主要采用人工收割或者机械收割。以食用叶片为主的紫苏品种则是当紫苏在主干生长到第六对叶片的时候进行收割，摘取叶片时要戴好手套，防止损伤即将采摘的叶片及紫苏的嫩芽。在叶片采摘下来过后，需要及时使用冰块预冷，以便保鲜贮藏。而油用型紫苏种子则需要在种子成熟变硬时进行人工采摘，茎秆铺在田间等待风干，风干之后要进行人工或者机械的脱粒，一般都是在10月份的中下旬收获。

2. 具体栽培技术

(1) 品种选择及种子处理

紫苏的品种类型主要包括油用型、油叶兼用型和叶用型。要根据不同生产目的和生产环境，选择不同类型的紫苏品种。

（2）繁殖、种植

播种前先翻耕土壤，充分整平耙细，结合整地每亩施入腐熟肥 1500kg 作基肥，然后制作成宽 1.3m 的高畦播种。移栽地，选择阳光充足、排水良好、疏松、肥沃的地块种植。移栽前，先翻耕土壤深 15cm，打碎土块，整平耙细，制作宽 1.3m 的高畦，开畦沟宽 40cm，沟深 15～20cm，四周理好排水沟。

做好苗床：苗床可选择在育苗箱中或者在温室大棚内进行。

播种期：要比露地直播提前 30～40d，一般在 2 月中旬到 3 月上旬较为适宜。

播种技术：将种子置于 3℃下处理 5d，并用 1000mg/kg 赤霉素喷洒，以促进发芽。播种时苗床温度以 15～20℃为宜。每亩苗床用种量为 1kg 左右。用 10 倍以上的细沙土拌匀种子，均匀撒在苗床内，再撒一层细土，以不见种子为度。

加强苗床管理：出苗后第一对真叶展开时，拔除杂草，除草后追施速效肥 1 次；第二对真叶展开时，及时间苗、定苗，苗距 3cm 左右，定苗后再追施速效肥 1 次；第三对真叶完全展开并出现第四对真叶时，进行炼苗，炼苗 5～7d，苗高 12～15cm 时，即可移栽大田。

移栽：春季育苗，于 5 月中下旬移栽，最迟不得超过 6 月底。移栽时，按行株距各 25cm×30cm 挖穴，深 10cm 左右，穴底挖松整平，先施入适量的草木灰，与底土拌匀。然后，每穴栽入壮苗 2～3 株。栽后覆土压紧，使根系舒展，最后浇 1 次定根水。

以清明前后播种为适期，并且播种前最好用薄粪水浇透浇湿床面。在整好的栽植地上，按行距 25～30cm，株距 25cm 挖穴，将种子拌草木灰与人粪尿混合均匀成种子灰，撒入穴内少许。播后覆盖细肥土，以不见种子为度。

设施栽培：利用热温床或日光温室以及塑料大棚在冬春季进行促成栽培效益较高。

芽紫苏栽培：先整地作畦，浇透底水，种子撒播，当长至 3～4 片真叶时，用剪刀齐地面剪断，然后整理包装出售。

叶紫苏栽培：以采叶为目的，可在真叶 3～4 片时，在夜间用电灯补光，延长光照至 14h，可抑制花芽分化，增加单株叶片数及产量。

穗紫苏栽培：可在设施内进行育苗，苗龄为 3～4 片真叶时移栽。

（3）田间管理

松土除苗：植株生长封垄前要勤除草，直播地区要注意间苗和除草，条播地内苗高 15cm 时，按 30cm 定苗，多余的苗用来移栽。

追肥：紫苏生长时间比较短，定植后两个半月即可收获全草，又以全草入药，故以氮肥为主，在封垄前集中施肥。

灌溉排水：播种或移栽后，数天不下雨，要及时浇水。雨季注意排水，疏通作业道，防止积水烂根和脱叶。

间苗：苗高 5～7cm 时进行间苗，控制株距 8～10cm，每公顷保苗 15 万～18 万株。

（4）温室大棚管理

温室的温度要保持到晚上 12℃以上，白天 32℃以下为最佳，空气中的水含量要稍微高一点，而且在晴天打开顶风，晚上则要关上顶风。

通风管理：晴天温度高时开顶风或底风，夜间关顶风和底风或放下棉被或人工取暖，空气相对湿度保持 60%～70%。

光照管理：阴天适当用节能灯补充光照，增强光照强度；以叶片为经济产量的每天补充

$2\sim3h$，保持日照时间13h以上；经济产量为种子时，9月和10月早晚遮光各1h，保持日照13h以内。

水分管理：定植后采用膜下滴灌技术，视土壤水分和紫苏需求，一般每$15\sim20d$滴灌1次。

除草：一般覆盖黑色塑料地膜，减少杂草危害，同时降低棚室空气相对湿度；也可以进行人工除草。

（5）病虫害防治

① 斑枯病

斑枯病通常在六月开始发生，一直危害至收获前。发病初期叶面出现褐色或黑色小斑点，后扩大成大斑点，干枯后形成空洞，叶片脱落。防治方法：合理密植，改善通风透光条件，注意排水，降低田间湿度；发病初期喷65%代森锌可湿性粉剂$600\sim800$倍液或1:1:200波尔多液，每7d喷1次，连喷$2\sim3$次，在收获前15d停止喷药。

② 菟丝子

菟丝子为寄生性杂草，以茎缠绕紫苏，吸取营养，造成紫苏茎叶变黄和变红，不能正常开花结实。防治方法：每公顷用仲丁灵乳油$2\sim3kg$兑水300kg结合田间封闭除草进行防治。

③ 锈病

叶片发病时，由下而上在叶背上出现黄褐色斑点，后扩大至全株。后期病斑破裂散出橙黄色或锈色的粉末，发病部位长出黑色粉末状物，严重时叶片枯黄脱落造成绝产。防治方法：注意排水，可减轻发病；播前在用草木灰拌种时，加入相当于种子量0.4%的15%三唑酮可湿性粉剂，防治效果显著；发病时，用25%三唑酮可湿性粉剂$1000\sim1500$倍溶液喷洒全株。

④ 虫害

银纹叶蛾危害叶片。防治方法：最佳防治时期为其幼虫3龄以前，即6月20日左右，此时用5%高效氯氰菊酯微乳剂2000倍液喷洒，每公顷用量300kg。

⑤ 紫苏病毒病

病毒病为全株性病害，染病植株叶片出现深绿、浅绿相间的花叶，叶面不平，重病株矮小畸形。防治方法：发现病株及时拔除，减少毒源；及时消除刺吸式口器的害虫；药剂预防，发病初期可用20%吗胍乙酸铜可湿性粉剂$500\sim600$倍液喷雾。

⑥ 白粉病

该病主要危害叶片，发病初期在叶片上产生褪绿黄斑，条件适宜时病斑表面产生白色粉状物。防治方法：加强栽培管理，合理密植；药剂防治，发病初期用70%甲基硫菌灵可湿性粉剂1000倍液喷雾。

⑦ 红腹灯蛾、银纹夜蛾

这两种害虫均在幼虫期取食叶片，常将叶片食成孔洞、缺刻，重者吃光叶片，造成减产。防治方法：幼虫群集危害时，人工捕杀；幼虫分散危害时，可用2.5%高效氯氟腈菊酯$2000\sim2500$倍液喷雾防治。

⑧ 斑须蝽

斑须蝽成虫和幼虫均可危害，主要刺吸叶片汁液，使叶片产生褪绿小斑点或导致叶片变形。可用30%的氧乐果乳油$1500\sim2000$倍液喷雾防治。在病虫害防治时，尽量以预防为主，不用化学农药，避免农药残留。

（6）紫苏采收

播后 30～35d 即可采食幼苗，或者在播后 40～50d，叶片直径 5cm 左右时陆续采收叶片。紫苏除食用幼苗外每年可采收两季，头季于播种后 90d 左右（6 月底至 7 月上中旬）采收，第二季于 10 月中下旬采收。

叶片收获：采收时，用果树剪在距地面 30～40cm 高处保留 2～3 层腋芽的地方剪下，再将距枝尖 30cm 左右的枝叶连采。

苏子梗：9 月上旬开花前，花序刚长出时采收，用镰刀从根部割下，把植株倒挂在通风背阴的地方晾干，干后把叶子打下药用。

种子收获：在种子成熟后，种皮呈现固有颜色，籽粒变硬，人工收割，茎秆铺于田间或剪下果穗装于网袋，待茎秆和果穗风干后人工或机械脱粒。一般在 10 月中下旬收获。

选留良种与采种：选生长健壮、叶片两面均呈紫色、无病虫害的植株作采种母株。9 月下旬至 10 月中旬，当果穗下部有 2/3 的果萼变褐色时，及时将成熟的果穗剪下、晒干、脱粒、去除杂质，储藏备用。

第四节　紫苏的贮藏技术

一、我国紫苏产业贮藏现状

紫苏的主要食用部位是叶片，但紫苏鲜叶组织脆嫩，含水量高，表面积大，呼吸作用强度旺盛，采后极易受到组织损伤、水分蒸发过快等引起的枯萎黄化、腐烂变质，是生鲜农产品中较难贮存的一类产品。目前现存的冰袋贮藏保鲜以及纸箱保鲜难以大幅度地提升紫苏叶的货架期，市售的紫苏鲜叶大多在一周左右就会出现品质上的大幅下降，无形中提高了企业的生产成本。据中国果蔬行业数据显示，我国果蔬采后损失在 20% 左右，而世界上发达国家的损失率仅为 5%。因此在顺应消费者对紫苏的需求下，应着重延长产品的货架期，探寻适宜的保鲜方式，扩大运输距离，提高经济价值。

二、影响紫苏贮藏期生理变化的因素

1. 影响紫苏贮藏品质的内在因素

采收后的紫苏仍然是有生命的活体，不断进行着生理活动。但是来自株体上的营养物质和水分被中断，只能不断地耗损在田间生长期间积累的营养物质和水分，从而导致紫苏的质量降低，影响其保鲜效果。紫苏具有叶表面积大、含水量高、组织脆嫩等特点更加难于贮藏保鲜，要想延长其货架寿命，就要了解紫苏采收后的生命活动，通过调整其贮藏性和抗病性来延长贮藏保鲜期。

（1）呼吸作用

紫苏收获后，同化作用基本停止，呼吸作用成为新陈代谢的主导方面，同时由于紫苏具有薄而扁平的叶片结构和大量气孔，呼吸强度更大，影响并且制约着紫苏的品质、抗病能力和寿命。呼吸作用的实质是生物细胞中复杂的有机物通过酶的参与，历经许多的中间反应所进行的一个较缓慢的生物氧化还原过程。然而过于旺盛的呼吸作用会造成其失水、衰老，进一步导致紫苏营养成分的大量消耗，同时这些碳水化合物等营养成分含量的变化可作为贮藏效果的指标，一旦被大量消耗，将严重影响紫苏食用品质。

（2）蒸腾作用

水分是紫苏生命活动中不可或缺的成分，在新陈代谢中扮演着十分重要的角色，一旦大量损失，紫苏的新鲜度、脆嫩度也会受其影响。研究表明，紫苏叶的含水率在72.16%～85.81%左右，水分含量的变化与紫苏的风味品质密切相关。

采收后的果蔬因蒸腾作用，组织中的含水量降低，在贮运过程中极易产生萎蔫、表面光泽度消退，使其失去原本的新鲜状态。当含水量散失超过5%时，酶活性降低，呼吸作用不断加强，组织进一步衰老，削弱了果蔬的贮藏特性和抗病性。而果蔬保鲜包装在很大程度上就是为了解决减少水分的散失问题。密封薄膜的包装能够较好地减少水分的蒸发，但是包装袋内的湿度环境过高时，极易产生结露现象，同时也为微生物的生长以及繁殖提供了较佳条件，加速了蔬菜的腐烂率。因此，在紫苏贮藏期间应严格控制环境的相对湿度，延长货架期。

（3）乙烯

乙烯是一种促进植物成熟与衰老的激素，当乙烯的含量达到一定的水平时就会启动紫苏的成熟过程，促进其衰老，造成蛋白质和淀粉降解，水解酶活性增加。研究表明，乙烯主要是通过以下几个方面对蔬菜贮藏期的生理产生影响。一是对蔬菜呼吸作用的影响。蔬菜成熟时本身可以产生乙烯气体释放到周围空气中，然后反过来加速蔬菜的成熟和新陈代谢过程。二是对蔬菜品质的影响。乙烯促使蔬菜老化，叶绿素减少，有色物质增加。三是乙烯对呼吸跃变型蔬菜的贮藏寿命起决定性的作用，可使紫苏失绿、失鲜。

2. 影响紫苏贮藏品质的外在因素

（1）温度

温度是影响紫苏贮藏期生理变化的主要因素。温度的变化会影响果蔬成熟与衰老，低温可降低果蔬生理反应的速度，降低果蔬的呼吸作用和酶的活性，延缓果蔬的成熟衰老、抑制褐变，同时也能减缓微生物的生长繁殖，所以果蔬的品质与低温环境密切相关。当前，世界上推行的果蔬商品化的贮运手段仍然为低温贮运（冷链）。紫苏等叶菜类蔬菜对温度较敏感，通常温度每增加10℃，败坏速率增加2～3倍，并加速产生生理劣变以及由病菌引起的腐烂等问题。以生菜、青菜和包心菜为例，在未进行保鲜包装的条件下，3种叶菜于4℃冷藏时，黄化率和腐烂率均明显低于9℃冷藏，且贮藏期延长2～3d。但这并不意味着在蔬菜贮藏时温度越低越好，当温度过低时，极易产生冷害，出现叶斑、异味、萎蔫、无法正常成熟等症状。因此，适宜的低温是延长果蔬采后寿命最有效的方法。

（2）湿度

湿度也是影响紫苏采后失水的重要因素。采后的紫苏等叶菜类蔬菜由于不断进行蒸腾作用而失水，极易造成失重和失鲜，在外观上降低紫苏叶片的品质，更重要的是在生理上带来很多不利的影响，促使果蔬衰老变质，缩短其货架期。贮藏时需注意贮藏环境保持适宜湿度以维持其一定的高湿环境，减少蒸腾失水，保持较高鲜度。据相关研究表明，叶菜贮藏环境较适宜的相对湿度为95%～100%，因此，贮藏紫苏等鲜叶蔬菜时，可选用塑料打孔薄膜密封或定时定量喷洒水雾创造并保持高湿度条件，防止脱水造成失重和枯萎，进而保持果蔬品质，延长其货架期。

（3）气体组成

采后的紫苏虽然脱离了原来的生长环境，但仍处于一种活的生命体状态，呼吸作用仍是新陈代谢的主导。紫苏等叶类蔬菜具有薄而扁平的叶片结构且含有大量气孔，呼吸作用相对更旺盛。目前研究认为，影响叶菜贮藏寿命的主要气体为氧气（O_2）、二氧化碳（CO_2）和乙烯（C_2H_4）。适当提高贮藏环境的 CO_2 浓度和降低 O_2 浓度，可以有效地降低果蔬的呼吸强度，抑制乙烯的产生和乙烯的催熟致衰作用。同时研究表明，乙烯会加速叶菜的后熟衰老进程，刺激呼吸作用，使叶色变黄，促使叶片脱落，加速组织纤维化，甚至引起生理障碍等。由此，适当改变果蔬贮藏环境中气体的成分组成可抑制某些果蔬的生理病害，从而延缓果蔬的后熟、衰老和腐烂。

（4）机械损伤

果蔬在采收、处理、运输和包装过程中，常会受到挤压、碰撞、割裂等损伤。遭受机械损伤后，表现为受伤部位呼吸强度提高，这就是所谓的"伤呼吸"。紫苏等叶菜类具有较大的表面积，含水量多，组织脆嫩，在采收、装卸和运输过程中更易损伤。Buchanan 与 Philosoph 研究认为：机械损伤可启动膜脂过氧化进程、提高衰老基因的表达，是导致叶菜衰老的主要诱导因素。同时机械损伤破坏了正常细胞中酶与底物的空间分隔，扩大了与空气的接触面积，为微生物的侵染创造了条件，加速了产品的衰败。

（5）包装材料

果蔬采后失重的主要原因是蒸腾作用的影响，水分的散失加速了蔬菜质量的降低，以及生理代谢的失调，进一步影响了蔬菜的耐藏性。采用透气性适宜的包装材料进行包装，一方面包装内的气体能够自行调节，另一方面可以防止水分的过快蒸发。由于薄膜包装具有一定的阻隔性，随着果蔬呼吸作用的进行，袋内 O_2 浓度下降，CO_2 浓度上升，从而抑制果蔬的呼吸作用。但是，当包装袋阻隔性过强时，会导致 CO_2 的浓度过高，O_2 的浓度过低，从而对蔬菜的呼吸产生障碍，使其品质急剧下降。一般来说，低温、高湿、低氧、高二氧化碳、低乙烯、无菌的环境有利于果蔬的保鲜，因此必须使用具有一定透气性的包装材料，以保证包装袋内外有一定程度的气体交换。目前，用于果蔬保鲜的主要材料有功能性保鲜膜、保鲜纸、保鲜剂、新型瓦楞纸箱等。

（6）其他影响因素

采收期与叶菜衰老及贮藏品质密切相关。按不同叶龄采收的青菜，高叶龄到达贮藏终点时，能够维持较高的含水量和叶绿素含量，品质外观均优于低叶龄的青菜，比较适合于采后贮藏。同时紫苏贮藏期的长短还与光照条件有关，叶绿素本身不稳定，光、酸、碱、氧、氧化剂等都会使其分解，高强度光照会使得叶绿素逐渐分解，使叶片逐渐变黄，商品价值降低。同时若紫苏采后含有顶芽生长点，其生长点会继续生长新芽而消耗外部叶片的养分，促使外部叶片逐叶黄化、衰老，从而降低商品价值。

3. 紫苏保鲜技术研究现状

紫苏等叶菜类蔬菜具有表面积大、含水量高、组织脆嫩等特点，采后的紫苏呼吸作用强，水分蒸发快，极易受机械损伤，在贮运和销售过程中常发生黄化、脱帮、腐烂、损耗严重、货架期短等问题。如何贮藏保鲜紫苏鲜叶，延长其货架期已成为国内外果蔬方面的学者亟待解决的问题。目前，针对紫苏叶片保鲜还鲜有文献报道，此前主要将其归为叶菜保鲜范围，主要保鲜方法有低温贮藏保鲜技术、气调贮藏保鲜技术、涂膜贮藏保鲜技术、保鲜剂贮藏保鲜技术等。

（1）低温贮藏保鲜

低温贮藏保鲜是紫苏贮藏中应用最为广泛的保鲜技术之一。它主要是为紫苏等叶菜蔬菜贮藏提供一个低温环境，抑制细菌的生长繁殖及其进行呼吸作用所需酶的活性，减缓呼吸作用和乙烯释放率，从而延缓其衰老和腐烂，延长货架期。目前，低温贮藏是保鲜叶类蔬菜较为有效的方法之一，不受自然条件的限制，且成本较低。但在低温冷藏中，不适宜的低温反而会影响贮藏寿命，丧失商品及食用价值，为防止冷害和冻害的发生，可采取严格控制温度或逐步降温的方法以减轻损失。紫苏的低温贮藏技术研究相对较多，与其他技术的协同使用也取得了很好的贮藏效果。有学者在研究低温处理对紫苏生理指标的影响试验中显示：紫苏鲜叶在2～5℃下低温处理48h后，叶片中叶绿素的含量相对减少，且叶片中可溶性蛋白质和可溶性糖的含量也相对下降。结果表明，紫苏在2～5℃下低温处理超过48h，紫苏叶片就会受到伤害；低温处理时间达到60h时，紫苏受到的伤害程度加重，由此推断，紫苏在低温下的最佳保存时间为48h以内。Hong等在研究确定紫苏叶的货架期和品质变化与贮藏过程中生化成分浓度变化的关系中显示：紫苏叶在室温下的货架期为2～3d；在3℃下的货架期为6d；在0.01mm厚的聚乙烯薄膜袋（PEFS）中包装，室温下可延长至12d，3℃下可延长至20d。苏州市为将紫苏出口至日本、韩国等地，制定了严格的企业标准，要求预冷时间应保持在4h以上，确保预冷充分，并且冷藏库内湿度要保持90%以上，温度一般保持3～8℃，在高温季节，库内温度则可维持在4～6℃，入库后不得随便开启库门。

（2）气调贮藏保鲜

气调贮藏保鲜是在20世纪50年代发展起来的一种保鲜技术，是将产品放在一个相对密闭的环境中，通过调节贮藏环境中的O_2、CO_2、N_2等气体的比例来抑制果蔬呼吸作用，从而延缓衰老和变质的过程。近些年来，气调贮藏保鲜越来越受到人们的重视，已成为世界各国所公认的一种最经济最先进的果蔬保鲜方法。气调贮藏按气调方式可分为两种类型。一种可控制气调贮藏，也称人工气调贮藏（controlled atmosphere storage），简称CA贮藏，是利用机械设备，人为地控制气调冷库环境中的气体成分，实现蔬菜保鲜目的。另一种是自发气调贮藏（modified atmosphere storage），简称MA贮藏，是通过果蔬呼吸作用，自发调节贮藏环境中气体成分的一种贮藏方法。高阳等在研究紫苏鲜叶低温复合气调保鲜的工艺参数时发现，当温度参数在0℃，气调气体配比为84% N_2、6% O_2、10% CO_2时，紫苏鲜叶保鲜期可达20d以上。此条件下的低温复合气调保鲜与其他保鲜方法相比保鲜效果好，相对于外界环境，可以形成闭合的冷链，满足采购、运输、销售过程的保鲜要求，更适合紫苏叶的保鲜。

（3）涂膜贮藏保鲜

涂膜贮藏保鲜技术是在需要保鲜的果蔬表面涂上一层高分子的液态成膜物质，将被保存的果蔬与外界环境隔绝开，避免进行气体交换，使被保存果蔬内部形成一个低O_2和高CO_2的微环境，以达到抑制果蔬呼吸作用、减少乙烯气体产生、降低有机物的消耗量的目的。目前，在紫苏等绿叶类蔬菜保鲜中应用最广泛的主要是壳聚糖涂膜。壳聚糖是一种天然保鲜剂，使用壳聚糖可在紫苏表面形成一层无色透明的薄膜，能有效堵塞表层的气孔，抑制了紫苏的蒸腾和呼吸作用，减少了水分的损失和营养的消耗，推迟了生理衰老，同时具有抑制细菌生长繁殖、防止通过伤口或气孔侵入蔬菜体内，达到防腐目的。此外，壳聚糖涂膜还能增加蔬菜表面光泽，提高商品价值。目前，专门应用于紫苏鲜叶的壳聚糖涂膜还没有相关文献报道，具体可参考叶菜类保鲜方法。有学者采用姜蒜提取液与壳聚糖溶液进行复配组合的涂膜保鲜护色剂对油麦菜切口进行涂膜处理，通过对丙二醛含量、多酚氧化酶活性、褐变强度及感官评定的分析，得出最优涂膜保鲜剂配比为浓度10.0%的生姜汁、浓度2.0%的大蒜提取液和浓度2.0%的壳聚糖，该保鲜剂能使油麦菜在贮藏10d后依然具有较高的品质。

（4）保鲜剂贮藏保鲜

保鲜剂贮藏保鲜是利用一些化学或天然药剂对所要保鲜的果蔬进行处理，从而达到延长果蔬保鲜期的目的，其中使用的药剂必须是安全无毒，最好是无味的。在紫苏等叶菜类保鲜领域使用保鲜剂贮藏保鲜一直是研究者研究的热点课题之一，当前，保鲜剂在叶菜中的应用不及水果和其他蔬菜广泛，主要是由于消费者对于保鲜剂的安全问题抱有怀疑，选择安全无毒、高效无副作用的天然与生物保鲜剂将成为研究热点。紫苏叶的叶组织细胞中含有大量的水分和活性很强的酶类，加之叶片大而薄，组织柔嫩，非常容易失水萎蔫、腐烂变质，适宜于微生物的繁殖和生长，这些细菌和霉菌数量将直接影响紫苏的保鲜期。某研究院的专家与果蔬研究所经过多年的研究和跟踪应用，研发出了一种无味型复合杀菌保鲜剂，专用于杀灭各种果蔬的微生物、细菌、真菌，以实现保鲜和防腐。研究表明紫苏鲜叶使用处理后，不仅不会造成二次污染，还可抑制多酚氧化酶的活性，减轻在贮藏期间发生的生理失调现象、延缓衰老。

（5）减压贮藏保鲜

减压贮藏又称低压贮藏，是在传统气调贮藏的基础上，将贮藏室内的气体抽取一定量，使压力降低到一定程度，并在贮藏期间保持恒定的低压水平，从而延长果蔬货架期的保鲜方法。由于原理和技术上的先进性，减压贮藏下的蔬菜保鲜效果比单纯冷藏和气调贮藏更好。减压保鲜技术能创造一个低氧条件，从而降低叶菜的呼吸强度并抑制乙烯的生物合成，此外，它还能推迟叶绿素的分解、延缓淀粉的水解和酸的消耗等过程。但减压保鲜库存在造价高的问题，阻碍了它的发展进程。当前，国内外已经有很多科学家致力于降低减压贮藏库的造价，减少贮藏成本。相信随着科学技术的飞速发展，减压贮藏会有更为广阔的应用前景。有研究者将菠菜置于减压下贮藏，试验发现，减压处理对菠菜贮藏期间的品质下降具有延缓作用。在测试条件下，与对照组相比，减压处理能够有效延长菠菜的货架期，使菠菜保持更长时间的商品性，是菠菜贮藏保鲜的一种有效方法。当前关于紫苏减压贮藏的文献还鲜有报道，具体数据还需相关实验进行研究确定。

（6）臭氧保鲜

臭氧作为一种强氧化剂，具有良好的杀菌防腐作用且无残留，在食品行业得到广泛的应用。2001年，美国食品与药品管理局（FDA）将臭氧列入可直接和食品接触的添加剂之一，为其安全性提供了保障。臭氧处理作为一种先进、绿色、环保、低能耗的保鲜技术与其他保鲜技术相比较，有着无法比拟的优势。其能耗低，拥有多种有效的抑菌途径，抑菌保鲜效率高，与多种保鲜技术协同的效果显著等，在实际生产中有很大的应用前景。目前，臭氧水在叶菜保鲜中的应用已经具备了一定的理论基础和良好的适用性。王丹等用0.3mg/L臭氧水对菠菜处理10min，结果显示臭氧能够有效减缓样品失重率的上升、维生素C含量的下降和黄化现象的恶化等。也有研究者以臭氧气体和臭氧水两种方式处理青菜，通过设定不同臭氧流量以及臭氧充气/通气时间，以失重率、黄化率、新鲜度、防雾等级等指标评价臭氧处理青菜的保鲜效果，从而探讨青菜用臭氧处理的可行性，确定最佳臭氧处理方式及工艺条件，为发展简便、安全的叶菜贮运保鲜技术提供依据。这些研究均证实了臭氧水可以作为紫苏杀菌保鲜剂。

4. 紫苏贮藏包装技术研究现状

合理的包装材料和采用包装方法，能更有效地控制污染物质如微生物、化学物质等对紫苏鲜叶的污染作用。目前，可用于紫苏保鲜的主要材料有塑料类保鲜膜、瓦楞纸箱或泡沫箱板、保鲜纸等。

（1）保鲜膜

保鲜膜是目前在新鲜水果蔬菜上应用最广的包装材料，透明、保湿、透气、密封性好、方便添加功能助剂、价格低廉等特点也使得它在开发新的保鲜技术方面被广泛应用。而保鲜膜的缺点也是明显的，长期保存易对果蔬造成缺氧和二氧化碳中毒，导致果蔬产生异味和腐烂，并且有些薄膜具有一定的毒性，不能用于食品的包装。另一方面，保鲜膜不易被微生物降解，大量使用必然会造成"白色污染"的公害，给环境保护带来困难。随着现代经济发展以及生活方式的改变，人们对于食品品质提出了越来越高的要求，因此，在果蔬方面，研发出了大量具有新型功能性的保鲜膜。例如在普通薄膜中加入乙烯吸附性多孔物质得到了能够去除乙烯的薄膜；防雾薄膜是指通过对聚乙烯、聚丙烯以及聚苯乙烯等材料内部表面的处理，去除过剩的水分，保持包装内的湿度，以起到保鲜的目的；以及具有抗菌性的功能性保鲜膜等。目前已研制 PE/Ag 纳米防霉保鲜膜、PVC/TiO$_2$ 纳米保鲜膜等多种抗菌食品保鲜膜。这些薄膜抗菌性能优良，而且机械强度较普通保鲜膜有不同程度的提高。

（2）瓦楞纸箱或泡沫箱

紫苏等蔬菜运输过程中为避免机械损伤，通常通过摆放方式和采用缓冲材料进行减损包装，蔬菜从下到上整齐排列，不易滚动，可以减少蔬菜运输期间的碰撞。紫苏等叶菜类蔬菜大多就是采用瓦楞纸箱或泡沫箱来防止损害的。但这类包装只能减轻机械损伤，对于细菌等微生物的污染以及箱内的温度、湿度控制效果并不明显。同时"禁白令"和"限塑令"的出台也预示着使用泡沫箱也将在一定时期内受到国家相关治理政策的管控。因此，研发出能够较好满足紫苏等叶菜类果蔬包装的功能性和环保性需求的新型包装，如复合瓦楞纸箱尤为重要。有学者为解决此类问题，在纸箱制作过程中运用纳米技术，加入镀铝保鲜膜或在造纸阶段混入能吸附乙烯气体的多孔质粉末（如 SiO$_2$ 纳米粉剂），使其不仅能吸收乙烯，防止水分蒸发，而且能反射辐射线，防止箱内温度升高，从而保持蔬菜的鲜度。

（3）保鲜纸

保鲜纸是一种在造纸过程中加入防腐剂，或在纸上涂布防腐剂、杀菌剂制成附着有保鲜剂的保鲜包装纸。保鲜纸的制备可按保鲜药剂添加方式分为三种方法，即药剂包型、外涂敷型、内添型。目前应用最为广泛的主要是外涂敷型和内添型。保鲜纸可覆盖叶片表面，其内侧的药物将直接与叶片表面接触，达到抑制微生物生长的作用。此外，由于纸张有不同程度的阻气性、隔湿性，可一定程度上达到气调、保湿效果，并且在后期，依靠纸张纤维内部的药物和纸张纤维间的药物缓慢挥发和溶解可消灭病原菌，控制病菌的感染。同时，保鲜纸在某种程度上隔离了叶片与叶片的接触，烂叶不易蔓延。为使果蔬能在低温、高湿、低氧、高二氧化碳、低乙烯、无菌的有利环境贮藏，从 20 世纪 90 年代起，一系列具有保持低温、控制水分蒸发、调节气体环境、清除乙烯气体、杀菌和抗菌等功能的新型果蔬保鲜包装纸被广泛使用。有学者研究了生物酶保鲜纸的制备技术，用涂布量为 8g/m^2 生物酶保鲜纸对杨梅进行保鲜研究，通过空白对照实验表明，利用生物酶保鲜纸对杨梅进行保鲜，其贮藏环境中的氧气含量和乙烯产生量明显减少，有效地延长了杨梅的保鲜期。此前，关于保鲜纸包装紫苏叶还鲜有报道，这也为紫苏保鲜新型包装的研究提供了思路。

5. 紫苏贮藏包装技术的发展趋势

紫苏属于极易败坏的农产品，由于其组织结构和生理特性，其采后品质下降迅速，贮藏期限很短，在流通和销售领域损耗十分严重。过去的几十年里，国内外关于紫苏的品质及贮藏保鲜技术的研究有限，保鲜技术主要以物理和化学方法为主。

紫苏保鲜技术中，低温冷藏技术是目前紫苏最常用保鲜技术，该技术可以极大地降低紫苏的呼吸强度，营养损耗小，同时具有简单、操作性强等优势，但保鲜效果相比较差，存在一定的局限性；紫苏属叶菜类蔬菜，化学保鲜剂虽能有效地杀死叶片表面的微生物等病菌，但其鲜食的特性也对于化学残留等有着严格的要求，直接涂抹于叶片上存在安全隐患；气调保鲜虽能有效地贮藏紫苏鲜叶，但仅适用于大型企业，存在成本和设备维修管理较高、适用面不普及的缺点。相比单一的保鲜方式，两种不同的保鲜技术或多种保鲜技术联合不仅可以发挥更好的保鲜效果，还能互相弥补各个技术间的不足。现如今，组合不同的保鲜方式来最大化保持紫苏等果蔬品质势在必行。

同时，化学防腐剂对人体的毒副作用，已经让人们意识到它的危险性。物理防腐保鲜方法要求技术性强、设备维修难、成本比较高。而生物保鲜物质直接来源于生物体自身组成成分或其代谢产物，具有无味、无毒、安全等特点，符合消费者对于紫苏等生鲜食品的要求，被人们广泛接受。尽管生物保鲜技术近年来受到广大学者的密切关注，但在紫苏等叶菜保鲜方面仍处于起步状态，发展水平不高。

随着生活水平的不断提高，人们的环保意识逐渐增强，今后紫苏等叶菜保鲜将以天然、安全、有效为发展趋势。因此，今后应大力加强多种保鲜技术联合、生物保鲜等综合保鲜技术的研究，对于生物保鲜技术中相关机理的研究如成分、稳定性等也需进一步加强，共同为紫苏等果蔬保鲜提供新的途径和手段。

第五节　紫苏的加工技术

紫苏中富含 α-亚麻酸、黄酮类、酚酸类等生物活性物质，这些活性成分使紫苏具有抗肿瘤、抑菌、抗氧化以及治疗心血管等疾病的重要功能。20 世纪 90 年代初我国开始对紫苏进行研究，现已研制出新型具有保健功能的紫苏精油、紫苏微胶囊、紫苏叶饮料、紫苏籽油等多种产品。

一、紫苏的简易干制加工

简易干制加工是民间紫苏加工的传统方法之一，具体操作是在白露前后（始花期）将全株割下，倒挂于通风处阴干。其中入药紫苏是将叶、梗切碎再进行阴干，干制方法略有不同。其中紫苏梗应选择 9 月上旬开花前，花序刚长出时采收，用镰刀从根部割下，把植株倒挂在通风背阴的地方晾干，干后把叶子打下药用；紫苏籽于 9 月下旬至 10 月中旬种子果实成熟时采收，割下果穗或全株，扎成小把，晒数天后，脱下种子晒干。

二、紫苏精油加工

紫苏精油多是从紫苏的叶子和籽中提取的一种挥发性活性物质，具有多种生物学功能，如抗氧化、保护血管、抗菌消炎、保护肝脏和抗癌以及改善抑郁及镇静等。其精油主要含有紫苏醇、香叶醇、乙酸芳樟酯、紫苏酮、α-松油烯、α-松油醇、α-水芹烯、薄荷脑、香紫苏醇及醛类成分。

目前，传统的提取植物精油的方法有压榨法、溶剂浸提法、水蒸气蒸馏法等。这些传统的提取方法设备要求较低、操作简单、成本低廉，适用于工业化大规模生产，但其提取时间长、工作量大、精油有效成分较少、气味改变的缺点降低了紫苏精油的利用价值。现代化的提取工艺主要有微波提取法、超临界 CO_2 萃取法等。这些提取方法可以有效保持精油的生物活性及物质结构，且所提取的精油香味也更接近天然香味，但这些方法所需设备的成本较高，且技术性强，存在很多局限性问题。目前，在众多提取方法中，压榨法、水蒸气蒸馏法、有机溶剂浸提法、微波提取法以及超临界CO_2萃取法是提取紫苏精油最广泛的加工方法。

1. 压榨法

压榨法是通过手工或机械手段将精油从紫苏的不同组织中压榨流出的方法。该方法在常温即可进行，可以有效防止精油中某些含不饱和双键的醛类和萜类化合物受热分解或变质。但是压榨法提取的精油纯度较低，含有许多大分子非挥发性组分，需要进行进一步分离提纯，不仅增加工作难度，保存时间也短于其他加工技术，目前在紫苏精油提取中已不多见。

2. 水蒸气蒸馏法

水蒸气蒸馏法是目前提取紫苏精油最常用的一种方法，其原理是利用水蒸气将植物中挥发性成分带出再进行萃取浓缩，从而得到挥发油浓缩油状液体。其优点是简单方便、操作性强、便于分离、成本较低。但该法也存在一定的缺陷，如精油中的一些高沸点组分不容易蒸出，热敏成分由于水蒸气温度高会导致分解和提取率较低等，并且所提取的植物精油夹带水分，必须去除以防霉变。早在中世纪，阿拉伯人就采用水蒸气蒸馏法从植物组织中提取出精油。现今，国内外学者仍青睐水蒸气蒸馏技术，且此法一直是植物精油提取最为常用的方法。林梦南等采用水蒸气蒸馏法对新鲜紫苏叶精油进行提取，并通过响应面法优化提取工艺，得到的最优工艺条件为：浸泡时间2h，液料比5∶1，蒸馏时间3h，NaCl质量分数5%，精油实际得率为0.1517%。有学者采用水蒸气蒸馏法、超声波辅助有机溶剂浸提法以及蒸馏萃取法同时提取紫苏叶精油，并用GC-MS法对不同精油的组成成分进行检测，结果表明：三种提取方法紫苏精油得率分别为2.37mg/g、2.85mg/g、8.21mg/g。

3. 有机溶剂浸提法

有机溶剂浸提法，是利用有机溶剂（如甲醇、乙醇、丙酮、石油醚、正己烷等）对植物精油进行连续回流提取或热浸、冷浸提取等，随后提取液经蒸馏或减压蒸馏去除有机溶剂，即得精油粗制品。有机溶剂法的设备简单、投资小，精油提取率高，深受众多研究者的喜爱。但是此法也存在一些缺点，如有机溶剂浸提法提取的植物精油纯度较低，除了可以分离得到精油等挥发性成分外，糖类、色素、树脂、蜡等杂质会同时被提出，而且这些杂质还会掩盖精油中的主要致香物质；植物精油提取过程中需用大量有机溶剂，严重污染环境，并且最终精油产品中残留的提取溶剂也比较难以除去，往往需要借助其他手段进一步分离纯化而得到精油。

4. 微波提取法

微波提取是一个物理破碎的过程，主要利用机械效应、超声波的热效应及空化作用来提取植物内的有效成分。该方法可以增大材料的溶解度、提高释放及扩散速度，因此具有提取温度低、高效、出油率高、节省能源等优点。通过微波提取法提取出的植物精油的成分不仅包含了通过传统方法所得的全部成分，而且还包含有传统方法提取不到的沸点较高的成分。因此，该方法对于全面分析植物精油的组成成分具有显著的优势，应用前景较广阔。林梦南等以环己烷为萃取剂，采用微波提取法并通过响应面优化得出微波提取紫苏精油的最佳工艺条件为：浸泡时间56min，料液比1∶6，微波功率329W，微波时间80s，紫苏精油得率1.783%。并且与水蒸气蒸馏法相比，微波提取紫苏精油不仅时间短，而且得率提高10倍多，具有较大的优越性。

5. 超临界 CO_2 萃取法

超临界流体 CO_2 萃取技术是近 30 年来发展比较迅速的一种高新提取分离技术。它的提取原理主要是将超临界流体控制在超过临界温度和临界压力的条件下，利用流体在超临界状态下的高扩散性、低黏度以及对物料的高溶解性，将固体或液体中的活性成分提取分离出来。该方法具有原料利用率较高、提取时间较短、生产效率较高、无溶剂残留以及节能减排等优点，尤其适用于提取对温度敏感性物质。其提取过程中超临界压力和临界温度相对较低，不会对物质的结构和生物活性造成损害，在天然植物精油提取方面具有广阔前景。但该方法因在高压下操作，对设备要求较高、一次性投资费用较高、对工艺操作人员及技术要求均较高，加之超临界萃取仅对某些非极性和弱极性成分的提取具有优势，而对强极性或分子量较大成分则需添加夹带剂或在更高压力才能萃取得到，也给工业化带来极大困难。有学者通过超临界 CO_2 萃取法提取紫苏废弃物中的挥发油，得到的最佳工艺为：萃取温度 56℃，萃取压力 26MPa，萃取时间 77min，挥发油得率高达 6.72%。有研究者使用 GC-MS 法比较超临界 CO_2 萃取法和水蒸气蒸馏法所得紫苏精油的得率，结果发现：超临界 CO_2 萃取法精油得率高达 4.13%，是水蒸气蒸馏法精油得率的 10 倍多，所得精油品质高、香气纯、味浓清雅无杂气。

紫苏精油作为一种天然产物，被广泛应用于食品、化工、医药等领域，其开发利用必将迎来更加广阔的前景。随着工业化的发展，各种植物资源精油的提取技术必将趋向于成熟，并且向着环保、高效的方向发展。为了获得更多的保持原有植物风味的精油，精油提取方法中快速、耗能少、对环境友好、产率高的方法应值得提倡。但是现有的紫苏等植物精油提取方法各有优缺点，因此，联合应用各种技术进行紫苏精油的萃取是一个重要研究方向，有着巨大的开发潜力和应用前景。

三、紫苏榨油

紫苏油，又名赤苏油、紫苏草油、红紫苏油。紫苏油是从唇形科植物紫苏成熟的干燥籽粒或紫苏植株中，提取所得到的含 α-亚麻酸等多组分的混合物，其中无芥酸等有害成分，是一种优质保健食用油。紫苏油为无色至淡黄色或淡绿色透明油状液体，具有紫苏和琥珀香气。

紫苏油中 α-亚麻酸含量高达 50%～70%（它比亚麻油中 α-亚麻酸还要高），含亚油酸 12%～13%，还含有 18 种氨基酸和多种对人体多种疾病有明显疗效和保健作用的物质，具有很高的营养和药用价值。人们通过日常餐食长期食用紫苏油，不但可以预防"三高"，还能提高记忆力，增强智力，因此被誉为"植物脑黄金"。紫苏油抗氧化性较强，将其适量地添加到酱油中可以起到防腐、保鲜的效果，同样也可作为新开发研究的天然植物保鲜剂。

1. 紫苏油传统提取技术

在中国发展的历史上对紫苏籽油提取的方法非常繁多，而经过后人的不断归纳总结为煎煮法、压榨法、溶剂浸提法。传统油脂提取工艺出油率较高，但设备繁杂，蛋白质易变性，油饼不能有效利用，造成了资源浪费。

煎煮法是我国最早使用的传统的提取方法，是将材料加水煎煮取汁的方法。该法是最早使用的一种简易浸出方法，至今仍是制备浸出制剂最常用的方法。由于浸出溶剂通常用水，故有时也称为"水煮法"或"水提法"。该方法提取范围广，但往往有较多杂质，给纯化精制带来不便，且煎煮出油率较低，存在蛋白质极易变性不能食用、油饼不能有效利用等问题，造成了资源大量浪费。

压榨法是提取油脂最传统的方法，其原理是借助强大的机械力对作物进行挤压，使其外壳破碎和油胞破裂，油脂从油料中分离出来。具体操作为将作物放入机械压榨机里挤压，完成后获得榨取物，然后静置分层或离心分层得到粗油。油料在进行榨取之前都要进行一些基本的处理。根据前处理操作的不同分为高温压榨（热榨）法和低温压榨（冷榨）法两种。热榨法是指在压榨前，先将物料经过高温的蒸煮或炒制，然后再进行压榨。此法可以提高油脂的出油率，而且经过高温蒸炒过的油脂具有良好的风味。这是因为维生素在高温条件下反应生成醇类和醚类等物质，进而导致热榨下的紫苏油会有种特殊的芝麻香味。但热榨法也存在一定的缺点，例如影响油脂中的 α-亚麻酸和亚油酸等脂肪酸的稳定、脂肪酸发生氧化分解、蛋白质和油中的微量元素等会受到一定程度的影响等。冷榨油相比于热榨油，有纯天然的特性，保留了油脂中固有的成分，不会产生反式脂肪酸，也不存在溶剂残留的问题。虽然该工艺可以保留产品的原有风味，但却需要大量的劳动力，操作粗糙，残油率高，动力消耗大。

溶剂浸提法是利用固液萃取的原理，选取一种既能够溶解油脂又易被分离的溶剂，经过对油料的喷淋、浸泡等处理，从油料中萃取油脂出来的一种方法。溶剂浸提法可分为两种。一种是循环回流冷浸法，即采用少量的有机溶剂，通过蒸发器蒸发出有机溶剂，经冷却后滴落与提取物接触，提取有效成分，再次蒸发，溶剂成新鲜溶剂，然后连续循环往复地进行回流提取，过程中需补加溶剂，这种提取方法称为索式提取法。另一种是回流热浸法，是把有机溶剂与物料混合，例如将正己烷、石油醚、乙酸乙酯等溶剂加入装有物料的反应器皿中，进行加热并循环回流提取有效成分。浸提法具有浸提温度较低，蛋白质变性程度低，得油率高，饼粕残油少，劳动强度不高，生产效率高，易实现生产的规模化和自动化等优点，但缺点也很明显，存在所提油脂中残留提取溶剂，且颜色较深，质量较差，而浸出后的脱溶剂过程又会引起污染，影响油脂本身风味等问题。

2. 现代新型提取方法

随着科技的进步和发展，学者们不断改进在油脂生产方面的加工技术，各种新型的紫苏等植物油提取技术应运而生。主要包括以下几种：

（1）超声波处理法

超声波处理法是利用超声波（频率大于 20 kHz 的声波）具有能量和波动双重性质，可产生空化现象，空化使液体界面分子扩散加剧，容易破碎细胞，提高油脂渗出速率的原理，在用溶剂浸提油时，辅以超声波处理，提取出油脂的方法。超声波处理法具有萃取选择性好、节约能源、能量消耗较低及溶剂可以循环使用等优点，但存在工艺设备昂贵等问题。有研究者对紫苏籽油不同提取方法的比较研究发现，利用超声波辅助超临界 CO_2 提取紫苏籽油中总脂肪含量为 46.90%，不饱和脂肪酸占总脂肪酸的 39%，α-亚麻酸占不饱和脂肪酸的 61.57%。

（2）超临界流体萃取法

超临界流体萃取法是一种新型的萃取分离技术，利用超临界流体具有随温度和压力变化而溶解性变化的原理，通过调节流体密度大小来提取和分离不同物质。超临界 CO_2 作为萃取溶剂，节约能源、价格低廉、干净无污染，克服了传统压榨法提油率低、溶剂浸出法有机溶剂残留等问题。但其工艺设备昂贵，存在成本较高、批量处理小、操作复杂等问题，限制了其在工业化方面发展。有学者研究了超临界和亚临界萃取方法提取紫苏籽油的工艺，出油率分别是 39.7% 和 40.1%，且发现超临界萃取紫苏籽油的理化性质较好。Lee 等研究了超临界二氧化碳萃取中温度、压力、时间对紫苏油和生育酚表观溶解度和提取率的影响，研究显示，紫苏油和生育酚的表观溶解度随 CO_2 浓度的增加而增加，且与萃取压力有很大关系，但与萃取温度无关。

（3）水酶法

水酶法提取紫苏油是一种新兴的植物蛋白质与油脂分离的技术。其作用原理是在油料破碎后加水，调节到适合酶反应的条件，再加入酶进行酶解反应，使油从原料里释放出来，再利用碳水化合物、蛋白质等非油成分对油、水亲和力的不同及油水密度的差别，将非油成分与油脂分离。水酶法的优点不仅是分离紫苏油与饼粕效果好，同时又不易造成蛋白质损失、能耗低、工艺简单、污染少，符合"环保、高效、安全"的要求。与传统工艺相比，水酶法操作简单，制油工艺提取条件温和，对人体安全性高，所得油脂品质好并能有效回收蛋白质。不用对有机溶剂进行回收以及不对环境造成污染，提高了工艺的安全性和经济性。

水酶法提取油脂有很多的优点，但同时也存在一些问题。例如酶用量大，酶解时间长，价格昂贵，且提取过程中，油、水、蛋白质所形成的乳化液破乳操作需要用复杂的设备才能处理。由于这些原因，水酶法提取工艺在工业化操作中实施还是较为困难，仍需不断探索与研究，才能实现工业化。但随着科技的发展，学者们更为深入摸索，为水酶法提油工艺向着工业化发展的方向创造了优良的条件。程雪等以紫苏籽为原料，采用热处理辅助水酶法为提油工艺，采用响应面分析法进行实验，确定最佳酶解条件为酶解温度 46℃、酶解时间 3.0 h、酶添加量 3.49%（纤维素酶：中性蛋白酶＝1：2）、酶解 pH 6.0，此时清油得率为 59.02%，为水酶法在紫苏油提取技术中进一步实现工业化提供了理论基础。

四、紫苏微胶囊加工

紫苏籽油富含 α-亚麻酸，具有降低总胆固醇浓度、抑制心肌梗死及脑梗死的发生、预防及抑制肿瘤形成等功效。长期食用紫苏籽油对调节人体新陈代谢、预防和治疗心脑血管疾病及高脂血症有很好的效果，是一种优良的保健食用油，具有重要的营养保健作用和巨大的开发价值。但是，紫苏油中高达 90% 的不饱和脂肪酸易氧化，对光、热敏感，使得紫苏油的保质期达不到人们预期的效果。微胶囊化技术是利用一定的包覆材料，将油脂包裹起来使液体油脂转化为稳定且易流动的固体粉末的加工技术，紫苏油微胶囊便于贮存及运输，还可以作为食品添加剂广泛应用于各类食品中。如图 7-4 所示。

微胶囊技术的应用范围十分广泛，自从微胶囊技术问世以来，其制备方法或工艺一直是很多学者研究的重点。据统计，现在已有的微胶囊制备方法多达 200 余种。根据微胶囊的性质、制备方法、囊壁形成机理可将微胶囊的制备方法分为物理法、化学法、物理化学法 3 大类。化学法主要包括界面聚合法、原位聚合法和锐孔-凝固浴法；物理法主要包括空气悬浮法、喷雾干燥法、真空蒸发沉积法、静电结合法、多孔离心法；物理化学法主要包括水相相分离法、油相相分离法、干燥浴法、融化分散法、冷凝法、粉末床法。目前，国内外对紫苏油微胶囊化的方法主要有喷雾干燥法、分子包埋法、复合凝聚法、锐孔-凝固浴法等技术。

1. 喷雾干燥法

喷雾干燥法是紫苏微胶囊制备过程中最为常用的技术之一。其原理是将紫苏油分散在壁材的乳液中，再通过喷雾装置将乳液以细微液滴的形式喷入高温干燥介质中，依靠细小的雾滴与干燥介质之间的热量交换，将溶剂快速蒸发使囊膜快速固化制取紫苏微胶囊。喷雾干燥法操作简单，综合成本较低，易于实现大型工厂连续化生产。但通过该方法制备微胶囊时，紫苏油会处于高温气流中，有些活性物质容易失活，限制了其应用范围；且通过该方法制备微胶囊溶剂蒸发较快，微胶囊的囊壁容易出现裂缝，致密性有待提高。刘树兴等以大豆分离蛋白质（SPI）、乳清分离蛋白质（WPI）和麦芽糊精（MD）为壁材，紫苏油为芯材，并添加少量阿拉伯胶作为乳化剂和稳定剂，采用喷雾干燥法制备紫苏油微胶囊。结果显示，紫苏

图 7-4　紫苏胶囊

油微胶囊的包埋率可达到 91.23 ％，表面含油率为 3.13 ％，且微胶囊表面结构完整致密无裂缝。Tetsuya Adachi 等用钙粉喷雾干燥法包埋紫苏油，使其减少在胃酸环境中的损失，证实其可有效到达肠道系统的肠内分泌细胞，刺激肠降血糖素的分泌。

2. 分子包埋法

分子包埋法又被称为分子包接法或分子包囊法，此法采用的芯材必须含有疏水端。它是采用具有内部疏水外部亲水的 β-环糊精为壁材，油性物质为芯材，将油性物质包裹于 β-环糊精分子内部形成微胶囊的一种方法。由于 β-环糊精分子是有疏水性空腔的环状分子，其特有的疏水性结构，使其本身吸湿性很弱，在潮湿环境下依然可以保持干燥，利于微胶囊的贮藏。同时，β-环糊精本身为天然产品，具有无毒、可生物降解的优点，现已被广泛应用于油性囊心的微胶囊中。孙新超等用超临界 CO_2 流体萃取技术研究紫苏油提取工艺条件，并利用 β-环糊精包埋紫苏微胶囊，制得的紫苏油微胶囊产品 α-亚麻酸包合率为 16.37％，最高包合物质量分数为 16.42％，效果较好。

3. 复合凝聚法

复合凝聚法是利用两种带有相反电荷的高分子材料以离子间的作用相互交联，制成的复合型壁材微胶囊的方法。其作用原理是，一种带正电荷的胶体溶液与另一种带负电荷的胶体溶液相混合，由于异种电荷之间的相互作用形成聚电解质复合物而发生分离，沉积在囊芯周围而得到微胶囊。复合凝聚法制得的微胶囊不使用有机溶剂和化学交联剂，在高温高湿条件下也能很好地维持芯材性质的稳定，防止芯材被氧化，但它同时受 pH 值和浓度两个条件的影响，较难控制反应条件，只有当两物质的电荷相等时才能获得最大产率。陈琳等为了提高紫苏油的稳定性，采用大豆分离蛋白质（SPI）/海藻酸钠（SA）复合凝聚法对紫苏油进行了包埋，并采用正交试验确定其最佳工艺为：乳化剂添加量 0.1%，均质速度 1000r/min，均质时间 1min，凝聚反应 pH 3.5，壁材浓度 3%，壁材比 4:1，芯壁比 1:1。

4. 锐孔-凝固浴法

锐孔-凝固浴法用的壁材要求是可溶性的。其操作步骤具体为，首先将芯材物质和高聚物壁材溶解在同一溶液中，然后借助于滴管或注射器等微孔装置，将此溶液滴加到固化剂中，高聚物在固化剂中迅速固化从而形成微胶囊。因为高聚物的固化是瞬间进行并完成的，所以将含有芯材的聚合物溶液加入到固化剂中之前应预先成型，因此需要借助于注射器等微孔装置。目前，锐孔-凝固浴法常用的壁材有海藻酸钠、琼脂、多肽类和生物活性物质等。彭梦侠等以壳聚糖、海藻酸钠为壁材，采用锐孔-凝固浴法对制备橙子油微胶囊的工艺进行了研究，结果表明，海藻酸钠浓度为 3.5%，壳聚糖浓度为 1.5%，壁材与芯材的质量比为 1:3，橙子油微胶囊的包埋率为 89.20%，且验证表明橙子油微胶囊的缓释性良好。当前，紫苏微胶囊采用锐孔-凝固浴法制备还未有报道，这也为紫苏微胶囊提供了新的研究思路。

五、紫苏蛋白质加工

紫苏分离蛋白质是利用蛋白质的理化性质，通过浸提和沉淀的方法，从低温紫苏粕中进一步去除所含的非蛋白质成分后，得到蛋白质含量 85%~90% 以上（N×6.25，干基）的紫苏蛋白质产品。紫苏蛋白质产品具有蛋白质含量高、氨基酸组成好、可提高免疫能力、降低心血管疾病等优点，广泛应用于食品工业。

紫苏粕是紫苏籽脱脂后的工业副产品，在生产加工过程中一般作为动物饲料或直接抛弃，造成了资源浪费和环境污染。脱脂后的紫苏粕蛋白质质量分数可高达 38%，而焙烤后的紫苏籽蛋白质功效比值、净蛋白比值和真消化率分别为 4.8%、79.8%、94.2%，因此从紫苏粕中分离紫苏籽蛋白质具有极大的开发价值。目前，从紫苏粕中提取蛋白质的加工技术主要有以下几种。

1. 碱溶酸沉法

碱溶酸沉法又叫等电点沉淀法，是目前工业上比较常用的提取紫苏蛋白质的方法，其原理是利用蛋白质在等电点时溶解度最低而析出的性质进行分离，主要分为以下几个步骤：第一步溶解萃取，将脱脂粕用碱性水溶液浸泡，利用碱液对蛋白质分子的次级键的破坏作用，促使蛋白质与纤维素、淀粉等结合物分离，同时碱液可使蛋白质分子表面的一些极性基团解离，有利于蛋白质溶解，通过离心去除不溶的固体残渣；第二步酸沉淀，用稀盐酸将溶解萃取所得的蛋白质溶液的 pH 值调节至该蛋白质的等电点，使蛋白质从溶液中析出，进行离心分离取沉淀；第三步干燥，将分离得到的蛋白质沉淀进行冷冻干燥或将蛋白质沉淀溶于水，均质，进行喷雾干燥，最后得到粉末状的紫苏分离蛋白质。目前，该方法是紫苏分离蛋白质最常用的方法。有学者通过碱溶酸沉法从脱脂后的紫苏粕中提取紫苏分离蛋白质，通过优化得到的最佳提取条件为：料液比 1:10，碱溶 pH=10，碱溶温度 55℃，碱溶时间 60min/次（2 次），酸沉 pH 4.4。在最优条件下提取的紫苏分离蛋白质得率为 24.5%，蛋白质含量为 91.52%。

2. 盐析法

蛋白质在水溶液中的溶解度是由蛋白质周围亲水基团与水形成水化膜的程度，以及蛋白质分子带有电荷的情况决定的，其稳定性受水化层和电荷的影响。在蛋白质溶液中加入一定量的强电解质盐，如 $(NH_4)_2SO_4$ 等，能增大溶液的离子强度，蛋白质表面电荷大量被中和，破坏了蛋白质分子表面的水化层，使蛋白质凝聚析出，通过离心、过滤等方法获得纯度较高的蛋白质产品。盐析只是破坏水化层，而不破坏蛋白质本身，因此能够在一定程度上避免蛋白质变性，保护蛋白质的空间结构。有研究者人以晒干紫苏为试材，在单因素实验基础上采用正交试验设计，研究了盐析法提取紫苏蛋白质的最佳提取工艺，同时确定了紫苏蛋白质的等电点。结果表明：在料液比为 1：15，温度为 60℃，pH 为 10，加盐量为 0.3%，浸提时间为 120 min 时，紫苏蛋白质的得率最高，为 23.55%；紫苏蛋白质的等电点为 3.4。

3. 离子交换法

应用离子交换法生产紫苏分离蛋白质的原理与碱溶酸沉法基本相同。其区别在于离子交换法不是用碱调节溶液的 pH 使蛋白质溶解，而是通过离子交换法来调节，从而使蛋白质溶出及沉淀。双极膜由三层组成：阴离子交换膜、阳离子交换膜以及阴阳离子交换膜中间的亲水层。在电流作用下，水分子在双极膜上电离为 H^+ 和 OH^-，由于膜选择透过阴离子或阳离子，溶液的 pH 值降低，达到紫苏蛋白质的等电点而使蛋白质沉淀。这种方法不需要加入酸或碱调节蛋白质溶液的值，避免分离得到的紫苏蛋白质中混入盐离子，并且可保护紫苏蛋白质的功能性质不受影响。

4. 膜分离法

膜分离技术是采用超滤膜进行浓缩，而不是用酸来使蛋白质凝沉。其原理是利用膜的选择通透特性，在浓度、能量、化学位差的驱动下对溶液中的不同大小、形状的溶质分子进行分离纯化。由于滤膜的孔径大小不同，可以允许一些分子通过滤膜，而另一些分子留在混合溶液中，从而达到分离的目的。膜分离技术具有以下优点：第一，装置比较简单、操作维修方便且易于控制；第二，可通过选择不同的膜来适应不同的分离过程，可连续操作，过程易于放大，从而提高产品的得率；第三，操作过程不添加任何化学试剂，透过液循环利用，可以降低成本，提高产品纯度，减少废水排放，节约用水等；第四，整个处理系统可以在密闭环境中运行，因而可以防止产品被污染，同时可以降低对环境的污染。基于以上优点，膜分离技术已成为现代生物化工分离技术中的一种高效的分离方法。同时，膜分离技术以其设备简单成本低、分离选择性强、效果好、能够保持被分离物质原有的特性等优点已成为目前紫苏蛋白质分离纯化研究的常用的手段。但由于膜通量的限制、膜的寿命以及膜的污染等问题，国内目前尚处于研究试验阶段，实际生产采用的较少。

目前紫苏饼粕主要被当作动物饲料、燃料或回入田中充当肥料，这显然没有得到充分合理的利用。直至现在，对紫苏饼粕蛋白质的研究还只涉及其含量和氨基酸组成几个方面，而对于蛋白质的分离提取、理化性质和功能特性的研究还少有报道。然而，现有的分离蛋白质产品缺口很大，难以满足食品加工市场的需求，而且其价格也比较昂贵。研究开发新的分离蛋白质产品在食品工业上很有必要，因此，以综合利用紫苏资源为目的，紫苏饼粕为原料，开发紫苏分离蛋白质具有良好的市场前景。

六、紫苏色素加工

紫苏叶有红、紫、白、青多种颜色，其色素的主要成分是紫苏素、紫苏宁，它们是存在于紫苏科中紫色叶品种中的天然红色素。日本在 1993 年就规定其为食品添加剂，并用于口香糖、果汁饮料等，认为其具有预防过敏、防龋齿、消炎等功效。紫苏所含的紫苏苷是一种天然红色素，可用作天然着色剂。将紫苏茎叶的酸性或中性提取物通过离子交换树脂柱，以稀碱或乙醇水溶液洗脱，调节洗脱液的值，可得到黄色的色素物质和红色的花青素，它们均适用于食品、药品和化妆品，目前已作为着色剂广泛应用于商业领域。同时由于紫苏产量高、容易栽培、获取花青素较为经济实惠等优点，尤其是高花青素紫苏品种的育成，为规模化生产花青素提供了优质原料，近年来从紫苏中提取花青素已成为国际上热门研究项目。

目前，对于紫苏色素的提取方法主要包括溶剂浸提法、超声波辅助提取法、微波辅助提取法、酶解法和分子蒸馏法。

1. 溶剂浸提法

溶剂浸提法是传统的提取紫苏色素方法，将紫苏干燥粉碎或新鲜材料匀浆后加入溶剂浸提。其原理是溶剂进入色素含量高的细胞内，提取溶剂迫使色素液向外扩散并通过细胞壁流出，这样下来细胞壁内的色素越来越少而溶剂越来越多，色素可以集中收集。溶剂提取法提取速度在很大程度上取决于溶剂本身以及提取时间和温度，若提取温度过高会大幅度影响紫苏中的热敏性成分，导致色素分解。溶剂浸提法具有操作较简单、设备投资少、便于生产等优点，但它除色素不稳定外，还存在能耗大、浸提时间长、劳动强度大、色泽容易变化等缺陷，因此常与各种辅助提取手段结合使用。对于紫苏色素适宜的提取条件为：温度 4℃，避光浸提 1～2d，或 50～70℃浸提 1～2h，提取溶剂包括水、乙醇、甲醇、丙酮或者几种溶剂的混合溶液等。

2. 超声波辅助提取法

超声波之所以能够通过破坏细胞膜来提取有效成分是因为它有空化、湍动、聚能等三种效应。通过这三种效应，使提取液局部高温和高压，并且在它的机械扰动带动下加快固液两相间的传质速度，从而提高色素提取率，减短提取时间。超声波辅助提取方法具有提取效率快、提取时间短暂等明显的优点，但超声波发生器噪音很大，造成严重的噪音污染，对提取容器壁的厚度要求繁琐，很难进行工业化应用。胡晓丹等比较了不同提取剂对紫苏叶花色苷的提取效果，选用 6％乙酸为提取剂，其对紫苏叶花青素的组成影响很小。通过正交试验，得到了超声波辅助提取的最佳工艺条件：以 6％乙酸为提取溶剂，料液比为 1∶10（g/mL），在室温（25℃）下经 225W 超声波提取 2 次，每次 20min 条件下，紫苏叶花青素的得率为 5.95％，粗提物中花青素的含量为 29.44％。

3. 微波辅助提取法

微波辅助提取技术拥有可以使色素等有效成分定向排列的强大电磁场，色素分子在移动过程中，会彼此不断碰撞摩擦，导致细胞内部温度增加，压力随着也升高，细胞壁发生撕裂，色素从细胞溶出。比起其他传统的提取方法，微波辅助提取法有提取时间较短、节约能源和溶剂、所提取色素得率高等明显的优点。但是微波辅助提取只适用于受温度影响比较少的物料的提取工艺上，因为此方法具有明显的热效应。这在一定程度上影响了它的广泛应用，需要在以后的科研中改善提高。于海鑫等以紫苏鲜叶为原料，采用微波辅助提取紫苏花青素，结果表明，微波辅助提取紫苏花青素最佳提取条件为体积分数 70％，料液比 1∶25（g/mL）、微波功率 280W，微波时间 120s。在此工艺条件下，花青素得率最高，提取率达到（56.51± 0.55）mg/100g。

4. 酶解法

对于一些被细胞壁包围不易提取的原料，可用酶解法提取。其原理是，用专一性的酶水解细胞壁，使细胞壁破裂，破坏细胞壁对色素的阻碍作用，色素快速容易地从细胞中溶出。大多数细胞壁可以用纤维素酶降解，因为酶具有特异性，可以进行专门降解或者破坏。用特异性酶降解之后的细胞壁变薄，容易破裂，色素可以快速容易地扩散到提取溶剂中。酶解法提取色素不仅可以快速有效地得到目标色素，还能有效去除淀粉、蛋白质、果胶等一系列杂质。但是此方法也有如下缺点：第一，因为酶受酸碱度、温度的影响比较大而受限制，必须在酸碱度适中、温度适宜的条件下才能进行；第二，所提取的稳定色素与酶的分离较困难，需要再进行提纯过程。当前，关于酶解法提取紫苏色素的报道不多，还需进一步探索。

5. 分子蒸馏技术

该技术基本原理是基于不同物质分子在高真空下分子运动平均自由程度的差别，在远低于物质常压沸点温度的条件下将其分离出来。该技术具有蒸馏温度低、蒸馏压力低、分离程度高、受热时间短等特点，因而特别适宜于像紫苏色素这类高沸点、热敏性、易氧化物质的分离，真正保持了纯天然的特性。分子蒸馏技术适合于把粗产品中高附加值的成分进行分离和提纯，是其他常用分离手段难以完成的。钟耕等人采用分子蒸馏法，以冷榨甜橙油为原料，提取其中的类胡萝卜素，所得产品不含有机溶剂，纯度高，色价高。

七、紫苏腌制加工

目前，紫苏主要用来制作中药材，其中，药用价值早就得到了人们的肯定，然而，它的营养价值也十分丰富，但因紫苏存在特有的涩味，部分人们一直无法接受，相关企业将紫苏制成腌制产品，并发表了企业标准，不但成功解决了色味问题，也改变了紫苏的色泽，增加了口感，成为理想的调味品，得到消费者的广泛喜爱，其具体加工技术如下。

1. 选择原材料

紫苏原料要求叶面新鲜，不得萎蔫，颜色深绿色或紫色，无老黄叶、枯叶、虫咬叶及带有虫卵叶。食盐、食醋（梅醋或白醋）等食品佐料均为食用级。

2. 工艺流程

原料采收→挑选→清洗→沥水→踩压→浸泡→装袋→压榨→揉搓→倒池→封口→腌制→包装→贮藏。

3. 操作要点

（1）原材料采收

紫苏的采收在南方地区最好在梅雨前采收完毕，且应在晴天的早上进行，因早上气温较低，湿度较大，叶片不易萎蔫。紫苏叶成熟要适度，叶片横径最大处要求达 5cm 以上，颜色呈深绿色或紫色，组织鲜嫩不老化，无老黄叶、枯死叶、虫咬叶及带虫卵叶。原料进厂后要立即组织加工，对不能加工完的，要放入低温库贮藏，贮藏温度为 $0 \sim 1℃$，空气湿度为 $90\% \sim 95\%$，贮藏时间不超过 2h 为宜。

（2）挑选

原料采回后，应立即进行挑选，挑出老黄叶、枯死叶、虫咬叶及虫卵密集叶等不良叶片，将有虫卵与虫咬面积较小的叶片摘除后，放于合格品中，此步骤不良品必须控制在 1% 以内，同时严格控制夹杂物。将合格叶片的叶柄理齐用不锈钢刀稍微切去一点叶柄，以保持切口卫生。

（3）清洗

将挑选好的叶子放入不锈钢池中分三级清洗，要求洗净泥杂，挑净虫子等杂物。每级清洗完后要观察水面，若水不清澈，或虫子较多，则要求换水，在清洗过程中 $1 \sim 2$ 级清洗要求用手轻轻揉搓，以利于降低涩味。

（4）沥水

要求将洗净后的叶子叶面水沥干净，以利于下道工序踩压时将涩味汁液去除干净。具体操作方法是将三级清洗后的叶子放入转筐沥干即可。

（5）踩压

此工序目的是进一步降低涩味，保证成品的风味。具体操作为：将沥干水分的半成品放入干净的正方体盐渍池中。踩压过程中，每 3～4min 翻动 1 次，保证池中物料受力均匀、适度。以紫苏叶面颜色发深、出现揉搓网络、踩后紫苏物料较紧实为宜，一般每池原料踩 15 min 即可。

（6）浸泡

将踩压合格后的紫苏半成品，打开揉散后放入盛满干净自来水的不锈钢池中，浸泡 1 h，并定时搅拌，以利于更好地去除涩味。

（7）装袋

将浸泡好的紫苏半成品捞出装入网袋中，记录质量。

（8）压榨

利用压榨机进行压榨脱水，脱水度保持 40％为宜，并记录压榨后的实际质量。

（9）揉搓

将压榨后的紫苏半成品放在无水洁净的不锈钢池中拌盐，食盐质量为压榨后紫苏质量的 30％。拌盐时，要求放一层紫苏放一层盐，并不停揉搓，确保拌盐均匀。

（10）倒池

在干净的大瓷缸或不锈钢池中，注意不能使用金属器皿，内衬一只干净、不漏气的大塑料袋，先加入 20L 食醋（此食醋浓度为 3.5％；若用浓度为 10％的白醋，则用 1 L 白醋加 2.5L 冷开水稀释后来代替食醋），然后将拌好盐的紫苏倒入其中，最后将剩余的食醋均匀地撒在紫苏上面。食醋的加入量为压榨后紫苏质量的 20％。若浓度下降，可上下翻动调位。

（11）封口

将塑料袋对折封口，上压木板，或加上重石，以压出汁水为宜。压石的质量一般为压榨后紫苏质量加上盐质量加上醋质量的 15％。第 2 天检查，汁水漫过紫苏则可；若没有漫过，则须添加 30％盐水到漫过紫苏为宜。

（12）腌制

将腌制产品贮藏在通风、阴凉、阳光不易照射的地方，温度以低于 20℃为宜。

（13）包装

腌制 1 个月后，即可包装出售。包装时，要求将漫过盖板的脏卤去掉，按要求质量包装后待售。

（14）贮藏

不能及时出货的产品，贴上标签，入库贮存，注意库内温度控制在 5℃左右。腌制合格的紫苏制品颜色呈茶褐色或紫褐色，具有紫苏特有的滋味和气味，无涩味、异味，且组织鲜嫩、不老化，展开后叶形完整。

参 考 文 献

绰尔鹏，赵玉红．热风干燥温度对老山芹品质的影响［J］．现代食品科技，2019，35（07）：127-136.

陈琳．紫苏油微胶囊的制备及在食品中的应用研究［D］．天津商业大学，2014.

程顺昌，纪淑娟，魏宝东．1-MCP 处理对大叶芹冷藏保鲜效果的研究［J］．长江蔬菜，2008（20）：67-69.

程雪，张秀玲，孙瑞瑞，等．热处理辅助水酶法提取紫苏籽油的工艺优化［J］．食品工业科技，2016，37（02）：223-

227+351.

范郁斐. 不同保鲜剂处理对鲜切紫甘蓝贮藏期内品质与成分的影响 [D]. 浙江农林大学, 2019.

高阳, 康优, 李雪, 等. 紫苏叶复合气调保鲜技术研究 [J]. 东北农业科学, 2017, 42 (03): 39-43.

郭群群, 杜桂彩, 李荣贵, 等. 紫苏抗菌活性成分的研究 [J]. 高等学校化学学报, 2006 (07): 1292-1294.

郭群群, 杜桂彩, 李荣贵. 紫苏叶挥发油抗菌活性研究 [J]. 食品工业科技, 2003 (09): 25-27.

海妮·巴音达. 紫薯皮色素提取及其性质研究 [D]. 新疆大学, 2016.

韩丽丽, 侯占群, 文剑, 等. 富含 α-亚麻酸的功能性油脂及其微胶囊化研究进展 [J]. 食品研究与开发, 2015, 36 (21): 185-189.

何春美. 药用植物紫苏种植技术 [J]. 现代农业, 2008 (09): 14-15.

何永梅. 紫苏加工技术 [J]. 农村新技术, 2010 (15): 36-37.

何育佩, 郝二伟, 谢金玲, 等. 紫苏药理作用及其化学物质基础研究进展 [J]. 中草药, 2018, 49 (16): 3957-3968.

胡浩斌, 刘建新, 郑旭东. 正交试验法优选东紫苏中总三萜提取工艺的研究 [J]. 中成药, 2007 (04): 579-581.

胡煌. 紫苏叶黄酮提取工艺优化及其抗氧化活性研究 [J]. 发酵科技通讯, 2019, 48 (01): 23-28.

胡晓丹, 孙爱东, 王彩霞, 等. 超声波辅助提取紫苏叶中花色素苷的工艺研究 [J]. 食品工业科技, 2008 (06): 183-185+188.

惠荣奎. 紫苏种质资源遗传多样性研究 [D]. 华中农业大学, 2010.

江安娜. 叶用紫苏农艺性状比较及不同生育期叶中主要药用成分的含量变化研究 [D]. 华中农业大学, 2012.

蒋欣梅, 王金华, 于锡宏等. 不同海拔高度对老山芹营养成分及形态的影响 [J]. 东北农业大学学报, 2017, 48 (5): 21-27.

李富恒, 刘增兵, 崔巍等. 老山芹生长发育规律及主要性状相关性分析 [J]. 东北农业大学学报, 2017, 48 (1): 15-22+32.

李娜. 紫苏精油提取及其防腐复合材料的制备和性能研究 [D]. 中北大学, 2018.

李鹏, 朱建飞, 唐春红. 紫苏的研究动态 [J]. 重庆工商大学学报 (自然科学版), 2010, 27 (03): 271-275.

李荣贵, 腾大为, 杜桂彩, 等. 紫苏愈伤组织迷迭香酸的纯化及抗菌活性研究 [J]. 微生物学通报, 2000 (05): 324-327.

李燕舞, 姜八一, 王君荣, 等. 紫苏的活性成分及其在养殖业中的应用 [J]. 饲料博览, 2019 (04): 41-45.

林宝凤. 紫苏的应用价值及种植技术 [J]. 现代农业, 2009 (08): 5.

林梦南, 苏平, 应丽亚, 等. 紫苏精油微波萃取工艺的响应面优化及其化学成分研究 [J]. 浙江大学学报 (农业与生命科学版), 2011, 37 (06): 677-683.

林梦南, 苏平. 响应面法优化紫苏挥发油的水蒸气提取工艺及其成分研究 [J]. 中国食品学报, 2012, 12 (03): 52-60.

刘梁锋, 王见宝, 李小华, 等. 紫苏两膜覆盖种植技术 [J]. 农村百事通, 2016 (02): 29-30.

刘树兴, 闫莉斐, 陈蕊, 等. 紫苏油对益生菌的增殖作用研究 [J]. 中国油脂, 2018, 43 (01): 61-63.

刘西亮, 张志军, 李会珍, 等. 紫苏汁及紫苏醋饮料抗氧化性研究 [J]. 食品科技, 2010, 35 (09): 112-114.

刘月秀, 张月明, 钱学射. 紫苏属植物研究与开发利用 [J]. 中国野生植物资源, 1996 (3): 24-27.

吕晓玲, 朱惠丽, 姜平平, 等. 紫苏提取物抗氧化活性体外实验研究 [J]. 中国食品添加剂, 2003 (05): 22-25.

马士启. 紫苏的营养价值及无公害种植技术 [J]. 吉林蔬菜, 2015 (03): 14-15.

潘晓岚. 三种芳香植物精油香气对缓解焦虑作用的研究 [D]. 上海交通大学, 2009.

彭梦侠, 陈梓云. 锐孔-凝固浴法制备橙子油微胶囊的工艺研究 [J]. 化工技术与开发, 2015, 44 (05): 16-21.

蒲海燕, 李影球, 李梅. 紫苏的功能性成分及其产品开发 [J]. 中国食品添加剂, 2009 (02): 133-137.

邵平, 洪台, 何晋浙, 等. 紫苏精油主要成分季节性变化分析及其干燥方法研究 [J]. 中国食品学报, 2012, 12 (09): 216-221.

史晓蓉, 李海丽. 紫苏的应用现状及发展前景 [J]. 农业技术与装备, 2011 (14): 66-67+71.

隋晓东. 浅析黑龙江省紫苏保护地种植技术 [J]. 种子科技, 2019, 37 (17): 66+68.

孙娜, 边连全. 紫苏在饲料应用中的研究进展 [J]. 饲料研究, 2015 (05): 3-6.

孙新超, 杨波, 许源, 等. 紫苏籽的超临界 CO_2 萃取及 β-环糊精包合一体化技术研究 [J]. 林产化学与工业, 2010, 30 (03): 73-77.

孙子文. 紫苏叶有效成分的提取及生物活性研究 [D]. 中北大学, 2014.

何春美. 药用植物紫苏种植技术 [J]. 现代农业, 2008 (09): 14-15.

谭美莲, 严明芳, 汪磊, 等. 国内外紫苏研究进展概述 [J]. 中国油料作物学报, 2012, 34 (02): 225-231.

王丹，张向阳，马越，等.不同清洗剂对鲜切菠菜处理效果的影响［J］.食品工业，2015，36（6）：113-116.

王静珍，陶上乘，邢永春，等.紫苏与白苏药理作用的研究［J］.中国中药杂志，1997（01）：49-52+64.

王炬，张秀玲，高宁，等.老山芹全株及其不同部位酚类物质含量及抗氧化能力分析［J］.食品科学，2019，40（7）：
54-59.

王炬，张秀玲，高宁，等.响应面法优化老山芹护绿工艺［J］.食品工业科技，2018（17）：152-158.

王丽梅，叶诚，吴晨，等.紫苏油对衰老模型大鼠的抗衰老作用研究［J］.食品科技，2013，38（01）：280-284.

王鑫，张麟，徐龙鑫，等.紫苏的营养成分及在畜牧生产中的应用研究进展［J］.贵州畜牧兽医，2019，43（04）：4-6.

王亚平，刘秀丽，方元元，等.紫苏柠檬茶的工艺研究［J］.饮料工业，2017，20（05）：9-12.

王雨，刘佳，高敏，等.紫苏子对高脂血症大鼠血脂水平的影响［J］.贵阳医学院学报，2006（04）：336-338.

魏国江，潘冬梅，刘淑霞，等.黑龙江省大庆市盐碱地种植紫苏技术研究［J］.黑龙江农业科学，2011（02）：26-29.

魏国江，王晓飞，肖宇，等.黑龙江省紫苏保护地种植技术［J］.黑龙江农业科学，2018（07）：163-165.

魏长玲，郭宝林，张琛武，等.中国紫苏资源调查和紫苏叶挥发油化学型研究［J］.中国中药杂志，2016，41（10）：
1823-1834.

魏长玲.中国紫苏种质资源调查及紫苏叶挥发油化学型研究［D］.北京协和医学院，2016.

吴帅，吴秋，徐琳，等.天然食用色素的开发和应用研究进展［J］.山东食品发酵，2015（04）：35-38.

徐秋芳，张海强.出口紫苏调味品加工工艺［J］.中国调味品，2001（09）：29-30.

徐在品，谭健民，陈眷华，等.紫苏叶提取物对家兔脂肪肝的影响［J］.黑龙江畜牧兽医，2009（09）：100-102.

扬子江，赵永海.山区紫苏种植技术［J］.农民致富之友，2018（16）：134.

姚慧.紫苏中迷迭香酸的提取及其在肉制品中的应用［D］.天津科技大学，2010.

殷诚，黄崇杏，黄兴强，等.可食涂膜在鲜切果蔬包装上的研究进展［J］.食品研究与开发，2018，39（14）：212-219.

于海鑫，张秀玲，高诗涵，等.紫苏叶花色苷微波辅助提取工艺优化及其抗氧化活性［J］.食品工业，2019，40（10）：
51-55.

于海鑫.紫苏主要成分分析及紫苏粉的研制［D］.东北农业大学，2019.

于长青，赵煜，朱刚，等.紫苏叶的药用研究［J］.中国食物与营养，2008（01）：52-53.

苑玉莉.紫苏中天然活性成分的提取及综合应用［D］.华东理工大学，2013.

曾庆孝.食品加工与保藏原理［M］.北京：化学工业出版社，2015.

张传智，田海娟，张艳，等.紫苏面包粉的制备及其粉质特性分析［J］.食品与机械，2016，32（04）：223-225.

张洪，黄建韶，王云.紫苏啤酒的研制［J］.食品工业，2006（02）：42-44.

张克宏，杜俊娟.叶菜类蔬菜气调保鲜包装研究［J］.包装工程，2007，（1）：49-52.

张蕾蕾，常雅宁，夏鹏竣，等.微波法提取紫苏黄酮类物质及其成分分析［J］.食品科学，2012，33（22）：53-57.

张卫明，石雪萍.紫苏全草营养成分测定［J］.食品研究与开发，2009，30（02）：132-134+165.

张鑫.紫苏有效成分提取与资源分类［D］.中北大学，2010.

赵廉诚，张娜，邢竺静，等.漂烫处理对老山芹速冻贮藏护色效果的影响［J］.包装工程，2020，41（03）：28-35.

赵玉红，李佳启，马捷等.老山芹降血糖功能成分提取及活性研究［J］.食品工业科技，2018，39（16）：177-182
+207.

钟耕，吴永娴，曾儿坤.天然类胡萝卜素的提取新工艺［J］.四川日化，1995（3）：6-9.

朱东兴，曹峰丽，郁达，等.叶菜采后生理与贮藏保鲜研究及应用［J］.保鲜与加工，2006，6（1）：3-6.

朱军伟.菠菜低温保鲜关键技术的研究［D］.上海海洋大学，2013.

Adachi T，Yanaka H，et al. Administration of perilla oil coated with calshell increases glucagon-like peptide secretion［J］.
Biol Pharm Bull，2008，31（5）：1021-1023.

Adeel S，Rehman F U，Rafi S，et al. Environmentally friendly plant-based natural dyes：Extraction methodology and ap-
plications［M］.Plant and Human Health，2019，2：383-415.

Ahmed H M，Tavaszi-Sarosi S. Identification and quantification of essential oil content and composition，total polyphenols
and antioxidant capacity of *Perilla frutescens*（L.）*Britt*［J］.Food chemistry，2019，275：730-738.

Ahmed H M. Ethnomedicinal，Phytochemical and pharmacological investigations of *Perilla frutescens*（L.）*Britt*［J］.
Molecules，2019，24（1）：102.

Alam M B，Seo B J，Zhao P J，et al. Anti-Melanogenic activities of Heracleum moellendorffii via ERK1/2-Mediated MITF
downregulation［J］.International Journal of Molecular Sciences，2016，17（11）：1-14.

Argas M，Pastor C，Chiralt A，et al. Recent advances in edible coatings for fresh and minimally processed fruits［J］.Crit

Rev Food Sci Nutr，2008，48：496-511.

Aritomi M，Kumori T，Kawasaki T. Cyanogenic glycosides in leaves of Perilla frutescens var. acuta ［J］. Phytochemistry，1985，24（10）：2438-2439.

Asif M. Health effects of omega-3，6，9 fatty acids：Perilla frutescens is a good example of plant oils ［J］. Oriental Pharmacy & Experimental Medicine，2011，11（1）：51-59.

Bae J S，Han M，Shin H S，et al. Perilla frutescens leaves extract ameliorates ultraviolet radiation-induced extracellular matrix damage in human dermal fibroblasts and hairless mice skin ［J］. Journal of Ethnopharmacology，2017，195：334.

Bang J E，Choi H Y，Kim S I. Anti-oxidative activity and chemical composition of various Heracleum moellendorffii Hance extracts ［J］. Korean J. Food Preserv，2009，16：765-771.

Benhabiles M S，Tazdait D，Abdi N，et al. Assessment of coating tomato fruit with shrimp shell chitosan and N，O-carboxymethyl chitosan on postharvest preservation ［J］. Journal of Food Measurement and Characterization，2013，72：66-74.

Chang H H，Chen C S，Lin J Y. Dietary perilla oil lowers serum lipids and ovalbumin-specific IgG1，but increases total IgE levels in ovalbumin-challenged mice ［J］. Food and Chemical Toxicology，2009，47（4）：848-854.

Feng L J，Yu C H，Ying K J，et al. Hypolipidemic and antioxidant effects of total flavonoids of Perilla Frutescens leaves in hyperlipidemia rats induced by high-fat diet ［J］. Food Research International，2011，44（1）：404-409.

Flores-López M L，Cerqueira M A，de Rodríguez D J，et al. Perspectives on utilization of edible coatings and nano-laminate coatings for extension of postharvest storage of fruits and vegetables ［J］. Food engineering reviews，2016，8（3）：292-305.

Gai F，Peiretti P G，Karamać M，et al. Changes in the total polyphenolic content and antioxidant capacities of perilla （Perilla frutescens L.）plant extracts during the growth cycle ［J］. Journal of Food Quality，2017.

Gao Y，Liu Y，Wang Z G，et al. Chemical constituents of Heracleum dissectum，and their cytotoxic activity ［J］. Phytochemistry Letters，2014，10：276-280.

Gülçini，Berashvili D，Gepdiremen A. Antiradical and antioxidant activity of total anthocyanins from Perilla pankinensis decne ［J］. Journal of Ethnopharmacology，2005，101（1-3）：287-293.

Ha T J，Lee J H，Lee M H，et al. Isolation and identification of phenolic compounds from the seeds of Perilla frutescens （L.）and their inhibitory activities against α-glucosidase and aldose reductase ［J］. Food Chemistry，2012，135（3）：1397-1403.

Hong Y P，Kim S Y，Choi W Y. Postharvest changes in quality and biochemical components of perilla leaves ［J］. Korean Journal of Food Science and Technology，1986，18（4）：255-258.

Jeon I H，Kim H S，Kang H J，et al. Anti-inflammatory and antipruritic effects of luteolin from Perilla （P. frutescens L.）leaves ［J］. Molecules，2014，19（6）：6941-6951.

Jiao Z，Ruan N，Wang W，et al. Supercritical carbon dioxide co-extraction of perilla seeds and perilla leaves：experiments and optimization ［J］. Separation Science and Technology，2020（1）：1-14.

Kong H，Zhou B，Hu X，et al. Protective effect of Perilla （Perilla frutescens）leaf essential oil on the quality of a surimi-based food ［J］. Journal of Food Processing and Preservation，2018，42（3）：e13540.

Lee J H，Park K H，Lee M H，et al. Identification，characterisation，and quantification of phenolic compounds in the antioxidant activity-containing fraction from the seeds of Korean perilla （Perilla frutescens）cultivars ［J］. Food chemistry，2013，136（2）：843-852.

Lee J，Rodriguez J P，Quilantang N G，et al. Determination of flavonoids from Perilla frutescens var. japonica seeds and their inhibitory effect on aldose reductase ［J］. Applied Biological Chemistry，2017，60（2）：155-162.

Lee K R，Kim K H，Kim J B，et al. High accumulation of γ-linolenic acid and Stearidonic acid in transgenic Perilla （Perilla frutescens var. frutescens）seeds ［J］. BMC Plant Biology，2019，19（1）：120.

Lee M J，Kim K H，Bae J O. The effects of supercritical carbon dioxide on the extraction of perilla oil ［J］. Journal of the Korean Society of Food Science and Nutrition，2006，35（10）：1439-1443.

Li H，Zhang Z，He D，et al. Ultrasound-assisted aqueous enzymatic extraction of oil from perilla seeds and determination of its physicochemical properties，fatty acid composition and antioxidant activity ［J］. Food Science and Technology，2017，37：71-77.

Li W P，Wei C L，Zhang C W，et al. Study on morphological classification and chemical-type of Perilla frutescens cultivated germplasm ［J］. China Journal of Chinese Materia Medica，2019，44（3）：454-459.

Li Y，Zhang Y，Sui X，et al. Ultrasound-assisted aqueous enzymatic extraction of oil from perilla （Perilla frutescens L.）

seeds [J]. CyTA-journal of Food, 2014, 12 (1): 16-21.

Lin E S, Chou H J, Kuo P L, et al. Antioxidant and antiproliferative activities of methanolic extracts of *Perilla frutescens* [J]. Journal of Medicinal Plants Research, 2010, 4 (6): 477-483.

Lin L Y, Peng C C, Wang H E, et al. Active volatile constituents in *Perilla frutescens* essential oils and Improvement of antimicrobial and anti-inflammatory bioactivity by fractionation [J]. Journal of Essential Oil Bearing Plants, 2016, 19 (8): 1957-1983.

Makino T, Furuta Y, Wakushima H, et al. Anti-allergic effect of *Perilla frutescens* and its active constituents [J]. Phytotherapy Research, 2003, 17 (3): 240-243.

Mare L, Huysamer M, Truter A B, et al. Extension of the storage life of plums (Prunus salicina) using controlled atmosphere shipping [J]. Acta Hortic. 2005, 682: 1689-1696.

Martinetti L, Ferrante A, Podetta N, et al. Effect of storage on the qualitative characteristics of perilla, a potential new minimally processed leafy vegetable [J]. Journal of Food Processing and Preservation, 2017, 41 (6): e13214.

Meng L, Lozano Y F, Gaydou E M, et al. Antioxidant activities of polyphenols extracted from *Perilla frutescens* varieties [J]. Molecules, 2009, 14 (1): 133-140.

Nandane A S, Jain R K. Value addition of fruits and vegetables by edible packaging: scope and constraints [J]. A Journal of Food Science & Technology, 2011, 1 (1): 1-11.

Narisawa T, Fukaura Y, Yazawa K, et al. Colon cancer prevention with a small amount of dietary perilla oil high in alpha-linolenic acid in an animal model [J]. Cancer, 1994, 73 (8): 2069-2075.

Nitta M, Lee J K, Ohnishi O. Asianperilla crops and their weedy forms: their cultivation, utilization and genetic relationships [J]. Economic Botany, 2003, 57 (2): 245-253.

Nitta M, Ohnishi O. Genetic relationships among two *Perilla* crops, shiso and egoma, and the weedy type revealed by RAPD markers [J]. Genes & Genetic Systems, 1999, 74 (2): 43-48.

Park H J, Nugroho A, Jung B, et al. Isolation and quantitative analysis of flavonoids with peroxynitrite-scavenging effect from the young leaves of Heracleum moellendorffii [J]. Korean J. Plant Res, 2010, 23: 393-398.

Pintha K, Tantipaiboonwong P, Yodkeeree S, et al. Thai perilla (*Perilla frutescens*) leaf extract inhibits human breast cancer invasion and migration [J]. Maejo International Journal of Science and Technology, 2018, 12 (2): 112-123.

Scarpati M L, Oriente G. Chicoric acid (dicaffeyltartic acid): Its isolation from chicory (Chicorium intybus) and synthesis [J]. Tetrahedron, 1958, 4 (1-2): 43-48.

Silva S, Costa E M, Calhau C, et al. Anthocyanin extraction from plant tissues: A review [J]. Critical Reviews in Food Science and Nutrition, 2017, 57 (14): 3072-3083.

Takano H, Osakabe N, Sanbongi C, et al. Extract of *Perilla frutescens* enriched for rosmarinic acid, a polyphenolic phytochemical, inhibits seasonal allergic rhinoconjunctivitis in humans [J]. Experimental Biology and Medicine, 2004, 229 (3): 247-254.

Woo K W, Han J Y, Choi S U, et al. Triterpenes from *Perilla frutescens* var. *acuta* and their cytotoxic activity [J]. Natural Product Sciences, 2014, 20 (2): 71-75.

Yang S Y, Hong C O, Lee G P, et al. The hepatoprotection of caffeic acid and rosmarinic acid, major compounds of *Perilla frutescens*, against t-BHP-induced oxidative liver damage [J]. Food and Chemical Toxicology, 2013, 55: 92-99.

Yilin S, Xianhong G, Wei M, et al. Research progress of extraction technology and application of chemical substances in perilla seed [J]. Animal Husbandry and Feed Science, 2016 (2): 14.

Yu H, Qiu J F, Ma L J, et al. Phytochemical and phytopharmacological review of *Perilla frutescens* L. (Labiatae), a traditional edible-medicinal herb in China [J]. Food and Chemical Toxicology, 2017, 108: 375-391.

Zenoozian M S. Combined effect of packaging method and temperature on the leafy vegetables properties [J]. Int J of Environment Sci Dev, 2011, 2 (2): 124-127.

Zhang H, Su Y, Wang X, et al. Antidiabetic activity and chemical constituents of the aerial parts of Heracleum dissectum Ledeb [J]. Food Chemistry, 2017, 214: 572-579.

Zhu F, Asada T, Sato A, et al. Rosmarinic acid extract for antioxidant, antiallergic, and α-glucosidase inhibitory activities, isolated by supramolecular technique and solvent extraction from Perilla leaves [J]. Journal of Agricultural and Food Chemistry, 2014, 62 (4): 885-892.

第八章 主要山野菜的营养成分和贮藏技术

第一节 主要山野菜的营养与功效

随着时代的发展，人们的生活品质逐渐提高，对食品的营养价值更加关心，因此，有功效价值的山野菜渐渐进入了大众的视野。山野菜天然无公害，大多含有多酚、皂苷等营养成分，山野菜风味鲜美而且富含有益的功效成分，深受消费者的喜爱。《本草纲目》中收载的药用山野菜有 100 多种。现代医学药理研究表明，山野菜含有多种化学成分，有很强的生理活性，可以预防和治疗多种疾病。例如老山芹具有退热解毒、清洁血液、降低血糖和降血压的功效；蕨菜具有清热利湿、止血以及降气化痰的功效；刺老芽的根皮具有强壮筋骨、祛风除湿和补气安神等功效；薇菜含有皂苷和黄酮类物质，具有润肺理气、补虚舒络、清热解毒的功效。山野菜是天然的绿色食品，除鲜食外，还可以炒食、凉拌、做馅、做汤，也可加工成干菜、速冻产品、腌酱菜以及罐头食品，味道鲜美、清爽可口。山野菜不仅可以食用，还可制成添加剂、品质改良剂应用于食品、医药、纺织、建筑等行业。

据统计，2010 年我国山野菜行业规模以上企业市场实现销售额达 204 亿元，我国山野菜总体市场产量达 67.8 万吨。就黑龙江省来说，2015 年黑龙江省生产的山野菜消费量在 4.1 万吨左右。据不完全统计，中国年出口山野菜加工品 50 万吨左右，并且每年以 20% 的速度增长。山野菜行业逐渐壮大，山野菜行业经济也具有广阔的发展前景。

山野菜常生长于深山及林地，生长地距离销售地较远，又不易贮存，所以新鲜山野菜的损失量较大。传统的山野菜保鲜方式有干制、腌制以及利用一些化学保鲜剂保鲜等，这样会影响山野菜的感官品质，过多地摄入化学保鲜剂和腌制产生的亚硝酸盐可能还会影响身体健康。在运输的过程中，鲜嫩的山野菜也会因机械损伤而造成变质，因此，急需开发新的山野菜贮藏保鲜方法。

一、老山芹的营养成分及功效

老山芹（*Heracleum moellendorffii Hance*），学名东北牛防风，又称"土当归""山芹菜"等，是一种常见的山野菜（如图 8-1）。老山芹属于伞形科牛防风属多年生宿根草本植物，分布于我国东北和华北地区的潮湿环境。自然条件下多生于山坡针阔叶混交林及杂木林

图 8-1　老山芹

下。在山润湿地、溪流旁也有分布，喜富含腐殖质的砂质土壤。在全光条件下易得日灼病，植株枯萎，分蘖减少，直接影响产量；光照过弱也会影响植株发育；以 0.6 郁闭度条件下生长最佳，忌阳光直射，喜大肥大水。栽培时应选择适当遮阴，土壤肥沃，pH 值 5.5～7.0以及湿度均衡的环境，这样可保证幼苗脆嫩、颜色深绿、味道鲜美。老山芹为根肉质，较脆，直根系，主根明显粗大，基部直径 3～6cm，长度 12～20cm，入土较深。分枝少，多集中于根茎顶端。根上生有须根，数目不多。茎直立、单一，高约 60～120cm，茎上有沟棱、有毛且带紫红色。顶端有较少分枝，茎中空。通常 3～5 片小叶，小叶片卵状长圆形，再羽裂或深缺刻状分裂成长圆形小裂片。小裂片渐尖，边缘有锯齿，表面疏生微毛，背面密生短绒毛。叶柄较长，8～15cm。复伞房花序，花小，白色，果实为双悬果，双悬果扁卵形，花期 7～8 月，果熟期 8～9 月。1 年生苗龄老山芹前期为圆叶，2 年生老山芹开花结实。

老山芹每 100 g 含维生素 A 106.53mg，核黄素 0.10mg，其钾含量为 47.94mg/kg，锌含量为 49.60mg/kg，镉含量为 79.9mg/kg。老山芹富含膳食纤维、氨基酸、维生素和矿物质，老山芹中维生素 C 含量是一般蔬菜的十几倍乃至几十倍，高出西芹 5 倍以上，是大白菜的 4 倍，黄瓜的 8 倍。老山芹的胡萝卜素含量高出西芹 38 倍，维生素 B_2 是白菜、黄瓜和甘蓝的 2 倍多。因此，常吃老山芹可以补充多种维生素，维持人体代谢所需。老山芹铁含量是常见蔬菜的 10～30 倍，能补充妇女经血的损失，是缺铁性贫血患者的佳蔬，食之能避免皮肤苍白、干燥、面色无华，而且可使目光有神、头发黑亮。老山芹含有大量的膳食纤维，可以帮助促进肠胃蠕动，延缓小肠对葡萄糖的吸收，具有缓解便秘、降血糖和降血脂的功效。老山芹含有丰富的香豆素类和黄酮类化合物，能预防和辅助治疗糖尿病和心血管类疾病，并对于心脏类疾病的术后康复、癌症的治愈过程具有促进作用。老山芹能够扶正固本、强壮身体，具有抗疲劳、抗辐射、减肥和益智等功效。

从老山芹中已分离出倍半萜、芹菜素、香豆素和聚炔化合物等，芹菜素为总黄酮化合物的主要成分。香豆素类化合物清除 1,1-二苯基-2-三硝基苯肼 DPPH 自由基能力很强，使老山芹具有较强的抗氧化作用，老山芹提取物也具有良好的抗黑色素作用。老山芹的根和地上部分的茎的化学成分物质含量相对较多，老山芹根部化学提取物被确认有较强的杀虫效果，老山芹叶子提取物也具有多种药理活性，包括排毒和抗氧化活性等。从老山芹菜籽中分离出的一种碱性成分，对动物有镇静作用，对人体能起安神的作用，有利于安定情绪、消除烦躁。

二、刺老芽的营养成分及功效

刺老芽指春季龙牙楤木萌发的嫩芽，又名刺嫩芽、刺龙芽等，是一种多年生落叶小乔木，主要生于阔叶或针阔叶混交林林缘、林中和沟边等地（如图8-2和图8-3所示）。在我国主要分布于黑龙江省山区、辽宁省东部及南部山区、河北省东北部等地，俄罗斯、日本等国也有分布。刺老芽为小乔木，高1.5～6m，树皮灰色；小枝灰棕色，疏生多数细刺；刺长1～3mm，基部膨大；嫩枝上常有长达1.5cm的细长直刺。叶为二回或三回羽状复叶，长40～80cm；叶柄长20～40cm，无毛；托叶和叶柄基部合生，先端离生部分线形，长约3mm，边缘有纤毛；叶轴和羽片轴基部通常有短刺；羽片有小叶7～11片，基部有小叶1对；小叶片薄纸质或膜质，阔卵形、卵形至椭圆状卵形，长5～15cm，宽2.5～8cm，先端渐尖，基部圆形至心形，上面绿色，下面灰绿色，无毛或两面脉上有短柔毛和细刺毛，边缘疏生锯齿，有时为粗大齿牙或细锯齿，稀为波状，侧脉6～8对，两面明显，网脉不明显；小叶柄长3～5mm，稀长达1.2cm，顶生小叶柄长达3cm。圆锥花序长30～45cm，伞房状；主轴短，长2～5cm，分枝在主轴顶端指状排列，密生灰色短柔毛；伞形花序直径1～1.5cm，有花多数或少数；总花梗长0.8～4cm，花梗长6～7mm，均密生短柔毛；苞片和小苞片披针形，膜质，边缘有纤毛，前者长5mm，后者长2mm；花黄白色；萼无毛，长1.5mm，边缘有5个卵状三角形小齿；花瓣5片，长1.5mm，卵状三角形，开花时反曲；子房5室；花柱5个，离生或基部合生。果实球形，黑色，直径4mm，有5棱。花期6～8月，果期9～10月。

图8-2　刺老芽（1）

图8-3　刺老芽（2）

刺老芽具有丰富的营养价值与保健功能，每 100 g 的新鲜的嫩芽中，含有蛋白质 0.56g、脂肪 0.34g、糖类 1.44g、有机酸 0.68g，此外还含有维生素 B_1、维生素 B_2、维生素 C、粗纤维、胡萝卜素以及磷、钙、锌、镁、铁、钾等矿物质，氨基酸的含量较高，而且品种丰富。刺老芽富含 16 种氨基酸和 22 种微量元素，其中人体必需的钙、锰、铁、镍、铜等含量都比人参高，因此具有"天下第一山珍"的美誉。刺老芽是一种药食同源的山野菜，在中医上讲可以补气活血，对气虚无力、神经衰弱、风湿症、肢节作痛、慢性胃炎、肝炎、糖尿病和肾炎水肿有良好的治疗作用。因其富含与人参相似的皂苷，具有保护心血管、抗肿瘤和抗炎等多种重要的生物活性。定期摄入还可增强身体免疫力，对急性和慢性发炎以及各种神经衰弱有积极作用，滋阴润喉，改善消化功能。

刺老芽的主要功效成分为木皂苷。刺老芽根皮中总皂苷含量是人参根总皂苷含量的 3 倍左右。刺老芽根部提取物对 DPPH 自由基有很强的清除能力，并且也有很强的抑菌效果。刺老芽含有的三萜皂苷具有很强的抗氧化作用，且刺老芽的叶片部位的三萜皂苷效果最佳。刺老芽提取物可有效地预防心肌缺血和心肌梗死，抑制肝胆固醇和脂质积累并调节细胞信号通路。在刺老芽的根、茎、叶、花和果实中还含有黄酮、木质素、生物碱、多糖、挥发油和鞣质等成分，木皂苷与人参皂苷相似，有抗炎、镇静、利尿、强心、免疫和防癌等作用，尤其适用于治疗黄疸肝炎与慢性肝炎。

三、蕨菜的营养成分及功效

蕨菜，学名蕨，别名拳头菜、龙头菜、长寿菜等，是山野菜中大众最了解的品种之一（如图 8-4 和图 8-5 所示）。蕨菜为蕨科蕨属，是欧洲蕨的一个变种，多年生不开花草本植物。蕨菜适宜生长于海拔 200～830m 湿润的林缘及林间中，通常生于阳光充足处，适宜温带及亚热带气候。蕨菜植株高 1m 左右，根茎细长横向生长，叶远生；叶柄粗长无毛，长 20～80cm，基部粗 3～6mm，棕褐色，光滑；叶片阔三角形或长圆三角形，长 30～60cm，宽 20～45cm，三回羽状；羽片 4～6 对，对生，斜展；小羽片 10 对，互生，斜展，长 6～10cm，宽 1.5～2.5cm，一回羽状；裂片 10～15 对，平展，长圆形，长 14mm，宽 5mm；中部以上羽片渐变一回羽状。叶脉下部较明显稠密。叶干后近革质，呈暗绿色。叶轴、羽轴均光滑。蕨菜在萌发后 10d，幼嫩新叶未展开，卷曲为小孩拳状时即可采收。蕨菜的抗逆性强，适应性广，既耐高温，也耐低温，在 32℃ 下仍能正常生长，在 -36℃ 下根茎能安全越冬，嫩叶在 -5℃ 下才遭受冻害，在地温 12℃，气温 15℃ 时叶片开始迅速生长，孢子发育的适温是 25～30℃。蕨菜对光照敏感，强光与弱光下均能正常生长，但在光照时间较长的情况下生长发育快，植株健壮高大。对水分要求很严格，不耐干旱。土壤要求有机物丰富，土层深厚，排水良好，中性或微酸性。蕨菜分布于中国各地，在世界其他热带及温带地区也均有生长，资源丰富。蕨菜的种类很多，不同的地区品种各有特色，一般按产地可分为以下几种：河北承德蕨菜、辽宁蕨菜、内蒙古蕨菜、黑龙江蕨菜和云南蕨菜等。

蕨菜营养价值很高，蕨菜嫩叶含胡萝卜素、维生素、蛋白质、脂肪、糖、粗纤维、钾、钙、镁、蕨素、蕨苷、乙酰蕨素、胆碱、甾醇，此外还含有 18 种氨基酸等。每 100g 蕨菜含有蛋白质 1.60g、脂肪 0.40g、碳水化合物 9.00g、膳食纤维 1.80g、维生素 A 92.00 μg、胡萝卜素 1100.00 μg、维生素 C 23.00mg、维生素 E 0.78mg、钙 17.00mg、磷 50.00mg、镁 30.00mg、铁 4.20mg、锌 0.60mg、铜 2.79mg、锰 2.31mg、钾 292.00mg。蕨菜中的维生素 B_2、维生素 C 和皂苷等物质，可扩张血管，显著降低血压、血脂和胆固醇，能改善心血管功能。蕨菜在中医上讲具有清热利湿、消肿、安神等功效，对治疗痢痰、湿热黄疸、风湿性关节炎、高血压以及脱肛等症具有良好的效果。蕨菜中含有黄酮、皂苷、单宁、多糖等营养物质，使蕨菜及其衍生物具有抗氧化、抗菌、祛风湿、利尿等功效。蕨菜可制成粉皮，能补脾益气、强健身体、增强抗病能力，经常食用可治疗高血压、头昏、子宫出血、关节炎症。蕨菜中含有丰富的胆碱与黄酮类物质，具有较好的抗氧化特性，对于抗癌、杀菌具有较好的疗效。蕨菜对发热不退、肠风热毒、湿疹等病症，有良好的清热解毒、杀菌消炎的功效。蕨菜所含的粗纤维能促进胃肠蠕动，民间用蕨菜治疗腹泻、痢疾、小便不通、肠风热毒等病症，具有一定的效果。

图 8-4　蕨菜（1）

图 8-5　蕨菜（1）

蕨菜根部淀粉含量较高，可以制成蕨根粉食用，通过研究蕨类根状茎淀粉的理化性质和功能性质发现蕨类根茎淀粉具有较高的峰值黏度与膨胀力，蕨类根茎淀粉与玉米、马铃薯淀粉相比透明度较低，蕨根粉有减肥和改善肠胃功能的食疗作用。蕨菜的根茎中可提取出一种蕨素和蕨苷类化合物。蕨菜中可提取出香豆素和黄酮，具有良好的自由基清除能力。经研究表明蕨菜中提取的多糖，可以激活吞噬细胞而起到免疫调节作用。蕨菜乙醇提取物可以起到降尿酸作用和肾保护作用。Bouazzi 等人提取蕨类植物的挥发油成分，结合气相色谱进行分析，得出主要的化学成分六氢法呢基丙酮、2,4-二叔丁基苯酚等能够有效对抗柯萨奇病毒，该病毒能够引发心肌炎、1 型糖尿病等疾病。蕨菜中的蕨素对细菌有一定的抑制作用，能清热解毒、杀菌消炎。蕨菜还富含一种抗癌元素——硒，硒可阻碍致癌物质在体内的代谢过程，激活免疫反应，从而增强机体的免疫能力。

四、薇菜的营养成分及功效

在东北地区人们常说的薇菜是指分株紫萁，别名有桂皮紫萁、牛毛广等，为紫萁科紫萁属，多年生草本植物。植株高 0.6～1m，根直立粗壮，顶端叶丛簇生（如图 8-6 和图 8-7 所示）。叶二型，成长后茎部有少量绒毛；叶片为长或狭长圆形，长 40～80cm，宽 18～25cm，渐尖头，二回羽状深裂，羽片下部平展，上部互生，披针形，渐尖头，长 5～15cm，宽 1.5～3cm，基部截形，无柄；裂片长圆形，圆头，长约 10mm，宽约 5mm，开展，密接，全缘，有时存在绒毛，叶侧脉为羽状，2 叉；该品种为变种，区别在于叶呈厚纸质，干后为黄绿色，叶上绒毛为暗红棕色；孢子叶较营养叶短瘦，羽片长 2～3cm，孢子囊暗棕色。薇菜为无性、有性两个世代交替，因自然环境影响，野生薇菜的寿命长，自然更新率低。

薇菜在我国东北、四川、云南均有分布，另外在俄罗斯、越南、印度、日本、朝鲜等国家也有分布。当春季日平均气温达 10℃以上，土壤温度达 8℃以上时，嫩叶开始萌发。具体采摘时间为每年的 3～5 月间，其中以清明至谷雨这段时间生长快，产量高。采摘标准是嫩叶出土 7d 左右，长度 18cm，嫩叶柄呈红褐色，粗壮，顶部卷曲尚未展开伸直。采摘前备好干净的容器盛装，将嫩叶从根部用手折断即可，注意轻摘轻放，勿弄破表皮。薇菜有公、母株之分。母株顶部卷曲呈球形，公株卷曲呈圆形或耳形。因母株是繁殖体，所以从保护野生资源的角度出发，只采摘顶部卷曲呈圆形或耳形的公株，保留母株，同时不要采摘顶部伸直已老化的。

在我国两千年前就有采食薇菜的记录，其叶嫩、质脆，未展开的嫩叶更是深受人们的喜爱。我们通常用未展开的薇菜嫩茎叶制成干菜，分红、青两种进行销售，近几年我国薇菜出口量成倍增长，且大量出口于日本、韩国等国家和地区。在国外，人们将薇菜干称为"中国红薇干"，具有独特的香气及口感。薇菜中含有多种营养物质，每 100g 新鲜薇菜中含有碳水化合物 10g、纤维素 3.8g、蛋白质 3.1g、维生素 B_2 0.25g、脂肪 0.2g、维生素 C 6mg、胡萝卜素 1.97mg。薇菜粗蛋白质总量可达 16.22%，比猪肉高 3%。其营养价值是一般蔬菜的 4～5 倍，与香菇、木耳、竹荪等多种名贵食物相媲美。每 100g 薇菜干品中含矿物元素 K 300mg、Ca 190mg、Mg 293mg、P 111mg、Fe 12.5mg、Mn 8.1mg、Zn 6.2mg 和 Cu 1.8mg。薇菜中还含有黄酮类、多糖、甾酮类、鞣酸等成分，使之具有杀虫、抗菌、抗病毒、提高免疫力、细胞修复等功效。薇菜能润肺理气、清热解毒、利尿镇痛，可治疗吐血、赤痢便血、子宫功能性出血、遗精等症状，具有很高的药用价值。薇菜富含的微量元素 Se 具有抗氧化作用，与维生素 E 共同保护细胞、抗癌防癌、增强人体免疫力，延缓衰老。薇菜与猪肝一起蒸熟食用可调治夜盲症；薇菜煨甜酒食用可调治鼻出血；薇菜、艾叶和防风煮汁可调治湿疹；薇菜与鸡蛋煮制可调治小儿疳积；薇菜煮汁可调治疟疾；鲜薇菜全草与精盐外敷可调治痔疮。

　　薇菜中含有活性多糖，具有显著的广谱抑菌活性，同时对疾病预防、生长代谢均有重要作用。由于多糖溶解所形成的胶体溶液，可以成为细胞表面的保护层，促使发炎的黏膜以及被干扰的黏液层恢复其功能作用，对抗菌消炎、护肤、生肌止痛也有显著功效。薇菜多糖是由葡萄糖、甘露糖、木糖和半乳糖所组成，其具有水泡创面修复的作用，还能有效抵抗疱疹、柯萨奇、埃可和流感等病毒；薇菜根茎中含有紫萁甾酮、蜕皮酮、间苯三酚、薇菜内酯及棕榈甲酯，其中间苯三酚具有杀虫功效；薇菜叶片对变形杆菌、金黄色葡萄球菌、绿脓杆菌、大肠杆菌、痢疾杆菌有明显抑制其生长繁殖的作用，尤其是对痢疾杆菌、金黄色葡萄球菌的抑菌效果最为突出。在薇菜幼叶上所被的绒毛具有促进细胞修复、凝血和抗菌等功效。

图 8-6　薇菜（1）

图 8-7　薇菜（2）

五、香椿的营养成分及功效

香椿又名香椿芽、香桩头、大红椿树、椿天等，在安徽地区也有叫春苗（如图 8-8 和图 8-9 所示）。根有二层皮，又称椿白皮，原产于中国，广泛地分布于长江南北地区，为楝科。落叶乔木，雌雄异株，叶呈偶数羽状复叶，圆锥花序，两性花白色，果实是椭圆形蒴果，翅状种子，种子可以繁殖。树体高大，除供椿芽食用外，也是园林绿化的优选树种。树皮粗糙，深褐色，片状脱落。叶具长柄，偶数羽状复叶，长 30～50cm 或更长；小叶 16～20，对生或互生，纸质，卵状披针形或卵状长椭圆形，长 9～15cm，宽 2.5～4cm，先端尾尖，基部一侧圆形，另一侧楔形，不对称，边全缘或有疏离的小锯齿，两面均无毛，无斑点，背面常呈粉绿色，侧脉每边 18～24 条，平展，与中脉几成直角开出，背面略凸起；小叶柄长 5～10mm。圆锥花序与叶等长或更长，被稀疏的锈色短柔毛或有时近无毛，小聚伞花序生于短的小枝上，多花；花长 4～5mm，具短花梗；花萼 5 齿裂或浅波状，外面有绒毛；花瓣 5 片，白色，长圆形，先端钝，长 4～5mm，宽 2～3mm，无毛；雄蕊 10 枚，其中 5 枚能育，5 枚退化；花盘无毛，近念珠状；子房圆锥形，有 5 条细沟纹，无毛，每室有胚珠 8 颗，花柱比子房长，柱头盘状。蒴果狭椭圆形，长 2～3.5cm，深褐色，有小而苍白色的皮孔，果瓣薄；种子基部通常钝，上端有膜质的长翅，下端无翅。花期 6～8 月，果期 10～12 月。

香椿在传统中医中被称为"香铃子"，其味苦、性温，有消炎、解毒、杀虫之功效。除此之外，香椿还含有丰富的营养成分以及一些能调控机体代谢、生长发育的生物活性成分，可作为一种理想的保健食材。目前，香椿作为经济林在河南、山东、河北、陕西、安徽等地广泛栽培，亩产量平均 5000kg，每年产值数千亿元，并逐渐成为当地特色经济发展的支柱产业，为解决农民就业、经济收入以及区域发展提供了良好的保障。香椿含有多种营养成分，具有较高的营养价值，这些营养物质在维持机体健康中发挥着重要的作用。每 100g 香椿芽（干物质基础）中蛋白质含量为 5.7%～9.8%，水分含量约为 84%，碳水化合物含量约为 7.0%，粗纤维含量为 2.50%～2.78%，这些营养物质的含量在同类蔬菜中都居于前列。其中香椿蛋白质粗提物不仅可以促进小鼠血清超氧化物歧化酶和谷胱甘肽过氧化物酶活性的升高，而且还会影响小鼠的非特异性免疫系统，对促进机体免疫系统的发育意义重大。另外，香椿芽中微量元素和维生素含量在同类蔬菜中也居于前列，据有关研究表明，每 100g 香椿芽中矿物质和维生素含量为：磷 147mg、钙 96mg、钾 172mg、钠 4.6mg、铁 3.9mg、锌 2.25mg、铜 0.09mg、维生素 E 0.99mg。干香椿叶中 27.43% 为氨基酸，主要有甲硫氨酸、缬氨酸、异亮氨酸等 16 种氨基酸，其中必需氨基酸占总氨基酸的 32.45%，谷氨酸与天冬氨酸等呈味氨基酸占氨基酸总量的 49.62%，这也是香椿食用起来特别鲜美的原因之一。

香椿作为一种传统的中草药，除了含有丰富的营养成分之外，还含有一些能调控机体代谢、生长发育的生物活性成分。随着近年来人们对香椿化学成分研究的不断深入，香椿中的黄酮类化合物、酚类化合物和萜类化合物已经研究得比较深入和透彻。研究发现香椿叶提取物的各个组分均含有抗氧化活性，并且存在着剂量效应关系，其中乙酸乙酯相和正丁醇相的抗氧化能力较强。其抗氧化的原因可能是香椿叶中含有多种抗氧化的活性物质，如多酚、黄酮、水溶性多糖等。香椿组织中提取的黄酮类物质对·OH 和 DPPH 有较强的清除能力，黄酮类提取物还能提高血清中 SOD 的活性，降低丙二醛含量，对于氧化应激损伤有一定程度的保护作用。有研究测定香椿叶中的膳食纤维清除自由基的能力，结果表明 2～10mg/mL 纤维素对于 DPPH 的清除能力较强，·OH 和 O_2·的清除率可达到 35.13% 和 27.38%。香椿的提取物还具有抑制肿瘤细胞生长的作用，有些物质通过诱导癌细胞凋亡达到抗癌的效果。香椿叶提取物中的活性物质发现，多酚类成分对于糖尿病的关键酶有抑制作用，预防糖尿病和肝硬化。香椿叶中提取出的多酚、三萜皂苷等皂苷类对于细菌有一定的抑制作用；香椿提取物如槲皮素具有预防和治疗炎症性疾病的作用；香椿提取物是一种改善雄性精子和睾丸功能的有效药物，机体内氧化应激产生的 ROS 与雄性不育有关，而香椿提取物可以抑制 ROS 水平，维持膜电位，并且可以在氧化应激下恢复精子活力。除上述功能外，香椿提取物还具有抗凝血、抗痛风、脑缺血再灌注损伤保护等生物学功能。

图 8-8　香椿（1）

图 8-9　香椿（2）

六、柳蒿芽的营养成分及功效

柳蒿芽系菊科多年生草本植物柳蒿的嫩芽，多年生草本（如图 8-10 和图 8-11）。野生柳蒿芽通常生长在河岸湿地、沼泽等地，在中国的东北、华中、华北地区的低洼潮湿的沟边、湿草甸、林灌丛下、草滩地等均有野生柳蒿芽的分布，其中大兴安岭南北是中国野生柳蒿芽的代表性产地之一。柳蒿芽主根明显，侧根稍多；根状茎略粗，直径 0.3～0.4cm。茎通常单生，稀少数，高 50～120cm，紫褐色，具纵棱，中部以上有向上斜展的分枝，枝长 4～10cm；茎、枝被蛛丝状薄毛。叶无柄，不分裂，全缘或边缘具稀疏深或浅锯齿或裂齿，上面暗绿色，初时被灰白色短柔毛，后脱落无毛或近无毛，背面除叶脉外密被灰白色密绒毛；

基生叶与茎下部叶狭卵形或椭圆状卵形，稀为宽卵形，边缘有少数深裂齿或锯齿，花期叶萎谢；中部叶长椭圆形、椭圆状披针形或线状披针形，长 4～7cm，宽 1.5～2.5cm，先端锐尖，每边缘具 1～3 枚深或浅裂齿或锯齿，基部楔形，渐狭成柄状，常有小型的假托叶或无假托叶；上部叶小，椭圆形或披针形，全缘，稀有数枚不明显的小锯齿。头状花序多数，椭圆形或长圆形，直径 3～4mm，具短梗或近无梗，倾斜或直立，有小型披针形的小苞叶，在各分枝中部以上排成密集的穗状花序式的总状花序，并在茎上半部组成狭窄的圆锥花序；总苞片 3～4 层，覆瓦状排列，外层总苞片略小，卵形，中层总苞片长卵形，背面疏被灰白色蛛丝状柔毛，中肋绿色，边缘宽膜质，褐色或红褐色，内层总苞片长卵形，半膜质，背面近无毛；雌花 10～15 朵，花冠狭管状，基部稍宽，檐部具 2 裂齿，花柱长，伸出花冠外，先端 2 叉，叉端尖；两性花 20～30 朵，花冠管状，檐部外反，花药披针状线形，先端附属物尖，长三角形，基部有短尖头，花柱与花冠等长，先端 2 叉，花后外弯，叉端扇形并有睫毛。瘦果倒卵形或长圆形。花果期 8～10 月。

柳蒿芽每 100g 鲜品中含蛋白质 3.7g、脂肪 0.7g、碳水化合物 9g、粗纤维 2.1g、胡萝卜素 4.4mg、维生素 B 20.3mg、烟酸 1.3mg、维生素 C 23mg。每 100g 干品中含钾 1960mg、钙 950mg、镁 260mg、磷 415mg、钠 38mg、铁 13.9mg、锰 11.9mg、锌 2.6mg、铜 1.7mg。味苦性寒，具有清热解毒，破血行淤，下气通络之疗效。柳蒿芽被认为是"清热解酒"的绝好绿色蔬菜。柳蒿芽是一种可以药食两用的植物，它不仅可以被加工成多种色香味俱佳的菜肴，还具有降血压、降血脂、清热解毒、养肝健脾等多种功效，对高脂血症、糖尿病、肝硬化、腹水等均有特殊的疗效和防治作用，甚至在毛发再生以及减肥健身上都有很明显的效果。所以，柳蒿芽被称为山野菜之冠、可食第一香草以及救命菜等。

图 8-10　柳蒿芽（1）

图 8-11　柳蒿芽（2）

柳蒿芽化学成分的研究报道较少。目前，从柳蒿芽中分离得到的化合物主要有黄酮类、香豆素等。柳蒿芽含有的黄酮类化合物是治疗心脑血管疾病、肝炎、高血压等疾病药物的重要成分，在防治癌症方面也很有价值。

七、茖葱的营养成分及功效

茖葱，为百合科（Liliaceae）葱属（Allium）多年生草本植物，别名隔葱、鹿耳葱，因其四季都有，耐寒且遇寒生长更茂盛，味辛辣如葱而又得名寒葱（如图8-12）。鳞茎单生或2～3枚聚生，近圆柱状；鳞茎外皮灰褐色至黑褐色，破裂成纤维状，呈明显的网状。叶2～3枚，倒披针状椭圆形至椭圆形，长8～20cm，宽3～9.5cm，基部楔形，沿叶柄稍下延，先端渐尖或短尖，叶柄长为叶片的1/5～1/2。花葶圆柱状，高25～80cm，1/4～1/2被叶鞘；总苞2裂，宿存；伞形花序球状，具多而密集的花；小花梗近等长，比花被片长2～4倍，果期伸长，基部无小苞片；花白色或带绿色，极稀带红色；内轮花被片椭圆状卵形，长5～6mm，宽2～3mm，先端钝圆，常具小齿；外轮的狭而短，舟状，长4～5mm，宽1.5～2mm，先端钝圆；花丝比花被片长1/4至1倍，基部合生并与花被片贴生，内轮的狭长三角形，基部宽1～1.5mm，外轮的锥形，基部比内轮的窄；子房具3圆棱，基部收狭成短柄，柄长约1mm，每室具1胚珠。花果期6～8月。

茖葱始载于《尔雅》，其性微温、味辛、无毒，归肺经。具有止血、散瘀、化痰、止痛的功效，食之能治赤白痢、肠炎、腹泻、胸痹诸疾，亦可用风寒感冒、呕恶胀满等症，被誉为"菜中灵芝"。茖葱分布于亚洲、欧洲以及美国西部和北部等地区，在我国分布于东北地区及山西、内蒙古、陕西、甘肃（东部）、四川（北部）、湖北等多个地区，但数量均少，分布稀疏。在长白山，茖葱分布在山脉海拔500～1000m阴坡山林中，目前在吉林省内的敦化、长白、安图及辽源地区有少量分布。茖葱可食，是一种珍稀山野菜，其营养丰富、风味独特，是无污染的天然绿色食品。

自古以来，除了为人们所食用外，还把茖葱作为一种珍贵的药草而广泛利用。迄今为止，日本、韩国、乌克兰、俄罗斯等国外学者对国外产茖葱的化学成分、药理作用、起源、地理分布等方面进行了较为深入的研究。结果发现茖葱的化学成分十分丰富，包括含硫类、黄酮类、甾体类、生物碱类、糖类等物质；药理活性也很广泛，包括抗炎、抗氧化、保护心血管系统、抑菌等作用。

图 8-12　茖葱

第二节 老山芹的贮藏加工技术

新鲜老山芹的采摘因具有季节性，采集时间相对集中，一般上市时间较短，而且采摘后，保鲜、保质性差，会发生萎蔫变软、失绿、脆性下降并纤维化，品质下降，商品性差，难以满足市场需求，严重影响其经济效益。随着国家对于林下资源的重视，育种、栽培业的高速发展，目前已解决各项限制种植因素，并在中国黑龙江省地区大面积种植推广，资源十分丰富。但在老山芹的贮藏保鲜方面，认识度还不够高，研究较少。据统计，我国森林蔬菜在采摘和贮藏过程中损失率达20%～30%。要解决森林蔬菜在采收及贮藏中存在的难题，唯一解决途径就是进行保鲜贮藏技术的研究。随着人们对于健康饮食、以食养生等生活方式的推崇，老山芹这种植物将会逐渐被人们重视，针对老山芹贮藏加工技术的研究就会变得尤为重要。现阶段对于老山芹贮藏加工技术的研究较少，保鲜处理方式大致分为热处理、冷处理和化学处理，贮藏加工方式大致分为腌渍、罐制和制作成即食产品。

一、热处理

1. 烫漂

老山芹的热处理方式通常为烫漂，或烫漂与其他保鲜方式相结合。烫漂加工可以钝化叶绿素酶和脂肪氧化酶等酶的活性，抑制氧化变色和酶解脱色反应。烫漂后老山芹体积缩小，迫使老山芹细胞内的空气逸出，老山芹的组织变得柔软且少有弹性，制品透明度增加，同时使得其表面微生物失活，去除异味。由于老山芹菜体组织脆嫩，水分含量高，烫漂的条件特别是烫漂的温度及时间很难控制。目前老山芹烫漂的瓶颈体现在烫漂不足和烫漂过度两个方面。烫漂不足，老山芹菜体中酶的残留活性较高，在后续的加工处理过程中仍然会导致菜体的变色，影响菜体的质量；烫漂过度会降低老山芹的质构特性，影响其口感。有学者研究表明老山芹的最佳灭酶工艺：烫漂时间180s，烫漂温度90℃，料液比1∶11。在此条件下菜体的相对酶活性最低。

2. 热风干燥

老山芹主要生长于河岸湿草地等阴湿环境，含水量高、质地鲜嫩，收获后易腐烂变质，不易进行贮藏和运输。降低老山芹菜体内的水分含量也是延长其保质期的一种有效方式。干燥是除去新鲜食品原料中水分、延长其保质期的主要加工手段，干燥制品的低水活度能够抑制导致原料腐败变质的微生物的生长和繁殖，并使水分引起的变质反应达到最小化。干燥可以显著减轻食品原料的质量和体积，最大限度地减少包装、贮藏和运输成本。干燥产品的质量取决于所采取的干燥方式，不适宜的干燥方式会破坏原料中的活性物质。和冷冻干燥等方法相比，常压热风干燥仍是目前蔬菜脱水最常采用的方法，具有加工成本低、加工数量大的优点，但此法对产品质量影响较大。不同热风干燥温度对老山芹的干燥特性、成分和性质有显著影响。也有学者研究得出，老山芹最适宜的热风干燥温度为60℃，在此温度下，可在快速干燥的同时最大程度地保持老山芹的成分、颜色和抗氧化性。

二、冷处理

1. 冷藏

温度是影响老山芹后熟和衰老的最重要的环境因素。在 5～35℃之间，温度每上升 10℃，呼吸强度就增大 1～1.5 倍。因此，低温贮藏可以降低山野菜的呼吸强度，减少山野菜的呼吸消耗。对呼吸高峰型的山野菜而言，降低温度不但可降低其呼吸强度，还可延缓其呼吸高峰的出现，但绝不能由此得出结论，认为贮藏温度越低，贮藏效果就越好。每一种山野菜都有它最适宜的贮藏温度，即贮藏适温，在此温度下，最能发挥山野菜所固有的耐贮性和抗病性，低于这个温度就可能导致冷害甚至冻害。一般老山芹置于 0℃左右或 0℃以下但达不到完整冻结的温度环境就会造成冻害，冻害的程度随着放置时间的延长而加重，冻害的老山芹的质地会发生改变，根茎的脆嫩口感将不复存在，冻害后的老山芹也易发生腐败变质，因此，需要找到合适的低温冷藏温度至关重要。适宜老山芹贮藏的温度一般是 4℃左右，在此温度下老山芹能保持固有的风味，叶片黄化时间也可得到有效延长，大致可以贮藏 4～5d。

2. 速冻

由于老山芹特殊的脆嫩质地和色泽难以保存，风味也容易散失，在要求贮藏时间较长的情况下，速冻是保藏老山芹的首选方式。速冻保鲜技术是指将产品置于低温的环境下，使得产品在少于 30min 的时间内迅速通过最大冰晶生成带，当产品的中心温度降低到 −18℃以下时速冻结束，速冻是果蔬保鲜一种常用的方法。液体的水固化为冰，体积会增加 9% 左右，对产品的细胞会有一定程度的损伤。多数的研究结果显示，冻结的速度对于产品的冰晶数量及体积具有显著的影响。当冻结温度较高冻结速度缓慢时，产品生成的晶核数目少、晶体体积大；当冻结温度较低冻结速度快时，产品生成的晶核数目多、晶体体积较小。冻结温度较高时生成的大的冰晶会对产品的细胞造成严重的损伤，出现细胞破裂、汁液外流，甚至风味消失等不理想的后果。速冻可以实现低温的快速冻结，生成的冰晶数量多、体积小且分布均匀，对组织及细胞的机械损伤较小。且由于细胞组织内外的结合水与自由水均可析出晶核，实现了相对平衡的细胞内外渗透压，进而对细胞造成的损伤更小，且较好地保留了产品的营养成分及感官状态。因此，目前果蔬的保鲜领域多采用速冻保鲜技术，并且部分水果蔬菜（草莓、西兰花等）的速冻保鲜技术目前已经较为成熟。有学者研究表明，老山芹的最佳速冻终温为 −30℃，在此条件下，老山芹内部冰晶体积小，冰晶的数量及体积处于理想状态，老山芹的水分、硬度、叶绿素、维生素 C 含量的损失都在可接受范围内，不会严重影响老山芹的感官质量，较好地维持了老山芹的固有特性，有良好的保鲜效果。

三、化学处理

化学保鲜方式主要是利用一些化学保鲜剂对老山芹进行处理，老山芹在采摘后，短期如果不进行有效的处理，极易腐烂变质，影响果蔬的运输与销售。添加保鲜剂能够控制其生理变化，延缓老山芹的氧化和褐变。保鲜剂主要分为化学保鲜剂和天然保鲜剂，由于现代人对于生活品质要求的提升，天然保鲜剂越来越受到人们的关注。目前，应用在老山芹贮藏保鲜的化学保鲜剂主要有氯化钙、海藻酸钠和 1-MCP 等。天然保鲜剂主要是从动植物、微生物中提取其抑菌、抗氧化等成分制作而成，可将其喷洒或涂膜在老山芹上，或将老山芹浸泡其中，以达到保鲜的目的。应用在老山芹贮藏保鲜的天然保鲜剂主要有茶多酚、川陈皮素、壳聚糖等。

老山芹贮藏保鲜所使用的化学保鲜剂可以起到良好的护绿和保脆效果，老山芹在贮存、加工过程中通常会出现色泽退化、黄化衰老的问题，进而影响菜体的质量，出现这种问题的根本原因是叶绿素的降解。在绿色蔬菜中叶绿素是植物呈现绿色的主要成分，作为光合作用的主要物质，叶绿素存在于植物细胞中叶绿体（植物光合作用的场所）的类囊体薄膜中。老山芹叶片中的叶绿素是由两部分组成：核心部分是一个卟啉环，另一部分是一个很长的脂肪烃侧链，称为叶绿醇。叶绿素中的卟啉环与镁离子的结合不够稳定，在不利环境下发生脱镁反应，鲜绿色转变成橄榄绿、暗绿甚至褐色。叶绿素的稳定性较类胡萝卜素的稳定性差，当老山芹所处的环境条件不适合时，叶绿素的合成速度降低，降解速度增加，使得叶绿素含量下降，而类胡萝卜素含量变化相对较小。当类胡萝卜素含量与叶绿素含量差别显著时菜体会呈现黄色，此为"黄化"现象的根本原因。在绿色蔬菜贮存、加工等过程中，乙烯含量的变化、光照强度的变化、温度的变化等均会对叶绿素的稳定性及含量造成影响，引起叶绿素含量的下降，使老山芹由绿变黄，导致菜体组织、细胞的衰老，失去新鲜感。老山芹采摘后生命活动旺盛，营养物质含量逐渐下降，最为显著的变化是叶褪绿黄化，使得老山芹无法长期贮藏，产业发展受到限制。因此延缓其黄化，减小其叶绿素损失率及延长其保鲜期就显得尤为重要。目前，老山芹护绿最佳工艺条件为 0.32g/L 叶绿素铜钠盐，0.95g/L 抗坏血酸，1.68g/L 茶多酚，600W 微波功率辅助老山芹护绿剂处理 2min；老山芹保脆最佳工艺条件为：海藻酸钠与氯化钙复配比例 1:1.8，保脆剂浓度（以浸泡液计）4g/L，浸泡时间 29min。1-MCP 又叫 1-甲基环丙烯，是一种环丙烯类含双键的小分子化合物，分子式为 C_4H_6，整个分子呈平面结构，具有比乙烯更高的双键张力和化合能。它是一种活性强、抑制效果好、时效长的乙烯抑制剂。在常温下呈气体状态，沸点约为 10℃，在液体状态下不太稳定。1-MCP 具有使用方法简便，低浓度即可取得很好抑制效果，易于合成且无色、无味、无毒副作用等优点，应用极为广泛。乙烯是通过与植物体内的金属物质受体相结合，吸附受体电子而进行的取代反应，形成一种活化态的复合体。1-MCP 也可以发生类似的反应，但是因为其本身双键结构具有更高的化合能，所以与受体金属物质结合紧密，形成活化态复合体的时间较长。1-MCP 通过与乙烯竞争结合金属物质受体，形成相对稳定的复合体，从而对乙烯起到抑制作用。1-MCP 能够抑制呼吸强度但不能推迟呼吸高峰的出现。有学者研究表明，对老山芹 1-MCP 处理的最佳浓度为 1000nL/L，在此浓度下能够更好地抑制老山芹乙烯的生成量，推迟乙烯峰值的出现。

天然保鲜剂对老山芹保鲜受到广泛关注，在冷藏过程中经常用保鲜袋或保鲜膜对老山芹进行包装，贮存期易发生结露现象，导致菜体变质，使得其保鲜期变短；腌制后老山芹的营养成分会发生损失，而且腌制过程中还易产生对人体有害的亚硝酸盐。新鲜老山芹的贮藏保鲜有严重的瓶颈，天然保鲜剂方便、安全，能够保证新鲜老山芹的营养价值和食用特点，极具发展前景。茶多酚是茶叶中多酚类物质的总称，其主要成分是儿茶素，含量占茶多酚的 60%～80%；茶多酚是一种天然的保鲜剂，具有抗氧化、抑菌的作用。与其他天然提取物相比，茶多酚表现出稳定的化学性质和与生物大分子的良好反应性，茶多酚的加入可以增强一些抑菌剂或食品包装的性能。川陈皮素是一种在柑橘皮中发现的甲基化的类黄酮，具有一定的营养价值，也有抑菌功能，川陈皮素对大肠杆菌和金黄色葡萄球菌均有良好的抑制作用。壳聚糖是一种天然多糖，其具有优异的生物降解性、生物相容性和抗菌能力，因此在生物医学、制药、食品保鲜、废水处理和眼科领域具有各种应用。壳聚糖及其衍生物是有效的抗菌剂。壳聚糖已被证明对革兰氏阳性和革兰氏阴性细菌、真菌甚至病毒具有活性。在酸性条件下，壳聚糖的葡糖胺单体的C2位带有正电荷。由于这种电荷，聚合物容易与带负电荷的微生物细胞膜相互作用，导致蛋白质和其他细胞内成分的泄漏。壳聚糖的浓度对微生物活性有重大影响。在较低的浓度（＜0.2mg /mL）下，聚阳离子壳聚糖结合至目标微生物的细胞表面并导致凝集。在较高浓度下，聚合物上更多的正电荷可能会使细菌细胞保持悬浮状态。壳聚糖可以保护水果免受过多的质量损失和减少与成熟有关的理化变化。目前这三种保鲜剂应用在老山芹保鲜中，王韵仪等人研究出最佳的保鲜剂配比为：茶多酚 0.7g /100mL，纳米二氧化钛 0.7g /100mL，壳聚糖 0.9g /100mL，可延长老山芹贮藏期 2～4d。

四、腌渍

腌渍可保持老山芹的风味和品质，有效地延长其保质期。短期贮存时，只需将老山芹洗净后，直接加 2%～2.5% 浓度的盐水浸泡（1kg 老山芹用盐水 20～25 g）即可。食用时用清水进行脱盐处理。贮存 6 个月以上的，要采用两次腌渍法。第一次腌渍时，用盐量为老山芹量的 20%～30%，浸渍 10d；第二次用盐量为老山芹量的 10%～15%，并以饱和盐水（水盐比 100：37）灌满缸后加盖压实，腌渍 10～15d 即可。食用或加工时要进行脱盐处理。

五、罐制

将经保鲜剂处理好的老山芹按一定的级别进行罐装，连同保鲜液一起，使保鲜液浸没老山芹，罐装的净重和水不溶性固形物要达到相关国家标准。罐装封口时要注意，并达到一系列灭菌标准。将罐装好的老山芹置于温度（5±1）℃下贮藏，10d 后，若无变色、腐烂等现象则为合格产品。

六、即食产品加工

国内市场上主要以鲜山野菜与腌渍软包装产品为主，国外市场除鲜山野菜与腌渍软包装、清水罐头等传统产品外还含有精加工类产品。可见国内外山野菜加工类产品主要以腌渍软包装与清水罐头为主，产品种类较为匮乏，缺少便于携带、方便食用的产品。现在对于山野菜为主料的研发产品较多，例如山野菜食用菌复合软包装罐头和山野菜保健饮品等产品。目前国内山野菜研发的品种多样，但都未超越传统加工产品的瓶颈，多以半成品为主，需要二次加工才可以食用，而现代人生活步调快，工作繁忙，往往不愿购买这种需加工的产品，更加青睐无需加工可立即食用的产品。因此摆脱传统加工产品的瓶颈，研制出一种满足现代人简单、便捷的生活方式的新兴产品成为了现在的研究重点。老山芹即食菜的加工通常是加入食盐、白糖、香油、各种香辛料等调味品制作而成。即食老山芹放置在 4℃ 的环境下可以保藏 40d 左右，不仅保证了较长的贮藏时间，保存了老山芹的固有风味，并且经过工艺调味，老山芹的口感风味更上一层楼，给老山芹附加了更多的经济价值。由此可见即食老山芹的研究前景十分广阔。

第三节　刺老芽的贮藏技术

刺老芽在常温下不耐贮藏，采后两天内即开始失水、风干、内容物大量消耗，严重降低了食用和经济价值。这是由于龙芽楤木可食用的部分是幼龄器官，采摘时正处于生长最旺盛阶段，各种代谢过程都最活跃，保护组织尚未完善，并且呼吸强度大，在常温下不断蒸腾脱水而又得不到水分补充就会产生风干的现象。在湿度较高的条件下贮藏，其呼吸作用会释放出大量的水汽，导致病菌滋生繁殖，芽体腐烂变质。我国所食用的龙芽楤木多采自山区，只在4～6月可以采收，季节性极强，即使在人工种植基地生产的龙芽楤木，若要延长市场供应，仍然存在贮藏保鲜的问题。因此，研究其有效的贮藏方法有助于提高龙芽楤木的商品价值。目前应用于刺老芽贮藏的方法主要有低温处理、热处理、化学保鲜处理和气调保鲜等。

一、低温处理

温度对果蔬贮藏期间生理生化过程的影响是极为显著的，在一定的范围内即使是降低1℃，对于抑制微生物的活性、减少果蔬贮藏期间的腐烂率、延长贮藏保鲜期等都具有重要的意义。低温对刺老芽贮藏期间的呼吸作用、营养物质的消耗以及酶的活性都有一定的抑制作用。刺老芽在贮藏过程中的后熟快慢及微生物的感染、腐烂变质、色泽的改变等生理作用和反应都是各种酶促反应的结果。而酶在很大程度上是受温度调控影响的。酶促反应从冰点开始随着温度的升高，反应速度呈加速度增加，但由于生物酶是由蛋白质构成的，温度过高容易导致酶的失活。一般情况下，新鲜刺老芽在低温下贮藏，各成分间的化学反应和酶促反应受到抑制，微生物的繁殖也被阻止，贮藏保鲜效果较好，因此低温贮藏是果蔬贮藏保鲜的一种常用方法。从植物生理学观点来分析，低温是不利于植物生长发育的逆境条件，温度升高，刺老芽的呼吸作用、蒸腾作用、水解作用、完熟老化作用、乙烯合成及对乙烯的敏感性都增强，并加速呼吸跃变的到来。在适宜的低温下上述生理变化减缓，衰老推迟，保鲜期延长，而不适宜的低温会影响刺老芽正常的生理活动，引起生理病害，反而不利于贮藏保鲜。要达到延长贮藏期的效果就必须找到最适宜的刺老芽贮藏温度。目前关于刺老芽的低温贮藏方式有两种，一种是低温冷藏，一种是速冻。

1. 低温冷藏

对刺老芽本身味道的追求在近年来成为主流，刺老芽虽然可加工成速冻产品、腌制产品、刺老芽汁等，但还是新鲜刺老芽的营养价值高、风味最好。若想达到刺老芽鲜食的目的，贮藏期间就应尽可能不破坏刺老芽的机体组织，要求保持其较高完整性。改变贮藏的温度可以尽量地延长其保质期，温度在0℃时是一个节点，当温度低于0℃以下时，刺老芽机体中的水分会发生冻结，破坏细胞结构，这就会造成鲜食刺老芽风味和口感的极大改变。较适宜刺老芽贮藏的低温冷藏温度为0～4℃。低温冷藏技术也在逐渐的深入发展，如与真空包装结合，形成真空冷藏技术。真空冷藏技术是一种能够保鲜刺老芽的有效方法，它能使产品的质量和营养价值得到保证，具有快速、均匀冷却的特点。目前，对真空冷却技术的研究在不断深入。经过真空预冷处理的刺老芽在呼吸强度和失重率方面，都要小于未预冷处理的刺老芽。这一技术适合在产地长期连续运行，使产品进行贮藏后也直接进入低温流通渠道。

2. 速冻

采后果蔬自身存在田间热以及进行呼吸作用后产生呼吸热，加速了果蔬在贮藏过程中的生理生化变化，使果蔬的贮藏品质和理化特性降低。因此，尽快除去田间热和呼吸热是果蔬贮藏保鲜的关键。目前速冻加工技术在食品尤其是植物性食品保鲜领域被广泛应用。液体的水固化为冰，体积会增加9％左右。速冻过程中速冻终温较低，冻结速率较快，产品生成的晶核数目多、晶体体积较小，而且，由于细胞组织内外的结合水与自由水均可析出晶核，尽量减少了细胞内外渗透压的较大变化，形成的较小冰晶对食品细胞组织结构的损伤较小。当速冻条件较为合适时，即便在食品解冻后，大部分速冻食品的水分仍会保留在速冻前的位置，使得食品在速冻前后，细胞内外的水分分布、结合很小，因此速冻可以很大限度地保留食品原有风味与品质。速冻刺老芽可以保存较长的时间，且对菜体结构的影响较小，若想达到长时间贮藏刺老芽的目的，速冻是一个非常方便可行的贮藏方法。刘茜茜等人的研究表明，刺老芽最适宜的速冻终温为$-30℃$，解冻后菜体呈现褐绿色，菜体相对硬挺，表现一定程度的萎蔫，水分损失相对较小。低于这个温度会导致速冻处理的刺老芽温度下降速率快，较快地通过最大冰晶生成带。冻结过程造成质地下降的主要原因是快速降温体积不均匀收缩，细胞水分外渗引起脱水损伤，以及水结成冰体积膨胀对细胞造成机械损伤。而在最佳温度以上的温度作为刺老芽的速冻终温时，由于速冻终温相对较高，菜体较为缓慢地通过最大冰晶生成带，在此期间，菜体细胞内的水分外渗，细胞外冰晶体积逐渐增大，增大的冰晶使大量的刺老芽细胞壁受损，细胞内外的渗透压差逐渐变大，导致其质地较差，从而影响刺老芽的食用口感。

二、热处理

热处理的主要目的是杀死或抑制病原菌的活力，降低酶的活性，来达到贮藏保鲜的效果。目前，热处理的作用机理尚未完全研究清楚。大多数的学者认为植物组织处于热胁迫下发生热激反应，可导致一小部分特殊蛋白质的形成和积累，即所谓的热激蛋白，从而减轻或抑制某些果蔬冷害的发生，降低某些氧化酶如苯丙氨酸氧化酶、多酚氧化酶与过氧化物酶的活性，抑制组织褐变。植物体中热激反应最适诱导温度因品种而异。热处理作为一种无公害的贮藏方法，可以延缓刺老芽的成熟衰老。但不适当的热处理会造成刺老芽组织的伤害，因此在生产实际应用时，选择适当的热处理温度和时间尤为重要。在贮藏过程中，随着刺老芽自身的衰老，细胞膜透性增加，为刺老芽贮藏过程中褐变的发生创造了条件。经过热处理的刺老芽多酚氧化酶活性会明显降低，降低刺老芽的呼吸强度，使多酚类物质与氧气接触的机会减少，热处理通过降低与衰老有关的酶活性来达到延长贮藏期的效果。但若热烫温度过高，会发生热伤害，降低刺老芽的抗病性，不仅对延缓刺老芽衰老、保持品质无作用，反而会增加刺老芽贮藏后期的腐烂和失重的发生。最适宜的刺老芽热烫温度为$35\sim40℃$，热烫时间为10min。

三、化学保鲜处理

在贮藏期间，新鲜刺老芽容易出现变质、萎蔫、褐变等不良现象，影响其产品质量。随着消费者对食品安全要求的提高，刺老芽化学保鲜剂的选择更注重高效无害、安全性高，以此来保证其品质，并延长其保鲜期。目前对刺老芽贮藏保鲜使用的有效物质有茶多酚、川陈皮素、羧甲基纤维素钠、壳聚糖、邻羟基苯甲酸、赤霉素等，常用的刺老芽护绿剂有柠檬酸、抗坏血酸、氯化钙等。茶多酚和川陈皮素都是从天然物质提取出的成分，具有抗菌、抗氧化的活性。羧甲基纤维素钠和壳聚糖的水溶液都具有黏性，有良好的成膜性能，常常用作可食用涂膜，应用于刺老芽的涂膜具有良好的性能，壳聚糖还有抑制微生物生长的功能。刘欢等人研究表明，壳聚糖魔芋粉复配保鲜液对刺老芽的保鲜效果显著，壳聚糖及其衍生物、羧甲基纤维素和甘油的复合膜液可以维持刺老芽的品质；茶多酚、川陈皮素和羧甲基纤维素钠复合膜液可有效地延长刺老芽的贮藏时间。邻羟基苯甲酸是一种简单的酚类化合物，广泛存在于高等植物中，参与调节植物的生理生化过程，如植物开花、产热、气孔关闭、膜通透性及离子的吸收等，因此有人认为邻羟基苯甲酸及其盐类是一类新的植物激素。邻羟基苯甲酸在植物抗病反应中也起到重要作用，被认为是诱发植物系统获得抗病性的信号物质，能诱导多种植物对病原物产生抗性。邻羟基苯甲酸也是乙烯生物合成的一种新的有效抑制剂，在适宜的浓度下可以有效地抑制 1-氨基环丙烷-1-烷酸（ACC）向乙烯的转化。赤霉素是已公认的 5 种植物激素中种类最多、生理功能最广的一种。作为一种具有强生理活性的生长调节物质，对于果蔬的贮藏保鲜有一定的作用。果蔬采后贮藏期间，内含物质发生一系列变化，导致细胞壁完整性被破坏，果实硬度下降，果实品质降低。赤霉素可以促进细胞扩大，使细胞壁的可塑性增加，赤霉素在诱发细胞生长的同时，也加强了细胞壁聚合物的生物合成，促进了 RNA 和蛋白质的合成。赤霉素通过影响过氧化物酶活性而延缓植物的衰老，延缓叶片膜脂的降解。同时参与植物组织木质部的形成，有改善果蔬品质、延长果蔬贮藏性的作用，赤霉素在控制呼吸作用和抑制果蔬色泽变化上作用尤为显著。曹家树等人的研究表明，浓度为 50mg/L 的赤霉素贮藏刺老芽的效果最好。观察刺老芽的新鲜程度，就感官来说，最直观的就是观察刺老芽的颜色，通常新鲜刺老芽的根部呈嫩绿色，叶片部位呈深绿色，放置时间过长刺老芽的颜色就会发生变化，叶片部的颜色会逐渐加深，直至发黑腐败变质。蔬菜的色泽也决定了其新鲜程度和品质的好坏，因此，对刺老芽护绿剂的研究就很有必要。目前的刺老芽护色研究通常是与灭酶工艺结合，降低多酚氧化酶的活性可延缓刺老芽黄化的时间。钟宝等人研究得出刺老芽的最佳护色工艺参数为漂烫时间 1.5min，漂烫温度 90℃，抗坏血酸添加量 0.2%，柠檬酸添加量 0.5%。保鲜剂最佳配方为海藻酸钠添加量 0.06%，过氧化钙添加量 0.02%，氯化钙添加量 0.06% 和亚硫酸钠添加量 0.09%。

四、气调保鲜

气调保鲜是指利用透气性聚合薄膜来包装仍进行着呼吸作用的果蔬，依靠薄膜的透气性能调节包装内的 O_2 和 CO_2 浓度，从而延长果蔬的货架期。气调保鲜技术可以最大限度地保持果蔬采摘时的新鲜度，减少营养成分的损失，延长产品保鲜期并且无公害。通常是在气调包装内制造并维持一个最佳的微气体环境（通常低 O_2 或高 CO_2）以影响被包装果蔬的代谢作用或引起品质劣变的微生物的活动，降低果蔬的呼吸速率，减少乙烯的产生，延迟软化和发生在果蔬内部的变化来达到增加可贮藏性或延长货架期的目的。除了气体成分的改变之外，气调保鲜极大地提高了水分的保持力。此外，包装将刺老芽同外部环境隔绝起来，有助于保证即使在未消毒的情况下，至少也能减少刺老芽与病原体和污染物的接触。传统的气调保鲜采用 PE 袋进行包装，包装后的刺老芽在贮藏过程中，由于透气性差，袋内的相对湿度较高，这虽然抑制了刺老芽的失水，但是水汽在刺老芽表面凝结，导致微生物及细菌滋生，腐烂率较高。有时候会采用打孔的办法，有研究表明，打孔后的 PE 包装袋要比完整的 PE 包装袋的保鲜效果更好，蛋白质、维生素 C 和还原糖等物质的含量提高了两倍以上。气调保鲜也可以结合其他抑菌材料综合利用，例如将气调保鲜的包装袋内部涂膜，也可以延长刺老芽的贮藏时间。

第四节　蕨菜的贮藏技术

蕨菜是一种季节性强、采收时间短的蔬菜，一般集中于每年的 4～6 月采收，所以需要对蕨菜进行保鲜加工才能延长蕨菜的货架期。蕨菜多数产自山野，加之营养丰富，保健价值独特，国内外市场需求一直很旺。但蕨菜只在春季可采，只有对其进行保鲜加工才能保证全年供应。在加工方面，蕨菜可通过腌制、盐渍、干制、速冻、制作罐头等方法对其进行加工，保鲜方面则可通过护色、保脆、防腐等处理方法。目前蕨菜保鲜的研究可分为化学法和物理法，包含化学保鲜、干燥保鲜、冷藏保鲜和气调保鲜等。

一、化学保鲜

在蕨菜护色过程中常用的化学物质主要有钙盐、锌盐、铜盐、亚硫酸钠及柠檬酸等。钙盐、锌盐和铜盐能够取代脱氢叶绿素中的氢，生成相应的金属络合物而恢复为绿色；亚硫酸钠作为还原剂，既可直接作用于酶本身，降低其对酚类物质的催化能力，又能与褐变反应产生的醌类结合生成无色物质；钙盐作为保脆剂，是因 Ca^{2+} 与细胞壁上的可溶性果胶酸反应生成果胶酸钙，加强了果胶分子的交联作用并形成凝胶，增加了组织的硬度；柠檬酸能够使酚酶反应体系偏离最适 pH，络合多酚氧化酶（PPO）辅基 Cu^{2+}，有效控制其活性，抑制其褐变。然而，单独化学处理在蕨菜的护色保鲜中很少，一般是和热处理联合进行。化学保鲜剂处理的蕨菜可以进行罐装或袋装，将杀菌后的蕨菜捞出立即装罐，并注满保鲜液（保鲜液配方为：野生蕨菜 2 号保鲜剂 0.2%，苯甲酸钠 0.1%，山梨酸钾 0.1%），并用柠檬酸将溶液 pH 值调至 3.5，于室温下密闭贮藏 60d。蕨菜不会出现腐败变质的现象，保鲜液清澈、蕨菜色泽紫红鲜艳，取出蕨菜漂洗后烹而食之，口感脆嫩，蕨菜滋味浓郁、无异味，保鲜效果较好。

二、干燥保鲜

由于蕨菜自身特性和生长的季节性，鲜贮比较困难，故干燥是其贮藏的有效途径之一。作为一种传统食品贮藏方式，干燥主要是通过不同方法使物料脱水后具有较长的保质期。除传统的热风干燥方式外，现已有真空干燥技术，以及真空与冷冻、微波等技术联合应用于蕨菜的干燥。

1. 真空干燥

蕨菜真空干燥过程可以大致分为初始、恒速及降速三个阶段，其干燥曲线呈幂指数下降的趋势；另外，真空干燥单位时间内脱水速率、蛋白质和维生素 C 保存率及产品复水指标均优于热风和远红外干燥，且耗能也低于热风干燥。马博等人研究发现，蕨菜真空干燥的最佳工艺为温度 58.7℃，真空度 0.072MPa，物料厚度 12mm。

2. 真空冷冻干燥

与热风干燥等方式相比，真空冷冻干燥技术能够保持食品的原有形态，可保留新鲜食品的色、香、味及营养成分，不易氧化变质，且产品膨化性、速溶性和复水性较好。真空冷冻干燥可以保持鲜蕨菜的固有色泽和组织状态，使干品也具有鲜蕨菜的风味和香气。最佳蕨菜真空冷冻干燥工艺为预冻速度为 1.5℃/min，时间 2.8h，终了温度－28℃，物料装载量在 2.70～3.15kg/m²，加热板温度在 38～42℃，升华干燥 2.7～3.6h，解析干燥 0.8～1.0h，干燥室真空度 20～50Pa。研究蕨菜真空干燥过程中升华干燥阶段恒压法与循环压力法对冻干速率及制品复水率的影响，结果表明：循环压力法可以节时 1.5h，有效提高了蕨菜冻干速率，但复水率不及恒压法。以冷冻干燥过程中参数改变对蕨菜维生素 C 含量的影响，判断最佳工艺参数为隔板加热温度 42.5℃，干燥室压力 55Pa，物料厚度为 16.3mm。

3. 微波真空干燥

介电微波干燥可以实现物料内外同时加热，改变了传统由表及里的加热方式，极大提高了干燥速率，缩短了干燥时间，更好地保留果蔬营养成分和风味物质，具有节能环保、质量优良等特点。微波干燥干制后的蕨菜呈草绿色，表面有光泽、粗脆，与真空干燥相比，维生素 C 损失率较低。微波干燥蕨菜的最佳工艺是 60℃、2450MHz 微波干燥 12min。与真空干燥相比，蕨菜微波真空干燥时，干燥速率受微波功率影响高于真空度，其干燥速率高于热风干燥和真空冷冻干燥，干燥时间较前两者短，且微波真空干燥蕨菜整体品质与真空冷冻干燥产品接近，明显优于热风干燥的品质。

三、冷藏保鲜

1. 低温冷藏

低温处理是蕨菜保鲜的良好方法之一，它能最大限度地保持蕨菜原有风味和品质。低温贮藏是指 0℃ 以上的贮藏，研究指出，选择适宜的冷藏条件是确保速冻蕨菜品质的重要环节。蕨菜采后进行低温冷藏可起到一定的保鲜作用，但低温冷藏的温度较其他冷藏技术相比与环境温度相差不是很大，保质期最短，对过氧化物酶的影响较小，蕨菜的贮藏期相对于其他冷藏保鲜技术要短。

2. 微冻

微冻是指在生物冻结点以下 1~2℃ 的温度下进行贮藏，温度通常处于 -5~0℃。冷藏技术（-18℃ 以下贮藏）能够长时间地贮藏果蔬，并保持较好的品质。但是冰冻通常会对物质结构造成破坏，而且耗能高，不利于节约经济成本。低温贮藏保鲜期较短，不利于蕨菜的长距离运输、销售。而微冻技术则能够平衡这个问题，在微冻条件下，不同于冷冻的快速冻结，生物处于缓慢冻结，组织伤害减小，并较低温贮藏能够大幅度延长贮藏期，适宜产品的贮藏、运输、销售等环节。

3. 冻藏

冻藏果蔬能够减少酚类物质、纤维素、矿物质以及挥发物质等多种营养物质的损失。刘开华等人的研究指出，选择适宜的冻结条件是确保速冻蕨菜品质的重要环节，过氧化物酶是引起速冻蕨菜风味流失的主要酶，此酶活性的存在是速冻果蔬质量下降的关键原因。蕨菜采后进行慢冻可起到一定的保鲜作用，主要是由于慢冻形成的大冰晶本身会使细胞内的过氧化物酶失活，且冻结速度慢，冻结过程中大量胞内液向胞外渗透，胞内未冻液高离子强度可能会造成过氧化物酶活性下降。冻藏蕨菜的质量取决于两个过程，一个是降温过程，另一个是贮藏过程。在降温过程中，若操作条件适当，生成的细小冰晶对蕨菜组织细胞的损伤就会较小，但若后期贮藏条件（温度等）不当，就会引起冰晶的长大，从而加剧对细胞的机械损伤。所以，要提高冻藏蕨菜的质量，必须在解决好降温过程中结晶问题的前提下，更好地控制蕨菜在贮藏过程中冰晶变大的问题。为避免冻藏中冰晶的再生给细胞结构造成的损害，蕨菜的冻藏温度最好选择速冻结束时蕨菜的终温，上下波动幅度最好不超过 2℃，这样才能更好地保证冻藏蕨菜的质地、持水能力以及营养成分免受大的损害。

四、气调保鲜

气调保鲜主要是通过改变果蔬贮藏环境中的 CO_2、O_2 和 N_2 比例，降低呼吸强度、减少自身消耗而达到保鲜目的。在与食物接触时，O_2 可以促进氧化反应和腐败微生物的生长，因此，对于新鲜水果和蔬菜而言，较低水平的 O_2 和较高水平的 CO_2 或 N_2 是所期望的果蔬保鲜的环境。同时也会使用一些惰性气体参与气调保鲜，包括氩（Ar）、氦（He）、氖（Ne）和氙（Xe），但这些惰性气体的成本相对较高，所以应用范围较少。CO_2 对气调保鲜也有一些负面影响，它可以在水中高度溶解，导致碳酸的生成并随之增加酸度，并且顶部空间体积的减少可能会导致气调包装破裂。N_2 在水和其他食物成分中具有低溶解度，且会抑制好氧微生物的生长。氩气也可以调节果蔬的贮藏活性，可以减少微生物的生长并提高新鲜农产品的质量。由于它在水中的溶解度增加，并且似乎干扰了酶的氧受体位点，从而降低了果蔬的代谢活性。上述气体可以单独或联合使用以平衡产品的代谢活性。

适宜的 CO_2 和 O_2 浓度有利于采后蕨菜维持较高的过氧化物酶和多酚氧化酶活性，缓解蕨菜体内活性氧自由基 O_2 和 H_2O_2 等的积累，减少丙二醛含量的积累，从而影响呼吸强度和乙烯释放量，降低活性氧自由基对细胞膜的伤害。郭衍银等人的研究表明，最好的气体组合为 2％的 CO_2 和 6％的 O_2，其次为 6％的 CO_2 和 10％的 O_2，这些组合能很好地保存蕨菜中维生素 C 含量，可使蕨菜保鲜 15d 以上。

五、其他保鲜加工方法

1. 盐渍

盐渍是将新鲜蕨菜经过初腌（鲜蕨菜与盐交互层叠于容器，用盐量一般为蕨菜质量的 30％左右，然后密封容器或以重物压住，腌制 10d 左右倒罐）和复腌（方法与初腌相同，用盐量为蕨菜质量的 10％～15％，再用盐水灌满容器，密封 10～15d），一般共需腌制 20～25d，腌制好的蕨菜手感柔软，色泽与新鲜蕨菜相近。1t 新鲜蕨菜可出盐渍菜 0.6～0.7t，产量较高。

2. 热烫

用热烫方法破坏蕨菜中的叶绿素酶、多酚氧化酶及过氧化物酶等酶的活性，可防止蕨菜变色和老化，并杀灭部分有害微生物。孙静等人的研究表明：热烫温度 95℃时间 3min，已能使蕨菜中的抗坏血酸氧化酶和多酚氧化酶完全失去活性，防止酶促褐变。同时，可以防止叶绿素的分解，减少蕨菜的膨压，增大其细胞膜的透性，杀灭部分微生物及病虫害，减缓蕨菜的老化程度。另外，随着烫漂温度的增加，蕨菜的褐变程度减轻，当烫漂温度≥95℃时，蕨菜在 24h 后都不会褐变。这主要是由于温度越高，蕨菜中叶绿素酶在相同的时间内失活越多。但叶绿素在高温下很不稳定，极易被破坏和分解，因此在漂烫过程中加入柠檬酸和氯化钠可进行护色处理。

3. 可食性涂膜

可食性涂膜能够在果蔬表面形成一层薄膜，既可防止细菌侵染，又能在其表面形成一个小型气候室，减少水分挥发，减缓呼吸作用，推迟生理衰老。壳聚糖作为常用的蕨菜可食性涂膜材料，能够保持蕨菜中的含水量和维生素 C 含量，延缓褐变的发生，具有较好的保鲜效果。通常还会使用一些壳聚糖复配剂。如廖晓珊等人向壳聚糖中加入竹醋液等其他保鲜剂，复合可食性涂膜可以基本保持蕨菜原有风味和营养成分，有效延长货架期。

4. 袋装

将经脆化处理好的蕨菜充分沥干水分，按长短一致装入保鲜袋中，每袋净重 300～

350g。蕨菜袋装后用抽真空封口机密封，封口机工作真空度应大于 0.07MPa。封口时若袋口有水珠应立即擦干，封口后及时检查，不符合要求的应重新装袋，再进行封口处理。将封好口的蕨菜置于温度（5±1）℃下贮藏，10d 后，若无变色、腐烂等现象，则为合格产品。

5. 浸水

水分对野生蕨菜采后纤维化有显著的影响，浸水贮藏可以减缓纤维化的速度，达到保鲜效果。这主要是因为采摘后蕨菜用蒸馏水浸泡处理可使总黄酮含量降低。李荣峰等人的研究表明，用不含任何离子的双蒸水浸泡处理新鲜蕨菜切断 3h，蕨菜中总黄酮的含量约降低 20%。植物叶片含水量与叶类黄酮含量呈负相关。含水量低时，一方面细胞干物质含量相对较高，光合产物及其转化产物使叶类黄酮合成的直接前体物质浓度提高；另一方面能促进叶片细胞的成熟与衰老，这有利于次生代谢物的叶类黄酮的积累。可能蒸馏水浸泡对蕨菜细胞具有溶胀作用，提高了细胞内的含水量，不利于类黄酮的合成和积累。

第五节　薇菜的贮藏技术

薇菜质地脆嫩、食味鲜美，是目前国内外市场畅销的纯天然绿色食品，也是我国近年来出口日本等国的山野菜之一。目前，对于薇菜的保鲜方式主要是脱水制成薇菜干后再进行其他处理，所加工成的食品有薇菜软罐头、软包装水煮薇菜和即食薇菜等。

1. 干制

精选，将采回（收购）来的薇菜去掉卷头、绒毛及基部老化部分，挑除虫蛀、变质的薇菜以及其他杂物，按粗细分级，并用冷水浸湿以防老化。注意当天采摘的薇菜要当天加工完毕。

焯制，锅内加水并烧开，再把精选好的薇菜放入锅里，注意让水没过薇菜。然后大火将水烧开，边焯制边翻动，使菜受热均匀。开锅后 4min 左右，可捞出一根试着从基部顺长撕开，如能撕到头便为焯好，即可捞出。否则，还需要继续焯制。一锅水一般可以焯制 3～4 次。菜焯好要立即摊开晾晒或放入冷水中冷却至常温时捞出。

晾搓，将焯制好的菜及时摊放在干净的席子上，置于向阳通风处晾晒。当晒至紫红色时，翻过来晒另一面，当整条均变为紫红色时就可进行揉搓了。第一次揉搓要轻一些，注意不要揉破表皮或揉断薇菜。以揉搓薇菜梗变软为度，然后置于阳光下晾晒，边晒边搓揉几次。一般当晒至薇菜梗表皮萎缩时进行第二次揉搓，表皮有明显皱褶时进行第三次揉搓，菜半干时再进行第四次揉搓。揉搓时力度要逐次加重，次数越多越好，这样可起到排出水分的作用。每批薇菜须揉搓 7 次以上才可达到优质产品的要求。

烘干，薇菜采回后若遇阴雨天，应同样进行精选和焯制，以保持菜的脆嫩。焯制好的薇菜摊放在能滤水的簸箕或席子上，置于通风处自然风干 1～2d，待其变红色后进行烘烤。烘烤时不能直接触烟，并要经常翻动。边烘烤边反复揉搓，直至烘干。

2. 腌渍

腌渍能够保留新鲜薇菜自身色泽和脆度，同时可以保证鲜薇菜的贮存期，在常温下可贮存长达 12 个月，浸泡液能够去除薇菜自身的苦涩感，且能最大程度保留薇菜中的营养成分。根据郭秉政等人研究的薇菜腌渍方法为：将薇菜洗净后，放入腌渍袋中，向腌渍袋中加入薇菜质量 1.5 倍的盐水，盐水浓度为 1%～2%，同时向盐水中加入薇菜质量 0.2%～0.3% 的酒石酸、薇菜质量 0.5%～0.8% 的甜菊糖、薇菜质量 0.1%～0.3% 的无花果蛋白酶、薇菜质量 1%～2% 的维生素 C。封袋后，放入沸水中杀菌 8～10min，常温下保存即可。

3. 杀青

薇菜采收后不及时处理，鲜菜会很快老化变硬，因此，必须将它们及时用开水焯一下（即杀青，注意杀青不要用铁锅，以防产品变黑）。这样既可除去涩味，又能抑制野菜细胞的活性，防止因呼吸旺盛而发生变质。然后装入塑料袋中，加 5% 盐水，排净气体后封紧袋口，放入冷凉处保存。

4. 即食加工

薇菜通常被加工成薇菜干来进行贮藏，在贮藏时间上可得到有效延长，但在食用方面不是很便利。将薇菜加工成即食产品，既可以方便消费者食用，又能延长薇菜的保鲜期，可谓一举两得。即食薇菜加工的步骤主要是鲜菜腌渍后进行袋装，或将薇菜干进行复水处理后包装。薇菜干的加工步骤为：首先将薇菜干进行分级处理，再进行复水，最后通过拌料腌制、油炸处理制成即食薇菜，以达到丰富薇菜的风味和口感的目的，最后对成品进行真空包装。结合李刚凤等人的研究，即食薇菜干的最佳加工工艺条件为：分级好的薇菜干于 100℃，0.07% 盐水中复水 1h；然后用冷水冲洗两遍沥干，切成 2cm 左右小段稍晾干备用；称取盐、味精、醋、酱油和辣椒等调料与之拌匀腌制 30min，其中薇菜干质量为 100%，食盐添加量 7%；腌制好的薇菜于 100℃ 油锅中油炸、翻炒 80s，食用油的添加量 25%；接着将加工好的即食薇菜按每包 50g 进行真空包装，封口；最后将包装好的即食薇菜在常压 100℃ 的水中蒸煮 10min，以达到灭菌的目的，将灭菌后的即食薇菜包装擦拭干净，置于避光阴凉处保存。制得的即食薇菜色泽均匀、无水分渗出且饱满，有较淡香味，口味独特，与调料融合均匀，硬度适中，咀嚼性较好。

第六节 香椿的贮藏技术

香椿含有蛋白质、氨基酸、丰富的维生素和钙、铁、锌、锰等矿物质，以及黄酮、生物碱等活性成分，是一种无污染、纯天然的食用植物，药用和食用价值都较高，是蔬菜中不可多得的珍品。香椿质地鲜嫩、风味鲜美、营养价值又高，十分受消费者喜爱。但香椿采摘期集中、销售时间短、采收和运输过程易受损伤、采后不耐贮藏；香椿叶中含水量较高，呼吸作用较强，采摘后很容易衰老且发生褐变、腐烂、叶片脱落等现象，这在一定程度上降低了香椿的经济价值，同时降低了香椿的食用性和安全性。香椿嫩叶采后依旧是一个具有生命活动的机体，但是失去来自母体的营养供给，同化作用结束，呼吸作用成为香椿新陈代谢的主体和生命活动的重要标志。香椿叶片在采后表现出褐变、腐烂、脱落等，导致蔬菜品质下降，本质上就是植物叶片的衰老过程。香椿采后伴随着呼吸作用的进行，外观、结构、香味、营养成分等发生变化，因此香椿的保鲜过程就是延缓香椿采摘脱离母体营养源后衰老的过程。抑制香椿的衰老变质主要应注意两个方面：一方面就是香椿的氧化，另一方面就是香椿的颜色变化也就是褐变。线粒体是呼吸作用主要的细胞器，果蔬的呼吸作用主要在线粒体膜上进行，植物细胞产生活性氧的部位有叶绿体、线粒体等，其中线粒体是活性氧产生的主要部位。有学者研究发现活性氧的积累会诱发细胞中的生物大分子，如蛋白质、脂类与核酸出现氧化损伤，会使生物膜易被氧化，形成脂质过氧化物，这可能会影响线粒体的功能，进而对果蔬衰老产生影响。丙二醛是膜脂过氧化作用的产物，其含量的多少可反映线粒体细胞膜脂过氧化程度与植物的衰老状态，可以通过降低香椿的丙二醛含量来保护香椿免受氧化侵害。褐变是新鲜香椿在贮运及加工过程中极易发生的现象，在影响外观和风味的同时，营养成分也发生变化。对香椿采后生理褐变机制的研究发现，影响香椿褐变的因素是多种因素共同作用的结果。可能的机理包括花青素苷结构和数量的变化；细胞氧化作用破坏细胞结构，使酶和酚类底物在细胞中的分布发生变化。酚类是香椿褐变的物质基础，与酚类有关的酶有多酚氧化酶、过氧化氢酶、苯丙氨酸转氨酶。其中多酚氧化酶直接催化酚类底物形成醌类物质，是褐变发生的主要原因，因此抑制香椿中与酚类有关的酶活性，即可抑制褐变的发生。香椿的贮藏保鲜技术有低温保鲜、热处理、包装及气调保鲜、保鲜剂保鲜和加工保藏等。

一、低温保鲜

1. 低温冷藏

香椿采后组织衰老、品质下降都与温度密切相关。在较高的温度下，衰老极为迅速，商品价值随之丧失。随着温度的降低，衰老速度明显减慢，品质变化减少。杨颖等人的研究表明，0℃时香椿贮藏时间最长，生理变化最为缓慢，其中多酚含量及多酚氧化酶、过氧化物酶的酶活性变化最为平缓，营养成分流失最慢，色泽的保持效果最好。

2. 速冻

香椿速冻保鲜保存时间长达一年以上，基本不改变其风味和品质。香椿速冻保鲜有非烫漂速冻和烫漂速冻两种。经研究发现经过烫漂后的香椿再进行速冻，要比直接速冻的色泽保持得更好。烫漂速冻的具体操作方法如下：选择芽色紫红、长为 10～15cm、未木质化的嫩芽，摘除芽鞘，剔除已木质化的梢叶和损伤部分及杂物，用清水冲净表面污物，再用 0.2％的碳酸氢钠作烫漂液，将香椿芽在煮沸的烫漂液中烫漂 30s。烫漂结束后，立即放入准备好的室温碳酸氢钠溶液中冷却。可用多个容器盛冷却液分级加速冷却。冷却后用离心式脱水机甩干或自然风干附着在叶面上的水分，然后装袋。包装后的香椿芽应立即置于冰柜中，速冻 24h，然后转入 −18℃下保存。速冻贮存中，要经常检查袋内香椿芽的风味、品质、色泽的变化，以便及时销售或处理。烫漂速冻香椿步骤中冷却是护色的关键，冷却时随着水温不断升高，冷却效果降低，故冷却时采用分级处理的方法，或用较大的冷却池，保持水温不高于 5℃。

二、热处理

1. 热烫

热处理是将果蔬采后置于一定的温度下保存一段时间，以抑制或杀死病原菌，钝化相关酶活性，还可以有效去除蔬菜组织中的氧气，防止叶绿素被氧化，防止果蔬在贮藏过程中的变色变味和营养流失，延长果蔬采后贮藏期。热烫技术在香椿加工与保鲜中有着广泛的应用。对果蔬热烫处理通常以多酚氧化酶是否变性作为热烫是否充分的标准，多酚氧化酶完全变性或 95％变性可认为其他酶均已变性。热烫也有其缺点，热烫会破坏细胞生物膜结构，导致脂蛋白失活，同时使蔬菜细胞间的酸大量释放，从而与叶绿素-蛋白质复合物接触，导致叶绿素降解；另外，加热会使叶绿素异构化作用加强，促使脱镁叶绿素形成。加热的温度和加热的时间是香椿热烫效果的关键影响因素。马正强等人的研究表明热烫温度为 95℃，热烫时间为半分钟时，香椿内部的酶基本失活，营养物质相对流失较少，香椿可达到理想的热烫效果。

2. 脱水干制

香椿的供应期只有一季，难以保存的鲜菜可制成香椿干，将新鲜香椿芽进行脱水处理后，既可延长其保质期，又可方便烹饪食用。香椿脱水干制的具体步骤为：香椿从采收到加工不应超过24h，剔除不可食用部位（重点捡出老干和老叶），用清水清洗，去除香椿表面泥土及杂质；将清洗后的香椿分批置于100℃沸水中浸烫3min，1次下的料与水体积之比为1∶2，漂烫时在水中加入食用碱以改变蔬菜的色泽和硬度；见香椿软化就捞出，立即放在4℃冷水中快速冷却，以保证香椿的色泽；冷却后，香椿叶表面会滞留一些水滴，可以通过离心机甩掉（或者沥干）表面水分，然后进行晾晒或烘烤，对香椿进行脱水处理；烘干后的香椿进行分级包装，用真空包装防止其再次吸水。脱水干制后的香椿可贮藏1～2年不会变质，食用时将香椿干放入盐水中复水2h即可恢复原本状态。

三、包装及气调保鲜

气调保鲜是在能够维持果蔬采后正常生理活动前提下，有效抑制其呼吸作用和蒸发作用，延缓果蔬的生理代谢过程，延长保鲜期，是近几年来发展快、贮藏期长、保存品质最好的贮藏技术。气调保鲜技术可以分为自发气调包装和主动气调包装。前者通过果蔬呼吸作用调节体系内气体水平，建立气调环境；后者通过向包装材料中充入比例理想的气体，调节果蔬的呼吸作用，建立合适的果蔬贮藏环境。气调保鲜可以降低果蔬代谢过程和化学氧化，抑制微生物生长，达到保鲜目的。一般会将气调保鲜与低温保鲜方法结合使用。近来自发气调包装的研究逐渐兴起，胡新等人的研究得出，厚度为0.03mm的低密度聚乙烯包装材料可一定程度上防止香椿的水分散失，延长香椿的保藏期，能有效降低香椿贮藏过程中的失重率、脱叶率，使叶片保持明亮鲜艳，延缓衰老，厚度为0.03mm的低密度聚乙烯包装后的香椿保鲜期可达到25d。王清等人研究了香椿的主动气调包装，香椿芽放入聚乙烯袋中，向袋内通入混合气体，使袋内含氧气体积分数不低于2%，二氧化碳体积分数不高于5%。置于4℃条件下，可在贮藏期间内减少水分蒸发，延长了香椿的保藏期，可使香椿保鲜10d。

四、保鲜剂保鲜

保鲜剂保鲜是果蔬保鲜中常用的方法之一，其保鲜效果好、成本低。保鲜剂的作用主要有：对病原微生物的抑制作用、提高果蔬抗病和抗氧化能力、降低乙烯的产量和影响细胞壁代谢等。应用在香椿贮藏的保鲜剂有化学保鲜剂和天然保鲜剂两种。香椿保鲜常用的化学保鲜剂有6-苄基嘌呤、甲基硫酸灵、多菌灵、乙烯吸收剂等。其中6-苄基嘌呤对香椿的保鲜效果最好，有研究表明，6-苄基嘌呤可以抑制乙烯生成和呼吸高峰，延迟叶绿素降解，起到延长贮藏期的作用；采用浓度为0.1g/kg的6-苄基嘌呤浸泡，0.3mm低密度聚乙烯袋包装，加乙烯吸收剂的贮藏效果最佳，贮藏50d后，香椿的色、香、味仍处于良好状态。香椿保鲜常用的天然保鲜剂有茶多酚、壳聚糖和一些植物源提取物等。天然保鲜剂安全无害，可使病毒失活，抑制病原菌的生长，诱导植物产生抗性。刁春英等人的研究得出，由茶多酚和壳聚糖制成的可食性涂膜对香椿有良好的保鲜效果，添加量为0.5%的茶多酚和0.5%的壳聚糖复合，制成的可食性涂膜能够显著降低香椿嫩芽的呼吸强度和失重率，延长其保质期。

五、加工保藏

1. 腌渍

腌渍是我国传统的加工蔬菜的方式，腌渍的蔬菜风味较好。香椿腌渍后仍然含有大量的维生素、微量元素等营养物质，贮藏时间也可以得到有效延长。腌渍十分适合不易保存的鲜嫩香椿。结合孙书静的研究，香椿腌渍主要操作步骤有：先将采摘的香椿分类，根据不同颜色、粗细、大小分好类以后用清水洗净；然后在阳光下摊晒 3～5h，再放入缸中（香椿可以带水放入缸中或者沥干以后放入缸中贮藏，这分别叫作"湿下法"和"干下法"）；之后把香椿和盐层层叠加放入缸中，直到放满整缸为止；3～4h 后进行翻缸，上下翻层，如此 2～3次，腌制 20～30d 即可；腌好之后，还可添加适量白醋或者米醋来增加脆度和光泽；接着晒至五六成干，放入缸中，码齐、排好、压实，再在最上面铺上一层食盐，缸口用牛皮纸包好后，再用保鲜膜扎紧，这种方法制作的腌渍香椿可储存 2～3 年。

2. 即食加工

香椿可以加工成即食制品，赋予香椿更多风味，且方便携带，还可以延长香椿的贮藏时间。结合陈根洪的研究，香椿的即食加工主要操作步骤如下：选择新鲜、脆嫩、无褐变、无腐烂、无污染的香椿，用流动水进行清洗，洗去泥沙等杂质，禁止揉搓，清洗后沥干；将清洗干净后的香椿置于加入含有质量分数为 10g/kg 的碳酸钠，温度为 100℃ 的热水中进行预煮，然后迅速进行冷却；将冷却后的香椿置于合适的硬化剂中浸泡两小时，捞出后再用清水冲洗干净后沥干；将硬化后的香椿置于合适的护色剂中浸泡两小时护色，捞出后用清水冲洗干净后沥干；将大小、色泽大致相同，组织脆嫩的香椿根部向下顶部朝上整齐地装入罐内，注入配制好的填充液，填充液与容器罐保留一定的顶隙；将灌装完成后的罐头瓶进行加热排气，罐头的中心温度达到 75℃ 后立即封罐，防止外界冷空气进入罐内；最后用热蒸汽对罐头进行杀菌，杀菌后尽快冷却。这种包装方法得到的香椿制品品质好、风味佳，并且很好地保存了原料的香味，保质期在 8 个月以上。

第七节　柳蒿芽的贮藏加工技术

一、烫漂护绿

烫漂加工可以钝化叶绿素酶和脂肪氧化酶等酶的活性，抑制氧化变色和酶解脱色反应，烫漂后柳蒿芽体积缩小，迫使其细胞内的空气逸出，组织变得柔软且少有弹性，透明度增加，表面微生物失活，去除异味。柳蒿芽菜体相对较小，组织较为柔软，烫漂的条件主要包括烫漂的温度及时间很难控制。目前，柳蒿芽烫漂的瓶颈体现在烫漂不足和烫漂过度两方面。烫漂不足，柳蒿芽菜体中酶的残留活性较高。据刘茜茜研究表明，柳蒿芽的最佳烫漂工艺参数为烫漂时间 187s，烫漂温度 95℃，料液比 1∶15。

二、保鲜剂保鲜

保鲜剂保鲜对于山野菜来说是一种常用的保鲜方式，有操作简单、保鲜效果良好的优点。对于柳蒿芽的保鲜剂保鲜的研究很少，目前，刘茜茜等人研究过柳蒿芽的护绿剂配比，其研究结果表明保鲜剂添加维生素C浓度为2.13g/L、柠檬酸浓度为0.96g/L、NaCl浓度为1.99g/L时，较其他实验组柳蒿芽的叶绿素含量最高，护绿效果最好。

三、速冻

通过在短时间内降低柳蒿芽的温度，达到速冻，可以有效延长柳蒿芽的贮藏时间，并且也可以完整地保存柳蒿芽的感官特性，营养成分也不易流失。据刘茜茜研究表明，柳蒿芽最佳的速冻终温为−30℃，在此条件下，柳蒿芽表面冰晶体积小，冰晶的数量及体积较其他速冻终温处理后的柳蒿芽的冰晶状态理想，水分、叶绿素、维生素C含量相比其他速冻终温处理后的柳蒿芽含量高，速冻终温为−30℃的柳蒿芽硬度显著较高、质地较优。

参 考 文 献

曹家树，等. 野菜栽培实用技术 [M]. 北京：中国农业出版社，2004.

陈根洪. 软包装即食香椿加工工艺研究 [J]. 湖北农业科学，2005（02）：97-99.

刁春英，高秀瑞. 茶多酚与壳聚糖复配溶液对香椿芽保鲜效果的研究 [J]. 广西植物，2016，36（04）：492-496+491.

杜宝龙，万敏艳，王璇，等. 香椿提取物生物活性功能的研究进展 [J]. 动物营养学报，2020，32（7）：3057-3063.

杜德鱼，张贝贝，雷免花，等. 烫漂处理对香椿亚硝酸盐含量及色泽的影响 [J]. 陕西农业科学，2019，65（9）：53-59.

高海生，索杏娜，刘芸，等. 美味香椿罐头的加工工艺 [J]. 河北科技师范学院学报，2017，31（1）：1-7.

郭秉政，郭锐，李元元，等. 一种新鲜薇菜的保存方法：CN105028618A [P]. 2015-11-11.

郭婧敏，王翎羽，杨华等. 软包装水煮薇菜工艺及品质研究 [J]. 食品工业科技，2011，32（6）：296-298+303.

郭衍银，王相友，章耀，等. 气调对蕨菜采后活性氧代谢的影响 [J]. 西北农业学报，2009，18（02）：188-192.

胡新，刘小丽，何梦雅，等. 香椿采后生理学变化及其保鲜技术研究进展. 食品与发酵工业，2019，45（11）：286-291.

黄劲松，何竟旻，刘廷国. 蕨菜研究进展综述. 食品工业科技，2011，32（7）：455-457.

李刚凤，王敏，谭沙，等. 即食薇菜加工工艺研究 [J]. 保鲜与加工，2017，17（01）：89-93.

李荣峰，苏仕林，马博. 野生蕨菜的采后生理变化及保鲜技术研究 [J]. 百色学院学报，2010，23（6）：90-93.

李睿，朱薇玲. 薇菜干的加工工艺研究 [J]. 武汉工业学院学报，2004（4）：19-21.

梁煜莹，戴瑞，秦盛菊，等. 薇菜的营养及其在食品中的应用研究进展 [J]. 农产品加工，2019（21）：72-74+77.

廖晓珊，钟晓红，孟娟，等. 壳聚糖竹醋液复合膜抗菌活性及其应用 [J]. 食品与生物技术学报，2010，29（03）：395-400.

林少华，许文涛，陈存坤，等. 香椿贮藏保鲜技术及其发展趋势 [J]. 农业技术与装备，2019（4）：81-83.

刘欢，王冰玉，潘美伊，等. 真空预冷处理对刺嫩芽贮藏期间保鲜效果的影响 [J]. 食品科技，2016（7）：44-48.

刘开华，邢淑婕. 蕨菜冷冻贮藏品质变化的研究 [J]. 长江蔬菜，2004（7）：45-46.

刘开华，邢淑婕. 速冻对蕨菜品质的影响及酶活性变化的试验研究 [J]. 食品科技，2004（11）：33-36.

刘茜茜，张秀玲，谢凤英等. 响应面优化刺老芽护绿的研究 [J]. 食品工业，2016（6）：129-133.

马博，蒋利和，苏仕林，等. 蕨菜贮藏保鲜关键技术研究现状 [J]. 安徽农业科学，2011，39（19）：11956-11957+11960.

马正强，崔灵绸，张贝贝，等. 热烫处理对香椿叶绿素及颜色的影响 [J]. 中国食品学报，2017，17（1）：179-185.

马正强，张贝贝，张京芳，等. 热烫温度与pH值对香椿维生素C稳定性的影响 [J]. 西北林学院学报，2015，30（03）：201-205.

牛俊乐，麦馨允，谭伟. 超声波辅助碱法提取蕨菜中水溶性膳食纤维 [J]. 农产品加工，2017（7）：17-19.

庞永，白雪梅，姜成哲，等. 刺老芽根提取物对DPPH自由基的清除能力及抑菌作用 [J]. 安徽农业科学，2010，38（11）：5844-5845.

申世斌，王增财. 环境因子对离体蕨菜纤维化影响的研究 [J]. 中国林副特产，1999（2）：3-4.

宋晓东，钟昔阳，胡喜萍，等. 恒温及变温复水方式对脱水薇菜品质及复水动力学的影响 [J]. 食品科技，2019，44（7）：128-134.

宋友，朴永春，郑春辉，等. 延边林区薇菜产业的发展现状及对策分析 [J]. 特种经济动植物，2014，17（1）：45-46.

苏仕林. 蕨菜贮藏保鲜与产品开发研究现状 [J]. 食品研究与开发，2012，33（10）：216-219.

孙红绪，喻敏，石伟平，等. 薇菜干复原加工软罐头技术 [J]. 长江蔬菜，2016（23）：8-9.

孙静，王彤丽. 保鲜蕨菜工艺研究 [J]. 黑龙江商学院学报（自然科学版），1998（02）：60-61.

孙书静．香椿食品开发与精加工 [J]．农村实用技术与信息，2003，(01)：46-47．

田国政，何义发，张豪艳，等．风味薇菜腌制品的研制 [J]．食品科学，2007 (9)：654-656．

王清，刘涛．香椿贮藏保鲜及加工应用的研究进展 [J]．农产品加工，2015 (16)：56-58＋60．

王胜男，孙闯，张桐，等．吉林地区刺老芽中多糖提取工艺优化 [J]．农业科技与信息，2016 (9)：29．

王一明．香椿干制加工贮藏技术 [J]．农村新技术，2017，(4)：54．

王韵仪，王峥鉴，陈志红，等．茶多酚-川陈皮素-羧甲基纤维素钠复合涂膜剂对刺嫩芽的保鲜效果 [J]．食品工业科技，2019，40 (23)：272-277．

胥忠生，喻敏．薇菜腌制工艺对其亚硝酸盐控制的研究 [J]．农产品加工，2018 (21)：27-29．

许任英，韩喜国，刘春光，等．药食两用植物蕨菜中有效成分及其药用功效研究综述 [J]．长江蔬菜，2018 (18)：48-51．

闫安，张秀玲，杜妹玲，等．薇菜天然复配保鲜剂配方的优化及其对薇菜贮藏期生理指标的影响 [J]．食品工业科技，2019，40 (4)：280-285．

颜廷才，刘静，孟宪军．HPLC 法测定刺嫩芽皂甙中齐墩果酸的含量 [J]．食品研究与开发，2008，29 (2)：114-116．

杨慧，赵守涣，史冠莹，等．近冰温贮藏对香椿嫩芽品质及关键风味物质的影响 [J]．保鲜与加工，2019，19 (5)：46-52．

杨天真，罗红霞，申慧杰，等．香椿主要加工产品与技术应用现状 [J]．蔬菜，2018 (8)：54-57．

杨颖，邢志恩，王军，等．贮藏期香椿中多酚类物质含量与相关酶活变化的关系 [J]．食品科技，2010，35 (02)：24-28．

杨月娥，徐骏．蕨菜保鲜贮藏技术研究 [J]．怀化学院学报，2013，32 (5)：37-39．

姚晶，杨华，钱春萍，等．软包装水煮薇菜加工工艺研究 [J]．食品科学，2010，35 (10)：130-133．

尹雪华，王凤娜，徐玉勤，等．香椿的营养保健功能及其产品的开发进展 [J]．食品工业科技，2017，38 (19)：342-345＋351．

张帆，罗水忠，高宝莼，等．蕨菜的化学成分研究．天然产物研究与开发 [J]，2004，16 (2)：121-123．

张晓娟，胡选萍，周建军，等．蕨菜化学成分及开发应用研究进展 [J]．食品研究与开发，2014，35 (3)：119-121．

张秀玲，刘茜茜，柳晓晨，等．速冻终温对刺嫩芽水分结晶及质构的影响 [J]．食品工业科技，2017 (03)：7-9＋14．

张学义，李发，李平，等．刺嫩芽加工前后营养成份分析 [J]．中国林副特产，2002 (3)：39．

郑权，丁云闪，崔琳琳，等．不同气调包装对蕨菜保鲜效果的影响 [J]．现代食品科技，2019，35 (4)：103-108．

钟宝，张传军．刺嫩芽保鲜技术研究 [J]．吉林农业科技学院学报，2015，24 (01)：1-2＋34．

周建梅，王承南，刘斌，等．香椿芽的速冻保鲜与脱水加工技术 [J]．经济林研究，2011，29 (2)：101-103．

Bouazzi S，Jmii H，El M R，et al. Cytotoxic and antiviral activities of the essential oils from Tunisian Fern，Osmunda regalis [J]．South African Journal of Botany，2018，118：52-57．

Kardong D，Upadhyaya S，Saikia L R．Screening of phytochemicals，antioxidant and antibacterial activity of crude extract of Pteridium aquilinum Kuhn [J]．Journal of Pharmacy Research，2013，6 (1)：179-182．

Mendez J. Dihydrocinnamic acids in Pteridium aquilinum [J]．Food Chemistry，2005，93 (2)：251-252．

Mohammad R H，Nur-E-Alam M，Lahmann M，et al. Isolation and characterisation of 13 pterosins and pterosides from bracken [*Pteridium aquilinum* (L.) *Kuhn*] rhizome [J]．Phytochemistry，2016，128：82-94．

Song G，Wang K，Zhang H，et al. Structural characterization and immunomodulatory activity of a novel polysaccharide from Pteridium aquilinum [J]．International Journal of Biological Macromolecules，2017，102：599-604．

Wang H，Wu S. Preparation and antioxidant activity of Pteridium aquilinum-derived oligosaccharide [J]．International Journal of Biological Macromolecules，2013，61 (10)：33-35．

Wang W，Yao G D，Shang X Y，et al. Eclalbasaponin I from Aralia elata (Miq.) seem. reduces oxidative stress-induced neural cell death by autophagy activation [J]．Biomedicine ＆ pharmacotherapy，2017，97：152-161．

Wang X，Tian Y X，Zhang L P，et al. Optimization of the aralosides extraction from Aralia elata (Miq.) Seem [J]．Ginseng Research，2014：1632-1633．

Xi S，Zhang W，Wei Z，et al. Protective effect of total arasolides of aralia elata (Miq) seem on cardiomyopathy in rats with early stage diabetes and its mechanism [J]．Journal of Jilin University，2008，34 (2)：209-213．

Xu W，Zhang F，Luo Y B，et al. Antioxidant activity of a water-soluble polysaccharide purified from Pteridium aquilinum [J]．Carbohydrate Research，2009，344 (2)：217-222．

Zhang S，Zhong G，Liu B，et al. Physicochemical and functional properties of fern rhizome (Pteridium aquilinum) starch [J]．Starch -Starke，2011，63 (8)：468-474．